U0228893

"先进化工材料关键技术丛书"（第二批）编委会

傅正义　武汉理工大学，中国工程院院士

高从堦　浙江工业大学，中国工程院院士

龚俊波　天津大学，教授

贺高红　大连理工大学，教授

胡迁林　中国石油和化学工业联合会，教授级高工

胡曙光　武汉理工大学，教授

华　炜　中国化工学会，教授级高工

黄玉东　哈尔滨工业大学，教授

蹇锡高　大连理工大学，中国工程院院士

金万勤　南京工业大学，教授

李春忠　华东理工大学，教授

李群生　北京化工大学，教授

李小年　浙江工业大学，教授

李仲平　中国工程院，中国工程院院士

刘忠范　北京大学，中国科学院院士

陆安慧　大连理工大学，教授

路建美　苏州大学，教授

马　安　中国石油规划总院，教授级高工

马光辉　中国科学院过程工程研究所，中国科学院院士

聂　红　中国石油化工股份有限公司石油化工科学研究院，教授级高工

彭孝军　大连理工大学，中国科学院院士

钱　锋　华东理工大学，中国工程院院士

乔金樑　中国石油化工股份有限公司北京化工研究院，教授级高工

邱学青　华南理工大学 / 广东工业大学，教授

瞿金平　华南理工大学，中国工程院院士

沈晓冬　南京工业大学，教授

史玉升　华中科技大学，教授

孙克宁　北京理工大学，教授

谭天伟　北京化工大学，中国工程院院士

汪传生　青岛科技大学，教授

王海辉　清华大学，教授

王静康　天津大学，中国工程院院士

王　琪　四川大学，中国工程院院士

王献红　中国科学院长春应用化学研究所，研究员

国家出版基金项目
NATIONAL PUBLICATION FOUNDATION

先进化工材料关键技术丛书（第二批）

中国化工学会 组织编写

高性能碳基润滑材料

Advanced Carbon-based Lubrication Materials

张俊彦　张　斌　王永富　等 著

中国化工学会 CIESC

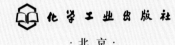

化学工业出版社

·北京·

内容简介

《高性能碳基润滑材料》是"先进化工材料关键技术丛书"（第二批）的一个分册。

本书围绕碳基润滑材料开展科学研究和技术开发的系统总结。全书共八章，包括绪论、富勒烯碳润滑材料、碳纳米管润滑材料、金刚石润滑材料、石墨烯润滑材料、橡胶软表面硬质碳基薄膜润滑材料、非晶碳薄膜强韧润滑调控与应用和发动机低摩擦固体润滑碳薄膜关键技术及应用。本书所涉及的研究内容为相关领域的国际学术前沿热点，部分成果为原创，同时涉及一些先进碳基润滑材料的工程应用，可以为碳基润滑材料的基础研究和工程应用提供一些新思路。

《高性能碳基润滑材料》是多项国家和省部级科技成果的系统总结，适合化学、材料、机械工程领域，特别是对固体润滑材料感兴趣的科技工作者阅读，也可供高等院校化学、化工、材料及相关专业师生参考。

图书在版编目（CIP）数据

高性能碳基润滑材料/中国化工学会组织编写；张俊彦
等著. —北京：化学工业出版社，2023.3
（先进化工材料关键技术丛书. 第二批）
国家出版基金项目
ISBN 978-7-122-43085-4

Ⅰ.①高… Ⅱ.①中… ②张… Ⅲ.①自润滑材料
Ⅳ.①TB39

中国国家版本馆 CIP 数据核字（2023）第 041841 号

责任编辑：向　东　杜进祥　孙凤英
责任校对：宋　夏
装帧设计：关　飞

出版发行：化学工业出版社（北京市东城区青年湖南街13号　邮政编码100011）
印　　装：中煤（北京）印务有限公司
710mm×1000mm　1/16　印张26½　字数530千字
2023年9月北京第1版第1次印刷

购书咨询：010-64518888　售后服务：010-64518899
网　　址：http://www.cip.com.cn
凡购买本书，如有缺损质量问题，本社销售中心负责调换。

定　　价：199.00元

作者简介

张俊彦，中国科学院兰州化学物理研究所研究员、博士生导师。1990 年毕业于兰州大学，1997 年、1999 年于中国科学院兰州化学物理研究所分别获得理学硕士和博士学位；2000 ～ 2005 年在美国加州大学伯克利分校、阿拉巴马大学、莱斯大学从事博士后研究，2007 年任美国阿贡国家实验室客座研究员。现任中国科学院兰州化学物理研究所副所长、兰州润滑材料与技术创新中心（国家国防科工局）及中国科学院材料磨损与防护重点实验室主任；兼任国际能源署先进交通材料委员会执委、中国材料研究学会常务理事、中国机械工程学会摩擦学分会副秘书长、摩擦学国家重点实验室学委会委员、固体润滑国家重点实验室学委会委员，

Tribology Letters、*Friction*、《摩擦学学报》等期刊编委。长期从事碳薄膜结构演变与超滑机制、固体润滑薄膜材料可控制备及工程应用、材料表面防护等研究及工程应用工作，发展了超低摩擦固体润滑薄膜技术和成套设备，解决了我国发动机高压共轨和配气系统的摩擦磨损瓶颈技术问题；开发了系列特种润滑与防护材料，解决了航天、航空、船舶等领域关键部件的服役失效和可靠性技术难题。发表学术论文 280 余篇，取得授权中国发明专利 70 余件、国际发明专利 3 件。获得国家科技进步二等奖（2019）、国家技术发明二等奖（2016）、甘肃省科技进步一等奖（2021）、中国机械工业科学技术一等奖（2018）、甘肃省技术发明一等奖（2015）、甘肃省自然科学二等奖（2010）、甘肃省科技进步一等奖（1999）。享受国务院政府特殊津贴（2018），荣获"甘肃省专利发明人奖"（2021）、"甘肃省先进工作者"（2020）、"中科院王宽诚西部学者突出贡献奖"（2014）、"中国侨界贡献奖"一等奖（2022）、"全国归侨侨眷先进个人"（2013）等荣誉。

张斌，中国科学院兰州化学物理研究所研究员、博士生导师，中组部"WR"计划青年人才（2020）。2005年毕业于兰州大学材料物理专业，获得学士学位；2011年毕业于中国科学院兰州化学物理研究所材料学专业，获得博士学位；2016～2017年美国劳伦斯伯克利国家实验室客座研究员。兼任国家新材料测试评价平台稀土行业中心专家、中国能源学会能源与动力工程分会副主任委员、真空学会薄膜专委会委员。主要从事真空薄膜沉积，薄膜制备及润滑、耐磨耐蚀和超低摩擦机制方面的研究及产业应用工作。累计发表论文115篇，获授权中国发明专利40件、美国发明专利1件。获得2019年国家科技进步二等奖（第三完成人）、2018年中国机械工业科学技术一等奖（第三完成人）、2016年国家技术发明二等奖（第五完成人）、2015年甘肃省技术发明一等奖（第五完成人）、2022年湖南省科技进步二等奖（第四完成人）；获得甘肃省青年科技奖（2021）、中国机械工程学会青年科技成就奖（2021）、中国产学研合作创新奖（2018）。

王永富，男，博士，中国科学院兰州化学物理研究所副研究员、硕士生导师。2010年毕业于河南大学，2018年于中国科学院兰州化学物理研究所获得材料学博士学位。近年来围绕碳基薄膜存在高摩擦和环境敏感性问题，开展碳基薄膜纳米结构设计、固体超滑体系创制等方面研究，系统阐述纳米结构碳薄膜"滚-滑"超滑机制，完善了低氢碳基薄膜超滑理论；发明"摩擦催化"和"摩擦限域"固体超滑新方法，破解了碳薄膜超滑环境敏感性和氢制约的瓶颈问题；设计制备界面应力分散的超弹性碳薄膜，解决结构超滑承载能力差和环境敏感等问题，实现了高承载（15N）的二维材料固体超滑。累计发表论文50余篇，获授权中国发明专利15件。获得2015年全国摩擦学大会优秀论文奖、2018年中国机械工业科学技术一等奖、2018年度首届中国汽车工程学会优秀博士学位论文奖、中国科学院"西部之光"青年学者荣誉。

丛书（第二批）序言

　　材料是人类文明的物质基础，是人类生产力进步的标志。材料引领着人类社会的发展，是人类进步的里程碑。新材料作为新一轮科技革命和产业变革的基石与先导，是"发明之母"和"产业食粮"，对推动技术创新、促进传统产业转型升级和保障国家安全等具有重要作用，是全球经济和科技竞争的战略焦点，是衡量一个国家和地区经济社会发展、科技进步和国防实力的重要标志。目前，我国新材料研发在国际上的重要地位日益凸显，但在产业规模、关键技术等方面与国外相比仍存在较大差距，新材料已经成为制约我国制造业转型升级的突出短板。

　　先进化工材料也称化工新材料，一般是指通过化学合成工艺生产的、具有优异性能或特殊功能的新型材料。包括高性能合成树脂、特种工程塑料、高性能合成橡胶、高性能纤维及其复合材料、先进化工建筑材料、先进膜材料、高性能涂料与黏合剂、高性能化工生物材料、电子化学品、石墨烯材料、催化材料、纳米材料、其他化工功能材料等。先进化工材料是新能源、高端装备、绿色环保、生物技术等战略新兴产业的重要基础材料。先进化工材料广泛应用于国民经济和国防军工的众多领域中，是市场需求增长最快的领域之一，已成为我国化工行业发展最快、发展质量最好的重要引领力量。

　　我国化工产业对国家经济发展贡献巨大，但从产业结构上看，目前以基础和大宗化工原料及产品生产为主，处于全球价值链的中低端。"一代材料，一代装备，一代产业"。先进化工材料因其性能优异，是当今关注度最高、需求最旺、发展最快的领域之一，与国家安全、国防安全以及战略新兴产业关系最为密切，也是一个国家工业和产业发展水平以及一个国家整体技术水平的典型代表，直接推动并影响着新一轮科技革命和产业变革的速度与进程。先进化工材料既是我国化工产业转型升级、实现由大到强跨越式发展的重要方向，同时也是保障我国制造业先进性、支撑性和多样性的"底盘技术"，是实施制造强国战略、推动制造业高质量发展的重要保障，关乎产业链和供应链安全稳定、绿色低碳发展以及民生福祉改善，具有广阔的发展前景。

"关键核心技术是要不来、买不来、讨不来的"。关键核心技术是国之重器，要靠我们自力更生，切实提高自主创新能力，才能把科技发展主动权牢牢掌握在自己手里。新材料是战略性、基础性产业，也是高技术竞争的关键领域。作为新材料的重要方向，先进化工材料具有技术含量高、附加值高、与国民经济各部门配套性强等特点，是化工行业极具活力和发展潜力的领域。我国先进化工材料领域科技人员从国家急迫需要和长远需求出发，在国家自然科学基金、国家重点研发计划等立项支持下，集中力量攻克了一批"卡脖子"技术、补短板技术、颠覆性技术和关键设备，取得了一系列具有自主知识产权的重大理论和工程化技术突破，部分科技成果已达到世界领先水平。中国化工学会组织编写的"先进化工材料关键技术丛书"（第二批）正是由数十项国家重大课题以及数十项国家三大科技奖孕育，经过 200 多位杰出中青年专家深度分析提炼总结而成，丛书各分册主编大都由国家技术发明奖、国家科技进步奖获得者、国家重点研发计划负责人等担纲，代表了先进化工材料领域的最高水平。丛书系统阐述了高性能高分子材料、纳米材料、生物材料、润滑材料、先进催化材料及高端功能材料加工与精制等一系列创新性强、关注度高、应用广泛的科技成果。丛书所述内容大都为专家多年潜心研究和工程实践的结晶，打破了化工材料领域对国外技术的依赖，具有自主知识产权，原创性突出，应用效果好，指导性强。

创新是引领发展的第一动力，科技是战胜困难的有力武器。科技命脉已成为关系国家安全和经济安全的关键要素。丛书编写以服务创新型国家建设，增强我国科技实力、国防实力和综合国力为目标，按照《中国制造 2025》《新材料产业发展指南》的要求，紧紧围绕支撑我国新能源汽车、新一代信息技术、航空航天、先进轨道交通、节能环保和"大健康"等对国民经济和民生有重大影响的产业发展，相信出版后将会大力促进我国化工行业补短板、强弱项、转型升级，为我国高端制造和战略性新兴产业发展提供强力保障，对彰显文化自信、培育高精尖产业发展新动能、加快经济高质量发展也具有积极意义。

中国工程院院士：

2023 年 5 月

前言

　　摩擦发生于相对运动的接触界面，是普遍存在的基本物理现象。摩擦过程中产生的摩擦力不仅造成系统能量耗散，而且导致材料表面磨损，进而导致零部件的功能退化甚至失效。据统计，摩擦消耗了世界一次能源的 1/3 左右，磨损造成了约 60% 的设备损坏或故障，机械系统的高精度、高可靠和长寿命服役性能受限于材料的摩擦磨损。《科技日报》报道的 35 项"卡脖子"技术中的液压"心脏"——高压柱塞泵（35MPa）、柴油发动机"心脏"——高压共轨等的高可靠、长寿命皆受制于运动部件的摩擦磨损，因此，工业"四基" 8 个领域强调发展低摩擦技术。由于低摩擦技术的应用可实现机械装备性能的显著提升，低摩擦技术已成为工业制造技术发展的重大共性技术需求。润滑是降低设备摩擦磨损最重要的技术途径，合理使用润滑材料与技术是减少摩擦、降低磨损、实现节能降耗、保障装备可靠运行的最有效手段之一。在现代工业与高技术建设中，润滑材料与技术贯穿于高端装备机械系统设计、试验、工艺、制造、评价和服役等各环节的全寿命过程。低摩擦通常可通过润滑液和固体润滑实现。其中润滑液的使用可实现稳定的低摩擦，但其使用受温度和环境限制；低摩擦固体润滑薄膜材料可应用于特殊或苛刻工况环境，在赋予低摩擦磨损特性的同时保持机械零部件的固有强度和尺寸精度，是突破上述共性技术的关键手段。我国低摩擦固体润滑薄膜材料相关基础理论研究相对薄弱，关键工艺、成套装备与系统集成的核心技术匮乏，尤其是超低摩擦固体润滑薄膜可控制备、低温下轴承钢等表面高结合力沉积、批量一致性工艺与装备一体化集成等技术难题亟待解决。

　　碳具有 sp^3、sp^2、sp^1 三种键合形式，因而，碳具有多种同素异形体，如金刚石、石墨、石墨烯、富勒烯、碳纳米管、非晶碳等，这为碳材料的结构设计和性能开发提供了丰富的选择。由于碳同素异形体具有独特的结构和性质，碳材料在物理、化学（如催化、电化学、能源化学等）、生物医学、微电子器件和传感等领域表现出巨大的应用潜力，成为国内外研究的热点。碳基材料的高化学惰性、高硬度、低摩擦和良好的生物相容性等，使其在润滑领域成为耀眼的"明星材料"。碳基润滑材料因其键合结构和同素异形体的多样性，决定了其结构的可调控性和性能优化策略的多样性，从而形成了从纳米晶体材料到非晶纳米晶、非晶薄膜材料等庞大的体系。因此，深入研究碳基润滑材料结构、组分及构效关系，对丰富和发展固体润滑材料和润滑理论，指导碳基润滑材料的工程应用意义重大。本书涵盖了著者团队多年来的研究成果，如：（1）富勒烯碳润滑材料；（2）碳纳米管润滑材料；（3）金刚石润滑材料；（4）石墨烯润滑材料；（5）橡胶软表面硬质碳基薄膜润滑材料；（6）非晶碳薄膜强韧润滑调控与应用；（7）发动机低摩擦固体润滑碳薄膜关键技术及应用等。碳基材料独特的物理化学性能，为新型碳基润滑材料的结构设计、制备及应用提供了广阔的空间和无限的可能。

本书系统地阐述了著者团队围绕碳基润滑材料开展的基础研究和应用研究成果。提出了本征结构和摩擦界面结构的低摩擦设计新策略，开展了碳基纳米结构的形成机制、低摩擦和超滑界面结构演变等科学问题研究。以基础研究为科学支撑，解决了碳薄膜纳米结构可控制备、轴承钢低温高结合力表面制备和工艺装备一体化集成以及在软基底如橡胶表面构筑硬质碳薄膜等技术难点，实现了材料、技术、装备、系统的链条式突破和产业应用，突破了我国发动机高压共轨和配气系统的摩擦磨损瓶颈技术问题，解决了航空、航天、船舶等领域关键部件的服役失效和可靠性技术难题。本书具体内容包括碳基润滑材料的概述、富勒烯碳润滑材料、碳纳米管润滑材料、金刚石润滑材料、石墨烯润滑材料、橡胶软表面硬质碳基薄膜润滑材料、非晶碳薄膜强韧润滑调控与应用和发动机低摩擦固体润滑碳薄膜关键技术及应用。

本书结合著者团队碳基润滑材料理论和应用研究的成果和技术资料，涵盖了著者团队承担的"973计划"项目（合成润滑材料的表面界面作用及其对汽车节能降耗的影响，2013CB632304）；"863计划"项目（纳米结构复合类金刚石薄膜空间润滑材料，2007AA03Z338）；科技部国际合作重点项目（发动机节能减排与可靠性关键固体润滑，2010DFA63610）；国家重点研发计划项目（超低剪切强度界面的创成及机理研究，2020YFA0711002）；国家自然科学基金重点项目（碳薄膜/有机复合纳米结构薄膜摩擦学，50823008）；国家自然科学基金航天联合基金项目（面向航天煤油及气体环境应用的密封件磨损失效机制及表面薄膜改性技术研究，U1737213）；国家自然科学基金国际合作与交流重点项目（类金刚石/碳化物多层复合薄膜的力学性能、摩擦学性能及耐腐蚀性能的研究，51661135022）；国家自然科学基金面上项目（液相法制备类金刚石纳米复合薄膜及其功能特性研究，50572108；有序分子薄膜内在结构与表面润湿和润滑性能的关系研究，20673131；类金刚石薄膜类富勒烯纳米结构与摩擦学性能的相关性，50975273；表面界面特性对碳薄膜摩擦行为的影响机制，51275508；石墨烯薄膜的表面粘着特性调控与磨损机制，51475447；二维超导异质结电子态调控与结构超滑，52175202）；国家自然科学基金国际合作与交流项目（氮气氛溅射石墨法沉积 DLC-C_2N 薄膜的结构、电学及摩擦学特性研究，20811120043；类金刚石/碳化物多层复合薄膜的力学性能、摩擦学性能及耐腐蚀性能的研究，51611530704；激光/等离子束改性对丁腈橡胶表面沉积类富勒烯碳薄膜结构和摩擦学的影响，51911530114）；国家自然科学基金青年基金项目（52005485、51905517、51805520、51205383）等。部分成果获得 2016 年国家技术发明二等奖（强韧与润滑一体化碳基薄膜关键技术与工程应用），2019 年国家技术进步二等奖（低摩擦固体润滑碳薄膜关键技术及产业化应用）；此外，还获得省部级一等奖 4 项、二等奖 2 项，中国产学研合作创新奖，中国机械工程学会青年科技成就奖，甘肃省青年科技奖，首届中国汽车工程学会优秀博士学位论文奖等荣誉。

　　本书共有八章，由张俊彦、张斌负责全书统稿、修改和定稿。第一章由高凯雄、华敏奇撰写；第二章由王永富、张俊彦撰写；第三章由杨再秀撰写；第四章由张兴凯撰写；第五章由龚珍彬、陈丽撰写；第六章由强力、张俊彦撰写；第七章由王福、张广安撰写；第八章由张斌、张俊彦撰写。在本书著者团队学习的研究生们为本书部分成果付出了辛勤的努力，包括博士后研究人员刘广桥、张兴凯、李瑞云、杨兴等，博士研究生王成兵、张广安、王霞、王琦、王舟、张斌、汪佳、梁红玉、曹忠跃、师晶、龚珍彬、王永富、高凯雄、强力、余国民、白常宁等，硕士研究生胡红岩、凌晓、张礼芳、魏利、贾倩、赖振国、薛勇、王兆龙、岳照凡、付宇、王彦等。

　　本书参考了大量国内外同行撰写的书籍和发表的论文资料，在此一并表示衷心的感谢。由于著者水平有限，疏漏之处在所难免，请读者不吝指正。

张俊彦　张　斌　王永富

2023 年 1 月于甘肃兰州

目录

第三章
碳纳米管润滑材料 083

第四章
金刚石润滑材料　　115

第五章
石墨烯润滑材料　147

第六章
橡胶软表面硬质碳基薄膜润滑材料　197

第八章
发动机低摩擦固体润滑碳薄膜关键技术及应用   367

索引   400

第一章

绪　论

摩擦消耗了全世界约1/3的一次能源，磨损致使大约60%的机器零部件失效，而且50%以上的机械装备恶性事故都起源于润滑失效或过度磨损。我国已经成为制造大国，但不是制造强国，在生产与制造过程中对资源和能源的浪费严重，单位国内生产总值（GDP）能耗约为日本的8倍、欧盟的4倍、世界平均水平的2.2倍，若按GDP的5%计算，2014年我国摩擦、磨损造成的损失高达31800亿元。随着我国产业升级的发展，制造业、航空航天、交通运输、能源、海洋、生物与仿生等不同工业领域对摩擦学技术提出了大量的迫切需求。特别是，近年来，我国政府部门和科技界十分重视工业基础，即关键基础材料、核心基础零部件/元器件、先进基础工艺和产业技术基础（简称"四基"）等能力薄弱的问题。2014年1月，工业和信息化部向中国工程院发出"关于委托开展工业强基战略研究的函"，指出基础能力不强是制约工业由大变强的主要瓶颈。摩擦学基础理论和技术的研究与"四基"密切相关，比如发动机活塞环、气门、挺柱、凸轮轴、活塞销等关键部件，燃油喷射系统柱塞、针阀等部件，飞机液压助力转向系统、涡轮压缩系统、航天系统轴承、飞轮、力矩陀螺等系统关键部件，摩擦学机理及材料和技术的研究匮乏，严重制约了我国高端装备的升级换代与性能提升。

第一节
摩擦学

摩擦学（tribology）是研究运动表面界面行为的学科，即研究相对运动或有相对运动趋势的相互作用表面间的摩擦、润滑和磨损，及其三者间相互关系的基础理论和技术。随着科学技术的发展，摩擦学研究必将由宏观进入微观，由静态进入动态，由定性进入定量，成为系统综合研究的领域。近年来，摩擦学与物理、化学、材料、机械工程和润滑工程等学科密切交叉融合，取得了诸多突破性的成果，展现出十分广阔的应用前景。特别是润滑材料在科学与技术领域的迅猛发展，可达到节约能源和资源、改善生态环境、消除安全隐患、提高生命质量等目的，有效消除或缓解全球面临日益加剧的资源、能源和环境问题，引起了各国科技界的高度重视。

一、摩擦、磨损与润滑

1. 摩擦的概念和分类

摩擦是相对运动的物体表面间的相互阻碍作用现象，是机械零部件失效或损坏的主要原因之一。

　　按摩擦表面的润滑状态，摩擦可分为干摩擦、边界摩擦和流体摩擦。干摩擦（干摩擦是指摩擦副表面直接接触，没有润滑剂存在时的摩擦）和边界摩擦属外摩擦，外摩擦是指两物体表面作相对运动时的摩擦；流体摩擦属内摩擦，内摩擦是指物体内部分子间的摩擦。

　　按接触方式，摩擦可以分为点接触、线接触、面接触摩擦；按运动方式，可以分为往复、旋转摩擦。如图1-1。

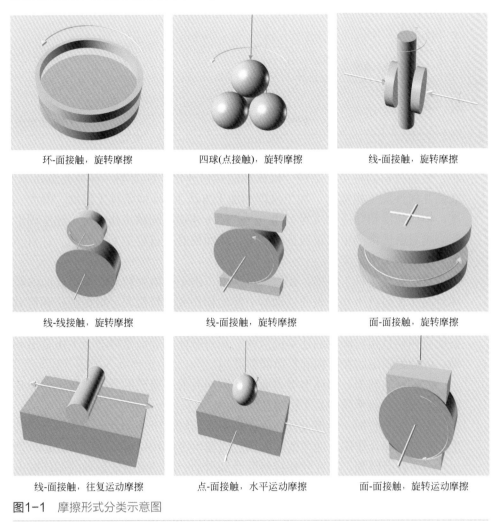

环-面接触，旋转摩擦　　　　四球(点接触)，旋转摩擦　　　　线-面接触，旋转摩擦

线-线接触，旋转摩擦　　　　线-面接触，旋转摩擦　　　　面-面接触，旋转摩擦

线-面接触，往复运动摩擦　　　点-面接触，水平运动摩擦　　　面-面接触，旋转运动摩擦

图1-1　摩擦形式分类示意图

2．磨损的概念和分类

磨损是相互接触的物体在相对运动时，表层材料不断发生损耗或塑性变形的

过程，是机械零部件失效或损坏的主要原因之一。

通常意义上来讲，磨损是指零部件几何尺寸（体积）或质量的变小。在一般正常工作状态下，磨损可分三个阶段：

a. 跑合（磨合）阶段：轻微的磨损，跑合是为正常运行创造条件。

b. 稳定磨损阶段：磨损更轻微，磨损率低而稳定。

c. 剧烈磨损阶段：磨损量急剧增长，零件精度丧失，发生噪声和振动，摩擦温度迅速升高，说明零件即将失效（如图1-2）。

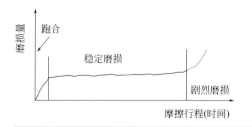

图1-2
磨损三个阶段示意图

影响磨损的因素很多，例如相互作用表面的相对运动方式，载荷与速度的大小，表面材料的种类、结构、机械性能和物理化学性能等，各种表面处理工艺，表面几何性质（粗糙度、加工纹理和加工方法）、环境条件（温度、湿度、真空度、辐射强度和介质性质等）和工况条件（连续或间歇工作）等。这些因素的相互影响对磨损将产生或正或负的效果，从而使磨损过程更为复杂化。针对不同情况，磨损被具体定义为：

（1）磨粒（料）磨损　在摩擦过程中，由于硬质颗粒或摩擦副表面的硬微凸体对固体表面挤压和沿表面运动所引起的损伤或材料流失。根据硬质颗粒对摩擦副的一个表面还是两个对摩表面作用，可分为两体磨粒磨损和三体磨粒磨损；根据硬质颗粒是相对固定的还是松散的、相对摩擦副表面是滑动为主还是滚动兼滑动，可分为固定磨粒磨损和松散磨粒磨损。

（2）滑动磨损　固体摩擦表面之间因相对滑动造成的磨损，属于一种常见的磨损形式，一般承受的是平稳载荷。

（3）黏着磨损　摩擦过程中固体接触表面间由于分子力作用或原子间键合发生了互溶或焊合作用，使摩擦副表面之间发生冷焊和材料转移现象引起的磨损。

（4）疲劳磨损　当在摩擦接触区受到滑动、滚动或滑滚运动的循环应力超过材料的疲劳极限，在表面或近表层中萌生裂纹，并逐步扩展，导致材料表面断裂剥落的磨损机理。在接触表面形成的疲劳损伤还可能成为引发材料疲劳断裂的裂纹源，从而降低材料疲劳强度。

（5）氧化磨损　氧或氧化物介质与摩擦表面相互作用形成氧化膜，材料流失仅发生在氧化膜或由于氧化膜不断形成又不断被去除的一种磨损机理。

（6）腐蚀磨损　腐蚀环境中摩擦表面出现损伤和材料流失的一类磨损。一般是机械和化学因素交互作用、互相促进、加速表面损伤和材料流失的过程。

（7）微动磨损　由名义上无相对运动的固体接触表面间的微小距离往复切向或法向运动作用，使接触表面产生的损伤和材料流失。损伤过程中可能包含黏着磨损、磨粒磨损、疲劳磨损及氧化磨损等机制。

（8）冲蚀磨损　固体表面受到小而松散的流动粒子冲击，造成表层材料逐渐流失或表面损伤的一种特殊的磨损形式。流动的粒子一般为多相流中的粒子，气流中带有的小固体颗粒引起的磨损称为喷砂冲蚀，液流中带有的小固体颗粒引起的磨损称为料浆冲蚀，高速液滴引起的磨损称为雨蚀，流体中夹有气泡引起的磨损称为空蚀。

总之，机械零部件的磨损使零件间配合精度降低或达不到配合要求，直至影响机械设备的运转精度或产品的加工质量，甚至使摩擦系统产生振动和噪声。了解磨损规律对于认识设备磨损行为及提高设备使用寿命、减少维护成本具有重要意义。

3. 润滑的概念和分类

润滑是减轻摩擦和磨损所采取的措施。润滑材料和技术是降低摩擦、减小或避免磨损、提高工作效率、延长设备寿命的最有效手段。

目前大部分运动机械的润滑主要采用两种方式：以润滑油、脂为代表的液体润滑和以软金属、二硫化物薄膜等为代表的固体润滑。在液体润滑方面，其显著优点主要表现在可补充、低摩擦、低磨损和长寿命。随着现代工业和高新技术的发展，尤其是航空航天技术中，许多服役环境和使用工况条件已经超过了润滑油脂的使用极限，如高低温、超高真空、强辐射、强氧化还原介质、高速重载、要求无污染等。在上述环境和工况条件下，大多数液体润滑已难以满足使用要求，必须采用固体润滑材料和技术。固体润滑技术是随着航空航天技术的发展而发展起来的一种润滑技术，在解决高技术装备特殊工况条件下的润滑问题方面发挥了润滑油脂难以替代的作用。

二、润滑的科学意义

润滑作为先进制造、核工业、交通运输、新能源等装备的核心技术之一，贯穿于设计、工艺、制造、评价、服役整个寿命过程。因此，高性能润滑材料是支撑现代工业先进装备的核心与关键，是国家发展的重要战略支撑力量。《国家中长期科学与技术发展规划纲要（2006—2020 年）》列出的 16 个重大专项中，空天（航空航天）与海洋技术、大型飞机、载人航天与探月工程、装备制造、机电产品节能技术等与高性能润滑材料密切相关，润滑材料和技术已成为上述重大专项成功实施及长寿命可靠运行的最重要保障之一。号称工业"皇冠上的明珠"的航空发动机,近来也已经被国家列为重大专项进行论证,而新型润滑材料及其应用基础研究是保障发动机动力传输系统高可靠性和长寿命的关键共性基础之一。

目前,我国现有的润滑材料和技术已不能满足运动系统高可靠、高效率、长寿命运行的要求,如我国风力发电机组、高速列车、钢铁工业等装备用润滑油脂90%以上依赖进口,汽车发动机用高附加值润滑油大多为国外跨国公司所垄断,这些润滑油脂的技术核心是以合成酯、聚烯烃等为代表的高性能合成基础油组分的设计、制备与应用。航空航天工业用固体和液体润滑材料及技术也一直被封锁,发达国家限制向我国出口。在此背景下,我国润滑材料行业的发展承受着巨大的战略压力与核心技术上的挑战,润滑行业迫切需要基础研究成果、迫切需要关键技术、迫切需要高端人才的支撑,以提高产品的国际竞争力,并不断满足装备制造等高技术发展对润滑的需求。

与传统的润滑材料相比,高性能润滑材料一般为经过特殊工艺技术制备的合成润滑油脂或固体润滑材料。碳基固体润滑材料是新型高性能润滑材料,近年来得到了广泛关注和迅速发展。我国科技界和工业界有志人士围绕高性能碳基固体润滑材料设计制备、组分结构调控及其对润滑抗磨损性能、动力系统节能降耗的影响规律,取得了诸多突破性的成果,使我国润滑材料产品的性能指标或核心技术达到或接近世界先进水平,以支撑国家装备制造和战略高技术工业的发展。

第二节
碳基润滑材料性能表征

一、碳基润滑材料概述

碳基润滑材料是新型高性能润滑材料,近年来得到了广泛关注和迅速发展。碳的同素异形体多样性(金刚石、石墨、石墨烯、碳纳米管、富勒烯、非晶碳等),赋予碳材料组分结构的多样性(sp^2 C 键、sp^3 C 键),为设计制备高性能润滑材料提供了丰富的选择可能性和调控途径,如图 1-3。这些碳材料作为润滑材料的用途非常广泛,既可以作为润滑油脂添加剂(用于机械部件界面润滑),亦可以作为固体薄膜(用于机械部件表面润滑),还可以作为金属镶嵌固体润滑材料(用于机械部件整体润滑);既可以作为传统大型机械的润滑材料,亦可作为未来微电子机械系统的润滑材料。由于碳材料既是传统的材料，又是新型前沿材料，对于碳材料作为润滑材料的研究方兴未艾，新发现、新发明、新应用层出不穷。

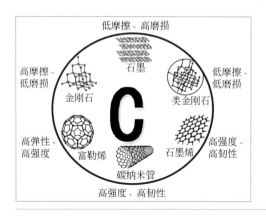

图1-3
碳基润滑材料

二、碳基润滑材料结构表征

对于固体碳材料而言，检测手段的基本原理是利用激发源（如电子束、离子束、光子束、中性粒子等），在外加电场、磁场和热场的辅助下，使被监测样品发射携带元素成分和结构的信息，通过捕捉这些信息实现对薄膜化学组成、成键状态等的分析。碳材料主要的参数为 sp^3/sp^2 杂化键的相对含量、H 元素含量，所以主要介绍几种常用的碳材料 sp^3 杂化键含量、H 含量及其微结构特征的材料检测方法[1,2]。

1. 核磁共振

^{13}C 核磁共振（Nuclear Magnetic Resonance，NMR）是测量碳材料中 sp^3 杂化碳原子最直接的方法，每类杂化碳都会形成分开的化学位移峰，并且具有相同的权重因子，因此可以从分子层面区分 sp^2 和 sp^3 杂化碳。此外，NMR 还可以检测碳材料中碳原子是否与氢键合，利用交叉极化或质子退耦方法区分不同的 CH_x。但不足的是，由于 ^{13}C 的丰度较低，因此需要较多量的样品，并且需要将样品从衬底上剥离下来，制成粉末。

2. 拉曼光谱

拉曼（Raman）光谱是基于测量分子振动能级变化的散射光谱，被广泛用于研究各种碳键合材料。该方法的基本原理是通过测量单色光在通过与待测样品中分子的非弹性碰撞后频率的变化，这种频率的改变（即波数）反映了分子中振动能级的变化，因此可以鉴别碳材料的化学成分和化学键合。Raman 光谱对被研究材料中平移对称性的变化非常敏感，是研究碳材料中无序度改变和晶相形成的有力工具[3]。由于碳材料对光的吸收系数很大，激光只能穿透几十纳米的厚度，所以拉曼光谱对碳材料给出的是材料近表面的结构信息[4]。拉曼峰的位置（即拉曼位移）、强度、形状和半峰宽（FWHM）都包含了材料化学和结构方面的重要信息。拉曼峰的强度正比于散射物质的浓度，这为定量分析奠定了基础。对于混合相，相应的拉曼峰必然同时存在，并因相互叠加而呈现出不对称的形状。将不对称的拉曼峰通过拟合分解为对称的峰，由各峰相应的面积即可计算出各相的体积比。

常见碳材料的 Raman 光谱如图 1-4 所示[5]。对于单晶石墨，只观察到 1575cm^{-1} 单峰，改变晶体取向并不会改变光谱特征。但是，对于多晶石墨，在 1355cm^{-1} 处观察到另一 Raman 峰。这一 Raman 峰的强度增加有两种因素，第一是样品中无序碳的增加，第二是对应着石墨晶粒尺寸减小。对于石墨的振动模式，只有 $2E_{2g}$ 模式是拉曼激活的，因此在单晶石墨观察到的拉曼峰可以归为两个 $2E_{2g}$ 模式，并称 G 带或 G 峰。1355cm^{-1} 可归结为小晶粒或大晶粒边界的 A_{1g} 振动模式，由于 1355cm^{-1} 峰的出现与石墨样品中无序程度有关，因此它被称为 D 峰。

以碳薄膜为例，典型碳薄膜 Raman 光谱一般在 1500cm^{-1} 附近显示一个不对称的宽峰[6,7]，用计算机拟合，可以将它分解为两个以 1550cm^{-1} 和 1360cm^{-1} 为中心的对称峰，分别对应 G 峰和 D 峰，这样的拉曼光谱被认为是碳薄膜的 Raman 指纹。G 峰和 D 峰都与 sp^2 键有关。G 峰是由所有环状和链状 sp^2 键的伸缩振动引起的；而 D 峰与环状 sp^2 键的呼吸振动模式有关。无定形碳的 Raman 光谱被认为主要取决于以下几个方面：（a）sp^2 相的"聚集"程度；（b）键长和键角的无序化程度；（c）sp^2 环或是 sp^2 链的出现；（d）sp^2/sp^3 值。这些因素左右无定形碳拉曼光谱的形状（如图 1-5 所示）[8]。

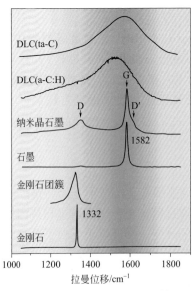

图1-4 几种碳结构的拉曼光谱[5]

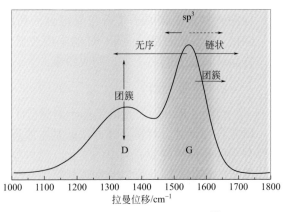

图1-5 碳薄膜的结构对拉曼光谱的影响[8]

3．傅里叶变换红外光谱

傅里叶变换红外光谱（Fourier Transform Infrared Spectroscopy，FTIR 光谱）是研究金刚石薄膜和 DLC 薄膜的结构，特别是 CH 基团组态的一种有效手段，具有高度特征性。已经有许多关于碳材料 FTIR 光谱研究的报道[9,10]。FTIR 手段揭示的固体原子振动模式主要有两类：成键原子之间有相对位移的伸展振动模式和没有相对位移的弯曲振动模式。所有的振动都有确定的频率，一般根据各自特有的振动模式来区分组态。利用 FTIR 光谱可以有效分析碳材料的结构，尤其是其中 CH 基团组态，如表 1-1[10,11] 所示。碳材料的 FTIR 光谱吸收区间通常位于 $2700 \sim 3300 cm^{-1}$ 区间，且对应不同的 C—H 伸展振动模式。对测得的 FTIR 吸收谱进行拟合分峰，可得到每个组态的相对含量，从而获得 sp^3/sp^2 键合比。值得注意的是，FTIR 光谱只能反映与碳键合的氢原子相对含量，薄膜中绝对氢含量的测定可由 ERDA 或 NMR 获得。此外由于计算机拟合分峰过程中也存在一定的误差，导致由 FTIR 吸收谱得出的结果不能完全定量地反映薄膜中的真实情况，只能作定性和半定量的分析，而定量分析结果只能作为参考[12,13]。

表1-1　碳薄膜的红外振动模式及其归属[10,11]

组态	预测的波数/cm^{-1}	观察到的波数/cm^{-1}
C—H伸展振动模式		
$sp^1 CH$	3305	3300
$sp^2 CH$（芳香环）	3050	3045
$sp^2 CH_2$（烯烃）	3020	—
$sp^2 CH$（烯烃）	3000	3000
$sp^3 CH_3$（非对称的）	2960	2960～2975
$sp^3 CH_2$（烯烃）	2950	2945～2955
$sp^3 CH_2$（非对称的）	2925	2920
$sp^3 CH$	2915	2920
$sp^3 CH_3$（对称的）	2870	2870～2875
$sp^3 CH_2$（对称的）	2855	2845～2855
C—H弯曲振动模式		
$sp^3 CH_3$（非对称的）	1450±15	
$sp^3 CH_3$（对称的）	1370～1390	
$sp^2 CH_2$（烯烃）	1410～1420	
$sp^3 CH_2$（芳香环）	1440～1480	

4．X 射线光电子能谱

X 射线光电子能谱（X-ray Photoelectron Spectroscopy，XPS）是一种研究物质表层元素组成及离子状态的表面分析技术。XPS 的基本原理是利用 X 射线照射材料表面，使材料原子或分子的内层电子或价电子吸收光能受激发而脱离表面，通过对这些光子能量的分析可以得到材料的组成信息。对于碳材料，可以通过计算机对其 XPS 中的 C1s 峰进行拟合，从而得到材料中 sp^3 和 sp^2 杂化键的相对含量。图 1-6 所示为金刚石、石墨以及典型碳薄膜的 XPS 中的 C1s 主峰，三者主峰峰位分别位于 285.6eV，284.4eV 和 285.1eV。根据碳薄膜 C1s 峰的形状特征将其拟合为三个不同的峰，分别为：结合能在 285.1eV 峰归属于 C—C 键，结合能在 287.1eV 峰归属于 C—O 键，以及结合能在 288.9eV 峰归属于 C=O 键或 O—C=O 键[14]。其中 C—C 峰可以进一步分解为 sp^3 峰和 sp^2 峰，通过峰面积比值可以估算 sp^3 和 sp^2 杂化键的比值。

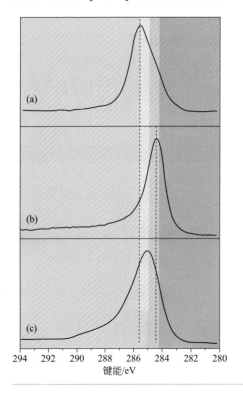

图1-6

XPS C1s电子能谱：金刚石（a）；石墨（b）；DLC薄膜（c）[14]

5．弹性反冲探测分析技术

弹性反冲探测分析（Elastic Recoil Detection Analysis，ERDA）技术可以对原子序数较低的元素深度分布进行检测。碳材料中氢元素的测量十分重要，也特别困难。由于氢原子具有特殊的原子核和电子结构，俄歇电子法、二次离子质谱和卢瑟福背散射都无法测试氢原子，ERDA 无疑是最适用的方法之一，能够定量和非破坏地分析碳材料中氢原子含量和深度分布[15,16]。

6．透射电子显微镜

透射电子显微镜（Transmission Electron Microscope，TEM）和高分辨透射电子显微镜（High-Resolution TEM，HRTEM）的基本原理是把经过加速和聚焦的电子束投射到非常薄的样品上，由于入射电子受到的晶体势场不同，电子和样品中的原子发生碰撞时受不同势场作用发生方向改变，形成明暗不同的影像，获得材料的结构信息。HRTEM 与选区电子衍射（Selected Area Electron Diffraction，SAED）可以给出晶体原子级分辨率的结构信息，可以用来确定纳米晶的尺寸、结构、分布等。除此之外，聚焦离子束（Focused Ion Beam，FIB）可实现在微米、纳米尺度对样品进行加工和观察，为 TEM，HRTEM，扫描电子显微镜（SEM）等分析手段提供样品。

7．电子能量损失谱

电子能量损失谱（Electron Energy Loss Spectroscopy，EELS）是透射电子显微镜的一个重要附件，也是最为常用的检测、估算 sp^3/sp^2 值的方法之一。当电子束通过碳材料时会发生非弹性散射，存在两个能量损失区：低损失区在 $0 \sim 40eV$；高损失区（高能电子损失谱，又称 X 射线近边吸收谱，XANES）由 285eV 和 290eV 处的两个峰组成，前者对应电子从 1s 轨道激发到 sp^2 的 $2p_\pi^*$ 态，后者对应电子从 1s 轨道激发到 sp^3、sp^2 和 H 的空 σ^* 态。285eV 和 290eV 峰的相对强度与 π 和 σ 电子的相对含量成比例，由此可推算出 sp^2 组态的百分含量。EELS 的优点在于能够测量很薄的膜（$10 \sim 20nm$）。缺点是在 EELS 中存在的不确定性来自校正程序，会导致实验结果的错误；另一个缺点是它属破坏性实验，测量前必须将薄膜从基材表面剥离，薄膜的性质在制备透射电镜样品或由高能电子束照射时可能受到影响。在 sp^2 和 sp^3 态间的带间散射也可能带来 EELS 分析的不确定性。为了获得 DLC 薄膜的键合信息，通常使用石墨、金刚石以及其他石墨化碳样品作为参考。

以上几种是较为常见的碳材料结构表征方法，除此之外，还有针对碳材料力学、光学、润湿性、耐腐蚀性等性能的表征手段。对于不同基底、厚度、元素构成的碳材料，选择合理的一种或多种表征方法可以对碳材料进行综合的质量评定和结构检测。

三、碳基润滑材料力学性能表征

1．弹性模量

一般地讲，对弹性体施加一个外界作用力，弹性体会发生形状的改变（称为

"形变"）。弹性模量（elastic modulus）是材料最基本的力学性能参数之一，是单向应力状态下应力除以该方向的应变。从宏观角度来说，弹性模量是衡量物体抵抗弹性变形能力大小的尺度；从微观角度来说，则是原子、离子或分子之间键合强度的反映。凡影响键合强度的因素均能影响材料的弹性模量，如键合方式、晶体结构、化学成分、微观组织、温度等。

纳米压痕技术可用以测定薄膜的硬度、弹性模量以及薄膜的蠕变行为等，其理论基础是 Sneddon 关于轴对称压头载荷与压头深度之间的弹性解析分析，其结果为：

$$S = \frac{dP}{dh} = \frac{2}{\sqrt{\pi}} E_r \sqrt{A} \tag{1-1}$$

这里，h 为压头的纵向位移；$S = dP/dh$ 为试验载荷曲线的薄膜材料刚度；A 是压头的接触面积；E_r 为约化弹性模量。

$$\frac{1}{E_r} = \frac{1 - v_f^2}{E_f} + \frac{1 - v_i^2}{E_i} \tag{1-2}$$

其中的 E_f、E_i、v_f、v_i 分别为被测薄膜和压头的弹性模量和泊松比。被测试材料的硬度值定义为：

$$H = P_{max} / A \tag{1-3}$$

当 A、dP/dh 和 P_{max} 确定后，可利用式（1-1）～式（1-3）分别求出薄膜的弹性模量和硬度值。

另外，薄膜的力学性能可在纳米压痕仪上采用金字塔形金刚石压头（Berkovich）进行测量。为了将表面粗糙度和基底对测试结果的影响减小到最低，压入深度不大于薄膜厚度的10%。在不同位置采样五次，取平均值作为硬度值结果。薄膜弹性恢复率（elasticity recovery，记作 R）可通过如下公式计算得到：

$$R = (d_{max} - d_{res})/d_{max} \times 100\% \tag{1-4}$$

其中 d_{max} 和 d_{res} 分别为最大位移和残余位移。

2. 硬度

材料局部抵抗硬物压入其表面的能力称为硬度。固体对外界物体入侵的局部抵抗能力，是衡量各种材料软硬的指标。

用一定的载荷将规定的压头压入被测材料，根据材料表面局部塑性变形的程度比较被测材料的软硬，材料越硬，塑性变形越小。压入硬度在工程技术中有广泛的用途。压头有多种，如一定直径的钢球、金刚石圆锥、金刚石四棱锥等。载荷范围为几克力至几吨力（即几十毫牛顿至几万牛顿）。压入硬度对载荷作用于被测材料表面的持续时间也有规定。主要的压入硬度有布氏硬度、洛氏硬度、维氏硬度、显微硬度及纳米硬度等。

目前针对碳薄膜的硬度广泛采用的方法是纳米压痕法。发展纳米压痕技术的原动力在于：当压痕的形貌尺寸减至百纳米级，利用扫描电镜找到并测量压痕费时费力，且测量误差较大，直接利用测量得到的连续载荷-位移数据得出压痕面积而不是利用扫描电镜测量压痕边长是其在测量方法上区别于常规显微硬度仪的特征。该方法可以提高压痕面积的测量精度、降低测量人员的劳动强度并减少测量中的人为因素。纳米压痕硬度的定义为：$H=P/S$。其中，P 为载荷；S 为压痕的投影面积而不是三棱锥硬度中的表面积，压痕投影面积根据载荷-位移曲线得出。

3. 残余应力

碳材料在制造过程中，将受到来自各种工艺等因素的作用与影响；当这些因素消失之后，若材料所受到的上述作用与影响不能随之而完全消失，仍有部分作用与影响残留在材料内，则这种残留的作用与影响称为残余应力。残余应力是当物体没有外部因素作用时，在物体内部保持平衡而存在的应力。凡是没有外部作用，物体内部保持自相平衡的应力，称为物体的固有应力，或称为初应力，亦称为内应力。

残余应力的形成主要是由于存在不协调、不均匀的变形，而导致物体自身为保持平衡而产生应力，如物体不同部分因热膨胀系数、屈服强度或刚度的差异导致的残余应力。具体而言，可把残余应力形成原因归于不均匀的受力、温度、相变和缺陷引起变形。

对残余应力的作用进行定量评价或控制的前提是要精确获知残余应力数值及其分布状态，因此残余应力的测试分析非常重要。残余应力的测试分析包括无损检测、有损检测和有限元分析方法。

在各种无损测定残余应力的方法之中，X 射线衍射法被公认为最可靠和最实用。它原理成熟，方法完善，在国内外广泛应用于机械工程和材料科学，取得了卓著成果。

除此之外，还有同步辐射技术、中子散射技术、超声残余应力检测法、裂纹柔度法、扫描电子显微镜技术、激光超声检测法、微观压痕法、纳米压痕技术、多孔差方法等。除了 X 射线衍射技术在研究和工程上最常用外，同步辐射技术和中子散射技术在研究中也逐渐开展起来，并对未来无损原位测定材料和构件的内部残余应力分布具有很大优势。

4. 断裂韧性

断裂韧性是碳材料中有裂纹或类裂纹缺陷情形下发生以其为起点的不再随着载荷增加而快速断裂，即发生所谓不稳定断裂时，材料显示的阻抗值。

断裂韧性表征材料阻止裂纹扩展的能力，是度量材料韧性好坏的一个定量指标。在加载速度和温度一定的条件下，对材料而言它是一个常数，它与裂纹本身的大小、形状及外加应力大小无关，是材料固有的特性，只与材料本身、热处理及加工工艺有关。当裂纹尺寸一定时，材料的断裂韧性值愈大，其裂纹失稳扩展所需的临界应力就愈大；当给定外力时，若材料的断裂韧性值愈高，其裂纹达到失稳扩展时的临界尺寸就愈大。它是应力强度因子的临界值。常用断裂前物体吸收的能量或外界对物体所做的功表示，例如应力 - 应变曲线下的面积。韧性材料因具有大的断裂伸长值，所以有较大的断裂韧性，而脆性材料一般断裂韧性较小。

测试试样表面先抛光成镜面，在显微硬度仪上，以 10kgf（1kgf=9.80665N，下同）负载在抛光表面，用硬度计的锥形金刚石压头产生一压痕，这样在压痕的四个顶点就产生了预制裂纹。根据压痕载荷 P 和压痕裂纹扩展长度 C 计算出断裂韧性数值（K_{IC}，MPa·m$^{\frac{1}{2}}$）。计算公式为：

$$K_{IC} = 0.016 \left(\frac{E}{H_V} \right)^{\frac{1}{2}} \left(\frac{P}{C^{\frac{3}{2}}} \right) \qquad (1-5)$$

其中 E 为弹性模量。公式中载荷 P 单位为 N，裂纹扩展长度 C 单位为 mm，显微硬度 H_V 单位为 GPa。

5. 结合力

涂层结合强度包括基体和涂层之间的结合强度以及涂层颗粒之间的结合强度，它反映了涂层的力学性能，是涂层质量的一项重要指标。结合强度一般可用两种形式测得：一种是力的形式，测量涂层从基体上分离开时单位面积上所需的最小力；另一种是能量的形式，测量涂层从基体上分离开时单位面积上所需的能量，通常用剥离功来表示。涂层与基体结合力的检测方法有很多种，大致分为定性检测和定量检测。定性检测有划圈法、划格法、冲击法等，这些方法简便易行，但存在一定的问题；定量检测有拉伸法、压入法、划痕法和无损检测技术等。无损检测技术中的超声波和 X 射线衍射等方法能够较为准确地表征涂层与基体间结合力，以满足涂层研究工作的需求。

四、碳基润滑材料摩擦学表征

1. 摩擦力和摩擦系数

两个相互接触并挤压的物体，当它们发生相对运动或具有相对运动趋势时，就会在接触面上产生阻碍相对运动或相对运动趋势的力，这种力叫做摩擦力（F）。

摩擦力的方向与物体相对运动或相对运动趋势的方向相反。固体表面之间的摩擦力的原因有两个：固体表面原子、分子之间相互的吸引力（化学键重组的能量需求）和它们之间的表面粗糙所造成的互相之间卡住的阻力。在摩擦表面上发生的切向阻力，有相对运动时的摩擦力称为动摩擦力，尚未发生相对运动时的摩擦力称为静摩擦力。由静摩擦转为动摩擦之前瞬间的摩擦力称为最大摩擦力。

摩擦系数是一组摩擦副之间的摩擦力 F 与法向力 N 之比。

如图 1-7 所示，试验采用球 - 面接触形式进行摩擦。平面试样进行往复运动，载荷 N 施加在磨球上，二者相对运动，产生滑动摩擦力，通过测力传感器测得该摩擦力。根据摩擦力的定义就可以得到这二者间的摩擦系数 μ，即

$$\mu = \frac{N}{F} \tag{1-6}$$

其中，μ 为摩擦系数；N 为载荷；F 为摩擦力。

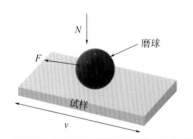

图1-7
摩擦系数测量示意图

2．磨损量和磨损率

磨损量为在磨损过程中摩擦副的材料接触表面变形或表层材料流失的量，通常可用体积、质量、几何尺寸等表示。磨损率测得的是磨损量对于摩擦工况中某一特定条件参量的变化率，通常可用单位行程、单位时间、单位载荷或一个运动周期的磨损量表示。

3．磨损量测量

磨损量测量主要依托表面轮廓仪或称重法。

（1）表面轮廓仪　测量固体的表面粗糙度和表面轮廓线的专用设备，分为接触式和非接触式，主要有：

1）接触式轮廓仪，通常用沿被测量表面移动的金刚石触针来测量表面粗糙度和表面轮廓线，其局限性是容易破坏软表面和不易反映表面的精细结构。

2）激光轮廓仪，是利用微聚焦的激光束非接触地扫描被测量表面，它能够

克服接触式轮廓仪的局限性并获得较为精细的表面形貌。

3）光学干涉轮廓仪，应用计算机技术能够生成深度较大、分辨精度很高的物体表面三维空间图像，通过光学干涉轮廓仪直接测得磨斑三维形貌，得到磨损体积。可用于评价光滑表面的形貌特征和更加精细的结构。

4）光共焦轮廓仪，可在激光轮廓仪中利用两个光圈将激光激发额外产生的发光过滤掉，以更清晰地显示表面形貌。

（2）接触式轮廓仪测磨损体积　　如图 1-8 所示，该方法是通过给划针施加微小的力划过磨痕，通过位移传感器得到划针划过磨痕时位移变化，通过计算机处理，得到图 1-9 所示磨痕截面轮廓。图 1-9 中横坐标表示划针走过的位移，即磨痕宽度 d；纵坐标表示划针竖直方向移动位移，即磨痕深度 h；通过积分计算可得到阴影部分面积，该面积则为磨痕横截面面积 S。

所以
$$V = lS \tag{1-7}$$

其中，V 为磨损体积；l 为磨痕长度（在试样上测量得到）；S 为磨痕横截面面积。

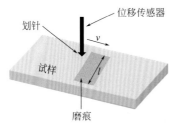

图1-8　截面测量原理示意图

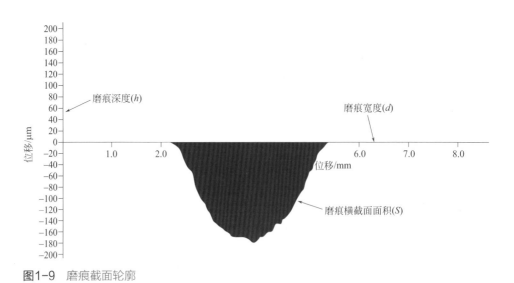

图1-9　磨痕截面轮廓

（3）失重法测磨损质量　失重法是通过称量试验前后试样的质量，求得两次称重的质量差，从而得到试样的磨损质量。即在试验前，清洗试样并烘干，然后称得试样质量为 m_1；试验结束后，清除试样表面的磨屑，然后称得试样质量为 m_2。两次质量的差值则为试样磨损的质量 Δm，即 $\Delta m = m_1 - m_2$。

第三节
小结与展望

随着科学技术的发展，碳基润滑材料必将由宏观进入微观，由静态进入动态，由定性进入定量的研究趋势，为认识摩擦基本理论和摩擦起源提供了契机。近年来以石墨烯为代表的范德华材料研究，将使摩擦学研究由经典力学范畴深入到能量范畴，由局部扩展到系统，从表面力学行为深入到声子、电子行为等，在摩擦学的基础研究中将发挥巨大作用。与此同时，这些材料也将为发掘降低摩擦功耗的新途径、研发新型超滑材料、探索新型表征方法、揭示材料摩擦缺陷与损伤形成机制等方面提供理论借鉴。特别是，随着碳基润滑材料微观机制和摩擦起源研究及探索，能够大大提升我国在机械能与其他能量转变方面的科学仪器水平，具有重大的战略意义。

碳基润滑材料是新型高性能润滑材料，近年来在金刚石、石墨、石墨烯、碳纳米管、富勒烯、非晶碳等方面的研究还在不断扩展和深化之中。同时由于碳材料既是传统材料，又是新型前沿材料，对于碳材料作为润滑材料的研究方兴未艾，新发现、新发明、新应用层出不穷。

尽管目前经过精细的分子或微观结构设计，已有碳基润滑材料具有优良的润滑抗磨损性能、耐高低温性能、抗氧化性能、耐特殊环境介质等功能，但是随着现代工业的发展，机械系统面临着在重载荷、高低温、高低速、高冲击和强辐照等苛刻工况下服役的迫切需求，需要开展新型碳基润滑材料的设计方法、润滑机制的研究和工艺技术的开发，才能不断满足装备制造等高技术发展对润滑的要求。

参考文献

[1] Robertson J. Diamond-like carbon[J]. Pure and Applied Chemistry, 1994, 66(9): 1789-1796.

[2] 师晶. 类金刚石碳薄膜多气氛摩擦学行为及摩擦机理研究 [D]. 北京：中国科学院大学，2017.

[3] Nemanich R J, Solin S A. 1st-order and 2nd-order Raman-scattering from finite-size crystals of graphite[J]. Physical Review B, 1979, 20(2):392-401.

[4] You T Y, Niwa O, Tomita M, et al. Characterization and electrochemical properties of highly dispersed copper oxide/hydroxide nanoparticles in graphite-like carbon films prepared by RF sputtering method[J]. Electrochemistry Communications, 2002, 4(5): 468-471.

[5] Irmer G, Dorner-Reisel A. Micro-Raman studies on DLC coatings[J]. Advanced Engineering Materials, 2005, 7(8): 694-705.

[6] Nemanich R J, Glass J T, Lucovsky G, et al. Raman-scattering characterization of carbon bonding in diamond and diamondlike thin-films[J]. Journal of Vacuum Science & Technology A-Vacuum Surfaces and Films, 1988, 6(3): 1783-1787.

[7] Tamor M A, Vassell W C. Raman fingerprinting of amorphous-carbon films[J]. Journal of Applied Physics, 1994, 76(6): 3823-3830.

[8] Ferrari A C, Robertson J. Interpretation of Raman spectra of disordered and amorphous carbon[J]. Physical Review B, 2000, 61(20): 14095-14107.

[9] Maultzsch J, Reich S, Thomsen C. Double-resonant Raman scattering in graphite: interference effects, selection rules, and phonon dispersion[J]. Physical Review B, 2004, 70(15): 155403-155411.

[10] Heitz T, Drevillon B, Godet C, et al. Quantitative study of C—H bonding in polymerlike amorphous carbon films using in situ infrared ellipsometry[J]. Physical Review B, 1998, 58(20): 13957-13973.

[11] Fallon P J, Veerasamy V S, Davis C A, et al. Properties of filtered-ion-beam-deposited diamond-like carbon as a function of ion energy[J]. Physical Review B, 1993, 48(7): 4777-4782.

[12] Grill A, Patel V. Characterization of diamond-like carbon by infrared-spectroscopy[J]. Applied Physics Letters, 1992, 60(17): 2089-2091.

[13] Jacob W, Unger M. Experimental determination of the absorption strength of C—H vibrations for infrared analysis of hydrogenated carbon films[J]. Applied Physics Letters, 1996, 68(4): 475-477.

[14] Paik N. Raman and XPS studies of DLC films prepared by a magnetron sputter-type negative ion source[J]. Surface & Coatings Technology, 2005, 200(7): 2170-2174.

[15] Zhang J Z. Ultrafast studies of electron dynamics in semiconductor and metal colloidal nanoparticles: effects of size and surface[J]. Accounts of Chemical Research, 1997, 30(10): 423-429.

[16] Yi J J L, Yu K M. Surface studies of semiconducting glass using ion beam methods[J]. Journal of Non-Crystalline Solids, 2000, 263(1-4): 416-421.

第二章
富勒烯碳润滑材料

1985年，美国科学家Smalley、Curl和英国科学家Kroto等人通过激光灼烧方式蒸发石墨的碳原子实验中，成功检测到了C_{60}，同时认为C_{60}具有球形对称结构，由12个五元碳环和20个六元碳环构成，该发现获得了1996年的诺贝尔化学奖[1]。1991年，霍金斯第一次准确测量出C_{60}衍生物的X射线单晶衍射图谱，从而证实了C_{60}足球状结构[2]。理论上已有预言：单个C_{60}分子总模量高达843GPa，这比金刚石（441GPa）大得多[3]。目前实验上由C_{60}分子构成的单晶总模量达到642GPa。此外，科学家们利用各向异性压缩C_{60}[4]和将富勒烯C_{60}纳米颗粒嵌入无定形碳矩阵形成了sp^2键合硬质材料[5]。相比于富勒烯C_{60}，类富勒烯碳薄膜指一类碳原子以sp^2杂化为主的新型薄膜材料，即通过sp^2杂化碳原子相互连接的弯曲石墨片交联构成三维网络结构。该独特结构赋予了类富勒烯碳薄膜高硬度、形状记忆性等机械性能。高硬度保证了薄膜具有良好的承载能力，高弹性恢复使得薄膜在外力卸载后迅速恢复由外力引起的变形，因此，类富勒烯碳薄膜又被称作"超硬橡皮"[6,7]。

本书著者团队发现含氢类富勒烯碳（Fullerene-Like Hydrogenated Carbon，FL-C:H）薄膜具有原子级光滑表面和良好化学惰性，特别是展现出相对运动界面摩擦消失的超滑现象（摩擦系数小于0.01），对于重大工程装备和节能具有重要的意义[8-12]。在本章中，首先从富勒烯C_{60}与类富勒烯碳两种材料的制备方法、形成机制和摩擦性能入手，对比分析二者之间润滑性能，阐明了FL-C:H薄膜的优异固体润滑性能；然后系统考察了FL-C:H薄膜在大气（摩擦对偶、环境湿度）下摩擦磨损性能，突出体现FL-C:H薄膜润滑优越性；并分析其摩擦界面行为与类金刚石碳结构之间的关系，提出不同于类金刚石碳薄膜的超滑机制——FL-C:H薄膜界面"滚滑"超滑机理，最后对富勒烯碳基润滑领域的发展进行了展望。

第一节
富勒烯碳及类富勒烯碳制备方法

一、富勒烯碳制备方法

合成富勒烯碳的方法主要有激光灼烧法、电弧法、射频等离子体法、燃烧法和化学合成法。

1. 激光灼烧法

富勒烯碳最早的合成方法是激光灼烧法，它的具体步骤是：用激光照射石墨，使碳原子气化转化为游离态的碳，并在高速的惰性气流内，经过冷却过程中游离碳原子相互碰撞和重新组合，最终形成空心富勒烯碳以及内嵌金属富勒烯碳。

最典型的案例是 1985 年 Kroto 等发现 C_{60} 的实验装置 [1]。该装置由氦气喷嘴、石墨盘、激光器、整合容器四部分组成。将 Nd:YAG 的二次谐波（波长为 532nm、脉冲宽度为 5ns、脉冲能量为 35mJ）射进旋转的石墨盘，利用惰性氦气防止石墨在高温下被氧化。实验过程中保证氦气喷射脉冲周期与激光脉冲相匹配，用氦气冷却产物并同时将产物喷出装置以便收集。该装置激光源非常昂贵，产率非常低下，制备出的 C_{60} 只能通过飞行时间质谱仪检测到。激光灼烧法获得富勒烯碳 C_{60} 产率低的原因是冷却速率过快，无法使生长中团簇缓慢退火。

2. 电弧法

电弧法合成富勒烯碳是于惰性气体在两个石墨电极之间，引入直流或交流电产生电弧，将固态石墨棒变为等离子体态的碳，碳等离子体相互碰撞和重新组合，最终形成 C_{60}，C_{70}，甚至是更高分子量的富勒烯碳分子。这些富勒烯碳存在于反应生成的烟灰中，经收集提纯得到不同的富勒烯碳。

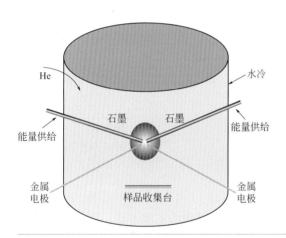

图2-1
电弧法反应器示意图

最典型的案例是 1990 年 Huffman 和 Krätschmer 等人首次确认 C_{60} 结构所用的反应器，如图 2-1 所示 [2]。在 He 气氛下石墨棒作为阳极与阴极，之间产生电弧，碳原子在高温和高电压的条件下快速蒸发、重新组合形成富勒烯碳。然后收集炉内烟灰，经过苯类有机溶剂的提取分离，得到高产量的富勒烯碳 C_{60} 固体。该方法反应速度快，所得富勒烯碳产量也很高，同时电弧炉造价低廉，显著推动了富勒烯碳领域的基础研究和技术发展。获得的产物中含有无定形碳、石墨等杂质，较难分离，产率仅能维持在 20%（质量分数）左右，因此不适合大规模工业化生产，是一种在实验室中实现富勒烯碳小规模生产的方法。

3．射频等离子体法

射频等离子体法可实现每小时克量级的富勒烯碳生产目标。它是利用频繁交变电磁场，触发碳粒子快速振动或转动，通过积热使得原料分解成小分子量乃至单原子碳单元，并在冷却过程中相互碰撞结合形成富勒烯碳。

最典型的案例是 1992 年 Yoshie 等通过射频与直流电相结合生产富勒烯碳的实验装置，如图 2-2[13]。以惰性气体 Ar 为保护气体，直流输入 5kW，射频输入 20kW，当炭黑进料速率为 0.5g/min 时，粉体内富勒烯碳的含量为 7%。同时发现过快 Ar 气体流动速度，会导致富勒烯碳产率降低。这是因为形成富勒烯碳需要一定时间，冷却速率过快，无法使生长中团簇缓慢退火，限制了 C_{60} 产率进一步提高。

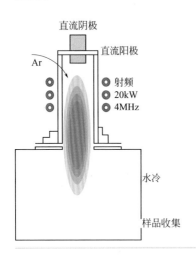

直流阴极
直流阳极
Ar
射频
20kW
4MHz
水冷
样品收集

图2-2
射频等离子体法示意图

4．燃烧法

苯燃烧法是目前国际上工业化生产富勒烯碳的主流方法。它的原理为：通过在低压氧气或其他氧化性气体中连续燃烧苯和甲苯等含苯有机溶剂，制备富勒烯碳。苯燃烧法可分为预混燃烧和扩散燃烧，两种燃烧的区别在于气源进入方式，即预先混合或各自引入。预先混合气体有助于充分燃烧，但是可能发生回火，安全性较差；气体独立引入相对安全平稳，易于操控，但不易燃烧充分，不利于产率的提高。苯燃烧法连续进料容易，制备过程中无需消耗电力且可使富勒烯碳在很大范围内形成，显出明显的成本优势。

最典型的案例是 2005 年由日本先锋公司研究开发的实验装置，如图 2-3[14]。具体为：将甲苯于 423K 下预热，并与纯氧混合引入燃烧室，控制反应物 C/O 为

$0.99 \sim 1.28$，燃烧室压力为 5.33kPa，同时冷却气体的速度为 $0.7 \sim 1.67$m/s，可使对应炭灰中富勒烯碳比例高达 15%。

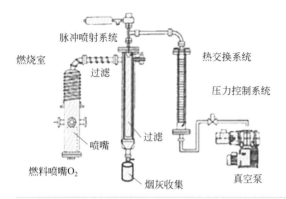

图2-3
燃烧法示意图

5．化学合成法

化学合成法是目前可定向地合成所需富勒烯碳分子的方法。它的原理为：以芳香族化合物为前驱体，在一定条件下经化学键断裂和重排过程形成富勒烯碳分子。

最典型的案例是 2002 年 Scoot 等人发表在 *Science* 上以对溴氯苯为前驱体合成 C_{60} 的方案[15]。利用闪式真空热解技术，将对溴氯苯在真空条件蒸发后迅速通过高温热管道发生热解反应，在 1100℃经 11 步合成了 C_{60} 的前驱体 $C_{60}H_{27}Cl_{3}$，最终 C_{60} 产率在 $0.1\% \sim 1.0\%$ 之间。该方案也是首次用化学合成方法制备出宏量 C_{60} 的案例。

化学合成法相比前述几种方法，反应过程可控，产物可预测，有希望获得其他方法难以制备的高分子量富勒烯碳（C_{n}，$n > 100$）。

二、类富勒烯碳薄膜制备方法

类富勒烯碳结构同时兼备高含量的 sp^{2} 键和奇数碳环，因此，对沉积参数和设备有严苛要求。下面按照类富勒烯碳结构在碳涂层中发现历程，简单综述制备类富勒烯碳薄膜的方法和手段。

1．溅射沉积

溅射沉积是目前制备类富勒烯碳薄膜的有效手段。溅射沉积原理：通过射频振荡或磁场激发产生 Ar 离子，轰击固体石墨靶形成的溅射碳原子（粒子或离子），在基体材料表面上沉积碳薄膜[16]。常见的溅射沉积方法包括直流溅射、射频溅射和磁控溅射。其中磁控溅射技术利用外加交变电磁场对二次电子进行约束，提高等离子体密度，可有效增加 DLC 薄膜的沉积速率[17-21]。特别是非平衡磁控溅射理念的引入，进一步提高了等离子体密度。基于此发展起来的闭合场非平衡磁控溅射，可以实现大面积、复杂形状衬底上高性能薄膜的制备[22,23]。

最典型的案例是 1995 年 Sjöström 等利用直流磁控溅射技术，通过在 Ar 气氛下溅射石墨靶材，在高温和低能离子轰击条件下，首次制备了一种具有特殊结构的碳基薄膜材料——类富勒烯碳氮（Fullerene-Like Carbon Nitride，FL-CN$_x$）薄膜[24]。FL-CN$_x$ 薄膜具有与无定形碳薄膜截然不同的微观结构以及优良的力学性能。HRTEM 照片显示，FL-CN$_x$ 薄膜是由弯曲石墨平面相互交联形成的，这些石墨平面相互交织，形成一个类似于指纹的三维网络状结构，如图 2-4。电子能量损失谱分析表明，FL-CN$_x$ 薄膜主要由 sp^2 杂化的碳组成，其高度交联的三维网络结构保证了薄膜同时具有高硬度和高弹性。

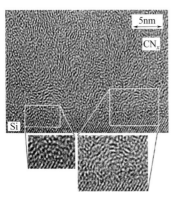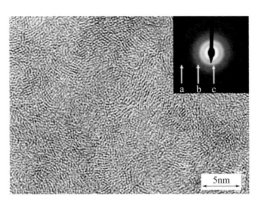

图2-4　FL-CN$_x$薄膜的典型HRTEM照片

2. 真空阴极电弧沉积

真空阴极电弧沉积是利用沉积过程中薄膜压应力等因素，在高 sp^2 键含量薄膜中诱导出类富勒烯碳卷曲结构。其原理是：电弧装置引燃电弧，电弧在靶面游动导致高温，引发碳靶蒸发并形成碳离子或团簇；然后在基底负偏压的作用下，高速轰击衬底表面并沉积成膜[25,26]。真空阴极电弧沉积方法具有膜基结合力强、沉积温度低、沉积速率高等优点。但制得的 DLC 薄膜含有大量石墨颗粒，表面粗糙度较大。因此，科学家们引入了磁过滤阴极的概念，发展了磁过滤阴极真空电弧沉积技术，通过改变带电离子到达基底的飞行轨迹（而未离化的碳分子、原子及大颗粒不受磁场的作用），实现对离子化的碳离子的筛选，制备高质量薄膜[27-31]。

最典型的案例是 1996 年 Amaratunga 等人[5] 制备类富勒烯碳结构的硬质纯碳薄膜。他们用激光电弧蒸发石墨靶沉积了硬度高达 45GPa、弹性恢复率高达 85%

的碳薄膜，由薄膜的 HRTEM 照片可以看到薄膜结构是由一系列密集的平行弯曲石墨层片段填充于各个方向形成的。电子能量损失谱（EELS）分析结果表明薄膜主要是由 sp^2 键合碳构成。他们提出：不像石墨具有强的 sp^2 杂化的平面内共价键和弱的层间范德华力，这种具有高硬度和高弹性的薄膜中具有一个三维的 sp^2 杂化的碳网络。

3．等离子体增强化学气相沉积

等离子体增强化学气相沉积（PECVD）是目前制备具有超滑性能 FL-C:H 薄膜的有效手段。这是因为该技术一般采用碳氢气体作为气源，比如甲烷、乙烷、乙炔等。PECVD 是一种非平衡沉积过程，由于电子与离子的质量差别很大，气体分解不需要很高的温度，在等离子体温度很低的情况下，电子温度可以达到上万度，气体分子与高温电子产生非弹性碰撞，使分子激活，促进自由基化和离子化，产生强化学活性粒子（比如高能粒子、长寿命亚稳原子、激发态原子、原子或分子态离子和电子等），这些活性组分导致化学反应，生成反应产物，同时放出反应热，使本来难以发生或者速度很慢的化学反应成为可能[32-37]。PECVD 典型装置如图 2-5 所示，其基本原理是在反应腔体内将基底置于阴极上，通入碳氢气体以某种方式产生辉光放电，在碳氢气体得到电离、活化的同时基底表面由于阴极溅射而活性提高，在热化学和等离子体化学反应的共同作用下沉积形成碳薄膜。

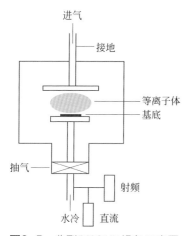

进气
接地
等离子体
基底
抽气
射频
水冷 直流

图2-5 典型PECVD设备示意图

目前 PECVD 法制备薄膜材料的整个过程可分为以下四个阶段[32-37]：a）原始基团的产生过程，即气源分子通过与高能电子发生非弹性碰撞，分解成中性原子和基团；b）二次反应过程，即中性原子和基团之间或中性原子与气源分子之间碰撞发生的化学反应过程；c）传输过程，即中性原子或基团向基体表面的扩散过程; d) 表面反应过程，也就是中性基团与表面反应形成薄膜。因此，PECVD 具有沉积温度低、沉积速率高、设备简单及能制备高质量的致密薄膜的特点，已成为制备含氢类富勒烯碳（FL-C:H）薄膜的常用方法。

最典型的案例是本书著者团队采用直流脉冲等离子体增强化学气相沉积技术，用甲烷和氢气做沉积气源，在合适的沉积条件下成功制备出 FL-C:H 薄膜[8]。从图 2-6 中能观察到小的晶体纳米颗粒嵌入在碳的非晶母体中，相应的选区电子衍射花样展示了 4 个不同的环，相应的晶格间距分别为 1.15Å（1Å=0.1nm，下同）、2.0Å、2.25Å 和 3.5Å，晶格间距 1.15Å 和 2.0Å 的环对应于非晶碳结构，晶格间距为 3.5Å 的内部亮环与层状石墨的面间距一致。对碳来说，点阵间距在 2.2～2.4Å，仅对应于晶面间距为 2.23Å 的 C_{60} 晶体结构。该薄膜不仅具有优异的机械性能，如纳米硬度 17～35GPa，弹性恢复率大于 85%，同时具有优异的摩擦学性能，如在空气中薄膜具有超滑特性（平均摩擦系数低于 0.01）。

图2-6 FL-C:H薄膜的TEM图和相应区域的选区电子衍射图

第二节
富勒烯碳和类富勒烯碳形成机制

一、富勒烯碳形成机制

富勒烯碳形成机制可分为三种：（a）"自下而上"（bottom-up）形成机制，指富勒烯碳是由碳原子或 C_2、C_3 等小碳簇不断生长而形成的；（b）"从上而下"（top-down）形成机制，指富勒烯碳是由石墨或石墨片碎片经过 C—C 键的断裂，碳原子离去，再慢慢卷曲形成富勒烯；（c）"先上后下"（size-up/size-down）形成机制，指富勒烯碳是先形成巨富勒烯碳之后再慢慢缩小，实际上可看作前面两种机制的整合。目前前面两种机制被普遍认可，但是这些机制存在明显局限性，适用范围仅限于惰性气体充斥的纯碳气氛，即激光蒸发法以及电弧放电法所代表的生成环境。

1. "自下而上"形成机制

目前科学界对"自下而上"形成并没有明确路线，其中较有影响力的有"团队路线""五元碳环道路""环融合和重构道路""富勒烯碳道路"等。"富勒烯碳道路"用来解释高富勒烯碳（$C_{76} \sim C_{96}$）形成机制，其余路线多用于解释小富勒烯碳，如 C_{60}、C_{70} 的形成机制，甚至主要用来解释碳笼的形成过程。这些路径中"五元碳环道路"获得相对较多的认可，它主要涉及 3 个特征：（a）由五元碳环和六元碳环组成；（b）包含尽可能多的五元碳环；（c）不包含相邻五元碳环。当 C_n 的 n 为 $20 \sim 30$ 时，多形成碗状团簇结构，使其悬键数目显著少于只含六元碳环的石墨碎片，能量上最为有利。当 n 增加到 60 时，悬键数目变为 0，形成碳笼结构，即 C_{60}。但是"五元碳环道路"所预测的碗状石墨碎片（$n = 20 \sim 30$）始终不曾为实验所发现，同时理论计算表明该结构在能量上是稳定的。

总体而言，"自下而上"形成机制涉及富勒烯碳形成过程的各种实验现象和可能机制，因而具备提出能够全面解释富勒烯碳形成机制的潜力，但是需要更多的实验证据。

2. "从上而下"形成机制

由石墨烯形成富勒烯碳的"从上而下"形成机制最早在 1992 年 Ugarte 研究电子束作用下石墨边缘卷曲过程发现，但是未发现明确形成过程[38]。2010 年 Chuvilin 等人利用原位球差校正透射电子显微技术，观察在高能电子束作用下石墨烯片直接卷曲为富勒烯碳的全过程（图 2-7）[39]。该过程具体为：高能电子束造成石墨烯片边缘碳原子解离，增加悬键数目，不仅诱发石墨烯片发生结构重排，形成含有五元碳环的石墨片层结构，同时通过五元碳环形成进一步减小悬键数目，先形成碗状中间体，而后在电子束的持续照射下边缘碳原子进一步消失情况下最终形成富勒烯碳。该过程名为"石墨烯道路"（graphene road），为富勒烯碳的"从上而下"形成过程提供了直接的实验证据。

"石墨烯道路"从全新的视角诠释了富勒烯碳的形成过程，但是需要指出的是，该路径是在电子束辐照下发生的光化学反应，与激光蒸发法以及电弧放电法所代表的生成环境有很大的差异性，因此"石墨烯道路"是在特定环境下形成富勒烯碳的可能方式。

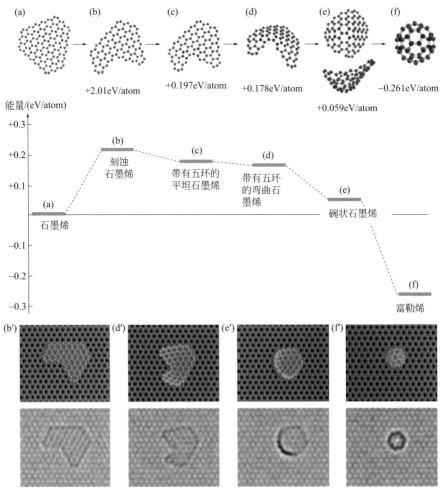

图2-7　石墨烯形成富勒烯碳的过程

二、类富勒烯碳形成机制

　　类富勒烯碳结构包含有卷曲和交联的石墨平面结构，赋予了碳薄膜极好的硬度和弹性恢复特性。这种硬化机制是由于卷曲的层状结构之间的交联阻止了层间的滑移。对比之下，石墨总体的强度受其二维六角平面结构的限制，平面间是以弱的范德华力结合，在外力下容易使平面间滑行而变形。

　　类富勒烯碳结构薄膜主要分为两类：第一类是集中在碳氮材料中，与纯碳薄膜相比，N 的加入使得在较低的衬底温度下就能促使类富勒烯碳的形成；第二类是在纯碳薄膜材料中，这类材料主要是受外部因素影响，比如温度、压应力等，诱导形成奇元碳环，导致 sp^2 层状结构发生卷曲，同时层状结构之间通过无序的 sp^3 杂化碳来交联。

1. 类富勒烯碳氮结构形成机制

对于 FL-CN$_x$ 薄膜，其形成机制是参照富勒烯碳形成机制被提出，即氮掺入诱导形成奇元碳环（比如五元碳环或七元碳环），导致了石墨基平面弯曲。例如，Sjöström 等人[24]认为 FL-CN$_x$ 薄膜中弯曲石墨层与巴基洋葱相似，推断五元碳环存在。这个机制通过理论计算得到了验证，即氮掺入减少形成五元碳环缺陷所需的能量，促进活性 sp^3C 邻近点的形成，如图 2-8。但是，该模型并不能支持所有实验结果，例如，采用直流磁控溅射（dc-MS）制备的 FL-CN$_x$ 薄膜的键合结构几乎是三维的 sp^2 杂化碳网络。另一个模型是由 Jiménez 等人[40]提出非共面氮原子充当相邻基平面之间的交联点，即取代位置上非共面氮诱发的弯曲和交联。Gago 等人[41]采用 dc-MS 制备了一系列 FL-CN$_x$ 薄膜，发现类富勒烯碳结构在氮的三价位置的发展超过类嘧啶和类氰化物成键时才能形成，并且没有明显的 sp^3C 的引入。大量研究揭示，氮在类富勒烯碳结构形成过程中起着重要作用，氮能调节局部成键环境，比如取代苯环簇内碳，或钝化类吡啶（pyridinelike）或类腈（nitrilelike）结构，取代苯环簇内碳可促进石墨基平面生长和五元碳环的形成[42]，五元碳环诱导石墨基平面的弯曲和相邻基平面的频繁交联[43-46]，钝化类吡啶或类腈结构则可抑制苯环簇的生长[42]。

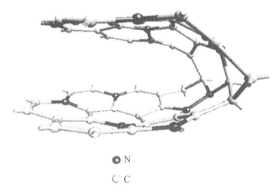

图2-8 五元碳环引起石墨基平面相互交联的示意图

Neidhardt 等人[47]考察了偏压、基底温度、氮气分压等沉积参数对类富勒烯碳结构特征的影响（如图 2-9 所示），发现基底温度和入射离子能量起着关键作用。与其他研究结果类似，含氮气氛中类富勒烯碳结构形成条件集中在低能离子（<100eV）和适中的基底温度（500～800K）。这些生长条件能保持粒子必需的表面迁移率和活化性，实现弱键合环境的选择性刻蚀而不引发无定形化（离子诱

发的损害）。尽管如此，Neidhardt 等人的研究结果并未对类富勒烯碳结构特征进行严格定义。Hellgren 等人[48] 在考察基底温度、氮气分压等沉积参数对类富勒烯碳结构特征的影响的基础上，区分了随沉积参数变化类石墨碳、类富勒烯碳与无定形碳之间的演变，如图 2-10 所示，这为类富勒烯碳结构制备提供了很好的借鉴。

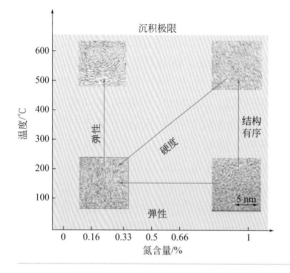

图2-9

温度、氮气分压等沉积参数对于磁控溅射形成类富勒烯碳结构FL-CN$_x$薄膜的影响[47]

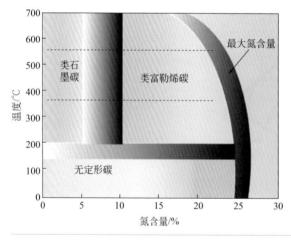

图2-10

由反应磁控溅射制备FL-CN$_x$薄膜的相图[48]

　　对于纯碳类富勒烯碳（FL-C）薄膜，Alexandrou 等人[7] 以"挤压鸡肉线"模型来描述由三维 sp^2 杂化碳网络组成的石墨片层网络结构。"挤压鸡肉线"模型核心在于石墨基平面中奇元碳环（比如五元碳环或七元碳环）缺陷导致了弯曲，而弯曲的基平面相互交联产生了三维的石墨状结构。这与由 Townsend 等[49] 依据以原子模拟为基础提出的结构设想类似，即在纯粹的 sp^2 杂化网络结构中，随机取向的五元、六元和七元碳环能促进石墨基平面弯曲和相互交联。

2. 类富勒烯碳氢结构形成机制

本书著者团队采用直流脉冲等离子体增强化学气相沉积技术制备了 FL-C:H 薄膜后，系统研究了含氢气氛下富勒烯碳或类富勒烯碳结构形成机制。

含氢气氛中类富勒烯碳结构的沉积条件是非常苛刻的。FL-CN$_x$ 和 FL-C 沉积温度比较高，偏压比较低，其结构形成在沉积界面表层，基本处于热力学平衡状态。FL-C:H 薄膜的沉积温度很低，偏压较高，入射离子能量比较高，尤其是氢离子能穿透表层进入亚表层，其结构形成在沉积界面亚表层，并偏离热力学平衡状态。本书著者团队考察了沉积温度对类富勒烯碳结构的影响，并发现了随沉积温度降低类石墨结构向类富勒烯碳结构转变[50]。图 2-11 出示了 FL-CN$_x$ 和 FL-C:H 薄膜的形成窗口。相比于 FL-CN$_x$ 薄膜，FL-C:H 薄膜只能在极小的区间内形成，证实了其合成窗口狭窄。

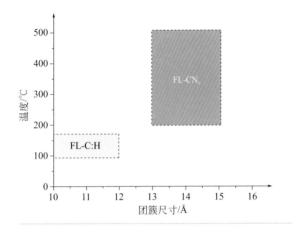

图2-11

FL-CN$_x$和FL-C:H薄膜的形成窗口

（1）氢作用　通常类富勒烯碳氮薄膜具有完好阵列的类富勒烯碳结构，即较少的交联[24,51-53]，因为该薄膜生长环境接近于热力学平衡。适宜的基底温度（150～500℃）是类富勒烯碳氮薄膜生长的必要条件，它能保证粒子足够的表面迁移率和活性[52,54]。在没有刻意加热条件下，因等离子体轰击效应，基底温度始终保持在 120℃左右。图 2-12（a）中不对称等离子体环境[55]，暗示了含氢 DLC 内类富勒烯碳结构并不完全由热力学所驱使。在 FL-C:H 薄膜沉积过程中，高偏压（-1000V）可以使粒子能量充足，尤其是 CH^{n+} 和 H$^+$ 容易进入亚表层并造成较高压应力。结合本书著者团队以前的研究结果[56]，应力随时间增加而增加，同时当奇元碳环高含量形成时应力减小。因此，可以推测在类富勒烯碳结构沉积膜形成过程中热量和压力扮演着重要角色。在含氢沉积环境中，类富勒烯碳优先在亚表层形成，就如直流薄膜形成一样［图 2-12（c）］。

图 2-13 给出了在不同 H$_2$ 流量下制备的 FL-C:H 薄膜的硬度和弹性恢复率。

FL-C:H 薄膜机械性能不仅由 sp^3 杂化碳含量决定，同时由 sp^2 杂化键排列程度所决定。本书著者团队认为 [57]：a）在 H$_2$ 流量从 0 增加到 50sccm（1sccm=1mL/min，下同）的过程中，由于样品中 sp^2 杂化碳含量的增加，sp^2 杂化平面结构在压应力下发生卷曲，导致类富勒烯碳结构含量升高，薄膜的硬度和弹性恢复特性逐渐得到改善。在 H$_2$ 流量为 50sccm 时，可以明显看出碳结构中的低 H 含量对形成类富勒烯碳卷曲结构的重要性。b）在 H$_2$ 流量为 100sccm 时，由于在样品中形成了大量孔隙，导致薄膜硬度和弹性恢复率降低，机械性能变差。

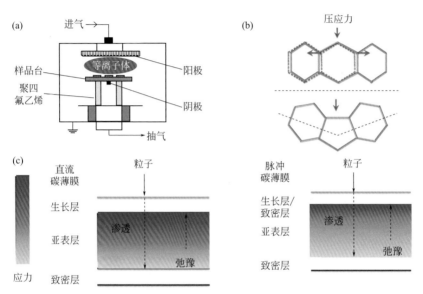

图2-12 （a）等离子体增强化学气相沉积系统的示意图；（b）在FL-C:H薄膜内通过生成五元碳环引发的六重石墨烯环局部结构松弛机制；（c）脉冲和直流制备FL-C:H薄膜应力场

随着沉积混合气体中氢气比例的增加，薄膜中奇元碳环含量增加，但是达到一定值后，开始出现下降 [9]。这意味着，在沉积过程中氢原子可以通过两种竞争方式影响奇元碳环的含量：a）H$^+$ 轰击诱发的应力导致奇元碳环进入平坦石墨基平面；b）H$^+$ 优先刻蚀 sp^2 相并破坏形成奇元碳环的基本键合结构。基于 Benlahsen 等 [58] 的结构弛豫模型，本书著者团队提出一个模型，描述了离子轰击诱发应力，对放电状态下芳香环内局部化学键的影响［图 2-12（b）］。五元碳环的生成可以使畸变化学键产生局部松弛（正应力），本书著者团队之前的研究结果 [59] 也支持由苯环簇和聚集而成石墨烯平面的尺寸和边缘悬键形成诱发的转变机制。在高 H/C 比率（甲烷和氢气比率：1∶2）、高偏压下制备的含氢 DLC 具有一个包含 C$_{60}$ 和富勒烯碳纳米颗粒的独特结构。高 H/C 比率使得石墨烯片层尺寸减小到一个足以形成富勒烯碳的尺寸。

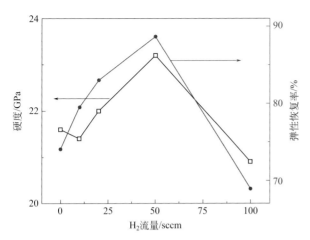

图2-13 在不同H₂流量下制备FL-C:H薄膜的硬度和弹性恢复率

（2）供能方式　最初FL-C:H薄膜合成多采用脉冲供能方式获得，并由此认为含氢气氛内类富勒烯碳结构形成是一个退火过程[60]。本书著者团队分析直流和脉冲PECVD制备FL-C:H薄膜的纳米结构（包括石墨层的取向、褶皱和交联及氢分布），证实了供能方式是类富勒烯碳结构形成的决定因素[9,61,62]。

相比于脉冲制备的薄膜，直流制备的FL-C:H薄膜含有近似平行石墨层堆积和较少交联。通过拉曼光谱和高分辨率透射电子显微镜对结构进行分析，揭示了不同类富勒烯碳结构特征和键合团簇分布，如五、六和七元碳环和氢键（图2-14）。依据Robertson提出的经典亚注入模型[63,64]，三个时间尺度被提及：10^{-14}s的碰撞，10^{-12}s的热峰和约在10^{-9}s的长时间弛豫。本节中脉冲薄膜采用的脉冲间隔（约10^{-5}s）远远超过理论的弛豫时间（约10^{-9}s），因此，足够的退火时间足以保证应力的释放、氢的移除和许多邻近碳原子的钝化。如图2-14（a）所示，脉冲薄膜的生长表面转化为近似致密层。当随后的粒子轰击致密层时，脉冲薄膜的能量粒子相比于直流薄膜需消耗更多能量穿透致密层，将更多的能量传递给其他退火原子。其结果是，退火过程减少粒子的能量，从而相应地在亚表层离子轰击诱发应力降低，而限制了类富勒烯碳结构和奇元碳环的形成。然而，这种脉冲薄膜仍处于一个能够形成类富勒烯碳结构的高应力局部环境中。因此，足够的退火时间足以保证应力的释放、氢的移除和许多邻近碳原子的钝化。

高功率脉冲技术可以提供高能量等离子体，其电子峰值能量可达10eV，从而诱发高压应力，促进类富勒烯碳结构形成。从图2-15可看出，本书著者团队利用高功率脉冲等离子体增强化学气相沉积（HiP-PECVD）技术所制备的FL-C:H薄膜不同于传统的非晶碳薄膜[65]。FL-C:H薄膜表现出弯曲多层石墨烯团簇与无定形碳基体的复合结构，石墨烯团簇的尺寸在几纳米到十几纳米之间，随机分布于非晶结构中，其两个石墨烯片层之间的距离约为0.34nm。这些弯曲石墨烯片层形成类似洋葱碳的球壳结构。

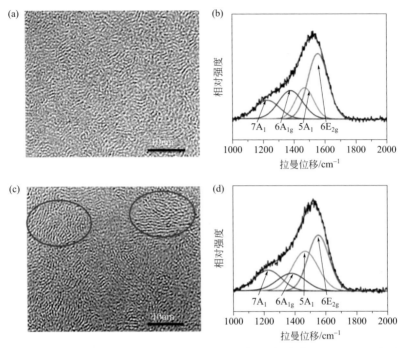

图2-14　脉冲［（a）和（b）］和直流［（c）和（d）］制备FL-C:H薄膜的高分辨率透射电子显微镜图像和拉曼光谱

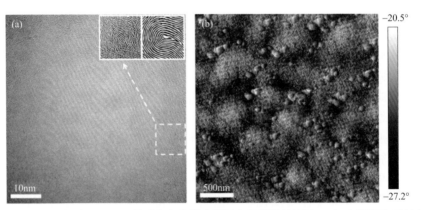

图2-15　（a）FL-C:H薄膜的高分辨率透射电子显微镜照片；（b）沉积在硅片上的FL-C:H薄膜AFM相图

（3）沉积时间　FL-C:H薄膜随沉积时间即膜厚的增加，微结构也会随之发生变化[56]。当脉冲沉积时间为 0.5h 和 2h 时，薄膜中的类富勒烯碳结构含量较高，薄膜具有较好的机械特性。当沉积时间为 0.5h，薄膜受衬底晶格影响较大，引入奇元碳环到六元石墨结构中，导致石墨平面发生卷曲。当沉积时间增加到 1h，受衬底影响显著减小，薄膜内应力减小，此时薄膜主要是非晶结构，结构卷曲率降低。直到沉积时间增加到 1.5h，薄膜内应力维持稳定，薄膜依然是非晶结构，以低卷曲率为主。当沉积时间增加到 2h，由于衬底温度上升，在制备过程中离子轰击导致生长薄膜内 C—H 键发生断裂，断裂的 C 键在薄膜内压应力环境下重构，主要以卷曲的石墨层状结构存在，使得薄膜的硬度和弹性恢复率增加。当沉积时间增加到 2.5h，C—H 振动很强，薄膜主要以 C—H 聚合物结构生长，如图 2-16。

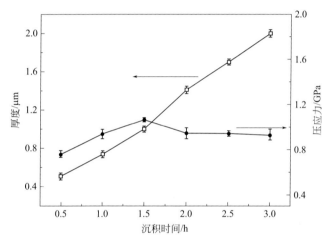

图2-16　直流脉冲等离子体CVD制备FL-C:H薄膜厚度及其压应力随沉积时间的变化

采用理论模拟，发现由于直流脉冲比交流脉冲更易积累电荷和热，在脉冲间隔时间段内，形成的非六元碳环（五，七，八）可以稳定下来。单个碳环电荷承受能力：八＞七＞五＞六，因此，非六元碳环的形成与电荷积累相关。直流脉冲 PECVD 制备的碳薄膜结构中，石墨相关结构并非全为孤立六元碳环，而是各种环的组合，因而需先确定碳薄膜结构，再进行各电荷下稳定性分析。因沉积过程能量较高，可假设各种结构在动力学上均可以到达。稳定后奇元碳环含量越高，即类富勒烯碳结构含量越高，薄膜卷曲率越大，薄膜硬度和弹性恢复特性越好。

图 2-17 表明，在沉积过程中，结构的形成与电荷积累相关。开始阶段基底

负电荷多，可得到含八元碳环和五元碳环的弯曲碳薄膜。随着弯曲碳薄膜积累和 sp^3C 增多，碳薄膜电阻增大，电荷量减小，形成七元碳环和五元碳环弯曲的碳薄膜。同时也存在热积累，导致热击穿和化学击穿发生，从而在 2.0h 时，电荷量增大，使 sp^2 量增大。因此，类富勒烯碳形成与电荷的积累有关，同时上一时刻形成的结构对下一时刻结构的形成起模板作用（图 2-18）。

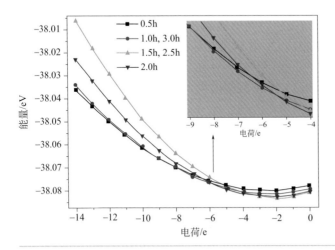

图2-17
电荷分布

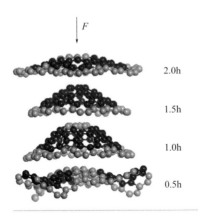

图2-18
各时间段内形成的卷曲结构

3. 小结

本节综述了富勒烯碳、类富勒烯碳氮结构和碳氢结构的形成机制，突出强调氢元素对类富勒烯碳结构的修剪作用以及薄膜中奇元碳环对类富勒烯碳结构的促进作用，阐明类富勒烯碳结构形成于薄膜沉积过程中亚表层的沉积机理，最终为实现尺寸可调且结构可控的类富勒烯碳结构制备奠定了基础。

第三节
富勒烯碳摩擦性能

富勒烯碳特殊的球形结构和极强的抗压能力可以产生"纳米滚珠"润滑效果，引起了摩擦学界的广泛兴趣。富勒烯碳能较好溶于环状结构的苯、甲苯等有机溶剂中，而苯与甲苯这些有机溶剂又与润滑油呈互溶的状态，因此借用苯或甲苯将富勒烯碳溶解到润滑油中，苯和甲苯是理想的固体润滑材料与液体润滑体系添加剂。

一、富勒烯碳在固-液界面摩擦性能

根据化学结构相似相溶原理，富勒烯碳被直接加入到液体润滑体系中，用以提高液体润滑体系的润滑性能，减少摩擦系数与磨损率。阎逢元等[66]将 C_{60}/C_{70} 按1%（质量分数）分散于石蜡油中，发现石蜡油的极压负荷提高了3倍，摩擦系数降低了1/3。谢凤等人[67]详细考察了富勒烯碳溶于500SN基础油后摩擦磨损性能，发现在低负荷（≤392N）下富勒烯碳对500SN基础油的摩擦系数影响不大，而在高负荷（490N）下能够降低500SN基础油的摩擦系数。这主要因为高负荷使得富勒烯碳有效地防止摩擦副表面直接接触，起到减摩作用[68]。

二、富勒烯碳固体润滑性能

Pu等通过多步自组装方式在硅表面成功制备了在 MEMS 等方面拥有应用潜力的石墨烯 $-C_{60}$ 混合薄膜，实验结果显示混合薄膜的性能优于单一的石墨烯薄膜或 C_{60} 薄膜，由于混合薄膜表面能低、C_{60} 分子的滚动效果以及石墨烯层的滑动，混合薄膜表现出低摩擦、抗磨损、承载力强等优异性能[69]。对富勒烯碳分子作为润滑添加剂在流体润滑中的应用，以及作为摩擦表面分子薄膜在固体润滑中的应用都做过一系列探索，富勒烯碳体系超滑一直难以实现。

刘宇宏等通过构建规则有序的主客体组装结构，实现了富勒烯碳微观超滑。富勒烯碳分子的球状结构，使其很难在大气环境下被稳定吸附于固体表面，形成规则有序的分子组装结构。而通过引入大环化合物作为主体模板，就可以在石墨表面构建出规则有序的主客体组装结构[70]。在摩擦过程中，分布于探针与基底之间的富勒烯碳分子始终在主体模板空腔内原位旋转，相比无模板情况下减少了分子与石墨基底之间摩擦。无论是从表面形貌还是表面电子云密度上比较，基于主体模板的有序体系均比无模板的无序体系更平滑，摩擦过程中探针需要克服的能垒更低，因此富勒烯碳实现微观超滑（0.003 ～ 0.008，图 2-19）。

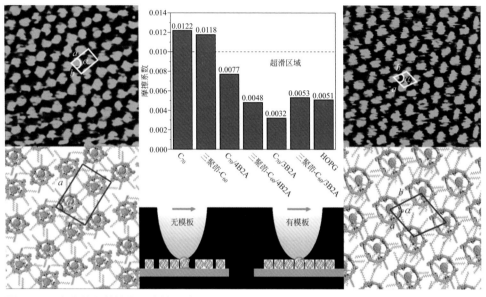

图2-19　主客体组装结构和摩擦示意图

　　富勒烯碳具有实现固体超滑的潜力，但是其制备成本高，润滑性能仅限于极低水平，如超低载荷、超低速率、超纯净环境等，极大限制了富勒烯碳的工程应用。

第四节
类富勒烯碳薄膜微观摩擦学性能

　　本书著者团队发现 FL-C:H 薄膜具有原子级光滑表面和良好化学惰性，特别表现出界面摩擦消失的超滑现象（摩擦系数小于 0.01）[8]，使其有望作为新型固体润滑薄膜而被广泛应用。FL-C:H 薄膜与类金刚石碳（DLC）薄膜的无定形结构不同，FL-C:H 薄膜的无定形碳基体中镶嵌着大量类富勒烯和"指纹"结构，指纹的形状说明此薄膜结构与碳纳米管和洋葱碳中发现的卷曲石墨层结构相似，表明其石墨基平面弯曲、相互交叉成一个三维的结构，如图 2-20。图 2-21 是 FL-C:H 薄膜表面的原子力显微镜（AFM）形貌图，由图可以看到，薄膜表面极其致密、光滑，在 10.00μm×10.00μm 扫描面积内薄膜表面均方根粗糙度（RMS）仅为 1.494nm。

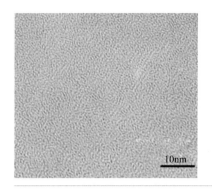

图2-20

FL-C:H薄膜的HRTEM照片

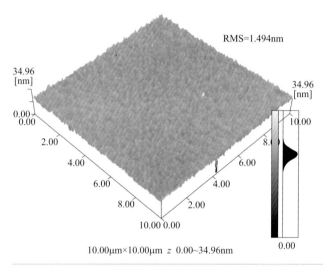

图2-21

FL-C:H薄膜的AFM照片

采用室温原位高分辨原子力显微镜研究类富勒烯碳结构薄膜的纳米摩擦行为和纳米尺度三维形貌[71]。图 2-22（a）显示了 2μm×2μm 的测量面积下平均摩擦系数，取每个样品的十个随机位置（P1 至 P10）的平均值。不同的是，当沉积气体中氢浓度从 0% 到 20% 变化时，摩擦系数从 0.081 增加到 0.15，这仍然被认为是低摩擦范围，但与 a-C:H 薄膜呈现氢依赖性趋势相反。摩擦系数与氢浓度之间异常行为表明，FL-C:H 薄膜低摩擦力另有原因。

与不断增加的摩擦系数相比，不同氢浓度薄膜的表面粗糙度几乎保持不变，如图 2-22（a）所示。这与具有越低摩擦系数的宏观表面越光滑假设相反。为了阐明表面粗糙度对摩擦的影响，本书著者团队采用测得的摩擦系数 μ 与表面粗糙度 S 之比 μ/S。引入该比值是一项具有挑战性的尝试，它将其从图 2-22（a）中不规则的表面粗糙度平均值中排除之后，间接验证摩擦系数与氢浓度之间是否存在依存关系。如图 2-22（b）可观察到线性行为，这表明摩擦系数增加与氢浓度之间的相关性。

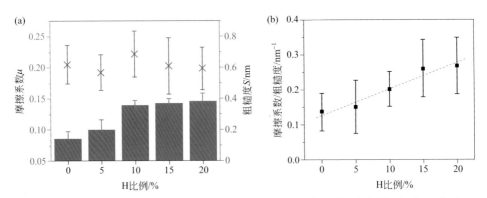

图2-22 （a）不同氢浓度下FL-C:H测得的摩擦系数（μ）和表面粗糙度（S）；（b）μ/S随氢浓度变化曲线图

为了进一步验证摩擦系数和表面粗糙度之间的关系，采用纳米级 AFM 测量详细的形貌图。图 2-23 给出了具有相同图像测量面积的 0% H 和 20% H 薄膜的 AFM 图像。这些图像中都观察到了几纳米量级形貌变化。这些变化随着氢浓度的增加而变大。对于 0% H 和 20% H 样品，两次测量表面粗糙度分别为 0.45nm 和 0.36nm，同时摩擦系数随之从 0.08 增加到 0.17。

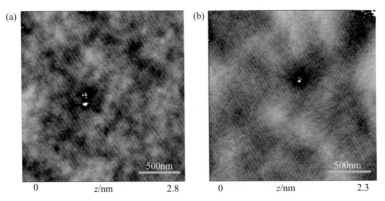

图2-23 FL-C:H在接触模式下AFM形貌图像：（a）0% H，μ=0.08，S=0.45nm（FN=10nN）；（b）20% H，μ=0.17，S=0.36nm（FN=10nN）

图 2-24 显示了按 μ/S 比值排序的 5% H 样品所有十个随机区域的摩擦系数、表面粗糙度及其比值。来自这些测量区域的数据可分为两部分：具有高表面粗糙度和低摩擦系数的区域 A（例如，P1 ～ P7）；具有高摩擦系数和低表面粗糙度的区域 B（例如，P9、P10）。μ/S（图 2-24 中的黑色圆点）也揭示了 P8 附近的转变。

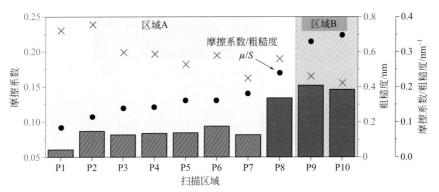

图2-24　由5%H样品的十个随机区域确定摩擦系数、表面粗糙度和 μ/S

为了阐明这种行为，本书著者团队比较了在 5% H 的样品上区域 A（P2，$\mu=0.087$，$S=0.75\text{nm}$）和区域 B（P9，$\mu=0.152$，$S=0.46\text{nm}$）的形貌图，如图 2-25 所示，在两个图像中都可以观察到在 $\Delta z=3\text{nm}$ 范围内明显不同的高度变化。这与图 2-25（b）中的观察结果一致，即在峰（黑方块）或谷（白方块）中提取的特定区域在摩擦系数和表面粗糙度之间具有相反的行为，即峰：较低的摩擦系数和较高的表面粗糙度，或谷：较高的摩擦系数和较低的表面粗糙度。如果根据形貌使用几条彩色线条作为轮廓线将图 2-25（a），（b）分开，则区域 A 和 B 的本质将变得更加清晰。如图 2-25（c）所示，P2 拥有更多的区域（从 1.25nm 到 2.75nm），而 P9 的区域则更加平坦（从 0.25nm 到 1.25nm）。由于测得的较高区域的摩擦系数小于平坦区域的摩擦系数，因此最终导致 P2 的摩擦系数低于 P9。本书著者团队假设区域 A 和区域 B 之间分开的 μ/S 是分别在该含氢 DLC 上具有较高和较低粗糙度不同结构的结果。

为了概括 μ/S 对不同氢浓度的影响，本书著者团队对 0% H 到 20% H 样品的 10 个不同区域进行了 μ/S 计算。图 2-26 显示了所有测量区域摩擦系数和表面粗糙度之比（μ/S）。每个 H 浓度测量值都经过排序，因此 P1 始终对应于最低的 μ/S，而 P10 始终对应于最高的 μ/S。虽然 0% H 样品除了在 μ/S 中显示出比其他样品更少的差异，但它也发生了从 A 区到 B 区的明显变化，说明无论是否添加氢作为原料，都会对不同结构的形成和分布产生很大影响。

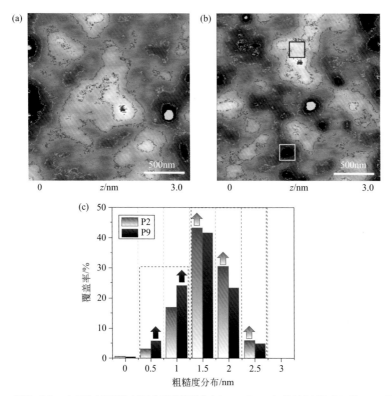

图2-25 在5% H样品上两个不同区域（2μm×2μm）的接触模式下的AFM图像：（a）P2，低 μ 和高S（FN = 10nN）；（b）P9，高 μ 和低S（FN = 10nN），用白色标记（ μ = 0.100，S = 0.12nm）和黑色标记（ μ = 0.071，S = 0.14nm）突出的200nm×200nm区域分别显示不同的局部摩擦系数；（c）P2和P9在不同区域（用彩色虚线分开）的覆盖范围分布

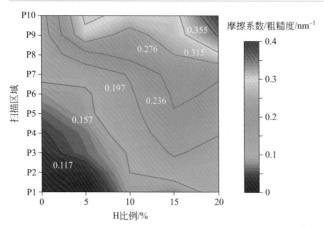

图2-26 从0% H到20% H样品中十个随机区域的 μ /S变化图

从 AFM 测量结果可得出一个结论，即 FL-C:H 由不同的形貌组成：具有无定形结构的平坦区域和具有更多晶体结构的粗糙区域。图 2-26 结果还表明，晶体结构的摩擦系数比具有较小粗糙度的平坦无定形结构区域摩擦系数低。这不仅是样品 5% H 纳米分布情况，其他氢浓度也是如此。

本书著者团队[71]由此得出结论：类富勒烯结构是一种由无定形结构的平坦区域和更多晶体结构的粗糙区域组成的二元结构。这种二元结构为后续洋葱碳摩擦衍生物形成提供了先决条件。

第五节
类富勒烯碳薄膜机械性能和结构稳定性

FL-C:H 薄膜中弯曲石墨片层层内强键键合保证了弯曲基平面自身不易发生断裂，从而使薄膜通过键角以及键长的可逆变化，能够吸收摩擦进程中所产生的弹性能和热能，实现摩擦系数显著降低。本节从 FL-C:H 薄膜机械性能入手，探讨类富勒烯碳本征结构在薄膜中形成后对薄膜应力和弹性的影响，开展碳薄膜结构优化与弹性强化研究。

一、类富勒烯碳薄膜机械性能：低应力

在多数应用场合中，需要薄膜有足够的厚度和低的内应力。到目前为止，很难制备出厚的且拥有低内应力的含氢 DLC 薄膜。本书著者团队[56,72]采用直流脉冲 PECVD 制备了兼具低应力和高硬度的 FL-C:H 薄膜。通过样品微结构的分析，发现有纳米尺度的五元碳环和七元碳环的卷曲石墨层使薄膜具有低的应力。

具有不同膜厚的 FL-C:H 薄膜沉积时间分别为 0.5h、1h、1.5h、2h、2.5h 和 3h。反应气体甲烷和氢气流量比为 1:2，薄膜沉积前先将真空腔抽到 10^{-4}Pa 以下，在引入反应气体之前先将硅（100）衬底用 Ar 离子清洗 0.5h。薄膜沉积过程中反应气体压强为 15Pa，两电极间的距离固定在 5cm，负极板上所加偏压为 1000V，脉冲频率为 20kHz，导通比为 0.6，制备过程中衬底没有被人为加热。为了比较，在相同工艺参数下用射频 PECVD 沉积制备了薄膜，射频功率 100W，衬底偏压 200V。

采用 Stoney 方程计算得到 FL-C:H 薄膜压应力随沉积时间的变化。由图 2-27 可以看出薄膜厚度随沉积时间增加单调增加，当沉积时间为 3h 时，膜厚增加到

2μm。应力最初随膜厚的增加而增大,对于沉积时间为1.5h时的样品,应力增加到1GPa,随后应力开始减小,对沉积时间为2.5h的样品,应力减小到0.9GPa。当膜厚增加时,普通含氢DLC薄膜容易剥落。因此,有必要进一步研究薄膜结构,以揭示直流脉冲PECVD技术制备FL-C:H薄膜的高厚度和低应力起因。

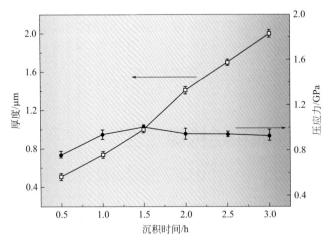

图2-27　直流CVD制备的FL-C:H薄膜厚度及其压应力随沉积时间的变化

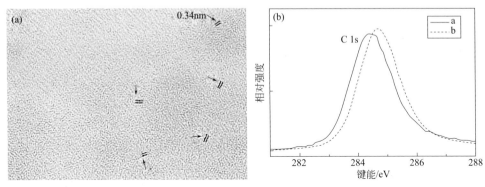

图2-28　FL-C:H薄膜的sp^{2}结构:(a)HRTEM;(b)采用直流脉冲PECVD(曲线a)和射频PECVD(曲线b)制备碳薄膜的XPS C1s结合能谱

　　典型的用直流脉冲PECVD技术制备FL-C:H薄膜的平面HRTEM形貌如图2-28(a)所示。与普通含氢DLC薄膜不同,样品包含了大量的纳米尺度的卷曲石墨片,层间距为0.34nm,与石墨面(0002)层间距一致。图2-28(b)给出了采用直流脉冲PECVD技术和射频PECVD技术制备的含氢DLC薄膜C1s结合能附近的XPS谱图。为了减小XPS分析中样品荷电效应的影响,在测试薄膜表面沉积了大约 0.2nm 厚的 Au 膜。从图 2-28（b）可见，用直流脉冲 PECVD 技术制备的 FL-C:H 薄膜的 C1s 结合能峰位在 284.4eV 处，相对于采用射频 PECVD 技术制备的 FL-C:H 薄膜 C1s 结合能峰位 284.7eV，向低能方向漂移了 0.3eV，这说明采用直流脉冲 PECVD 技术制备的碳薄膜是由卷曲的 sp² C—C 结构主导。

如前所述，由于采用直流脉冲 PECVD 技术制备的 FL-C:H 薄膜含有卷曲的石墨层状结构，薄膜的拉曼谱在 1000 ~ 2000cm⁻¹ 的波数范围内可分解出 4 个高斯峰，中心分别为 1200cm⁻¹、1360cm⁻¹、1470cm⁻¹ 和 1560cm⁻¹，对应于振动模式 $7A_1$、$6A_{1g}$、$5A_1$ 和 $6E_{2g}$，如图 2-29（a）所示。峰 1200cm⁻¹ 和 1470cm⁻¹ 分别起源于七元碳环和五元碳环卷曲石墨碳环[73,74]，从图 2-29 可知，直流脉冲 PECVD 技术制备的碳薄膜奇元碳环振动信号很强，而射频 PECVD 技术制备的碳薄膜奇元碳环振动信号很弱。高含量奇元碳环的生成导致了 C—C 键结构的松弛，使碳薄膜拥有低的应力。

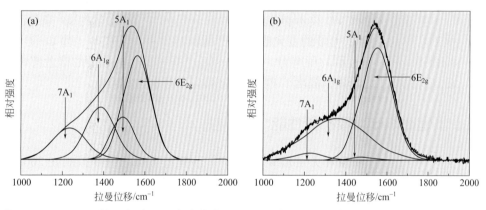

图2-29　Raman谱：（a）采用直流脉冲PECVD制备FL-C:H薄膜Raman谱；（b）采用射频PECVD制备含氢DLC的拟合拉曼谱

用傅里叶变换红外光谱（FTIR 谱）进一步研究了高含量奇元碳环的生成。一般情况下，氢在含氢 DLC 薄膜中扮演着重要的角色。在 FL-C:H 薄膜沉积过程中，氢容易进入亚表层而造成薄膜中有高的压应力。为了解释氢原子在决定碳网络结构和应力中的作用，本书著者团队研究了含氢 DLC 薄膜的 FTIR 谱。如图 2-30 所示，相对于用射频 PECVD 沉积的含氢 DLC 薄膜，用直流脉冲 PECVD 沉积的碳薄膜峰位位于 1450cm⁻¹ 和 2950cm⁻¹ 的 C—H 吸收振动强度很弱，这意味着薄膜中的氢键含量很小。根据 Robertson 所提出的压应力起源观点[63]，sp³ 键结构含量的增加与压应力增加相关，用直流脉冲 PECVD 技术制备的 FL-C:H 薄膜中，低的氢氛围容易诱导 sp² 杂化键结构的增加，sp² 杂化键六元结构在压应力环境作用下可以被诱导转变成五元碳环和七元碳环结构。

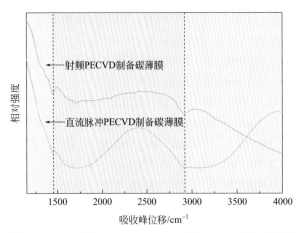

图2-30　用直流脉冲PECVD和射频PECVD制备薄膜的FTIR谱

直流脉冲 PECVD 技术制备的 FL-C:H 薄膜包含了高含量的 sp^2 杂化键结构，同时，薄膜包含了大量的五元碳环和七元碳环的卷曲石墨片，使 C—C 网络结构松弛，减少了过剩的压应力。因此，用五元碳环和七元碳环的概念解释了 FL-C:H 薄膜的压力释放，提出了 FL-C:H 薄膜应力释放的新模型。

二、类富勒烯碳薄膜机械性能：超弹性

对 FL-C:H 薄膜和无定形碳（a-C:H）薄膜最大加载深度控制在 200nm，对于每个样品，压痕曲线重复 5 次，硬度和弹性恢复特性通过加载 - 卸载曲线计算。弹性恢复率 R 定义为 $R=(d_{max}-d_{res})/d_{max}$，其中 d_{max} 和 d_{res} 分别是最大加载位移和卸载以后的残余位移，弹性恢复率 R 表征了薄膜发生弹性形变的大小，弹性恢复率越大，表明薄膜越不容易发生塑性形变。

图 2-31 为在不同氩气流量下制备的 FL-C:H 薄膜 HRTEM 图像。该图像显示一些中程有序的石墨烯片层（1～5nm）通过一定的键合方式相互交联或镶嵌在非晶碳网络中。在长程无序的网络中也可以观察到一些石墨烯片层的局部弯曲。这些石墨烯片层之间的间距约为 0.34nm，与石墨（002）的面间距或洋葱碳中桥层间距相似。图 2-32 显示了石墨烯片层通过 sp^3 碳键相互交联的示意图。sp^3 碳键容易在层间形成，也可以在石墨烯片层的曲面上形成[75]。类富勒烯结构碳网络可能主要是由通过 sp^3 碳键相互交联的或局部弯曲的石墨烯片层结构组成的。随着氩气流量的增加，石墨烯片层的纳米结构主要有两种变化：①高流量氩气（200sccm）下形成的石墨烯片层尺寸（5～6nm）明显大于低流量氩气（0sccm）下形成的石墨烯片层尺寸（1～2nm）；②石墨烯片层之间的交联位点

数明显减少，如在图 2-31（d）红色箭头标记区域所观测的那样。

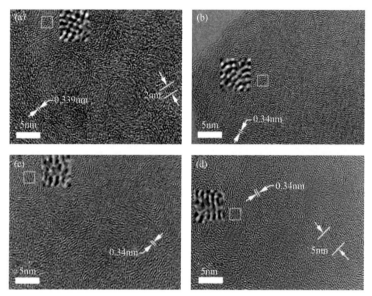

图2-31 在不同氩气流量下制备的类富勒烯结构碳氢薄膜的高分辨透射电镜图：
（a）0sccm；（b）50sccm；（c）100sccm；（d）200sccm；插图是方框区域的放大
图像

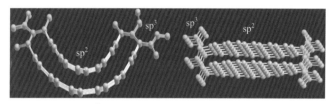

图2-32 通过sp^3碳键相互交联的石墨烯片层结构示意图（sp^3碳键容易在层间形成）

图 2-33（a）给出了 FL-C:H 薄膜的载荷-位移曲线[76,77]。在纳米金刚石探针
压入相同的深度（约 50nm）下，所需施加于薄膜上的载荷从 1.0mN 变为 0.54mN；
结果表明在较高流量氩气下制备的 FL-C:H 薄膜具有较低的硬度和弹性模量
［图 2-33（b）］。表 2-1 给出了用 Oliver 和 Pharr 方法计算出的不同流量氩气下制
备的 FL-C:H 薄膜硬度和弹性模量值。FL-C:H 薄膜的硬度和弹性模量随着制备过
程氩气流量增加逐渐减小。在 0sccm 流量氩气下制备的 FL-C:H 薄膜具有最大硬
度和弹性模量［分别为（21.49±0.86）GPa 和（152.60±2.74）GPa］；在 200sccm
流量氩气下制备的 FL-C:H 薄膜硬度和弹性模量分别降到（12.67±0.47）GPa
和（86.50±5.87）GPa。此外，还可以从载荷-位移曲线中得到四个 FL-C:H 薄

膜的残余压痕深度从 10.32nm 减小到 4.22nm，这一结果表明在高流量氩气下制备的 FL-C:H 薄膜具有更高的弹性恢复能力（200sccm，弹性恢复率约 91.75%；0sccm，弹性恢复率为 78.46%）。

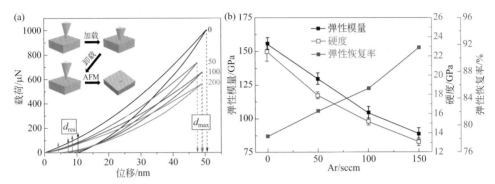

图2-33　FL-C:H薄膜的载荷-位移曲线（a）及其硬度、弹性模量和弹性恢复率随氩气流量的变化曲线（b）

表2-1　由FL-C:H薄膜的载荷-位移曲线获得的数据

Ar/sccm	硬度/GPa	弹性模量/GPa	弹性恢复率/%	能量损失因子（η）
0	21.49±0.86	152.60±2.74	78.46	0.221
50	16.82±0.63	123.00±2.50	82.33	0.187
100	15.00±0.55	105.4±5.00	85.45	0.163
200	12.67±0.47	86.50±5.87	91.75	0.149

图 2-34 为不同流量氩气下制备的 FL-C:H 薄膜压痕区域的 AFM 图像。对所有的 FL-C:H 薄膜，探针卸载后压痕区域没有形成剪力带，表明 FL-C:H 薄膜具有很好的韧性；薄膜实际残余压痕深度从 5.03nm 至 2.48nm，小于从载荷 - 位移曲线得到的结果，这表明可逆的形变在加载 - 卸载过程中表现出明显的松弛和滞后。

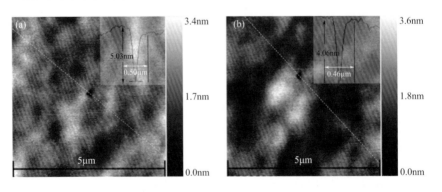

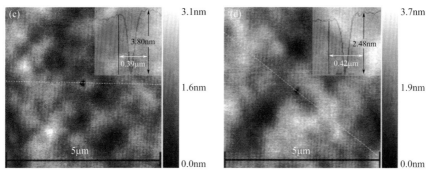

图2-34 不同流量氩气下制备的FL-C:H薄膜在压痕区域的AFM图像：（a）0sccm；
（b）50sccm；（c）100sccm；（d）200sccm；插图为压痕区域线性轮廓图

　　根据上述氩离子轰击引起的结构变化，FL-C:H薄膜机械性能主要取决于两大结构因素：①石墨烯薄片的大小；②它们之间的交联位点的数量。为了更好地理解这两种结构因素对FL-C:H薄膜机械性能的影响，本书著者团队绘制了薄膜硬度（H）、弹性模量（E）和弹性恢复率（R_{rec}）与拉曼特征信息参数对应关系图 [图2-35（a）]，对实验数据进行分析。数值拟合结果表明硬度、弹性模量与 [$1/(I_D/I_G)$] 具有线性依赖性。这种线性关系可以很好地拟合成公式（2-1）和式（2-2）（相关系数为0.99）：

$$H = 3.6 + 7.5 \times \frac{1}{I_D / I_G} \tag{2-1}$$

$$E = 14.3 + 60.0 \times \frac{1}{I_D / I_G} \tag{2-2}$$

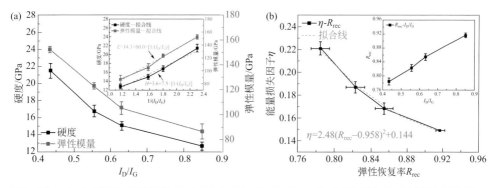

图2-35 （a）薄膜硬度和弹性模量与I_D/I_G值的对应关系；（b）在加载-卸载过程中能量损失因子随弹性恢复率的变化规律；右上插图是弹性恢复率随I_D/I_G值的对应关系

　　对大多数非晶态碳基材料来说，$1/(I_D/I_G)$值通常正比于sp^{3}碳键的相对含量。

因为 FL-C:H 薄膜中石墨烯片层主要是通过 sp^3 键连接，所以 $1/(I_D/I_G)$ 值也可以用来表示石墨烯片层结构之间的交联位点数。因此，公式（2-1）和式（2-2）中的线性正比关系表明 FL-C:H 薄膜的硬度和弹性模量对石墨烯片层结构之间的交联极为敏感，而对石墨烯片层结构的 sp^2 键合则不敏感。高流量氩气下制备的 FL-C:H 薄膜表现出较低的硬度和弹性模量的主要原因可能是石墨烯片层之间交联位点数较少。与之相反，FL-C:H 薄膜的弹性恢复率随 $(I_{CGS}+I_{6A_{1g}})/I_G$（与芳香碳环的数量成正比）线性增加。对不同流量氩气下制备的 FL-C:H 薄膜来说，奇数元碳环或扭曲的六元碳环的数量没有明显的变化（I_{CGS}/I_G 只稍微有所增加），而六元芳香碳环的数量却有了显著的增长（$I_{6A_{1g}}/I_G$ 几乎增加四倍）。这表明 FL-C:H 薄膜的弹性恢复能力可能主要取决于六元芳香碳环。更多的六元芳香碳环的形成可以促进石墨烯片层增长使其尺寸增大。因此，在 FL-C:H 薄膜中较大尺寸的石墨烯片层结构可能会赋予薄膜更高的弹性恢复能力。为了更好地理解石墨烯薄膜的尺寸和弹性恢复能力之间的关系，本书著者团队计算了在加载 - 卸载过程中的能量损失因子（见表 2-1）。发现能量损失因子（η）与弹性恢复率［图 2-35（b）］之间呈现出二次抛物线关系，可以拟合为公式（2-3）：

$$\eta = 2.48(R_{rec} - 0.958)^2 + 0.144 （相关系数为 0.99）\qquad (2-3)$$

$\eta = \dfrac{\Delta W}{W}$，其中 ΔW 表示卸载过程中滞回曲线所包围的区域；W 是外力在加载阶段所做的功。从公式（2-3）可以看出，在 FL-C:H 薄膜中的石墨烯片层可能具有临界尺寸，从而产生最小的能量损失因子；在临界尺寸以上，即使弹性恢复率达到100%，能量损失也会很大。

为了进一步探索临界尺寸，本书著者团队对 FL-C:H 薄膜（氩气气氛保护）进行了 1000℃退火处理。图 2-36 为退火后 FL-C:H 薄膜的载荷 - 位移曲线。所有这些

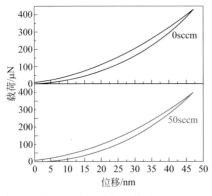
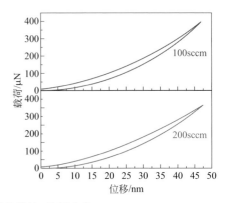

图2-36　1000℃退火处理后FL-C:H薄膜的载荷-位移曲线

FL-C:H 薄膜都表现出了极小的滞后和残余压痕深度，表明退火后 FL-C:H 薄膜具有极好的弹性恢复能力。表 2-2 给出了由 FL-C:H 薄膜的载荷 - 位移曲线计算获得的具体实验数据。退火后薄膜表现出了 7 ～ 8GPa 硬度和约 96% ～ 98% 超弹性恢复率，能量损失因子在 0.144 ～ 0.148 的范围内。实验数据与数值拟合公式（2-3）吻合较好。

表2-2　由 1000℃ 退火后 FL-C:H 薄膜的载荷－位移曲线获得的实验数据

Ar/sccm	硬度/GPa	弹性模量/GPa	弹性恢复率/%	能量损失因子（η）
0	8.26	78.51	约96	0.145
50	7.77	74.15	约96	0.145
100	7.78	72.03	约98	0.144
200	7.62	61.15	约96	0.148

三、类富勒烯碳薄膜结构稳定性

1．热处理对薄膜结构和机械性能的影响

本书著者团队[78,79]采用直流脉冲 PECVD 在 Si（100）衬底上制备了 FL-C:H 薄膜，膜厚为 1.5μm。对样品在不同温度下进行真空退火，用拉曼光谱仪、光学轮廓仪、扫描电镜和原子力显微镜探测样品的结构和形貌的变化，用纳米压痕仪和球盘摩擦机评价薄膜的机械和摩擦学特性。退火后 FL-C:H 展示了高的硬度和高的弹性恢复率，在相对湿度 40% 的空气氛围中，退火温度高达 600℃，薄膜的摩擦系数仍然保持在约 0.037。而且，当薄膜在 300℃ 退火时，磨损率急剧减小，然后随着退火温度的升高而增加。本书著者团队将薄膜的这种机械性能和摩擦学性能的改善归结于在退火温度为 200 ～ 300℃ 时，薄膜中类富勒烯碳结构含量的增加。当退火温度增加到 400 ～ 600℃ 时，薄膜结构中 sp^3 杂化碳的纳米结构团簇增加。

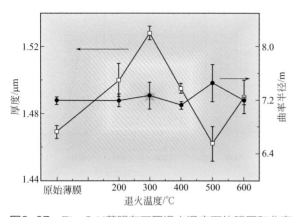

图2-37　FL-C:H薄膜在不同退火温度下的膜厚和曲率半径

为了研究沉积薄膜在退火过程中结构和机械性能的变化，在真空度为 10^{-3}Pa 的真空腔中，对样品分别在 200℃、300℃、400℃、500℃和 600℃下退火 1h，然后在真空腔中自然冷却到室温。所有的退火实验样品均为同批制备。图 2-37 所示为 FL-C:H 薄膜的厚度和曲率半径随退火温度的变化。从图中可看出，随退火温度的升高，薄膜的膜厚和曲率半径没有明显的改变。根据 Stoney 方程[80]，可以计算得到退火薄膜的应力值随退火温度的升高也几乎没有变化。因此，本书著者团队采用直流脉冲 PECVD 技术制备的含氢 DLC，退火处理对薄膜的影响与普通含氢 DLC 明显不同。

对碳材料来说，可以通过拉曼光谱不同的振动方式和强弱表征材料的结构。如图 2-38（b）所示，含 FL-C:H 薄膜的拉曼谱可以分解成 4 个拉曼峰[73,74]，波数分别在 1200cm^{-1}、1360cm^{-1}、1470cm^{-1} 和 1560cm^{-1}。在波数 1200cm^{-1} 和 1470cm^{-1} 的散射峰来自卷曲的石墨结构，1200cm^{-1} 处的拉曼峰起源于卷曲石墨的七元碳环，1470cm^{-1} 的拉曼峰起源于卷曲石墨的五元碳环[73,74]。基于 Doyle 和 Dennison 提出的模型[73,74]，FL-C:H 薄膜中，与 D 峰相关的芳香环的呼吸振动包含五、六和七元碳环。因为五元碳环和七元碳环缺少倒置对称性，呼吸（A 类）模型主导了它们的拉曼谱，4 个振动峰中有 3 个 A 类对称（来自五、六和七元碳环）和 1 个伸展（E 类）对称（来自六元碳环），伸展振动（E 类）对应于 G 峰。据此，在本书著者团队的研究中，1200cm^{-1}、1360cm^{-1}、1470cm^{-1} 和 1560cm^{-1} 可以分别被归于 $7A_1$、$6A_{1g}$、$5A_1$ 和 $6E_{2g}$，I_D/I_G 变成（$I_{7A_1}+I_{6A_{1g}}+I_{5A_1}$）/$I_{6E_{2g}}$。图 2-39 所示为在不同退火温度下，拉曼光谱中每个振动频率的贡献比例。随着退火温度的升高，$7A_1$ 和 $6A_{1g}$ 的贡献比例没有明显的改变，$5A_1$ 的贡献比例在退火温度 200℃ 和 300℃时有所增加，在退火温度 400℃开始减少，在退火温度 500℃和 600℃快速地减少，$6E_{2g}$ 的贡献比例与 $5A_1$ 的变化相反。

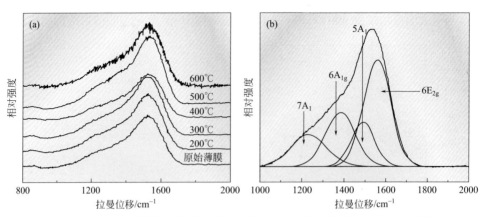

图2-38　（a）FL-C:H薄膜在不同退火温度下的Raman谱；（b）对FL-C:H薄膜Raman谱的拟合

从图2-39可知，当退火温度小于300℃，$(I_{7A_1}+I_{6A_{1g}}+I_{5A_1})/I_{6E_{2g}}$随退火温度增加而增加，当退火温度大于300℃时，随退火温度增加而减小。对于DLC，I_D/I_G与sp^3杂化碳含量成反比，所以，退火温度小于300℃时，可以认为薄膜中部分sp^3杂化转变为sp^2杂化。当退火温度高于300℃时，sp^2杂化又转变为sp^3杂化。

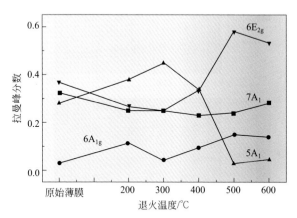

图2-39 经过不同退火温度处理后，五、六和七元碳环振动的Raman散射贡献

因此，低温退火下薄膜中$5A_1$和$6E_{2g}$含量的改变是由于sp^3杂化向sp^2杂化的转变，高温退火下薄膜中$5A_1$和$6E_{2g}$含量的改变是由于sp^2杂化向sp^3杂化的转变。这种转变与膜厚的改变相一致，即sp^3杂化向sp^2杂化的转变意味着薄膜密度的减小和膜厚的增加。由于在这些薄膜中压应力基本稳定，在稳定的局部压应力环境下，较低的热能能够激活键转化。这种高应力场迫使石墨平面卷曲，导致五元碳环和七元碳环的形成。因为五元碳环相对于七元碳环更稳定，随着退火温度增加，薄膜中五元碳环含量增加。需要注意的是，这种五元碳环数量的增加并不意味着六元碳环数量的减少，仅仅是新形成的sp^2杂化碳主要是以五元碳环为主。当退火温度增加到大于300℃时，卷曲的石墨团簇进一步转换到sp^3杂化碳团簇。

采用AFM考察FL-C:H薄膜在不同退火温度下表面形貌（图2-40）。可以看出刚沉积的薄膜表面平整，表面均方根粗糙度仅为0.310nm（图2-41）。当退火温度增加到300℃，薄膜表面粗糙度减小到0.171nm。结合拉曼谱和膜厚测量，本书著者团队注意到表面粗糙度的减少与sp^3键向sp^2键转换相一致。薄膜表面均方根粗糙度在退火温度500℃时快速增加到2.377nm，在图2-40中呈现出大量的大尺寸起伏，高度达20nm。

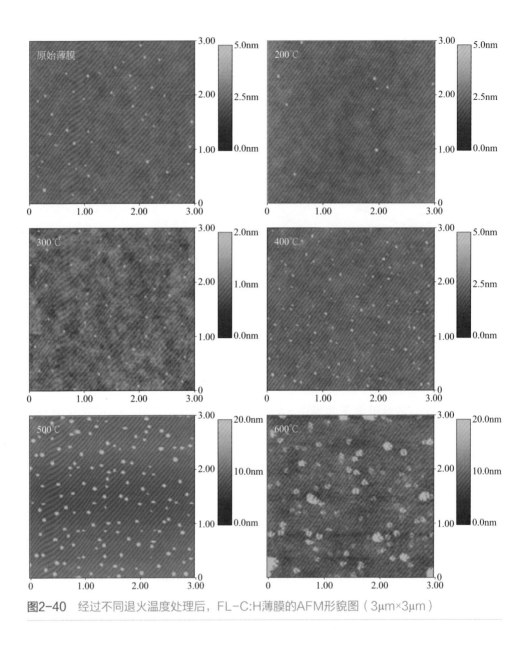

图2-40 经过不同退火温度处理后，FL-C:H薄膜的AFM形貌图（3μm×3μm）

进一步探讨 FL-C:H 薄膜经不同温度退火后的机械性能变化。实验中，最大压痕深度保持在 200nm，对每个样品重复测试五次。对于采用直流脉冲 PECVD 沉积的碳薄膜，机械性能随退火温度的升高而变优。如图 2-42 所示，当退火温度升高到 500℃，薄膜的硬度高达 27.7GPa，相对于沉积薄膜（23.7GPa）提高了 16.9%；弹性恢复率 R 高达 86.7%，相对于沉积薄膜的 78% 提高了 11.2%。

对于普通含氢DLC，机械性能随着退火温度的增加而变差，与本书著者团队制备的FL-C:H薄膜经退火处理后所表现出的现象相反。一般来说，DLC薄膜中高的硬度归于高的sp^3（类金刚石）杂化碳的存在，薄膜中存在高含量的sp^2（石墨的）杂化碳会导致软膜的形成。对于FL-C:H薄膜，类富勒烯碳结构的存在可以认为是薄膜机械性能改善的结构因素，因为卷曲的类富勒烯碳结构能够提供薄膜极好的机械性能。随着退火温度上升到300℃以上，母体中sp^3杂化碳团簇的增加导致薄膜机械性能的进一步提高。

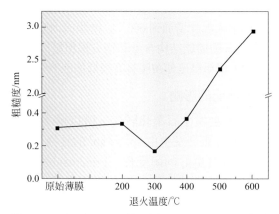

图2-41　经过不同退火温度处理后，FL-C:H薄膜表面RMS粗糙度变化

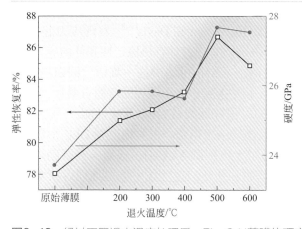

图2-42　经过不同退火温度处理后，FL-C:H薄膜的硬度和弹性恢复率

基于薄膜在真空退火下性能的变化规律，本书著者团队提出了一个两步机理：a）在退火温度分别为200℃和300℃时，经过扩散和局部重排，长程结构弛豫发生，这种弛豫方式是从sp^3杂化到sp^2杂化的转换，同时转换的sp^2石墨平面会在高的压应力环境中卷曲。卷曲的类富勒烯碳结构会使薄膜机械和摩擦学性

能提高。b）在退火温度分别为 500℃和 600℃时，薄膜的结构转变为高密度 sp^3 杂化纳米尺度区域嵌入非晶碳母体中，卷曲的 sp^2 杂化团簇转变为 sp^3 杂化团簇，使薄膜具有了极好的机械性能。

总之，本节研究了退火温度对含 FL-C:H 薄膜的结构、机械性能的影响，分析了机械性能和摩擦学性能与类富勒烯碳结构含量之间的关系。当退火温度低于 300℃时，薄膜中类富勒烯碳特征随退火温度升高而增强，薄膜的硬度增加到 25.8GPa，弹性恢复率增加到 82.1%。当退火温度高于 500℃时，退火促使纳米尺度的 sp^2 团簇向 sp^3 团簇转变，使薄膜硬度增加到 27.7GPa，弹性恢复率达到 86.7%。薄膜的内应力随退火温度的增加没有明显的改变，直到退火温度增加到 600℃，薄膜的内应力并未释放。退火对磨损行为的影响与薄膜中类富勒烯碳结构含量和均方根粗糙度的变化一致，高含量的类富勒烯碳结构和低的均方根粗糙度使薄膜具有极好的摩擦学特性[81]。

2. 深冷处理对薄膜结构和机械性能的影响

基于已有研究，DLC 薄膜在高温下会发生石墨化转变，所以本书著者团队猜测在 0℃以下较低温度下，DLC 薄膜可能会发生由 sp^2 向 sp^3 的转变，而且 sp^3 键合度高和贫氢碳薄膜如 ta-C 对高温具有更好的耐受性。Friedmann 等人[82] 研究了 ta-C 的热稳定性，发现在高达 800℃时其拉曼波谱并没有发生明显变化。Kalish 等人[83] 研究了初始 sp^3/sp^2 构型与 DLC 薄膜热稳定性的关系，发现 sp^3 百分含量在 40%，碳薄膜在高达 427℃时才开始石墨化，而 sp^3 含量在 80%，碳薄膜在 1000℃时仍能保持稳定。因此通过低温处理提高薄膜 sp^3 组分含量是提高碳薄膜结构稳定性的可行途径。然而 Robertson 和 Davis[84,85] 发现应力起源于薄膜内部的致密化，只依赖于 sp^3 含量很难同时获得具有热稳定性和低内应力的薄膜。

通过在 DLC 薄膜中加入有序的纳米结构可解决这一难题，例如具有类富勒烯碳纳米结构的碳薄膜，由于具有五元碳环和七元碳环的弯曲石墨片，其内应力非常低，石墨烯和类石墨纳米结构可很好地改善 DLC 薄膜性能[86-88]。此外一些独特的碳纳米结构，如石墨烯和石墨烯纳米结构，极大地改善 DLC 薄膜的性能。考虑到此，本书著者团队[89] 制备了无定形碳（a-C:H）薄膜，类富勒烯碳（FL-C:H）薄膜和类石墨（GL-C:H）薄膜，并在液氮环境中低温处理后探索了结构-性能的关系，以及摩擦引起闪温下结构热稳定性。

a-C:H，FL-C:H 和 GL-C:H 薄膜通过 PECVD 在硅基底上沉积制备得到。碳薄膜放置在液氮中 14h，从液氮中取出在室温下自然冷却，该过程称作"深冷处理"，深冷处理得到的碳薄膜分别为 a-C:H-LN$_2$，FL-C:H-LN$_2$ 和 GL-C:H-LN$_2$。

首先对三种薄膜（a-C:H，FL-C:H 和 GL-C:H）深冷处理前后的基本结构进行了表征。通常类金刚石薄膜在 1360cm^{-1} 和 1560cm^{-1} 附近会有两个特征峰，分别归属于薄膜 D 峰和 G 峰。图 2-43 为三种薄膜处理前后 Raman 图谱，可看出

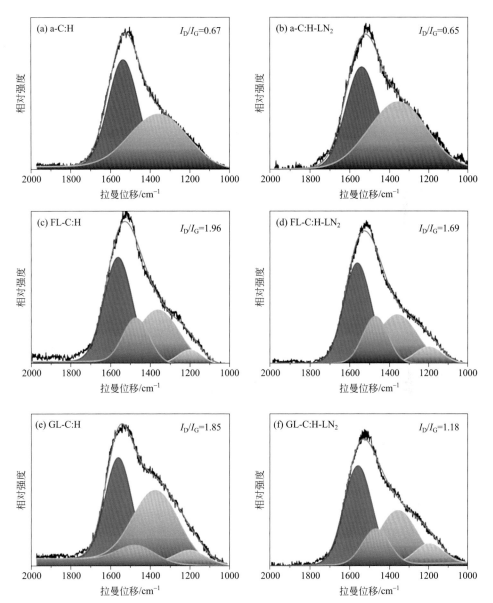

图2-43 各种碳薄膜深冷处理前后的拉曼图谱：[（a），（b）] 处理前和处理后a-C:H 薄膜；[（c），（d）] 处理前和处理后FL-C:H薄膜；[（e），（f）] 处理前和处理后 GL-C:H薄膜

FL-C:H 和 GL-C:H 的拉曼谱图与 a-C:H 略有不同，除 G 峰外，FL-C:H 和 GL-C:H 在 1200cm^{-1} 和 1470cm^{-1} 处出现了特征峰，并且 G 峰明显向更高的波数处偏移，a-C:H 的 G 峰位置在 1536cm^{-1} 处，而 GL-C:H 的 G 峰位置则在 1560cm^{-1} 处，

说明薄膜中出现了类石墨结构或者类富勒烯碳结构。由于 1200cm⁻¹ 处峰出现，纳米结构碳薄膜拉曼谱图被拟合为了四个特征峰，而 a-C:H 按照 D 峰和 G 峰来拟合。在 1200cm⁻¹ 和 1470cm⁻¹ 处两个额外出现的峰分别是五元碳环和七元碳环，五元碳环和七元碳环出现有利于石墨基平面的弯曲和交联。

通过 FIB-SEM 制备了厚度＜100nm 的纳米片层样品用于 TEM 测试。从图 2-44

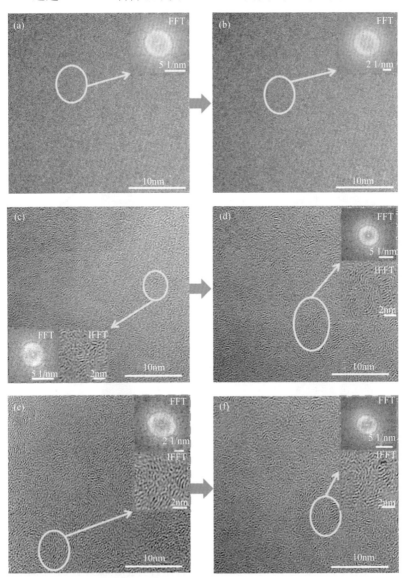

图2-44　深冷处理前后薄膜的 HRTEM 照片：［（a），（b）］深冷处理前后 a-C:H 薄膜；［（c），（d）］深冷处理前后 FL-C:H 薄膜；［（e），（f）］深冷处理前后 GL-C:H 薄膜；［（a）～（f）］中插入的为黄色区域的 FFT 和 IFFT

中可看出石墨基平面的弯曲交联，而 FL-C:H 的透射照片中呈现出平行的纳米片 ［图 2-44（c），（d）］，GL-C:H 中则具有频繁弯曲交联的无序纳米片 ［图 2-44（e），（f）］。同时 GL-C:H 的 SAED 显示出明显的内环，晶格间距为约 3.5Å，与石墨的 （0002）匹配比较好，因此，深冷处理会影响碳薄膜的微观结构。从拉曼图谱可观察到，深冷处理后 a-C:H 的 I_D/I_G 稍有降低，说明 sp^3 含量的增加。深冷处理后的 GL-C:H 拉曼图谱中，1360cm^{-1} 处峰的降低和 1200cm^{-1} 处峰的增强，说明了类富勒烯碳结构的出现、石墨片层尺寸的减小和弯曲交联度的增加，这些改变意味着一些结构缺陷如奇元碳环被引入到了类富勒烯碳结构中。除交联的石墨烯碎片外，一些高度卷曲交联结构也出现。并且 I_D/I_G 改变证明 GL-C:H 中类石墨结构向类富勒烯碳结构的转变，而 FL-C:H 中自身类富勒烯碳结构被增强。

无论处理与否，碳纳米结构薄膜的硬度和弹性恢复率均高于 a-C:H 薄膜 （图 2-45）。深冷处理有效地改善碳薄膜的微观结构，这种显著的力学性能变化可能与深冷处理后类富勒烯碳结构的产生或增强有关。深冷处理后薄膜高硬度导致摩擦配伍之间接触面积的减小，从而具有低的摩擦系数和磨损率。表 2-3 为几种薄膜深冷处理前后的硬度（H）、弹性模量（E）、弹性恢复（elastic recovery）率。

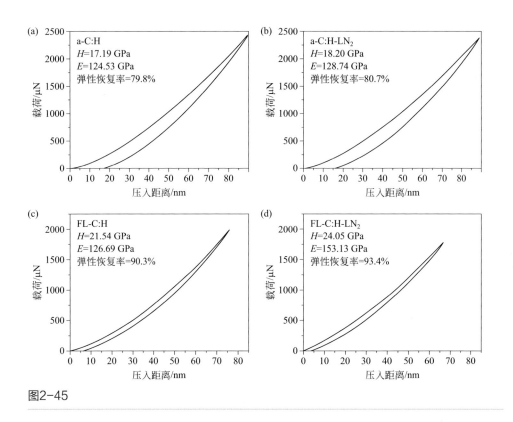

图2-45

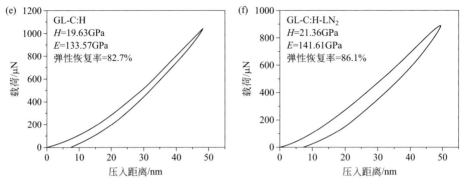

图2-45 深冷处理前后薄膜纳米压痕载荷−位移曲线：[（a），（b）] a-C:H薄膜；
[（c），（d）] FL-C:H薄膜；[（e），（f）] GL-C:H薄膜

表2-3 三种薄膜深冷处理前后硬度（H）、弹性模量（E）、弹性恢复（elastic recovery）率

项目	a-C:H	a-C:H-LN$_2$	FL-C:H	FL-C:H-LN$_2$	GL-C:H	GL-C:H-LN$_2$
H/GPa	17.19	18.20	21.54	24.05	19.63	21.36
E/GPa	124.53	128.74	126.69	153.13	133.57	141.61
弹性恢复率/%	79.8	80.7	90.3	93.4	82.7	86.1

原始碳纳米结构薄膜在滑动摩擦前后 I_D/I_G 有明显差异，且比 a-C:H 薄膜表现出更好的结构稳定性。深冷处理后，纳米结构薄膜的 I_D/I_G 差值减小，表明其结构稳定性增强（图 2-46）。结合 Raman 和 TEM 研究发现，深冷处理诱导了随着 sp^3 比例增加而发生的变化。Erdemir 等人[90] 报道了含氢 DLC 中存在大量原子和分子形式的未键合氢或自由氢。Zhang 等人[91] 研究表明，深冷处理可使石

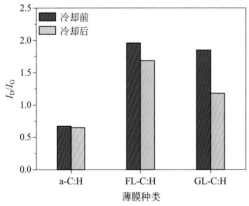

图2-46 深冷处理前后三种薄膜拉曼图谱 I_D/I_G

墨层压实，减小涡轮碳层间距。基于此，本书著者团队合理地推测，薄膜压实可能会引发与相邻 sp^2 相的未键合氢或自由氢的成键，从而导致 sp^3 分数的增加。特别是对于由石墨层组成的纳米结构薄膜，可能会发生这种现象。拉曼拟合结果也发现了新形成五元和七元碳环结构中存在 sp^3 键。

深冷处理后微结构变化会影响三种 DLC 薄膜力学性能和摩擦学性能。对于 a-C:H 薄膜，丰富的 sp^3 键能提高薄膜的硬度，降低 COF（摩擦系数）和磨损率，但变化不明显。这是由于缺乏特殊的碳纳米结构造成的，这一点已通过诸如 FL-C:H 和 GL-C:H 等碳纳米结构薄膜的性能得到证实。对于碳纳米结构薄膜，sp^3 分数的增加伴随着五元碳环和七元碳环的形成，促进了石墨基面之间的交联。即 GL-C:H 薄膜具有类富勒烯碳特性，而 FL-C:H 薄膜具有更强化结构。引入或增强的 FL 纳米结构[92]使处理后碳薄膜具有较高硬度和弹性恢复率，以及更好的结构稳定性，从而形成类似于"超硬橡胶"的高弹性薄膜。因此，深冷处理可改善碳薄膜的力学性能和摩擦学性能，特别是碳纳米结构薄膜即 FL-C:H 和 GL-C:H 薄膜，通过增加 sp^3 分数以及在基体中引入五、七元碳环等缺陷来增强其结构稳定性。

总之，研究深冷处理对不同纳米结构碳薄膜性能的影响，处理后 FL-C:H 薄膜仍然保持了其良好的力学性能和摩擦学性能等优点。本书著者团队的研究结果为在低温环境下提供可靠且寿命长的固体润滑提供了重要参考[89]。

第六节
类富勒烯碳薄膜大气环境中超滑性能

本书著者团队针对碳基固体润滑薄膜存在的高摩擦、环境敏感性和内应力高的问题，率先设计制备了高硬度、超高弹性含氢类富勒烯碳结构薄膜，在大气环境、1GPa 载荷下，摩擦系数低至 0.001，实现了具有工程应用价值的固体超滑[8-12,93]。本节将从摩擦对偶、环境湿度和实验条件等方面，考察 FL-C:H 薄膜摩擦学行为，揭示 FL-C:H 薄膜超低摩擦的原因。

一、类富勒烯碳薄膜大气环境中摩擦性能分析

首先对比分析利用 PECVD 所制备的 FL-C:H 薄膜和 a-C:H 薄膜在大气环境下的摩擦学行为[8]。图 2-47（a）为在大气环境（相对湿度为 20%）下采用往复

式球盘摩擦试验机，载荷为 20N，以 Si_3N_4 陶瓷球作摩擦对偶，两种薄膜摩擦系数随时间的变化曲线。从图中可看出，FL-C:H 薄膜在空气中表现出优异的摩擦学性能，摩擦系数非常稳定，几乎不随摩擦时间发生变化，其平均摩擦系数为 0.009，而 a-C:H 薄膜表现出较高的摩擦系数且有剧烈振动。

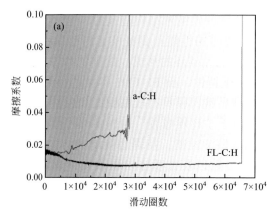

图2-47 空气中两种薄膜的摩擦性能测试：（a）a-C:H和FL-C:H薄膜摩擦系数随时间的变化曲线；（b）与FL-C:H薄膜对摩后Si_3N_4球的磨损表面形貌；（c）与a-C:H薄膜对摩后Si_3N_4球的磨损表面形貌

随后详细考察了薄膜的纳米结构、力学和摩擦学性能，发现薄膜在一个很宽的测试范围内［载荷从 2N 到 20N，对偶球从钢、氮化硅（Si_3N_4）、氧化铝（Al_2O_3）到氧化锆，环境从干燥空气到低湿度空气］都表现出超滑性能，如图 2-48。本书著者团队发现 FL-C:H 薄膜表现出稳定的宏观超滑性能，其极限摩擦系数低至 0.001[65]。由于类富勒烯碳结构离域大 π 键和近似笼状结构对水分子的排斥特性，抑制了含氢碳薄膜对湿度的敏感性，同时弯曲结构高弹性具有的高损伤容限，有利于减小摩擦界面剪切阻力和磨损。

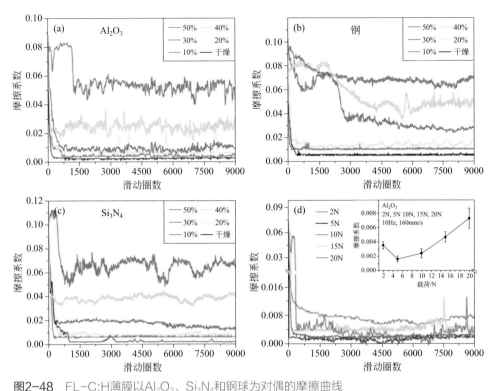

图2-48　FL-C:H薄膜以Al₂O₃、Si₃N₄和钢球为对偶的摩擦曲线

二、不同摩擦对偶下类富勒烯碳薄膜磨损行为分析

　　FL-C:H 薄膜在与对偶摩擦过程中会自发地在对偶表面形成富碳转移膜，最终的摩擦发生在两个碳质表面间，因而对偶材料引发材料转移行为影响滑动界面化学性质[94,95]。图 2-49 依次是 Si₃N₄ 球、Al₂O₃ 球、GCr15 钢球磨损表面的 SEM 照片和三维形貌图，由图可见，与 FL-C:H 薄膜对摩以后，在 Si₃N₄ 球的表面形成了较为连续均匀的转移膜；在 Al₂O₃ 球表面，磨屑未能较好地铺展，主要堆积在接触面周围，聚集在沿滑动方向的两侧，形成的转移膜不连续；在 GCr15 钢球的表面，磨屑也未能较好地铺展，并且在接触面上呈现出一个明显的凹坑。

　　摩擦最初始阶段，光滑的对偶只是与薄膜表面的微凸体接触，真实接触面积较小，导致极高的接触应力，当与 Si₃N₄ 球和 Al₂O₃ 球对摩时，由于对偶的硬度高于薄膜且薄膜的粗糙度很小（RMS=1.494nm），薄膜表面的微凸体迅速被磨平，产生的磨屑转移至对偶表面，形成转移膜，摩擦系数也在极短的时间内迅速降低；而当与钢球对摩时，由于对偶的硬度远低于薄膜，导致钢球在高的接触压

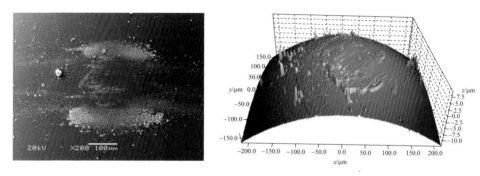

(a) Si₃N₄球

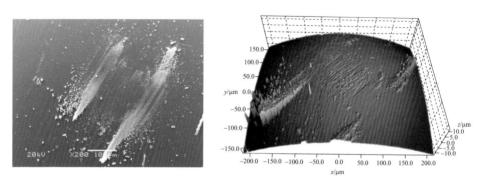

(b) Al₂O₃球

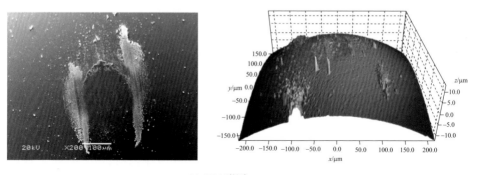

(c) GCr15钢球

图2-49　Si₃N₄球（a）、Al₂O₃球（b）和GCr15钢球（c）磨损表面的SEM照片和三维形貌图

力下发生形变，表面粗糙度变大，摩擦系数呈现出迅速上升的趋势。随着滑动时间的增长，Si₃N₄球和Al₂O₃球表面转移的磨屑慢慢增多。相对而言，由于Si₃N₄较Al₂O₃活泼，转移的磨屑在Si₃N₄球接触面上充分覆盖，形成的转移膜充当固体润滑剂有效地降低了摩擦系数。而在Al₂O₃球表面上磨屑铺展覆盖接触面的速度较慢且最终覆盖的程度也较低，从而使得FL-C:H薄膜与Al₂O₃球对摩时的摩

擦系数比与 Si_3N_4 球对摩时的摩擦系数略高，且到达稳定摩擦系数阶段需要的时间也较长。对于与钢球对摩的情况，随着滑动时间的增长，摩擦产生大量热能，FL-C:H 薄膜表面在 Fe 的催化作用下发生摩擦氧化反应，新生成的氧化层易于磨损产生较多磨屑，这些磨屑也能起到固体润滑剂的作用。

综上所述，FL-C:H 薄膜与 Si_3N_4 球、Al_2O_3 球、钢球对摩时均表现出较好的减摩抗磨性能，但同时又呈现出不同特点。FL-C:H 薄膜与 Si_3N_4 球对摩时呈现极低摩擦系数的原因是：磨屑在 Si_3N_4 球接触面上充分覆盖，形成的转移膜充当固体润滑剂，有效地降低了摩擦系数。FL-C:H 薄膜与钢球对摩开始时摩擦系数较大是由于钢球硬度远低于 FL-C:H 薄膜硬度，而随着摩擦热的积聚和 Fe 的催化作用，薄膜表面发生较强烈的摩擦氧化反应，新生成的氧化层易于磨损产生较多磨屑，这些磨屑也能起到固体润滑剂的作用，使得摩擦系数逐渐降低。

三、不同环境湿度下类富勒烯碳薄膜磨损行为分析

本书著者团队进一步研究了 FL-C:H 薄膜环境敏感性，考察了其在不同湿度空气中的摩擦学行为。图 2-50 是在不同湿度的空气中对摩后得到的 Si_3N_4 球磨损表面的 SEM 形貌图。在干燥空气中，Si_3N_4 球表面形成的转移膜虽然尺寸很小，但转移膜致密均匀且在对偶球表面很好地铺展形成连续的膜，只在转移膜的末端有少量的棒状磨屑［图 2-50（a）］。在 20% 的湿度下，Si_3N_4 球表面仍可以看到明显的转移膜，但有大量的颗粒状磨屑和极少量的棒状磨屑散布在转移膜周围［图 2-50（b）］。随着湿度的增大，磨斑的面积显著扩大，转移物不能较好地铺展形成转移膜，大量的片状磨屑分布在磨斑周围［图 2-50（c）～（e）］。由磨屑的放大图可以看到：在 20%、40% 的湿度下，磨屑多为较小的疏松颗粒状磨屑；而在 60%、80% 的湿度下，形成的主要是尺寸较大的片状磨屑[94,96-98]。

从不同湿度下 Si_3N_4 球磨斑形貌图（图 2-50）可以得出结论：低的湿度下（RH＜20%），在对偶小球的接触面上可以形成连续的转移膜，有效阻止了 Si_3N_4 球和 FL-C:H 薄膜的直接接触，从而保证了低的摩擦系数。特别是在干燥空气中，对偶小球表面形成了致密连续的转移膜，在转移膜周围和薄膜磨痕上都观察不到明显的磨屑，可以认为在这种情况下是典型的第三体摩擦，第三体——转移膜有效地阻止了薄膜和对偶小球的直接接触，一方面增大了实际接触面积，减小了赫兹接触应力，从而减小了摩擦，另一方面转移膜可以作为固体润滑剂起到减摩抗磨作用。在较高的湿度下，将有更多的水分子吸附于薄膜表面，黏着力和毛细管力构成了摩擦力的主体；同时，水分子会阻碍转移膜的形成，并且大的片状磨屑也不易延展形成转移膜，所以摩擦系数增大。由 Si_3N_4 球磨损表面的 SEM 照片可以看到，随着湿度的增大，转移物不能较好地铺展形成转移层，大量的片状磨

屑分布在磨斑周围，且湿度越大，磨屑的尺寸也越大；FL-C:H 薄膜磨痕表面的 SEM 照片也显示，随着湿度增大，薄膜磨痕表面的磨屑数量、尺寸也明显增加。所以可以认为在高湿度下，薄膜的摩擦行为更接近磨粒磨损的形式。

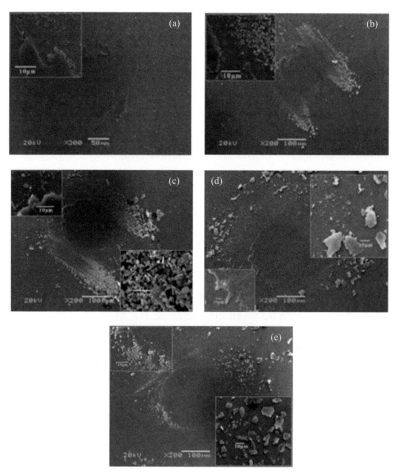

图2-50 在湿度分别为0%（a）、20%（b）、40%（c）、60%（d）和80%（e）的空气中摩擦后Si₃N₄球磨损表面的SEM照片

四、类富勒烯碳薄膜摩擦界面研究：原位形成洋葱碳

1. 类富勒烯碳薄膜与类金刚石碳薄膜摩擦表面分析

含氢 DLC 薄膜包含有大量的键合氢，这些氢原子主要以共价键（σ键）的方式和碳原子成键，在类金刚石碳薄膜的表面所有的碳都会被氢所饱和，因此，

可以把含氢 DLC 薄膜当成一种非化学计量比的含氢碳合物。在摩擦过程中，这种非化学计量比的含氢碳合物会以转移膜的形式转移到对偶材料上。本书著者团队注意到 C—H 键非常强（强于 C—C 键），而且氢在碳薄膜表面的解吸附作用不会在低于 1000K 的时候发生。也就是说，在摩擦过程中 C—H 键是非常稳定的。因此，由于氢能饱和表面悬键，使得在滑动过程中能消除 π-π* 共价键之间的强相互作用力，再加上含氢的转移膜之间具有很低的界面剪切力，这是决定类金刚石碳薄膜具有超低摩擦学性能的主要原因。

为了进一步确认推论的正确性，本书著者团队用 TOF-SIMS 来检测薄膜在摩擦前后表面化学键合状态的改变及其发生的摩擦化学反应。图 2-51 给出了 FL-C:H 薄膜的磨痕内外的 TOF-SIMS 谱图 [55,99]。

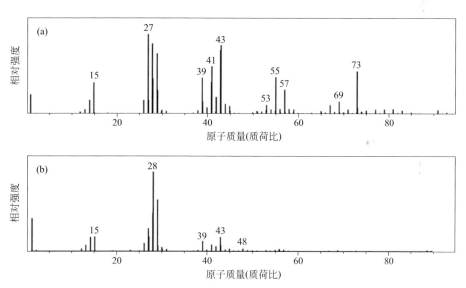

图2-51 FL-C:H薄膜磨痕内外TOF-SIMS谱图：（a）磨痕外；（b）磨痕内

可明显地看出原始薄膜表面给出了比较复杂的碳氢基团质谱信号，比如 C_2H_3—，C_2H_5—，C_3H_7—。这是由 FL-C:H 薄膜本质决定的，信号的多样性也暗示着 FL-C:H 薄膜是一种无定形材料。而在磨痕内部的质谱图给出相对较为狭窄的碳氢基团分布信息，主要是由 C_2H_3—，C_2H_5—所组成（应该注意的是 m/z=28 的信号应归结为 Si 基底的干扰）。这主要是由于在摩擦过程中发生了摩擦化学反应，可能使薄膜中的较大基团在摩擦时产生的机械和热作用下发生了断裂和分解，从而使其生成较短的碳氢基团。同时，由于在摩擦过程中会发生转移膜从薄膜表面到对偶球表面的转移，而且 EDS 谱也给出了表面富碳的信号，所以本书著者团队认为在对偶球表面的转移物质也主要是由含氢碳合物所组成。TOF-

SIMS 谱给出了明显的含氢碳合物存在的证据，这层含氢碳合物的转移膜而不是薄膜石墨化过程能显著地消除摩擦副之间的共价键合力和 π–π* 相互作用力，使薄膜具有超低的摩擦系数和磨损率。

X 射线衍射被用来检测原始表面（OS_5）、磨屑和 FL-C:H 薄膜内差异（图 2-52）[100]。薄膜 XRD 图谱显示了三个峰，大约 2θ 为 69.1°、33° 和 22.4°。2θ 为 69.1° 和 33° 两个峰分别来自 Si（004）和 Si（002）。在 2θ 为 22.4° 弱峰与这些研究结果一致[9,59]，即利用高分辨透射电子显微镜和三个 400cm^{-1}，710cm^{-1} 和 1200cm^{-1} 处拉曼峰揭示了类富勒烯碳或洋葱状碳颗粒存在。如果这个峰对应于石墨（002），相比于石墨 2θ 为 26.5°，该峰朝小角度偏转，随着石墨烯层曲率增加而减小[101]，正如薄膜内存在的带有许多非六元碳环的高度弯曲层。石墨烯层摩擦后，2θ 为 22.4° 峰变得明显，同时新的 2θ 约为 15° 处宽峰浮现。这个峰源于在磨屑和磨痕处局部富集五元碳环和七元碳环的类富勒烯碳结构，因为三维 sp^2 杂化碳材料如 C_{60} 和 C_{70} 在低于 30° 的范围内具有特征峰[102,103]。事实上，衍射方法不能提供明确的证据，即五元碳环和七元碳环存在。尽管如此，在 25° 范围以下，含有奇元碳环的富勒烯碳、纳米管和洋葱碳都存在衍射峰，而石墨没有。因此，可以推测在摩擦下 C（sp^2 键）向结晶有序演变，如类富勒烯碳结构，尽管这种演变产物晶化很差。摩擦化学反应如下所示：

$$C（sp^3 键）\rightarrow 富C（sp^2 键）\rightarrow 五元碳环和七元碳环 \qquad (2\text{-}4)$$

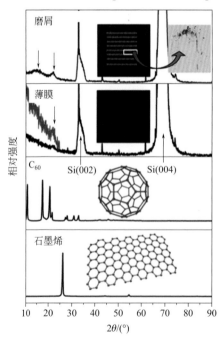

图2-52 来自薄膜、OS_5、和磨屑的X射线衍射模型

高分辨透射电子显微镜被采用以进一步证实碳薄膜界面转变。图 2-53 为不同于石墨和涡轮碳的类富勒烯碳结构。类富勒烯碳结构内石墨层通过比范德华力的键长要短的四面体 sp^3 键而发生交联和弯曲。从图 2-53（d）中，球状洋葱碳颗粒被观测到。这些颗粒外部不连续石墨壳层暗示了非晶碳的存在和晶化差。

综上所述，摩擦不可避免地引起 FL-C:H 薄膜界面结构转变，并且在 2000MPa 接触应力、60cm/s 滑动速度和与 Al_2O_3 配伍下连续滑动，薄膜结构朝向进一步形成类富勒烯碳结构转变，如方程（2-5）：

$$C（sp^3键）\rightarrow 富C（sp^2键）\rightarrow 五元碳环和七元碳环 \rightarrow 类富勒烯碳结构 \quad（2-5）$$

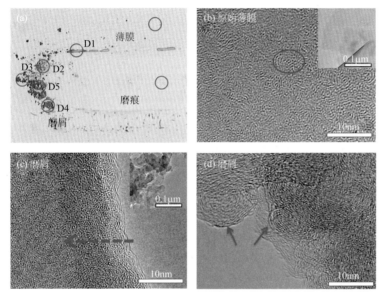

图2-53 （a）红色圆圈是薄膜磨屑和磨痕；（b）红色圆圈表示为少量 sp^2 杂交的弯曲层（局部类富勒烯碳结构）嵌入薄膜的非晶网络内；（c）红色箭头暗示了磨屑比薄膜有着更丰富的类富勒烯碳结构，甚至包含不充分结晶类富勒烯碳或洋葱状碳颗粒（d）

本书著者团队通过实验证明 FL-C:H 薄膜的磨屑在摩擦过程转变为洋葱碳状壳-核结构，洋葱碳的形成有效减小了微观尺度上对偶面间的实际接触面积，形成滚动摩擦，当壳-核结构颗粒足够多时，宏观尺度上的实际接触面积显著减少，从而实现超滑；滚动摩擦机理也受限于环境，它的实现发生在大气或者湿度气氛中[95,104,105]。

2. 类富勒烯碳薄膜原位形成球状洋葱碳原子力分析

类富勒烯碳薄膜在摩擦进程中通过自发纳米卷动或原位形成富勒烯碳球，从而显著降低薄膜的摩擦磨损，如图 2-54 所示。这些洋葱碳因呈球状，能相对自由地旋转，从而可能起到"纳米滚珠"的作用。截至目前，采用高分辨透射电子显微镜证实了洋葱碳的形成，但受原位观测手段不足的限制，未能证实在摩擦界面之间洋葱碳的转动自由度对薄膜超滑实现的影响机制。

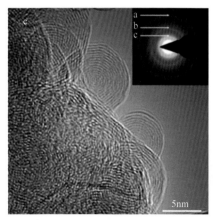

图2-54　FL-C:H薄膜的磨屑图（球壳层数大致在5～20层）

本书著者团队借助原子力探针分析 FL-C:H 薄膜摩擦表面及洋葱碳在其表面存在状态。在大气氛围下（室温 25℃ 和 25% 相对湿度），利用原子力显微镜（AFM）的轻敲模式测量洋葱碳薄膜摩擦运动后磨痕表面形貌。AFM 接触模式下探针针尖始终保持与样品表面处于接触的状态。当针尖扫描样品表面非平整区域时，接触相互作用力使悬臂梁发生弯曲或偏转来反映样品表面性质。原子力探针为法向弹簧常数为 0.9N/m 的 RESP-20 硅探针，扫描面积为 2μm×2μm。如图 2-55（a）所示，纳米颗粒自由分布在类富勒烯碳薄膜摩擦表面上，当放大扫描时，颗粒呈现球状，尺寸为 10～30nm 之间。这个尺寸大于图 2-54 中结果，这可能因为纳米颗粒团聚的原因引起的。

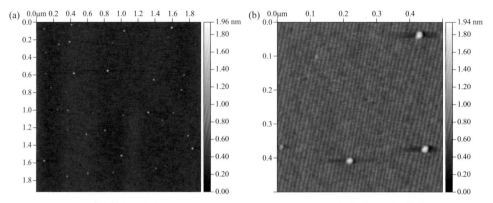

图2-55　FL-C:H薄膜磨痕表面AFM测试结果: 摩擦系数0.008［（a）和（b）］时摩擦表面上颗粒情况

3．类富勒烯碳薄膜摩擦界面结构演变

类富勒烯碳薄膜磨屑呈现了类颗粒形貌。伴随滑动圈数增加，更为完美球形貌能被观测到［图2-56（a），图2-56（d）和图2-56（g）］。这个现象在更小尺度下更为明显［图2-56（b），图2-56（e）和图2-56（h）］：在500圈时一些不规则不同尺寸颗粒清晰可见；在1500圈和2500圈时一些尺寸为十几纳米的高度有序球颗粒被观测到。在更小尺度（10nm）下，单个或者两个颗粒能被看到［图2-56（f）］。结构变化大致趋势是：伴随滑动圈数增加，小石墨化层逐渐重排并连接在一起形成完美石墨壳层，并且形貌也从不规则颗粒转化为光滑球。这些结果意味着类富勒烯碳薄膜摩擦界面形成了洋葱碳[105]。

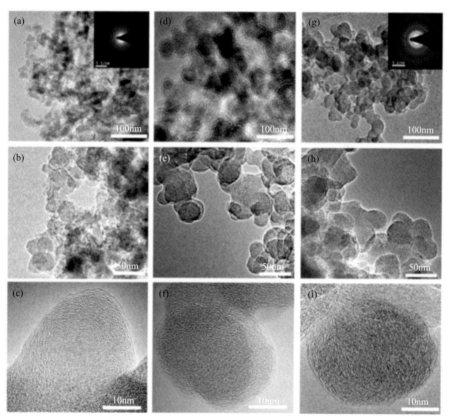

图2-56 500圈［（a）→（c）］，1500圈［（d）→（f）］和2500圈［（g）→（i）］时FL-C:H薄膜摩擦界面颗粒状磨屑高分辨透射电子显微镜照片

洋葱碳颗粒从内到外被不连续弯曲石墨壳层包裹［图2-56（c），图2-56（f）和图2-56（i）］。这种微织构由不同类型碳环结构连接造成[106]。五元碳环（七

元碳环）导致六元碳环结构朝内弯曲或朝外弯曲，形成一个正曲率或者负曲率的面。高含量五元碳环是形成一个闭合碳笼所必需的条件。五元碳环的信息将由一个额外约1490cm^{-1}拉曼峰获得。在1500圈的磨屑拉曼光谱［图2-57（a）］中，显示出了除D（1360cm^{-1}）和G（1580cm^{-1}）峰外峰位为535cm^{-1}，635cm^{-1}，734cm^{-1}，830cm^{-1}，921cm^{-1}，1050cm^{-1}，1100cm^{-1}，1200cm^{-1}，1490cm^{-1}和1730cm^{-1}的拉曼峰。其中，约734cm^{-1}，830cm^{-1}和1200cm^{-1}峰是FL-C:H薄膜固有峰。这些峰中一些通常出现在洋葱碳[107,108]。Roy等人[108]在纯水中通过直流电压导通两个浸入石墨电极制备洋葱碳时观测到250cm^{-1}，700cm^{-1}，860cm^{-1}，1100cm^{-1}，1200cm^{-1}，1360cm^{-1}和1580cm^{-1}峰，讨论了这些峰的起源。Kulnitskiy等人[107]在考察单晶石墨高压转变洋葱碳试验中发现两种拉曼类型：535cm^{-1}，635cm^{-1}，850cm^{-1}，1075cm^{-1}，1150cm^{-1}，1325cm^{-1}，1440cm^{-1}，1480cm^{-1}和1570cm^{-1}；550cm^{-1}，1350cm^{-1}，1490cm^{-1}和1594cm^{-1}峰。Kulnitskiy等人[107]认为这些峰出现归因于高压转变制备的洋葱碳不是一个单相纯洋葱碳。Kulnitskiy等人[107]进一步提出在1400～1550cm^{-1}范围内存在的拉曼峰来自洋葱碳结构内五元碳环A$_1$振动（pentagonal-pinch mode），而且其峰位取决于五元碳环与七元碳环或六元碳环的排列。近期，Gupta等人[109]详细考察碳球体（C$_{60}$，C$_{70}$，D$_{2d}$-C$_{84}$和类洋葱碳）的拉曼谱图，发现C$_{70}$和D$_{2d}$-C$_{84}$比C$_{60}$有着更多峰。如此多峰归因于形貌偏离球或者对称性减弱。

对于约1490cm^{-1}峰，早期主要在富勒烯碳拉曼谱图被观测到。例如，C$_{60}$富勒烯碳具有一个来自五元碳环的1469cm^{-1}峰和一个弱的1200cm^{-1}峰。在固体碳薄膜[59,61,74,110-112]，约1470cm^{-1}峰经常消失，同时约1200cm^{-1}峰作为一个肩峰经常被看到。因为约1200cm^{-1}峰出现，传统的简单双对称峰拟合方案并不是总适合拟合拉曼谱图。对称多峰拟合方案将能提供一个好的拟合结果。这个方案包括四个峰位约1200cm^{-1}，约1360cm^{-1}，约1470cm^{-1}和约1560cm^{-1}峰。很明显，约1200cm^{-1}峰归因于弯曲石墨结构内七元碳环，约1470cm^{-1}峰归因于弯曲石墨结构内五元碳环。因此，此处出现约1470cm^{-1}峰可以源于FL-C:H薄膜摩擦界面形成洋葱碳内五元碳环。峰位变化归因于碳环排列结构的变化，例如，独立五元碳环约为1444cm^{-1}[73]，对于C$_{60}$富勒烯碳（一个五元碳环和五个六元碳环连接）约为1469cm^{-1}。在高压转变制备洋葱碳中，五元碳环峰位为1490cm^{-1}，或者因为七元碳环引入分裂为1446cm^{-1}或1489cm^{-1}[107]。

图2-57（b）为FL-C:H薄膜在不同滑动圈数下拉曼谱图。D和G峰逐渐分离，G峰转向高波数，意味着sp^{2}碳增加和更加有序类石墨区域的形成。同样，摩擦后在≥1500圈时sp^{2}含量可以鉴定为＞80%。为了进一步获得额外信息，一个涉及1100cm^{-1}，1200cm^{-1}，1360cm^{-1}，1490cm^{-1}，1580cm^{-1}和1730cm^{-1}的六峰拟合方案被采用［图2-57（a）］。源于五元碳环的1470cm^{-1}峰分数增加很快。高含量

五元碳环使 FL-C:H 薄膜摩擦界面形成洋葱碳成为可能。

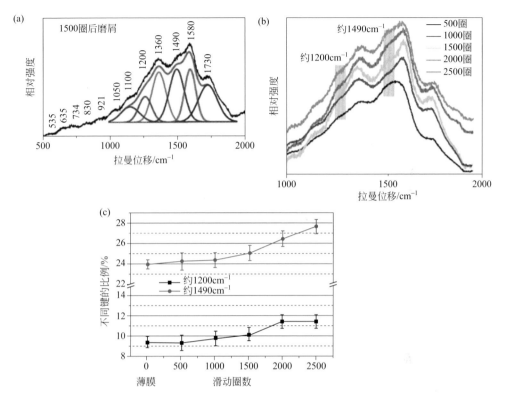

图2-57 （a）在1500圈时FL-C:H薄膜摩擦界面颗粒状磨屑拉曼谱图；（b）不同滑动圈数的颗粒状磨屑拉曼谱图；（c）为（b）谱图去卷积结果

洋葱碳是如何形成的？依据图 2-56（c），图 2-56（f）和图 2-56（i），洋葱碳颗粒外面壳层清晰可见，内部却呈现或多或少紊乱状。因此，结构转变起始于表面并朝内转化。这与碳薄膜摩擦诱导从接触界面朝向内表面石墨化是一致的[113-116]。

洋葱碳颗粒尺寸为几纳米到约 26nm［图 2-58（a）］。颗粒呈现不同形貌，如半球、椭圆球和形变葱。形貌和尺寸差异依赖于屈服摩擦作用的时间，并将为区分洋葱碳形成过程提供帮助。例如，1 号纳米粒维持一个原始形貌椭球，其外部未封闭壳层层间距（约 0.387nm）大于石墨（0.3376nm）。从表面到内部未封闭壳层看起来是小的且弯曲的石墨层聚集、再取向和重排结果。2 号纳米粒（12nm）具有更多层数且未封闭壳层，并且呈现类球形貌。虽然如此，它的外部壳层看起来像正在被剥离。2 号（约 4.5nm）、3 号和 4 号呈现更加完美球形貌，而且外部被封闭壳层包裹。尤其是，4 号纳米粒层数可达 30 层。值得注意的是，2 号（约

12nm）和 4 号纳米粒内部壳层层间距是小于外部的。内部壳层层间距下降导致应力释放。这将被解释，外部石墨壳层能抑制内部壳层形成 [116]。因此，FL-C:H 薄膜摩擦界面形成洋葱碳机制为：在摩擦作用下，FL-C:H 薄膜因其自身机械性能优势其磨屑呈松散颗粒状，松散的颗粒嵌入摩擦接触区后，形貌从不规则形状转向类球状，小的且弯曲的石墨层沿外部朝内逐渐重排并连接在一起形成封闭壳层［图 2-58（b）～（e）］。

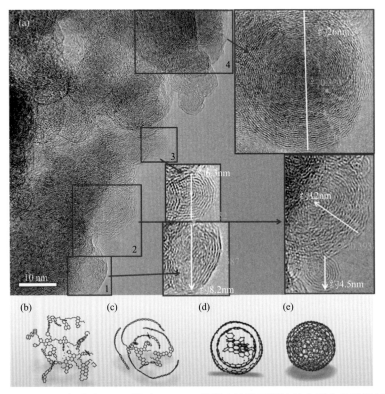

图2-58 （a）在2500圈时FL-C:H薄膜摩擦界面颗粒状磨屑高分辨透射电子显微镜照片；（b）～（e）摩擦诱导演变过程

总之，本书著者团队提供确切的实验证据，证实超低摩擦实现归因于薄膜内固有类富勒烯碳结构和摩擦膜中新形成类富勒烯碳结构 [104,105]。类富勒烯碳结构薄膜随摩擦进程产生剥离于薄膜本体的摩擦衍生物，该摩擦衍生物通过其形貌演变和自身转动／滑动最终转变为可实现纳米超滑的球状类洋葱富勒烯碳，从而揭示薄膜宏观超滑现象背后的微观本质机制，架构宏观超滑现象和纳米摩擦机制之间的桥梁。

第七节
小结与展望

低摩擦固体润滑薄膜可在不改变材料结构前提下，显著改善材料的摩擦磨损性能，提高运动系统的能源利用效率。尤其是近年来发现的固体超滑，即相互接触的两个滑动固体表面间摩擦系数极低（10^{-3} 量级或更低）的现象，为上述问题的解决带来了根本途径（图 2-59）[117-120]。超低摩擦的实现和普遍应用，将会大幅度降低能源与资源消耗，显著提高关键运动部件的服役品质。

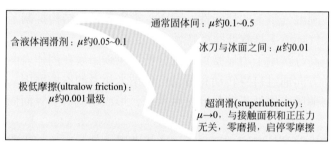

图2-59 摩擦现象的分类特征

本书著者团队在国际上首次报道了在大气环境下具有工程化应用价值的 FL-C:H 薄膜（利用 UMT 摩擦试验机考察薄膜摩擦学性能，其摩擦系数低至 0.009，耐磨寿命可达 10^6 转，实现了大气环境下的超低摩擦）[8]。后续对该类薄膜界面间发生的摩擦化学反应进行了研究，薄膜摩擦前后表面的 TOF-SIMS 信号明确给出了含氢碳合物存在的证据，含氢碳合物稳定不容易分解，能够饱和表面的自由悬键，消除滑动界面间的化学键合力，从而有效地降低摩擦磨损[99]。表明了界面间发生的摩擦化学反应对摩擦学行为有十分重要的影响。

与传统非晶含氢碳薄膜（统称类金刚石薄膜）相比，FL-C:H 薄膜具有更加优异的力学和摩擦性能，同时兼具有高硬度（21GPa）和弹性恢复率（85%），特别是在大气环境下摩擦系数 $\mu=0.001$，是首次固体润滑在空气环境下具有超低摩擦的研究结果。FL-C:H 薄膜优异的力学性能突破了非晶碳薄膜的传统认识，即力学性能由薄膜中 sp^3 杂化碳含量决定，sp^3 杂化碳含量越高，力学性能越好；FL-C:H 薄膜具有低 sp^3 杂化碳、高 sp^2 杂化碳，但表现出更为优异的力学性能。同时，FL-C:H 薄膜退火后其力学和摩擦学性能得到提高和改善，而非晶碳薄膜硬度、弹性衰退。因此，固体润滑碳薄膜的力学和摩擦性能不仅依赖于薄膜组分，而且更依赖于薄膜微观结构。由于类富勒烯碳弯曲结构将碳薄膜平面二维sp²杂化碳网络的强度扩展到三维，并阻止层间滑移和可逆键旋转/键角偏转引起的键断裂，因而，类富勒烯碳结构是含氢碳薄膜高硬度、高弹性的起因。

具体研究成果可分为：

（1）利用高分辨原子力显微镜分析类富勒烯碳薄膜纳米尺度三维形貌，揭示其独特二元结构，即具有无定形结构的平坦区域和具有更多晶体结构的粗糙区域。结合类富勒烯碳薄膜随摩擦进程结构分析与表征，证实了这种二元结构为摩擦衍生物球状类洋葱碳形成提供了先决条件。

（2）提出由于具有良好的损伤容限，超弹性恢复特性是 FL-C:H 薄膜具有超低摩擦的结构因素，表面摩擦诱导重构是类富勒烯碳薄膜具有超低摩擦的摩擦界面因素。类富勒烯碳薄膜中五元或七元碳环导致平面六元碳环结构弯曲，降低悬键的能量，增强薄膜在潮湿气氛下的稳定性。因而，类富勒烯碳结构抑制了碳薄膜的湿度敏感性，在大气环境下具有低摩擦特性。

（3）利用低温原位高分辨原子力显微镜定位分析洋葱碳团簇在固体表面的运动轨迹，揭示其沿滑动方向通过自身转动和滑动产生纳米超滑的本质原因——球状洋葱碳摩擦衍生物与薄膜本体处于非公度接触状态，形成超低剪切界面而产生纳米超滑。

（4）发现类富勒烯碳薄膜随摩擦进程产生剥离于薄膜本体的摩擦衍生物，通过其形貌演变和自身转动/滑动最终转变为可实现纳米超滑的球状洋葱碳，揭示薄膜宏观超滑现象背后的微观本质机制，架构宏观超滑现象和纳米摩擦机制之间的桥梁。

参考文献

[1] Kroto H W, O'Brien S C, Curl R F, et al. C₆₀: buckminsterfullerene[J]. Nature, 1985, 318(6042): 162-163.

[2] Hawkins J M, Lewis T A, Loren S, et al. Crystal structure of osmylated C₆₀: confirmation of the soccer ball framework[J]. Science, 1991, 252(5003): 312-313.

[3] Ruoff R S, Ruoff A L. Is C₆₀ stiffer than diamond? [J]. Nature, 1991, 350(6320): 663-664.

[4] Regueiro M N, Monceau P, Hodeau J L. Crushing C₆₀ to diamond at room temperature[J]. Nature, 1992, 355(6357): 237-239.

[5] Amaratunga G A J, Chhowalla M, Kiely C J, et al. Hard elastic carbon thin films from linking of carbon naoparticles[J]. Nature, 1996, 383(6598): 321-323.

[6] Chhowalla M, Ferrari A C, Robertson J, et al. Evolution of sp² bonding with deposition temperature in tetrahedral amorphous carbon studied by Raman spectroscopy[J]. Applied Physics Letters, 2000, 76(11): 1419-1421.

[7] Alexandrou I, Scheibe H J, Kiely C J, et al. Carbon films with an sp² network structure[J]. Physical Review B,

1999, 60(15): 10903-10907.

[8] Wang C, Yang S, Wang Q, et al. Super-low friction and super-elastic hydrogenated carbon films originated from a unique fullerene-like nanostructure[J]. Nanotechnology, 2008, 19(22): 225709.

[9] Wang Y, Guo J, Gao K, et al. Understanding the ultra-low friction behavior of hydrogenated fullerene-like carbon films grown with different flow rates of hydrogen gas[J]. Carbon, 2014, 77: 518-524.

[10] Li R, Yang X, Hou D, et al. Superlubricity of carbon nanostructural films enhanced by graphene nanoscrolls[J]. Materials Letters, 2020, 271: 127748-127752.

[11] 曹忠跃. 碳氢薄膜纳米结构调控及其超滑行为研究 [D]. 北京：中国科学院大学，2019:58-71.

[12] 王永富，白永庆，高凯雄，等. 工程导向碳薄膜宏观超滑研究进展 [J]. 中国科学：化学，2018, 48(12): 1466-1477.

[13] Yoshie K, Eguchi K, Yoshida T. Novel method for C_{60} synthesis: a thermal plasma at atmospheric pressure[J]. Applied Physics Letters, 1992, 61(23): 2782-2783.

[14] Takehara H, Fujiwara M, Arikawa M, et al. Experimental study of industrial scale fullerene production by combustion synthesis[J]. Carbon, 2005, 43(2): 311-319.

[15] Scott L T, Boorum M M, McMahon B J, et al. A rational chemical synthesis of C_{60}[J]. Science, 2002, 295(5559): 1500-1503.

[16] Kelly P, Arnell R. Magnetron sputtering: a review of recent developments and applications[J]. Vacuum, 2011, 56(3): 156-172.

[17] Sanchez N, Rincon C, Zambrano G, et al. Characterization of diamond-like carbon (DLC) thin films prepared by RF magnetron sputtering[J]. Thin Solid Films, 2000, 373(1): 247-250.

[18] Chowdhury S, Laugier M, Rahman I. Characterization of DLC coatings deposited by RF magnetron sputtering[J]. Journal of Materials Processing Technology, 2004, 153: 804-810.

[19] Chowdhury S, Laugier M, Rahman I. Effect of target self-bias voltage on the mechanical properties of diamond-like carbon films deposited by RF magnetron sputtering[J]. Thin Solid Films, 2004, 468(1): 149-154.

[20] Libardi J, Grigorov K, Massi M, et al. Comparative studies of the feed gas composition effects on the characteristics of DLC films deposited by magnetron sputtering[J]. Thin Solid Films, 2004, 459(1): 282-285.

[21] Masami I, Setsuo N, Tsutomu S, et al. Improvement of corrosion protection property of Mg-alloy by DLC and Si-DLC coatings with PBII technique and multi-target DC-RF magnetron sputtering[J]. Nuclear Instruments and Methods in Physics Research Section B: Beam Interactions with Materials and Atoms, 2009, 267(8): 1675-1679.

[22] Window B, Savvides N. Unbalanced dc magnetrons as sources of high ion fluxes[J]. Journal of Vacuum Science & Technology A, 1986, 4(3): 453-456.

[23] Chang Y Y, Wang D Y, Chang C H, et al. Tribological analysis of nano-composite diamond-like carbon films deposited by unbalanced magnetron sputtering[J]. Surface and Coatings Technology, 2004, 184(2): 349-355.

[24] Sjöström H, Stafström S, Boman M, et al. Superhard and elastic carbon nitride thin films having fullerenelike microstructure[J]. Physical Review Letters, 1995, 75: 1336-1339.

[25] Pharr G M, Callahan D L, McAdams S D, et al. Hardness, elastic modulus, and structure of very hard carbon films produced by cathodic-arc deposition with substrate pulse biasing[J]. Applied Physics Letters, 1996, 68(6): 779-781.

[26] Drescher D, Koskinen J, Scheibe H J, et al. A model for particle growth in arc deposited amophous carbon films[J]. Diamond and Related Materials, 1998, 7(9): 1375-1380.

[27] Miernik K, Walkowicz J, Bujak J. Design and performance of the microdroplet filtering system used in cathodic arc coating deposition[J]. Plasmas & Ions, 2000, 3(1): 41-51.

[28] Polo M, Andujar J, Hart A, et al. Preparation of tetrahedral amorphous carbon films by filtered cathodic vacuum arc deposition[J]. Diamond and Related Materials, 2000, 9(3): 663-667.

[29] Martin P J, Bendavid A. Review of the filtered vacuum arc process and materials deposition[J]. Thin Solid Films, 2001, 394(1): 1-14.

[30] Park C, Chang S, Uhm H, et al. XPS and XRR studies on microstructures and interfaces of DLC films deposited by FCVA method[J]. Thin Solid Films, 2002, 420: 235-240.

[31] Takikawa H, Izumi K, Miyano R, et al. DLC thin film preparation by cathodic arc deposition with a super droplet-free system[J]. Surface and Coatings Technology, 2003, 163: 368-373.

[32] Buršíková V, Navrátil V, Zajíčková L, et al. Temperature dependence of mechanical properties of DLC/Si protective coatings prepared by PECVD[J]. Materials Science and Engineering: A, 2002, 324(1): 251-254.

[33] Cuong N, Tahara M, Yamauchi N, et al. Diamond-like carbon films deposited on polymers by plasma-enhanced chemical vapor deposition[J]. Surface and Coatings Technology, 2003, 174: 1024-1028.

[34] Kim Y, Cho S, Choi W, et al. Dependence of the bonding structure of DLC thin films on the deposition conditions of PECVD method[J]. Surface and Coatings Technology, 2003, 169: 291-294.

[35] Maıtre N, Girardeau T, Camelio S, et al. Effects of negative low self-bias on hydrogenated amorphous carbon films deposited by PECVD technique[J]. Diamond and Related Materials, 2003, 12(3): 988-992.

[36] Takadoum J, Rauch J, Cattenot J, et al. Comparative study of mechanical and tribological properties of CN_x and DLC films deposited by PECVD technique[J]. Surface and Coatings Technology, 2003, 174: 427-433.

[37] Capote G, Prioli R, Jardim P, et al. Amorphous hydrogenated carbon films deposited by PECVD: influence of the substrate temperature on film growth and microstructure[J]. Journal of Non-Crystalline Solids, 2004, 338: 503-508.

[38] Ugarte D. Curling and closure of graphitic networks under electron-beam irradiation[J]. Nature, 1992, 359(6397): 707-709.

[39] Chuvilin A, Kaiser U, Bichoutskaia E, et al. Direct transformation of graphene to fullerene[J]. Nature Chemistry, 2010, 2(6): 450-453.

[40] Jiménez I, Albella J M, Cáceres D, et al. Spectroscopy of πbonding in hard graphitic carbon nitride films: superstructure of basal planes and hardening mechanisms[J]. Physical Review B, 2000, 62(7): 4261-4264.

[41] Gago R, Neidhardt J, Abendroth B, et al. Correlation between bonding structure and microstructure in fullerenelike carbon nitride thin films[J]. Physical Review B, 2005, 71(12): 125414-125419.

[42] Abrasonis G, Vinnichenko M, Kreissig U, et al. Sixfold ring clustering in sp^2-dominated carbon and carbon nitride thin films: a Raman spectroscopy study[J]. Physical Review B, 2006, 73(12): 125427-125440.

[43] Schmidt S, Czigány Z, Wissting J, et al. A comparative study of direct current magnetron sputtering and high power impulse magnetron sputtering processes for CN_x thin film growth with different inert gases[J]. Diamond and Related Materials, 2016, 64: 13-26.

[44] Tucker M D, Czigány Z, Broitman E, et al. Filtered pulsed cathodic arc deposition of fullerene-like carbon and carbon nitride films[J]. Journal of Applied Physics, 2014, 115(14): 144312-144320.

[45] Gueorguiev G K, Neidhardt J, Stafström S, et al. First-principles calculations on the role of CN precursors for the formation of fullerene-like carbon nitride[J]. Chemical Physics Letters, 2005, 401(1-3): 288-295.

[46] Neidhardt J, Högberg H, Hultman L. Cryogenic deposition of carbon nitride thin solid films by reactive magnetron sputtering; suppression of the chemical desorption processes[J]. Thin Solid Films, 2005, 478(1-2): 34-41.

[47] Neidhardt J, Hultman L, Broitman E, et al. Structural, mechanical and tribological behavior of fullerene-like and amorphous carbon nitride coatings[J]. Diamond and Related Materials, 2004, 13(10): 1882-1888.

[48] Hellgren N, Broitman E, Sandstrom P, et al. Role of nitrogen in the formation of hard and elastic CN$_x$ thin films by reactive magnetron sputtering[J]. Physical Review B, 1999, 59(7): 5162-5169.

[49] Townsend S J, Lenosky T J, Muller D A, et al. Negatively curved graphitic sheet model of amorphous carbon[J]. Physical Review Letters, 1992, 69(6): 921-924.

[50] Wang Y, Zhang J. Observation of structure transition as a function of temperature in depositing hydrogenated sp^2-rich carbon films[J]. Applied Surface Science, 2018, 439: 1152-1157.

[51] Czigány Z, Brunell I F, Neidhardt J, et al. Growth of fullerene-like carbon nitride thin solid films consisting of cross-linked nano-onions[J]. Applied Physics Letters, 2001, 79(16): 2639-2641.

[52] Neidhardt J, Czigány Z, Brunell I F, et al. Growth of fullerene-like carbon nitride thin solid films by reactive magnetron sputtering; role of low-energy ion irradiation in determining microstructure and mechanical properties[J]. Journal of Applied Physics, 2003, 93(5): 3002-3015.

[53] Wang P, Wang X, Liu W, et al. Growth and structure of hydrogenated carbon films containing fullerene-like structure[J]. Journal of Physics D: Applied Physics, 2008, 41(8): 085401-085407.

[54] Goldsmith J, Sutter E, Moore J J, et al. Microstructure of amorphous diamond-like carbon thin films and changes during wear[J]. Surface and Coatings Technology, 2005, 200(7): 2386-2390.

[55] Wang Z, Zhang J. Deposition of hard elastic hydrogenated fullerenelike carbon films[J]. Journal of Applied Physics, 2011, 109(10): 103303.

[56] Wang Q, Wang C, Wang Z, et al. The correlation between pentatomic and heptatomic carbon rings and stress of hydrogenated amorphous carbon films prepared by dc-pulse plasma chemical vapor deposition[J]. Applied Physics Letters, 2008, 93(13): 131920.

[57] Wang Y, Gao K, Shi J, et al. Bond topography and nanostructure of hydrogenated fullerene-like carbon films: a comparative study[J]. Chemical Physics Letters, 2016, 660: 160-163.

[58] Lejeune M, Benlahsen M, Bouzerar R. Stress and structural relaxation in amorphous hydrogenated carbon films[J]. Applied Physics Letters, 2004, 84(3): 344-346.

[59] Wang Q, Wang C, Wang Z, et al. Fullerene nanostructure-induced excellent mechanical properties in hydrogenated amorphous carbon[J]. Applied Physics Letters, 2007, 91(14): 141902-141905.

[60] Ji L, Li H, Zhao F, et al. Effects of pulse bias duty cycle on fullerenelike nanostructure and mechanical properties of hydrogenated carbon films prepared by plasma enhanced chemical vapor deposition method[J]. Journal of Applied Physics, 2009, 105(10): 106113.

[61] Wang Y, Gao K, Zhang J. Structure, mechanical, and frictional properties of hydrogenated fullerene-like amorphous carbon film prepared by direct current plasma enhanced chemical vapor deposition[J]. Journal of Applied Physics, 2016, 120(4): 045303.

[62] 欧玉静，郭俊猛，王永富，等. 直流法制备类富勒烯碳氢薄膜的摩擦学性能研究 [J]. 摩擦学学报，2015, 35(1): 82-89.

[63] Robertson J. Diamond-like amorphuos carbon[J]. Materials Science and Engineering R: Reports, 2002, 37(4-6): 129-281.

[64] Robertson J. Mechanism of sp^3 bond formation in the growth of diamond-like carbon[J]. Diamond and Related Materials, 2005, 14(3-7): 942-948.

[65] Gong Z, Shi J, Ma W, et al. Engineering-scale superlubricity of the fingerprint-like carbon films based on high power pulsed plasma enhanced chemical vapor deposition[J]. RSC Advances, 2016, 6(116): 115092-115100.

[66] 阎逢元，金芝珊，张绪寿，等. C$_{60}$/C$_{70}$ 作为润滑油添加剂的摩擦学性能研究 [J]. 摩擦学学报，1993,

13(001): 59-63.

[67] Ku B C, Han Y C, Lee J E, et al. Tribological effects of fullerene (C_{60}) nanoparticles added in mineral lubricants according to its viscosity[J]. International Journal of Precision Engineering and Manufacturing, 2010, 11(4): 607-611.

[68] 谢凤，胡建强，季峰，等. 富勒烯添加剂的摩擦学性能研究 [J]. 合成润滑材料，2020, 47(2): 10-14.

[69] Pu J, Mo Y, Wan S, et al. Fabrication of novel graphene-fullerene hybrid lubricating films based on self-assembly for MEMS applications[J]. Chemical Communications, 2014, 50(4): 469-471.

[70] Tan S, Shi H, Fu L, et al. Superlubricity of fullerene derivatives induced by host-guest assembly[J]. ACS Applied Materials & Interfaces, 2020, 12(16): 18924-18933.

[71] Liu Z, Wang Y, Glatzel T, et al. Low friction at the nanoscale of hydrogenated fullerene-like carbon films[J]. Coatings, 2020, 10(7): 643-652.

[72] Liu G, Zhou Y, Zhang B, et al. Monitoring the nanostructure of a hydrogenated fullerene-like film by pulse bias duty cycle[J]. RSC Advances, 2016, 6(64): 59039-59044.

[73] Doyle T, Dennison J. Vibrational dynamics and structure of graphitic amorphous carbon modeled using an embedded-ring approach[J]. Physical Review B, 1995, 51(1): 196-200.

[74] Wang C, Yang S, Li H, et al. Elastic properties of a-C:N:H films[J]. Journal of Applied Physics, 2007, 101(1): 013501-013506.

[75] Koster M, Urbassek H M. Ion peening and stress relaxation induced by low-energy atom bombardment of covalent solids[J]. Phys Rev B, 2001, 63: 224111.

[76] Cao Z, Zhao W, Liu Q, et al. Super-elasticity and ultralow friction of hydrogenated fullerene-like carbon films: associated with the size of graphene sheets[J]. Adv Mater Interfaces, 2018, 23: 1701303.

[77] 张俊彦，曹忠跃，强力，等. 大气环境下超滑纳米晶 - 非晶碳薄膜的制备方法 [P] : CN201610371967. X. 2016-05-31.

[78] Wang Q, He D, Wang C, et al. The evolution of the structure and mechanical properties of fullerenelike hydrogenated amorphous carbon films upon annealing[J]. Journal of Applied Physics, 2008, 104(4): 043511-043515.

[79] Wang Z, Gong Z, Zhang B, et al. Heating induced nanostructure and superlubricity evolution of fullerene-like hydrogenated carbon films[J]. Solid State Sciences, 2019, 90: 29-33.

[80] Stoney G G. The tension of metallic films deposited by electrolysis[J]. Proceedings of the Royal Society A: Mathematical Physical and Engineering Sciences, 1909, 82: 172-175.

[81] 王琦. 含类富勒烯氢化碳膜的制备及其特性研究 [D]. 兰州：兰州大学，2009.

[82] Friedmann T A, McCarty K F, Barbour J C, et al. Thermal stability of amorphous carbon films grown by pulsed laser deposition[J]. Applied Physics Letters, 1996, 68(12): 1643-1645.

[83] Kalish R, Lifshitz Y, Nugent K, et al. Thermal stability and relaxation in diamond-like-carbon. a Raman study of films with different sp^3 fractions (ta-C to a-C)[J]. Applied Physics Letters, 1999, 74(20): 2936-2938.

[84] Robertson J. Diamond-like carbon films, properties and applications[J]. Comprehensive Hard Materials, 2014, 3: 101-139.

[85] Davis C A. A simple model for the formation of compressive stress in thin films by ion bombardment[J]. Thin Solid Films, 1993, 226(1): 30-34.

[86] Casiraghi C, Ferrari A C, Robertson J. Raman spectroscopy of hydrogenated amorphous carbons[J]. Physical Review B: Condensed Matter, 2005, 72(8): 085401-085414.

[87] Jones M, Campbell K, Coffey M, et al. High-pressure apparatus for monitoring solid-liquid phase transitions[J]. Review of Scientific Instruments, 2020, 91:094102.

[88] Chen X, Li J. Superlubricity of carbon nanostructures[J]. Carbon, 2020, 158: 1-23.

[89] Yang X, Li R, Wang Y, et al. Improvement of mechanical and tribological performances of carbon nanostructure films by cryogenic treatment[J]. Tribology International, 2021, 156: 106819-106827.

[90] Erdemir A, Donnet C. Tribology of diamond-like carbon films: recent progress and future prospects[J]. Journal of Physics D: Applied Physics, 2006, 39(18): R311-R327.

[91] Zhang Y, Xu F, Zhang C, et al. Tensile and interfacial properties of polyacrylonitrile-based carbon fiber after different cryogenic treated condition[J]. Composites Part B: Engineering, 2016, 99: 358-365.

[92] Wang C, Yang S, Wang Q, et al. Comparative study of hydrogenated diamondlike carbon film and hard hydrogenated graphitelike carbon film[J]. Journal of Applied Physics, 2008, 103(12): 123531-123536.

[93] Guo J, Wang Y, Liang H, et al. Mechanical properties and tribological behavior of fullerene-like hydrogenated carbon films prepared by changing the flow rates of argon gas[J]. Applied Surface Science, 2016, 364: 288-293.

[94] 王霞. 含氢类富勒烯碳膜摩擦学性能及改性研究 [D]. 北京：中国科学院大学，2009.

[95] Li R, Wang Y, Zhang J, et al. Tribochemistry of ultra-low friction fullerene-like carbon films in humid air[J]. Applied Surface Science, 2020, 507: 145040-145046.

[96] Wang X, Wang P, Zhang B, et al. The tribological properties of fullerene-like hydrogenated carbon (FL-C:H) film under different humidity conditions[J]. Tribology Transactions, 2009, 52(3): 354-359.

[97] Wang X, Wang P, Yang S, et al. Tribological behaviors of fullerene-like hydrogenated carbon (FL-C:H) film in different atmospheres sliding against Si_3N_4 ball[J]. Wear, 2008, 265(11-12): 1708-1713.

[98] Li R, Wang Y, Zhang J, et al. Origin of higher graphitization under higher humidity on the frictional surface of self-mated hydrogenated carbon films[J]. Applied Surface Science, 2019, 494: 452-457.

[99] Wang Z, Wang C, Zhang B, et al. Ultralow friction behaviors of hydrogenated fullerene-like carbon films: effect of normal load and surface tribochemistry[J]. Tribology Letters, 2010, 41(3): 607-615.

[100] Wang Y, Guo J, Zhang J, et al. Ultralow friction regime from the in-situ production of a richer fullerene-like nanostructured carbon in sliding contact[J]. RSC Advances, 2015, 5(129): 106476-106484.

[101] Li Z Q, Lu C J, Xia Z P, et al. X-ray diffraction patterns of graphite and turbostratic carbon[J]. Carbon, 2007, 45(8): 1686-1695.

[102] Yoshimoto S, Amano J, Miura K. Synthesis of a fullerene/expanded graphite composite and its lubricating properties[J]. Journal of Materials Science, 2010, 45(7): 1955-1962.

[103] Zhang K, Zhang Y, Wang S. Enhancing thermoelectric properties of organic composites through hierarchical nanostructures[J]. Scientific Reports, 2013, 3(1): 3448-3454.

[104] 李瑞云，杨兴，王永富，等. 非晶碳薄膜固体超滑设计的滚 - 滑原则 [J]. 摩擦学学报，2021, 41(4): 583-592.

[105] Wang Y, Gao K, Zhang B, et al. Structure effects of sp^2-rich carbon films under super-low friction contact[J]. Carbon, 2018, 137: 49-56.

[106] Wang Z, Kang Z. Pairing of pentagonal and heptagonal carbon rings in the growth of nanosize carbon spheres synthesized by a mixed-valent oxide-catalytic carbonization process[J]. Journal of Physical Chemistry, 1996, 100(45): 17725-17731.

[107] Blank V D, Denisov V N, Kirichenko A N, et al. High pressure transformation of single-crystal graphite to form molecular carbon-onions[J]. Nanotechnology, 2007,18(34): 345601-345604.

[108] Roy D, Chhowalla M, Wang H, et al. Characterisation of carbon nano-onions using Raman spectroscopy[J]. Chemical Physics Letters, 2003, 373(1-2): 52-56.

[109] Gupta S, Saxena A. Nanocarbon materials: probing the curvature and topology effects using phonon spectra[J].

Journal of Raman Spectroscopy, 2009, 40(9): 1127-1137.

[110] Schwan J, Ulrich S, Batori V, et al. Raman spectroscopy on amorphous carbon films[J]. Journal of Applied Physics, 1996, 80(1): 440-447.

[111] Siegal M P, Tallant D R, Martinez-Miranda L J, et al. Nanostructural characterization of amorphous diamondlike carbon films[J]. Physical Review B, 2000, 61(15): 10451-10462.

[112] Rao J, Lawson K, Nicholls J. The characterisation of e-beam evaporated and magnetron sputtered carbon films fabricated for atomic oxygen sensors[J]. Surface and Coatings Technology, 2005, 197(2): 154-160.

[113] Liu Y, Meletis E I. Evidence of graphitization of diamond-like carbon films during sliding wear[J]. Journal of Materials Science, 1997, 32(13): 3491-3495.

[114] Ma T, Hu Y, Wang H. Molecular dynamics simulation of shear-induced graphitization of amorphous carbon films[J]. Carbon, 2009, 47(8): 1953-1957.

[115] Merkle A P, Erdemir A, Eryilmaz O L, et al. In situ TEM studies of tribo-induced bonding modifications in near-frictionless carbon films[J]. Carbon, 2010, 48(3): 587-591.

[116] Qiao Z, Li J, Zhao N, et al. Graphitization and microstructure transformation of nanodiamond to onion-like carbon[J]. Scripta Materialia, 2006, 54(2): 225-229.

[117] 李津津, 雒建斌. 人类摆脱摩擦困扰的新技术——超滑技术 [J]. 自然杂志, 2014, 36(4): 248-255.

[118] 郑泉水, 欧阳稳根, 马明, 等. 超润滑: "零" 摩擦的世界 [J]. 科学导报, 2016, 34(9): 12-26.

[119] Müser M H. Structural lubricity: role of dimension and symmetry[J]. Europhysics Letters (EPL), 2004, 66(1): 97-103.

[120] Erdemir A, Eryilmaz O L, Nilufer I B, et al. Synthesis of superlow-friction carbon films from highly hydrogenated methane plasmas[J]. Surface and Coatings Technology, 2000, 133-134: 118-154.

第三章
碳纳米管润滑材料

在碳的同素异形体中，金刚石和石墨存在于天然矿石中，其中石墨具有悠久的润滑历史。与天然层状结构石墨相比，笼状结构碳材料的发展体现了人类在材料合成领域的成就。1966 年 Jones 率先提出由片状材料构成大型空心笼状分子以桥接气相和凝聚相之间较大的密度不连续性，并根据正多面体欧拉定理提出需要十二个五边形来闭合仅由五边形和六边形组成的笼状结构。随后 1970 年 Osawa 推测出存在足球状 C_{60} 结构的可能性，直至 1985 年 Kroto 等人在激光蒸发石墨的质谱中检测出 C_{60} 团簇存在 [1]。富勒烯除常见的 C_{60} 与 C_{70} 外，还有 C_{76}、C_{78}、C_{82}、C_{84}、C_{240} 等，而通过沿中心切割 C_{70} 并在切口间插入同等直径柱状石墨层则可形成碳纳米管结构。1991 年 Lijima[2] 首次在石墨直流电弧法制备富勒烯的负极上观察到碳纳米管，随后 Ebbesen 等人逐步实现批量合成碳纳米管 [3]。需要指出的是碳纳米管是唯一具有延伸成键却没有悬键的碳材料。随后的碳纳米管制备和性能研究表明碳纳米管具有极好的力学性能，加之管状结构赋予其滚动特性，使碳纳米管成为一种理想润滑材料来降低表面的摩擦磨损，比如作为润滑薄膜或金属、陶瓷、聚合物以及液体润滑油 / 脂添加剂等。本章节根据碳纳米管制备、表征、不同润滑环境，从多角度阐述碳纳米管的摩擦性能和润滑机理，结合著者团队在碳纳米管摩擦方向的进展，使读者对碳纳米管的摩擦润滑机理及应用环境有一个系统的了解。

第一节
碳纳米管的制备与表征

一、碳纳米管结构与制备

碳纳米管依据其管壁石墨烯层数可分为单壁碳纳米管（SWNTs）或多壁碳纳米管（MWNTs），其管壁末端或开放或封闭。单壁和多壁碳纳米管的直径通常为 0.8 ~ 2nm 和 5 ~ 20nm，而其长度短可低于 100nm 而长可达几个厘米 [4]。在结构上，单壁碳纳米管也可通过沿（m,n）晶格矢量滚动单层石墨烯而成，其中纳米管的直径和类型取决于折叠矢量 [5]。如图 3-1 所示，将单层石墨烯片沿（8,8）矢量卷起可形成扶手形边缘单壁纳米管（b），沿（8,0）矢量卷起形成之字形边缘纳米管（c），沿（10,-2）矢量卷起形成手性边缘单壁纳米管（d）。碳纳米管由 Iijima 首先于 1991 年使用电弧放电蒸发法制备而成 [2]，随后针对碳纳米管结构、形貌以及性能的研究热度急剧上升。随着制备工艺的发展，当前常用碳纳米管制备方法包括石墨电弧法、激光蒸发法以及在高温下使用含氢碳合物源的催化裂解法等[6]。这些高温制备工艺的优势在于其高效稳定地制备碳纳米管，但同时会形成具有金属性和半导体特性的不同类型纳米管的混合物，而碳纳米管的结构多样性和在溶液中的低分散性是限制纳米管应用的主要问题[7]。

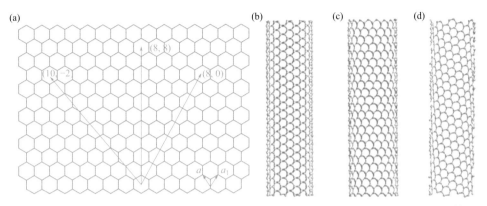

图3-1 （a）石墨烯蜂窝结构示意图。通过沿晶格矢量卷起石墨烯片可形成单壁碳纳米管。沿（8,8）、（8,0）、（10，-2）方向卷起石墨烯形成（b）扶手形、（c）之字形、（d）手性碳纳米管，其中两个基向量为a_1和a_2[5]

二、碳纳米管Raman特征谱

　　Raman 光谱因其对材料的低破坏性和低成本性而常被用于分析碳纳米管的成分和结构。由于碳纳米管的结构和对称性原因，无缺陷的碳纳米管振动模式主要有如图 3-2 所示两种：碳纳米管径向呼吸模式（RBM）和平面内 sp^2 碳碳

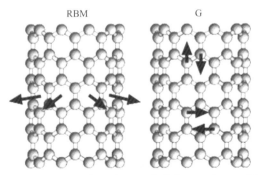

图3-2 碳纳米管径向呼吸模式（RBM）和sp^2碳碳键原子振动模式（G）[8]

键原子振动模式（G）[8]。因此由图 3-3 中可见单壁、双壁、多壁碳纳米管均有其独特 Raman 特征峰，其中三者在 100 ～ 300cm^{-1} 处对应的径向呼吸模式特征峰区别尤为突出[9]。同时，不同管壁层数的碳纳米管均在 1330 ～ 1360cm^{-1} 处出现不显著的 D 峰和在 1580 ～ 1590cm^{-1} 处出现显著的 G 峰，其中 D 峰对应缺陷导致的面外振动模式。因此 Raman 谱可用于分析碳纳米管管壁层数和缺陷特征。

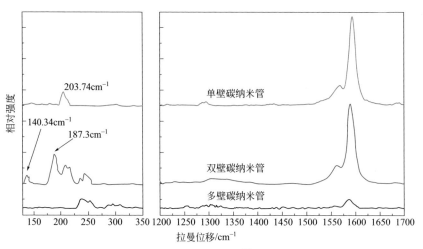

图3-3 单壁、双壁、多壁碳纳米管Raman谱[9]

三、碳纳米管纳米力学性能

碳纳米管由于其碳碳键长 1.42Å 比金刚石的碳碳键长 1.54Å 更短而具有极好的化学和热稳定性，其熔点可达 4000K[10]。碳纳米管的纳米级直径（0.5 ～ 50nm）和微米乃至厘米级的长度（1μm ～ 4cm）导致其具有大长径比[11,12]，从而赋予碳纳米管独特的力学性能，包括超过 1000GPa 的弹性模量[13,14]、100 ～ 150GPa 的高抗压强度[15] 以及高达 28.5GPa 的弯曲强度[16]。碳纳米管的力学性能使其在机械部件中具有极好的应用潜力。纳米管柱状结构使其具有滚动特性，可在降低摩擦界面间接触面积的同时发生滚动而降低摩擦界面间滑移阻力，从而降低摩擦磨损。碳纳米管的以上性能可使其作为基体增强相（如高强度聚合物）、润滑液添加剂、固体薄膜来达到减摩抗磨效果[17,18]。接下来的章节将描述碳纳米管薄膜制备、低摩擦微观机制以及在不同应用环境下的研究状况。

电化学沉积制备MWNTs-DLC复合薄膜及其机械性能

本书著者团队利用多壁碳纳米管（MWNTs）作为掺杂剂，通过电沉积技术制备 MWNTs-DLC 复合薄膜，并对其机械性能进行研究[19]。

一、电化学沉积MWNTs-DLC薄膜制备方法

电化学沉积实验装置如图 3-4 所示，电解池采用 500mL 的三口烧瓶，中间瓶颈中插入两个高纯石墨电极，两极之间用绝缘聚四氟乙烯材料固定，阴极石墨下端与单晶硅片相连，阳极石墨下端与纯铂片相连；一侧瓶颈中插入导气管，通入惰性气体；另一侧瓶颈连接球形冷凝管；电解池周围用恒温水浴环绕；外加电源采用直流高压电源。薄膜制备选用分析纯 N, N- 二甲基甲酰胺（N, N-dimethylformamide，DMF）试剂作为电沉积的碳源，选择 MWNTs（99.5%）作为掺杂剂，溶于 DMF 溶剂中配制成电解液（MWNTs 浓度为 0.53mg/mL），利

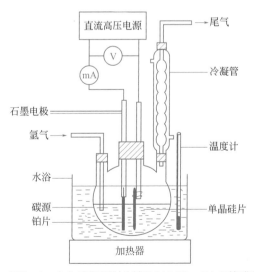

图3-4 电化学沉积法制备MWNTs-DLC薄膜装置

用超声波超声30min使MWNTs在DMF中分散均匀，整个混合溶液呈现黑色。将预先处理好的基底（单晶硅片）固定在石墨片上作为阴极，调节两电极之间距离为6mm，添加分散好的溶液到三口烧瓶中至石墨片下方，利用水浴加热并控制反应温度为50℃，将电解池的正负电极与直流高压电源的正负极正确连接。反应前向反应体系中通高纯氩气15min，并用磁力搅拌使电解液混合均匀，待检查反应装置连接无误后开启电源，启动高压，将电压缓慢增加至1400V后保持恒定，调小氩气的气体流量，反应9h后关闭高压电源，取下硅片，在丙酮中超声清洗并用N_2气吹干。因为掺杂的复合薄膜的厚度比未掺杂薄膜厚，为避免薄膜厚度对薄膜机械性能的影响，所以在沉积复合膜时设定时间要比沉积未掺杂薄膜的时间（10h）短。

二、MWNTs-DLC复合薄膜TEM表征

利用透射电子显微镜对MWNTs-DLC复合薄膜的微观结构和形貌进行研究，结果如图3-5所示。从图3-5（a）可看出，MWNTs较好地分散在碳薄膜中且没有严重地团聚，其平均直径为25nm。图3-5（c）为未掺杂薄膜的TEM图，黑色区域是薄膜较厚的地方，灰色区域是薄膜较薄的地方，薄膜厚度越小颜色越浅。图3-5（d）和图3-5（f）分别是未掺杂薄膜和MWNTs纳米颗粒的电子衍射图。未掺杂薄膜电子衍射是晕环，即宽化了的漫散射环，说明未掺杂薄膜是无定形碳，而MWNTs的电子衍射是三个明显清晰的衍射环，从里到外分别对应（002）、（100）和（101）三个晶面。这三个清晰的衍射环由MWNTs中类石墨结构产生。与未掺杂薄膜和纯MWNTs的电子衍射图对比，可以清晰看到MWNTs-DLC复合薄膜既有无定形碳的晕环，又有MWNTs三个明显的衍射环，说明复合薄膜MWNTs分散在无定形碳基体中。

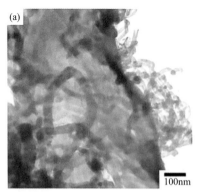
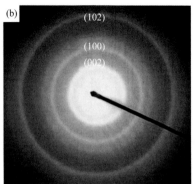

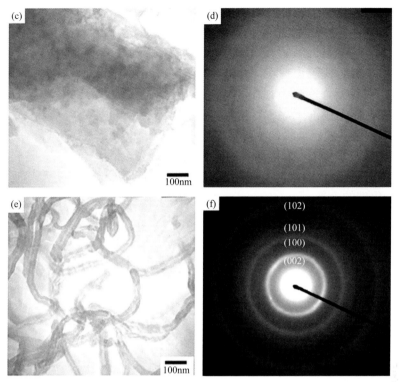

图3-5　MWNTs-DLC复合薄膜［（a），（b）］、未掺杂薄膜［（c），（d）］和MWNTs［（e），（f）］的TEM图像和SAED图像

三、MWNTs-DLC复合薄膜Raman表征

Raman 光谱是分析不同形态碳的有效技术手段。由 sp^3 键组成的金刚石相在 1332cm^{-1} 有一个特征峰；而由 sp^2 键组成的大尺寸单晶石墨在 1580cm^{-1} 有一个特征单峰，被称为"G"峰，对应于"石墨型碳"；在 1360cm^{-1} 处有一个"D"峰，对应"无定形碳"，即 sp^3 碳原子与 sp^2 类石墨微畴键合引起的键角无序，也对应于 sp^2 微畴的晶粒尺寸[20]。图 3-6 分别列出 MWNTs、未掺杂薄膜和 MWNTs-DLC 复合薄膜的 Raman 光谱。碳纳米管的 Raman 光谱有两个显著的峰分别位于 1583.6cm^{-1} 和 1349.3cm^{-1}[21]，前者是 G 峰，对应碳纳米管上的石墨结构；后者为 D 峰，对应碳纳米管管壁的无序结构[22]。MWNTs-DLC 复合膜的 Raman 谱峰形与未掺杂薄膜的峰形有较大差异，与纯 MWNTs 的 Raman 谱峰形相似，具有两个明显的峰。复合膜在约 1597.4cm^{-1} 位置的峰，可归为晶体石墨的 E_{2g} 碳 - 碳伸缩振动。在约 1345.8cm^{-1} 位置的峰可看作由 sp^3 碳原子引发的 sp^2 类石墨微畴中

的键角无序引起。这两个特征峰表明复合膜为无定形碳薄膜。与未掺杂薄膜相比，复合薄膜中的两个峰的位置都向低波数方向发生偏移（D 峰从 1361.3cm^{-1} 到 1345.8cm^{-1}，G 峰从 1602.5cm^{-1} 到 1597.4cm^{-1}）。D 峰和 G 峰向低波数方向发生了偏移可能由于复合薄膜中存在伸张或卷曲石墨层[23]，而 MWNTs 的管壁为卷曲石墨结构，表明复合薄膜中存在 MWNTs。掺杂 MWNTs 使 DLC 薄膜内部结构发生了改变，碳薄膜的无序程度增加。由于 MWNTs 的掺入，复合膜的 G 峰的强度高于未掺杂薄膜，D 峰的半峰宽变小。众所周知，Raman 信号只对 sp^2 杂化形式的碳灵敏，即使 sp^3 杂化形式的碳含量高也不能直接测量[24]。因此，在 Raman 光谱中，sp^2 杂化的碳与 sp^3 杂化的碳没有直接关系[25]，需要用其他方法来测量 sp^3 杂化碳的含量。

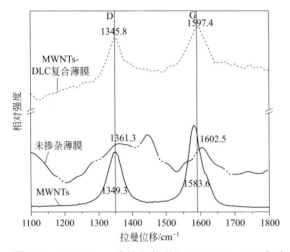

图3-6　MWNTs、未掺杂薄膜和MWNTs-DLC复合薄膜Raman光谱

四、MWNTs-DLC复合薄膜XPS表征

图 3-7 分别列出未掺杂薄膜和 MWNTs-DLC 复合薄膜的 XPS 和 C1s 谱。对比未掺杂薄膜和 MWNTs-DLC 复合薄膜的 XPS 图谱可看出，复合薄膜中只有 C，Au 和 O 三种元素存在。O1s 可能是样品表面吸附的氧或样品表面氧化的结果。用 4 个高斯曲线对 C1s 谱线进行拟合，高斯曲线的结合能分别位于：（284.3±0.2）eV，（285.1±0.2）eV，（286.4±0.2）eV 和（288.0±0.2）eV。其中，284.3eV 对应石墨结构中 C 的 sp^2 杂化结构，285.1eV 处的峰对应 C 的 sp^3 杂化结

构。而286.4eV和288.0eV处的峰分别对应C与1个和2个氧原子结合时1s电子的结合能。

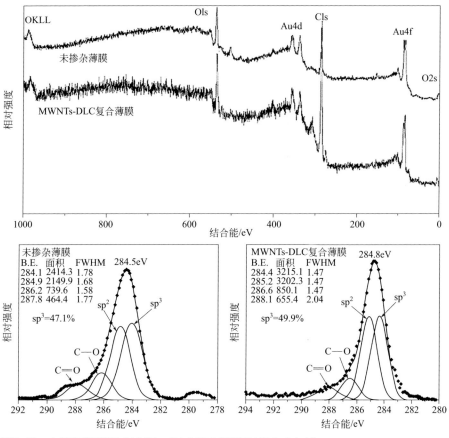

图3-7 未掺杂薄膜和MWNTs-DLC复合薄膜的XPS C1s谱

五、MWNTs-DLC复合薄膜FTIR表征

图3-8为MWNTs、未掺杂薄膜和MWNTs-DLC复合薄膜的FTIR光谱。一般认为，FTIR光谱中，2800～3000cm^{-1}之间的C—H伸缩带由sp^3 C—H振动引起，而在3000～3100cm^{-1}之间出现的伸缩带可归结为sp^2 C—H振动。DLC薄膜的FTIR光谱在2800～3000cm^{-1}之间出现三个特征峰 [（2850±5）cm^{-1}，（2920±5）cm^{-1} 和（2967±10）cm^{-1}]，分别归属于sp^3 CH$_2$ 对称振动频率、sp^3 CH$_2$ 和CH 的反对称振动频率、sp^3 CH$_3$ 的反对称振动频率。位于（3015±5）cm^{-1} 和（3048±5）cm^{-1}

的峰分别对应 sp^2 C—H 的非对称和对称伸缩振动，说明 MWNTs-DLC 复合薄膜中氢原子不但与 sp^3 碳键合，还与 sp^2 碳键合。

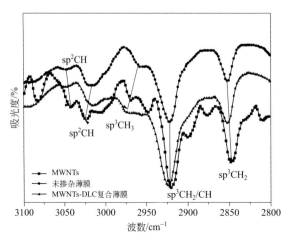

图3-8　MWNTs、未掺杂薄膜和MWNTs-DLC复合薄膜的FTIR光谱

六、MWNTs-DLC复合薄膜机械性能研究

对 MWNTs-DLC 复合薄膜和未掺杂薄膜的硬度、弹性模量和残余内应力分别进行研究，发现薄膜中掺入 MWNTs 后，薄膜残余内应力从 1.2GPa 降低到 0.83GPa，弹性模量从 253.6GPa 下降到 206.7GPa。虽然内应力的降低不明显，但掺入 MWNTs 反而使薄膜硬度增大，MWNTs-DLC 复合薄膜硬度由未掺杂薄膜的 10.3GPa 增大到 12.5GPa。在沉积成膜的过程中，由于 MWNTs 的加入使得原来能形成较大的无规则网络形成几个较小的网络结构。可以形象地解释为由于 MWNTs 掺杂，复合薄膜的无规则网络结构变小，所以复合薄膜的内应力比未掺杂薄膜的内应力小。并且 MWNTs 分子中的碳-碳键键长最长为 0.153nm，与 DLC 薄膜中的 sp^3 杂化的碳-碳键键长（0.152nm）相当，最短的为 0.142nm，比 DLC 薄膜中的 sp^3 杂化的碳-碳键键长（0.152nm）要短，掺杂 MWNTs 使周围的 sp^3 构架的空间得到松弛，薄膜内应力降低。由于组成碳纳米管的 C—C 共价键是自然界最稳定的化学键，MWNTs 具有很强的抗压性能（MWNTs 硬度相当于碳纤维的 750GPa，其弹性模量可达 1～5TPa，弯曲强度为 14.2GPa）。碳纳米管的弯曲部位是由五边形和七边形的碳环组成的。当六边形逐渐延伸出现五边形时，碳纳米管就会凸出，七边形出现则会使其凹进[26]。Cornwell 等[27,28] 通过计算发现，碳纳米管在受力时，可以通过形成五边形和七边形对来释放应力，表现出良好的自润滑性能。

第三节
碳纳米管润滑机制

　　本节根据国内外前沿研究进展，从理论计算和实验方面系统阐述碳纳米管在微观和宏观尺度的润滑机制，包括碳纳米管的低黏合力、管壁间范德华力作用下的滑动、碳纳米管滚动和滑动所赋予的低摩擦界面以及碳纳米管薄膜中碳纳米管的排列方式对摩擦的作用机制。通过本节，读者可以对碳纳米管的润滑机制有一个全面的了解。

一、碳纳米管在表面的低黏合力

　　首先，发生在摩擦界面处的结合力和摩擦直接相关，通常摩擦界面处形成共价键或氢键等化学键会不同程度影响界面结合力并影响摩擦力大小。理解碳纳米管在界面的结合力大小可为揭示碳纳米管的低摩擦提供支撑。通过采用包含范德华作用的势函数进行分子动力学计算研究发现，刚性单壁和多壁碳纳米管的结合能均小于 0.8eV/Å[29]。另外原子力显微镜测试发现直径为 95Å 的碳纳米管在氢钝化的 Si（100）面上的结合能低至（0.8±0.3）eV/Å，并在测试过程中发现碳纳米管的弯曲和变形行为[30]。实际上刚性碳纳米管要么直径更小［图 3-9（a）］，要么管壁层数众多

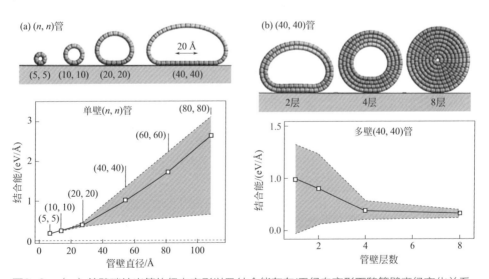

图3-9 （a）单壁碳纳米管的径向变形以及结合能在有/无径向变形下随管壁直径变化关系；（b）多壁碳纳米管的径向变形以及结合能在有/无径向变形下随管壁层数变化关系。图中方框为计算模拟所得结合能，上下虚线对应有和无碳纳米管径向变形的模拟数值[30]

［图 3-9（b）］，从而抵抗变形。然而，若碳纳米管被压力压平，则其同基底的接触面积显著增加，从而导致结合能增加。从图 3-9 中可以看出结合能随管壁直径增大而增大，但却随着管壁层数增加而降低。同时，碳纳米管在压力作用下压平化后其结合能是刚性碳纳米管结合能的两倍以上。需要指出的是在原子力实验或者计算模拟中通常采用无缺陷的碳纳米管并考虑理想接触状况，而实际上碳纳米管的缺陷、接触面的凹凸以及缺陷间相互作用均可增加界面作用力。而在摩擦尤其是宏观摩擦具有局部接触应力集中情况下，碳纳米管不可避免地形成摩擦诱导的缺陷以及管壁压平导致的接触面积增大现象，这些过程均可增大碳纳米管的滑移阻力和摩擦[31]。

二、碳纳米管层间低摩擦

在低黏合力作用之外，碳纳米管管壁间范德华作用力使其管壁间容易相对滑移或相对旋转，接近理想的线性和旋转纳米轴承。理想情况下碳纳米管壳层之间有着完美的平行结构，其内外层间相对滑动应具有低摩擦与低磨损。Cumings 和 Zettl 首先通过如图 3-10 中透射电子显微镜下研究多壁碳纳米管的可逆式伸缩运动行为，验证碳纳米管内外层间滑动的低摩擦[18]。在该实验中首先打开碳纳米管的一端暴露出内层的碳管，然后将纳米操作装置与内层碳管连接，进行反复的伸缩运动。通过特制的高分辨透射电子显微镜进行原位测量发现，这些碳纳米管在运动中几乎没有磨损。这一研究结果表明，碳纳米管可以在纳米尺度实现极低的摩擦和磨损。R.Zhang 等人进一步研究厘米级长的双壁碳纳米管内层拔出的摩擦行为，发现其内层可以不断从外壳中拉出（图 3-11），其中内外壳层间的摩擦力仅为 1nN，并且与纳米管的长度无关[32]。测量发现双壁碳纳米管之间的剪切强度只有几个帕斯卡，比现有报道的碳纳米管和石墨的最低摩擦系数还要小四个数量级。

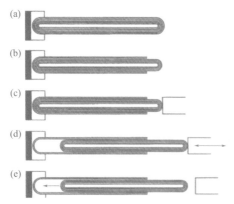

图3-10 透射电子显微镜中进行多壁碳纳米管内层拔出实验操作示意图[18]。操作流程为固定纳米管一端（a）-打开另一端末端使内层暴露（b）-将内层裸露端粘到纳米操作器（c）-反复推拉纳米管内层观察摩擦磨损（d）-操作端释放纳米管内层被范德华力吸回（e）

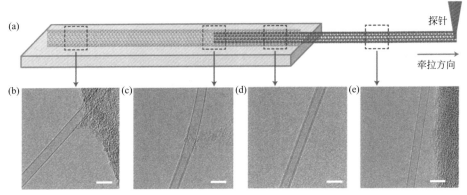

图3-11 （a）将双壁碳纳米管内层拔出示意图。透射电子显微镜下（b）拔出内层后外壳结构图，（c）未拔出的内层端在管内结构图，（d）内外双层同时存在过渡区结构图，（e）拔出后的内层纳米管结构图[32]

三、碳纳米管滚动和滑动下低摩擦

在径向方向，碳纳米管作为整体可视作分子级轴承，若其发生径向滚动或滑动，则可实现界面处的低摩擦。为理解在低黏合力作用下碳纳米管在微观尺度的滚动和滑动机制，Falvo 等人结合表面力装置和原子力显微镜研究碳纳米管在云母和石墨上的滚动和滑动行为 [33]。如图 3-12 所示，通过对比碳纳米管所处位置形貌信息和移动碳纳米管时探针上施加的力，发现纳米管在图中移动不是逐渐从左向右移动，而是在黏滑滚动运动中突然打滑，不论发生滑动或滚动均伴随一个力的峰值［图 3-12（g）］。从碳纳米管的末端信息可以看出在图 3-12 中，（b）到（c）、（d）到（e）、（e）到（f）碳纳米管均发生了滚动，而（a）到（b）和（c）到（d）因碳纳米管空间形貌几乎无变化，可视为发生了滑动。从发生相应滚动和滑动时的力可以发现碳纳米管滚动比滑动需要更少的外力，这一过程可能同滚动过程比滑动过程界面化学键断裂所需能量更低有关。因此碳纳米管在界面发生滚动更有利于实现低摩擦。

四、碳纳米管排列方式对摩擦的作用

除碳纳米管个体的滚动和滑动外，碳纳米管整体作为薄膜的低摩擦与碳纳米管的整体排列方式直接相关[34]。使用金探头摩擦垂直排列碳纳米管发现，由于碳纳米管整体和局部弯曲，其在 5μN 压力下具有高摩擦系数 1.7[35]。对比图 3-13 中湿度下的摩擦实验发现，2mN 载荷下硼硅酸盐玻璃摩擦垂直排列的碳纳米管

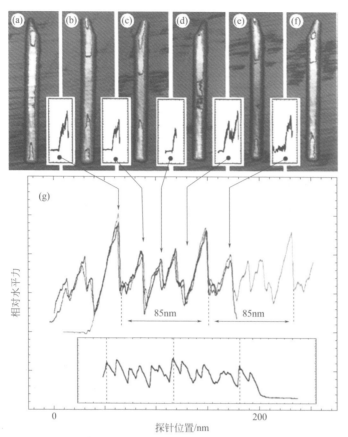

图3-12 （a）～（f）碳纳米管从左向右移动形貌图，其中插入图为移动过程中所施加的力。（g）三次独立推动纳米管滑动和滚动时在不同位置水平力的叠加。其中水平力在85nm距离的周期性同碳纳米管在末端的周长相等[33]

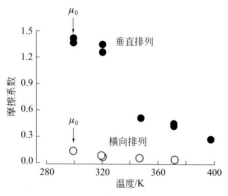

图3-13 垂直和横向排列的碳纳米管同硼硅酸盐玻璃摩擦时摩擦系数随温度变化关系。摩擦实验在45%相对湿度的大气环境下进行[36]

和横向排列碳纳米管时，前者摩擦系数比后者（约0.1）高10倍，然后通过推导温度和摩擦系数关系发现摩擦过程中主要作用力来自硼硅酸盐和碳纳米管间形成的氢键[36]。由于水分子间可以形成氢键，摩擦实验空气中的水分子吸附在碳纳米管和硼硅酸盐玻璃上可能对形成界面氢键影响摩擦起到重要作用。

五、碳卷曲结构对降低摩擦的作用

碳卷曲结构主要包括碳纳米管、富勒烯碳、洋葱碳，它们的共同特点在于其石墨层卷曲形成封闭无悬键的结构。在卷曲结构中五元碳环在石墨片层中提供正曲率并帮助片层折叠，七元碳环提供负曲率抵消五元碳环提供的折叠。更有趣的是组合的五元碳环、六元碳环、七元碳环可以用于平铺任何弯曲的表面，且七边形总是出现在马鞍点[1]。由于这些封闭的碳卷曲结构具有良好的力学性能和滚动性能，它们在摩擦界面会形成小的接触面，降低界面间成键数目，从而在表面移动过程中会在移动界面前方形成更少的化学键，并在移动方向后方断裂较少的化学键。同时封闭的卷曲结构也赋予了其滚动和滑动特性，其中比如碳纳米管在表面发生滚动式移动时比滑动阻力更小[33]，从而具有良好的润滑性能。由于微观尺度的超低摩擦通常难以在宏观尺度稳定实现，碳卷曲结构的稳定性和滚动滑动等特性可赋予其在宏观尺度的超低摩擦。著者团队率先制备含类富勒烯碳薄膜，利用类富勒烯的卷曲结构实现低湿度下的超低摩擦（摩擦系数0.009）。随后Berman等人利用在摩擦界面加入纳米金刚石原位形成石墨烯卷和洋葱状碳结构实现摩擦系数小于0.005的超低摩擦[37,38]。

第四节
擦涂法制备碳纳米管薄膜的低摩擦性能

碳纳米管作为固体薄膜可直接用来降低摩擦[34,36,39]。通过用金刚石探针在0.1N载荷下摩擦碳纳米管发现其摩擦系数低至0.01[34]。在采用钢作为配偶材料的销盘摩擦实验中，碳纳米管薄膜在0.2N载荷下经过跑合阶段的高摩擦系数0.35后达到稳定状态的低摩擦系数0.18[39]。在宏观尺度，碳纳米管可在金属表面实现低摩擦。本节详细介绍著者团队研究人员通过机械摩擦方法将多壁碳纳米管（直径20～50nm，长度5～30μm）覆盖在钢表面，实现钢基体间低摩擦的润滑机制[40]。图3-14中展示钢基体表面摩擦形成碳纳米管层的示意图。通过扫描电子显微镜和高分辨透射电子显微镜［图 3-15（a）］可看出碳纳米管的完好多壁管状结构，以及钢对碳纳米管具有较好的包裹性，从而使碳纳米管稳定在钢表面［图3-15（b）］。与复杂的碳纳米管薄膜生长工艺以及对基体材料的严格要求相比，该碳纳米管薄膜的特点在于低成本性和易制备性，此方法仅需将碳纳米管分散在钢表面，然后通过对摩的机械过程即可实现。

图3-14　通过钢/碳纳米管/钢摩擦形成钢表面碳纳米管层的示意图[40]

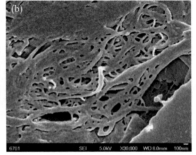

图3-15　扫描电子显微镜（a）和高分辨透射电子显微镜（a1）下原始多壁碳纳米管形貌，以及扫描电子显微镜下碳纳米管层在钢表面的形貌（b）[40]

一、碳纳米管在不同配副和载荷下低摩擦行为

通过采用 GCr15 不锈钢、Al_2O_3、Si_3N_4 等三种球配副材料同有和无碳纳米管层覆盖的不锈钢对摩发现，在无碳纳米管层情况下三种配副材料在 5N 载荷下同不锈钢对摩都具有 0.4～0.5 的高摩擦系数，且从图 3-16（a）所示摩擦曲线可看出摩擦过程伴随较大的摩擦系数波动。当三种球在同种测试环境下同有碳纳米管层覆盖的不锈钢对摩时发现碳纳米管在三种配副下摩擦系数均显著降低到 0.1 左右，同时摩擦系数变化表明碳纳米管显著降低摩擦曲线波动并稳定摩擦。如图 3-16（b）所示，同等情况下将摩擦载荷增加到 10N，三种配副体系下同不锈钢基体摩擦时摩擦系数在 0.5 左右，比 5N 载荷下摩擦系数略高。当同碳纳米

管覆盖的不锈钢基体对摩时，10N 载荷下的摩擦系数均稳定在 0.1 左右，且摩擦曲线更为稳定。进一步增大载荷至 15N，三种配副材料同不锈钢的摩擦系数增大至 0.6，而碳纳米管覆盖层可将摩擦系数降至 0.1[41]。因此，碳纳米管在不同载荷下均可将摩擦系数由 0.5 ～ 0.6 显著降至 0.1。此外，在同等条件下，碳纳米管覆盖的不锈钢摩擦初始阶段更为稳定、无明显跑合期。

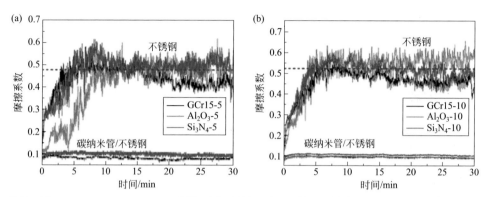

图3-16　GCr15、Al₂O₃、Si₃N₄球同不锈钢基体和碳纳米管层覆盖的不锈钢对偶面在（a）5N，（b）10N载荷下的摩擦曲线

二、碳纳米管降低钢表面磨损

与摩擦力相比，摩擦导致的磨损是接触器件失效的主要原因。因此考察固体润滑材料的摩擦学性能也需探究其在不同摩擦环境下的表面磨损行为。通常情况下，摩擦表面会在摩擦力和载荷的共同作用下发生由材料粘连剥落等造成摩擦表面的磨损行为。高摩擦一般伴随高磨损，而降低摩擦也可一定程度降低磨损，实现对摩擦部件表面保护。因此在观察碳纳米管降低钢表面摩擦的同时，也有必要考察碳纳米管层对钢表面摩擦后形貌以及磨损行为的影响。

通过图 3-17 中所示不同配副和载荷下磨斑和磨痕的形貌可以发现载荷、配副以及碳纳米管的存在均对摩擦表面形貌产生显著影响。首先，图 3-17（a）中载荷由 5N 增至 15N 后，纯不锈钢（顶层）与碳纳米管覆盖的不锈钢（底层）上的磨痕和 GCr15 摩擦配副上的磨斑宽度均增加，其中在碳纳米管润滑作用下，磨斑和磨痕的宽度比纯不锈钢配偶时显著下降（磨斑直径由 280 ～ 413μm 下降至 187 ～ 267μm）。从图 3-17（b），（c）中可发现载荷和碳纳米管对磨损的作用类似。从图 3-17 中可看出摩擦过程中发生了严重的黏着磨损，其中发生在纯不锈钢配副间磨损最为严重，而碳纳米管可显著降低黏着磨损，保护摩擦界面。此外，不论有 / 无碳纳米管的润滑作用，配副材料对磨痕和磨斑宽度也产生显著影

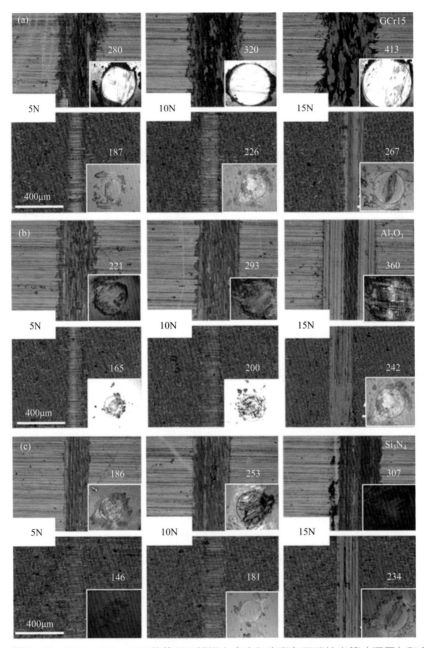

图3-17　5N，10N，15N载荷下不锈钢上磨痕和磨斑在无碳纳米管（顶层）和有碳纳米管（底层）润滑的形貌：（a）采用GCr15球配副，（b）采用Al$_2$O$_3$球配副，（c）采用Si$_3$N$_4$球配副[40]

响，其中磨痕大小顺序为 GCr15＞Al_2O_3＞Si_3N_4。

通过图 3-18 中表面三维形貌分析不锈钢上的磨损发现，在无碳纳米管润滑情况下，采用 Si_3N_4 和 Al_2O_3 配副不锈钢上磨损率在 5N 载荷下比 GCr15 配副高 5 倍以上，而 10N 和 15N 载荷下磨损均比 GCr15 低。在碳纳米管润滑作用下，采用 GCr15、Si_3N_4 和 Al_2O_3 配副时不同载荷下不锈钢上的磨损率均在同一水平［约 $5×10^{-6}mm^3/$（N·m）］，10N 与 15N 下的磨损下降超过 70%。因此通过对比磨损发现，碳纳米管可显著降低钢表面的磨损，尤其是高载荷下的磨损。

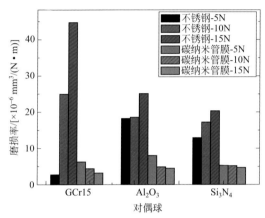

图3-18　5N、10N、15N载荷下对GCr15、Al_2O_3、Si_3N_4配副不锈钢磨痕上在有/无碳纳米管润滑下磨损[40]

三、碳纳米管摩擦后形貌特征

Raman 光谱常用于观察碳薄膜摩擦前后的结构变化。从图 3-19（a）中可见碳纳米管粉末在通过摩擦作用稳定在钢表面后，Raman 光谱中出现象征无序性化或缺陷的呼吸振动模式的 D 峰，因此碳纳米管由原始无缺陷结构向有缺陷结构转变。当碳纳米管层进一步经过与 GCr15［图 3-19（b）］、Al_2O_3［图 3-19（c）］、Si_3N_4［图 3-19（d）］配偶球摩擦后，在 5 ～ 15N 载荷下均表现出 D 峰增强现象。同时也可发现，在相同测试条件下，D 峰增强的现象随着载荷的增加而增加。由此可知，以上三种配副材料和碳纳米管覆盖的不锈钢摩擦时，均会对碳纳米管结构产生破坏，而且结构破坏形成缺陷的程度和载荷大小直接相关。

通过透射电子显微镜观察摩擦前后碳纳米管的形貌发现，摩擦前碳纳米管保持很好的管状结构［图 3-20（a）］，可促进其在摩擦过程中的滚动和滑动。而图 3-20（b）中所示摩擦后碳纳米管表现出部分区域变宽的现象，这一现象可能同其在摩擦过程中滚动失效，并在摩擦作用力下发生管壁剪开效应形成石墨烯带有关。需要指出的是，虽然部分管状结构被摩擦力破坏，但碳纳米管整体上仍保留了较好的管状结构，仍可在摩擦界面发生滑动和滚动，来降低界面的接触面和摩擦力。

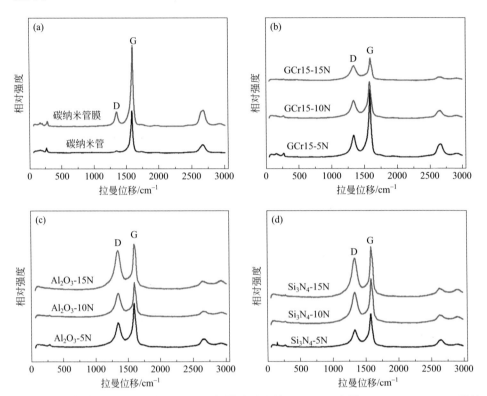

图3-19 （a）原始碳纳米管和钢表面初始碳纳米管层Raman光谱。5N、10N、15N载荷下采用GCr15对偶球（b）、Al₂O₃对偶球（c）和Si₃N₄对偶球（d）摩擦后钢表面碳纳米管Raman光谱

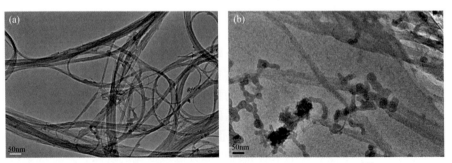

图3-20 透射电子显微镜下摩擦前（a）和摩擦后（b）碳纳米管形貌[40]

第五节
碳纳米管/复合物润滑材料

本节系统阐述碳纳米管/复合物润滑材料的摩擦和润滑研究状况，包括碳纳米管同金属、陶瓷以及聚合物形成复合物的摩擦学研究，使读者对碳纳米管在复合材料中的摩擦和润滑机制有系统的了解。

一、碳纳米管/金属复合润滑材料

当前制备碳纳米管/金属复合润滑材料的主要问题有三个：①碳纳米管在金属基体中的均匀分散；②金属和碳纳米管的键合；③碳纳米管结构完整性的保持[42]。最常用的碳纳米管/金属复合润滑材料（如 CNTs/Cu、CNTs/Fe、CNTs/Co、CNTs/Al）采用粉末冶金方法制备，其中包括将碳纳米管和金属混合，然后烧结或者热压成型，成型后的复合材料在力学性能上抗拉强度、硬度、断裂韧性等方面有显著提升，但该方法需将碳纳米管均匀分散在基体中[43-47]。如将不同含量的碳纳米管通过粉末冶金法加入铜基体中发现，CNTs/Cu复合物中加入 8% ～ 16% 体积分数的碳纳米管后可将其硬度提高一倍，同时复合物孔隙率因碳纳米管含量增加而略有增加[48]。在提升力学性能的同时，碳纳米管也可提高碳纳米管/金属复合物（如 CNTs/Cu、CNTs/Ni、CNTs/Al-Si 等）的润滑性能[48-52]。以 CNTs/Cu 复合物摩擦为例［图 3-21（a）］，在 10 ～ 50N 载荷下其摩擦系数为 0.10 ～ 0.19，比无

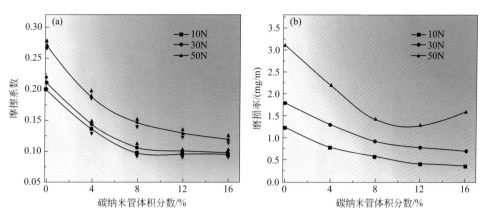

图3-21 CNTs/Cu复合物中不同碳纳米管体积分数在10N、30N、50N载荷下摩擦系数（a）和磨痕上磨损率（b）[48]
摩擦对偶为金刚石球，速度为0.005m/s

碳纳米管时铜在同等条件下摩擦系数低。此外，摩擦系数随着载荷和碳纳米管含量增加而降低。因而表明碳纳米管可降低金属基体和金刚石的直接接触，从而通过纳米管的滚动和滑动实现自润滑并降低摩擦。在降低摩擦的同时，从图3-21（b）中可看出碳纳米管也降低了复合物磨损率，且磨损随载荷增加而增加。CNTs/Cu复合物在30N以下的载荷磨损随碳纳米管含量升高而降低，而在50N载荷下磨损率随碳纳米管含量增加先降低再增加，并在16%碳纳米管体积分数情况下出现严重磨损，这一现象可能同高碳纳米管含量下孔隙率增加导致碳纳米管对基体增强效应减弱有关。因此，碳纳米管在金属基体中润滑作用常归因于碳纳米对基材的增强效应和其在摩擦表面的滚动及滑动特性。

二、碳纳米管/陶瓷复合润滑材料

陶瓷材料由于其高硬度和优异的热、力、化学稳定性可作为高速切割工具、种植牙齿、耐磨部件或涂层等[53]，但陶瓷的低断裂韧性限制了其在飞机发动机部件和极端环境中的应用[54]。通过热压或火花等离子体烧结技术等粉末冶金方法将碳纳米管加入 Al_2O_3、Si_3N_4、$BaTiO_3$ 等陶瓷材料后，碳纳米管/陶瓷复合材料的断裂韧性得到显著提高[55]。通过火花等离子体烧结技术在1150℃的烧结温度下将单壁碳纳米管和纳米晶氧化铝（Al_2O_3）陶瓷制成全致密的单壁碳纳米管/Al_2O_3复合材料后，其断裂韧性（$9.7MPa \cdot m^{1/2}$）约为纯纳米晶氧化铝的三倍[56]。将碳纳米管加入陶瓷中的一个主要目的是提高陶瓷的断裂韧性，同时碳纳米管自身的润滑特性也赋予了碳纳米管/陶瓷复合材料优异的润滑性能，可提高其在室温和高温下的摩擦磨损性能[57-59]。

如图3-22所示，通过粉末冶金法将0～10%质量分数的多壁碳纳米管

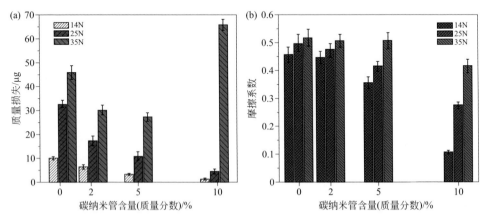

图3-22　CNTs/Al_2O_3中不同质量分数碳纳米管对复合物磨损量（a）和摩擦系数（b）的影响[59] 摩擦对偶为Si_3N_4球，载荷为14N、25N、35N，速度为1cm/s

加入 Al_2O_3 中制成 $CNTs/Al_2O_3$ 复合材料后，其磨损量在 14N 和 25N 载荷下均随碳纳米管含量增加而降低，而其在 35N 的载荷下磨损碳纳米管质量分数为 5% 时达到最低，进一步增大碳纳米管在复合物中的含量则使磨损增大 43%[59]。和 14N 和 25N 载荷下磨损分别降低 63% 和 86% 以上相比，摩擦系数随碳纳米管含量增加最多分别下降 80% 和 44%。而在 35N 载荷下，摩擦系数在碳纳米管质量分数为 2% 和 5% 下无明显下降，而 10% 质量分数碳纳米管使摩擦系数下降 19%。Ahmad 等人将 $CNTs/Al_2O_3$ 优异的摩擦和磨损性能归因于：①复合物较小的晶粒尺寸会迅速停止碳纳米管裂纹扩展，造成轻微的晶粒拉出基体现象；②碳纳米管在磨损表面上充当润滑辊，提高复合物的耐摩抗磨性能。

三、碳纳米管/聚合物复合润滑材料

在高湿高盐环境中，如海上起重机等的轴承衬套、轴、螺栓和齿轮在相对滑动过程中可能因摩擦腐蚀导致失效，因而需要兼具低摩擦、低磨损和良好的防腐性能涂层。在基底上涂覆聚合物涂层可降低环境对基底的摩擦和腐蚀，但纯聚合物的摩擦磨损通常较高，而聚合物中加入碳纳米管不仅可以增加聚合物强度，碳纳米管的滚动和滑动也能降低聚合物的摩擦和磨损[60]。比如，通过球磨法将环氧树脂与 1% ～ 3% 质量分数的碳纳米管混合，然后利用喷涂法制备碳纳米管 / 环氧树脂复合薄膜，其硬度增加的同时摩擦系数（0.2）也比环氧树脂涂层略有降低[61]。与金属和陶瓷中添加碳纳米管类似，碳纳米管较差的分散性可显著降低碳纳米管对聚合物基材的增强效果。将原始碳纳米管以 0 ～ 4% 质量分数混合到树脂中，未发现碳纳米管对复合物的磨损率有显著影响，而硝酸处理 CNT 使其表面增加官能团后，碳纳米管在聚合物中含量增加到 1% 时磨损率下降至最低[62]。

如图 3-23 所示，碳纳米管和二硫化钼分别和同时加入聚氨酯中均对聚合物涂层的摩擦磨损性能产生影响[63]。同纯聚氨酯相比，加入碳纳米管和二硫化钼均可降低复合物的摩擦和磨损，其中二硫化钼比碳纳米管对降低摩擦效果略好，但碳纳米管对降低磨损的作用优于二硫化钼。进一步研究发现同时将碳纳米管和二硫化钼作为添加剂加入聚氨酯可充分利用碳纳米管在降低磨损和二硫化钼降低摩擦的作用，达到协同润滑抗磨作用。其中添加 3% 质量分数的二硫化钼 / 碳纳米管混合添加剂时，二硫化钼和碳纳米管质量比为 1∶1（MoS_2-MWCNTs-1）比质量比为 1∶2（MoS_2-MWCNTs-2）对降低聚氨酯复合物的摩擦和磨损效果更为显著，其中前者可将聚合物涂层摩擦系数降低 25.6%，磨损降低 65.5%。

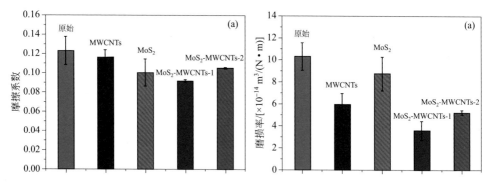

图3-23 有/无多壁碳纳米管（MWCNTs）与二硫化钼（MoS₂）对聚氨酯复合物涂层的摩擦系数（a）和磨损率（b）的影响[63]

摩擦对偶为 AISI 52100 钢球，往复摩擦频率为 5Hz，载荷为 3N

第六节
碳纳米管润滑油/脂添加剂

本节主要讲述碳纳米管作为润滑油/脂添加剂在表面减摩耐磨方向的研究。具体包括原始和改性的碳纳米管在基础润滑油/脂中的摩擦和润滑机理，使读者对碳纳米管润滑油/脂添加剂的摩擦和润滑机制有一个系统的了解。

一、碳纳米管在基础油中的低摩擦作用

将碳纳米管作为长城 SE 级 15W/30 机油添加剂后，结果表明润滑油中添加 0.05% 质量分数的碳纳米管可降低摩擦磨损，其中磨损率降低可达 57%[64]。质量分数为 0.0125% ~ 0.05% 碳纳米管作为某商品润滑油添加剂可降低摩擦系数 28%，且磨痕表面的划痕变得细而浅[65]。将单壁碳纳米管加入聚 α- 烯烃基础油，发现基础油中碳纳米管质量分数为 0.5% 时在经过 400 圈摩擦后摩擦系数开始明显降低，而增大碳纳米管配比至 1% 和 2% 达到几乎相同的减摩作用，其摩擦系数由无碳纳米管添加时的 0.27 下降至 0.08[66]。与此同时，1% 质量分数的碳纳米管使钢对偶间摩擦更为稳定，其摩擦曲线波动更小。对比同等情况下的石墨和富勒烯 C_{60} 作为聚 α- 烯烃基础油添加剂时的摩擦曲线（图 3-24），发现如下摩擦系数关系：石墨（0.13）>富勒烯 C_{60}（0.10）>碳纳米管（0.08）。通过观察摩擦面形貌，发现碳纳米管出现被压平并聚集在钢表面的现象，并将其视为碳纳米管在润滑油中的低摩擦的主要原因。

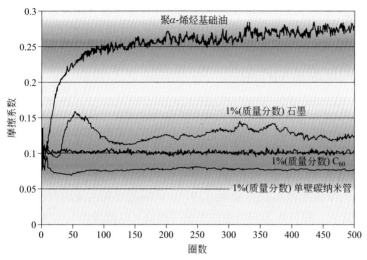

图3-24 聚α-烯烃基础油中有/无碳纳米管、石墨、富勒烯添加剂的摩擦曲线[66]
摩擦接触应力为0.83GPa，速度为0.25cm/s

将 0.1% 质量分数的双壁碳纳米管加入聚 α- 烯烃基础油中，钢与钢在 2N 载荷下摩擦系数可由 0.25 下降至 0.15[67]。将 0.1% 质量分数的单壁碳纳米管、多壁碳纳米管、石墨烯和碳纳米管 - 飞灰（CNTs-fly ash）加入 500SN 基础油后，这几种碳纳米管均可降低钢对偶间的摩擦系数（图 3-25），其中碳纳米管 - 飞灰摩擦系数最低[68]。同时

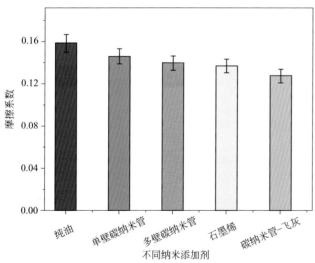

图3-25 将不同种类的碳纳米管和石墨烯以0.1%质量分数加入500SN基础油中钢对偶间的摩擦系数变化情况[68]
摩擦载荷为4N，速度为0.5cm/s

也发现进一步降低碳纳米管在基础油中的含量会降低润滑效果，而增加碳纳米管的含量则会出现由于碳纳米管团聚现象而降低减摩作用。

二、碳纳米管改性对低摩擦的作用

为解决碳纳米管在基础油中的团聚现象从而提高油的润滑性能，通常采用球磨法和化学方法将碳纳米管表面接上官能团，从而降低碳纳米管间静电吸附，提升碳纳米管的分散性[69]。采用浓硫酸和硝酸先对多壁碳纳米管进行氧化处理，然后用十二烷基硫代硫酸钠在水溶液中分散，通过摩擦实验发现仅需 0.1% 质量分数的碳纳米管可将钢对偶间摩擦系数从 0.25 降至 0.10[70]。采用超声和回流的方法制备油酸修饰的多壁碳纳米管后，将其作为润滑油添加剂可提高其摩擦性能[71]。如图 3-26 所示，将多壁碳纳米管先氧化再用硬脂酸将其表面改性提升其在液体石蜡油中的分散性，发现其在 500 ~ 1000N 的载荷范围内可将钢对偶间摩擦系数由 0.1 降至 0.09，同时磨损降低 50%。与无硬脂酸改性的碳纳米管相比，仅将碳纳米管进行球磨法处理，碳纳米管在降低摩擦方面几乎无明显效果，却可一定程度降低钢对偶间磨损。

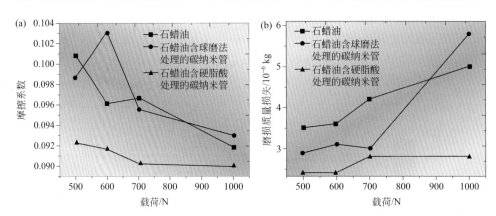

图3-26　球磨法处理和硬脂酸处理的多壁碳纳米管在不同载荷下对钢对偶间摩擦系数（a）和磨损（b）的影响关系[71]

其中硬脂酸和碳纳米管质量比为 2∶1，碳纳米管在石蜡油中的质量分数为 0.45%

三、碳纳米管在离子液体中的低摩擦作用

1. 离子液体润滑机理

离子液体是指全部由离子组成的液体，如高温下的 KCl，KOH 呈液体状态时为离子液体。在室温或室温附近温度下呈液态的由离子构成的物质，称为室温

离子液体。室温离子液体最初是在电化学中用作电池的电解质或金属电沉积剂。由于具有一些特性包括可忽略不计的挥发性、不易燃、高热稳定性、低熔点、宽液体范围、与有机化合物混溶的可控性等，离子液体正在不断扩大其在不同环境下的应用。上述离子液体性质可使其成为强效优质润滑剂来克服传统润滑剂的窄适用范围限制，比如钢/钢接触的润滑剂可能不适用于铝/陶瓷。为此，中国科学院兰州化学物理研究所刘维民院士等人开展了离子液体在不同金属和陶瓷等配副间的摩擦研究，发现钢/钢、钢/Al、钢/Si、Si_3N_4/SiO_2等不同摩擦副体系在1-甲基-3-己基咪唑四氟硼酸盐和1-乙基-3-己基咪唑四氟硼酸盐两种离子液体中表现出比传统润滑剂含氟润滑剂磷腈和全氟聚醚中更低的摩擦系数和磨损率[72]。离子液体中的负电荷与摩擦副的正电荷点结合吸附在摩擦副表面，有利于形成有效的边界润滑薄膜，在摩擦中起到抗磨减摩作用。在极端摩擦条件下，四氟硼酸阴离子可在压力作用下分解并形成耐刮擦成分，如氟化物、B_2O_3和BN。

2. 碳纳米管作为离子液体添加剂润滑作用

由于离子液体在降低摩擦的同时可能存在氧化和腐蚀摩擦表面的问题，通过在离子液体中添加纳米材料可进一步提升离子液体的摩擦性能，而添加物在摩擦面上沉积可起到保护摩擦表面的作用。余波等人率先开展利用多壁碳纳米管滚动轴承作用提升离子液体摩擦性能的研究[73]。将室温离子液体（1-羟乙基-3-己酰亚胺唑六氟磷酸盐）与改性后的多壁碳纳米管复合物通过超声手段分散到1-甲基-3-六氟磷酸盐中，研究离子液体中不同浓度碳纳米管复合物对摩擦和钢表面磨损的影响。从图3-27可看出0.005% ～ 0.1%质量分数的碳纳米管复合物均可降低摩擦（a）和钢表面磨损（b），其中添加剂质量分数为0.025%时离子液体润滑性能最优，即摩擦、磨损均达到最低。

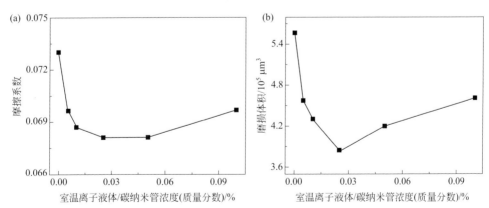

图3-27 不同质量分数的室温离子液体/碳纳米管添加在离子液体中对摩擦（a）和钢表面磨损（b）的作用曲线[73]

摩擦载荷为10N，移动幅度5mm，频率5Hz

3．碳纳米管作为离子液体添加剂的空间润滑作用

为提高碳纳米管在离子液体中的分散性，可采用硝酸和硫酸处理将碳纳米管长度剪短并赋予纳米管表面新的含氧官能团[74]。酸处理改性后纳米管长度变短且不易缠绕。为了解离子液体在空间润滑温度 −120 ～ 150℃的稳定性[75]，热分析测试发现四氟硼酸 -1- 丁基 -3- 甲基咪唑离子液体在加入碳纳米管前后在 300℃以下具有较好的稳定性和低挥发性。由图 3-28 中含碳纳米管的离子液体在真空下摩擦曲线可知，10N 载荷下碳纳米管对离子液体润滑性能提升较大，而 30N荷载下碳纳米管对钢与 DLC 配副体系不能起到减摩作用。在碳纳米管加入离子液体减摩抗磨过程中，离子液体的流动性使其不断回流到摩擦区域，避免 DLC膜和钢球直接接触从而起到长期的润滑作用，同时 DLC 膜起承载作用。碳纳米管在低载荷摩擦过程中可发生滚动和变短行为，而高载荷管壁破裂形成石墨烯片，使两个接触面直接接触减少，从而降低摩擦磨损。

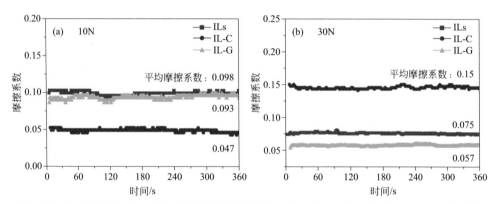

图3-28 纯离子液体（ILs）和含碳纳米管离子液体（IL-C）在10N（a）和30N（b）载荷下的摩擦曲线，并与相同浓度下0.075mg/mL的含石墨烯离子液体（IL-G）的摩擦曲线对比[74]
摩擦对偶球为52100钢，速度为0.075m/s，离子液体通过旋涂法涂覆在DLC薄膜上

参考文献

[1] Rao C N R, Seshadri R, Govindaraj A, et al. Fullerenes, nanotubes, onions and related carbon structures[J]. Materials Science & Engineering R-Reports, 1995, 15(6): 209-262.

[2] Iijima S. Helical microtubules of graphitic carbon[J]. Nature, 1991, 354(6348): 56-58.

[3] Ebbesen T W, Ajayan P M. Large-scale synthesis of carbon nanotubes[J]. Nature, 1992, 358(6383): 220-222.

[4] De Volder M F L, Tawfick S H, Baughman R H, et al. Carbon nanotubes: present and future commercial

applications[J]. Science, 2013, 339(6119): 535-539.

[5] Dai H. Carbon nanotubes: synthesis, integration, and properties[J]. Accounts of Chemical Research, 2002, 35(12): 1035-1044.

[6] Dai H. Nanotube growth and characterization, carbon nanotubes[M]. Berlin: Springer, 2001: 29-53.

[7] Jorio A, Dresselhaus G, Dresselhaus M S. Carbon nanotubes: advanced topics in the synthesis, structure, properties and applications[M].Berlin: Springer, 2008.

[8] Jorio A, Pimenta M A, Filho A, et al. Characterizing carbon nanotube samples with resonance Raman scattering[J]. New Journal of Physics, 2003, 5(1): 139-156.

[9] Cheng K N, Lin Y H, Lin G R. Single- and double-walled carbon nanotube based saturable absorbers for passive mode-locking of an erbium-doped fiber laser[J]. Laser Physics, 2013, 23(4): 045105-1-045105-9.

[10] Fahy S, Louie S G, Cohen M L. Pseudopotential total-energy study of the transition from rhombohedral graphite to diamond[J]. Physical Review B, 1986, 34(2): 1191-1199.

[11] Li Q, Zhang X, DePaula R F, et al. Sustained growth of ultralong carbon nanotube arrays for fiber spinning[J]. Advanced Materials, 2006, 18(23): 3160-3163.

[12] Zheng L, O'connell M, Doorn S, et al. Ultralong single-wall carbon nanotubes[J]. Nature Materials, 2004, 3(10): 673-676.

[13] Ruoff R S, Lorents D C. Mechanical and thermal properties of carbon nanotubes[J]. Carbon, 1995, 33(7): 925-930.

[14] Treacy M, Ebbesen T W, Gibson J M. Exceptionally high Young's modulus observed for individual carbon nanotubes [J]. Nature, 1996, 381(6584): 678-680.

[15] Lourie O, Cox D, Wagner H. Buckling and collapse of embedded carbon nanotubes[J]. Physical Review Letters, 1998, 81(8): 1638-1641.

[16] Wong E W, Sheehan P E, Lieber C M. Nanobeam mechanics: elasticity, strength, and toughness of nanorods and nonotubes[J]. Science, 1997, 277(5334): 1971-1975.

[17] Ajayan P M, Tour J M. Materials science: nanotube composites[J]. Nature, 2007, 447(7148): 1066-1068.

[18] Cumings J, Zettl A. Low-friction nanoscale linear bearing realized from multiwall carbon nanotubes[J]. Science, 2000, 289(5479): 602-604.

[19] 胡红岩. 碳基纳米材料 /DLC 复合薄膜的电化学沉积及机械性能 [D]. 兰州：中国科学院兰州化学物理研究所，2008.

[20] Knight D S, White W B. Characterization of diamond films by Raman-spectroscopy[J]. Journal of Materials Research, 1989, 4(2): 385-393.

[21] 王玉芳，曹学伟，蓝国祥. 碳纳米管晶格振动模及拉曼光谱的研究进展 [J]. 光谱学与光谱分析，2000, 20(2): 180-184.

[22] Moreno J M C, Swamy S S, Fujino T, et al. Carbon nanocells and nanotubes grown in hydrothermal fluids[J]. Chemical Physics Letters, 2000, 329(3-4): 317-322.

[23] Bacsa W S, Deheer W A, Ugarte D, et al. Raman-spectroscopy of closed-shell carbon particles[J]. Chemical Physics Letters, 1993, 211(4-5): 346-352.

[24] Wang W L, Polo M C, Sanchez G, et al. Internal stress and strain in heavily boron-doped diamond films grown by microwave plasma and hot filament chemical vapor deposition[J]. Journal of Applied Physics, 1996, 80(3): 1846-1850.

[25] Ferrari A C, Robertson J. Interpretation of Raman spectra of disordered and amorphous carbon[J]. Physical Review B, 2000, 61(20): 14095-14107.

[26] 朴玲钰，李永丹. 碳纳米管的研究进展 [J]. 化工进展，2001, 20(11): 18-22.

[27] Cornwell C F, Wille L T. Elastic properties of single-walled carbon nanotubes in compression[J]. Solid State Communications, 1997, 101(8): 555-558.

[28] Cornwell C F, Wille L T. Critical strain and catalytic growth of single-walled carbon nanotubes[J]. Journal of Chemical Physics, 1998, 109(2): 763-767.

[29] Allinger N L, Yuh Y H, Lii J H. Molecular mechanics. The MM3 force field for hydrocarbons. 1[J]. Journal of the American Chemical Society, 1989, 111(23): 8551-8566.

[30] Hertel T, Walkup R E, Avouris P. Deformation of carbon nanotubes by surface van der Waals forces[J]. Physical Review B, 1998, 58(20): 13870-13873.

[31] Pantano A, Parks D M, Boyce M C. Mechanics of deformation of single-and multi-wall carbon nanotubes[J]. Journal of the Mechanics and Physics of Solids, 2004, 52(4): 789-821.

[32] Zhang R, Ning Z, Zhang Y, et al. Superlubricity in centimetres-long double-walled carbon nanotubes under ambient conditions[J]. Nature Nanotechnology, 2013, 8(12): 912-916.

[33] Falvo M R, Taylor R, Helser A, et al. Nanometre-scale rolling and sliding of carbon nanotubes[J]. Nature, 1999, 397(6716): 236-238.

[34] Mylvaganam K, Zhang L C, Xiao K Q. Origin of friction in films of horizontally oriented carbon nanotubes sliding against diamond[J]. Carbon, 2009, 47(7): 1693-1700.

[35] Kinoshita H, Kume I, Tagawa M, et al. High friction of a vertically aligned carbon-nanotube film in microtribology[J]. Applied Physics Letters, 2004, 85(14): 2780-2781.

[36] Dickrell P L, Pal S K, Bourne G R, et al. Tunable friction behavior of oriented carbon nanotube films[J]. Tribology Letters, 2006, 24(1): 85-90.

[37] Berman D, Narayanan B, Cherukara M J, et al. Operando tribochemical formation of onion-like-carbon leads to macroscale superlubricity[J]. Nature Communications, 2018, 9(1): 1164-1172.

[38] Berman D, Deshmukh S A, Sankaranarayanan S K R S, et al. Macroscale superlubricity enabled by graphene nanoscroll formation[J]. Science, 2015, 348(6239): 1118-1122.

[39] Rui L. Tribological behaviour of multi-walled carbon nanotube films[J]. AIP Advances, 2014, 4(3): 031309.

[40] Zhang B, Xue Y, Qiang L, et al. Assembling of carbon nanotubes film responding to significant reduction wear and friction on steel surface[J]. Applied Nanoscience, 2017, 7(8): 835-842.

[41] 薛勇. 擦涂素描法制备 MoS₂/碳基薄膜的摩擦磨损性能研究 [D]. 兰州：兰州理工大学，2017.

[42] Lal M, Singhal S K, Sharma I, et al. An alternative improved method for the homogeneous dispersion of CNTs in Cu matrix for the fabrication of Cu/CNTs composites[J]. Applied Nanoscience, 2013, 3(1): 29-35.

[43] Flahaut E, Peigney A, Laurent C, et al. Carbon nanotube-metal-oxide nanocomposites: microstructure, electrical conductivity and mechanical properties[J]. Acta Materialia, 2000, 48(14): 3803-3812.

[44] Wang Z, Cai X, Yang C, et al. Improving strength and high electrical conductivity of multi-walled carbon nanotubes/copper composites fabricated by electrodeposition and powder metallurgy[J]. Journal of Alloys and Compounds, 2018, 735: 905-913.

[45] Kuzumaki T, Miyazawa K, Ichinose H, et al. Processing of carbon nanotube reinforced aluminum composite[J]. Journal of Materials Research, 1998, 13(09): 2445-2449.

[46] Hyung S, Jiang L, Kang C, et al. A hot extrusion process without sintering by applying MWCNTs/Al6061 composites[J]. Metals, 2018, 8(3): 184-195.

[47] Trinh P V, Luan N V, Phuong D D, et al. Microstructure, microhardness and thermal expansion of CNT/Al composites prepared by flake powder metallurgy[J]. Composites Part A Applied Science and Manufacturing, 2018, 105:

126-137.

[48] Chen W X, Tu J P, Wang L Y, et al. Tribological application of carbon nanotubes in a metal-based composite coating and composites[J]. Carbon, 2003, 41(2): 215-222.

[49] Reinert L, Varenberg M, Mücklich F, et al. Dry friction and wear of self-lubricating carbon-nanotube-containing surfaces[J]. Wear, 2018, 406-407: 33-42.

[50] Shivaramu H T, Nayak U V, Umashankar K S. Dry sliding wear characteristics of multi-walled carbon nanotubes reinforced Al-Si (LM6) alloy nanocomposites produced by powder metallurgy technique[J]. Materials Research Express, 2020, 7(4): 045001-045012.

[51] Liu D G, Sun J, Gui Z X, et al. Super-low friction nickel based carbon nanotube composite coating electro-deposited from eutectic solvents[J]. Diamond and Related Materials, 2017, 74: 229-232.

[52] Fu S L, Chen X H, Liu P, et al. Tribological properties and electrical conductivity of carbon nanotube-reinforced copper matrix composites[J]. Journal of Materials Engineering and Performance, 2022, 31(6): 4955-4962.

[53] Ighodaro O L, Okoli O I. Fracture toughness enhancement for alumina systems: a review[J]. International Journal of Applied Ceramic Technology, 2008, 5(3): 313-323.

[54] Ohnabe H, Masaki S, Onozuka M, et al. Potential application of ceramic matrix composites to aero-engine components[J]. Composites Part A Applied Science and Manufacturing, 1999, 30(4): 489-496.

[55] Ahmad I, Yazdani B, Zhu Y. Recent advances on carbon nanotubes and graphene reinforced ceramics nanocomposites[J]. Nanomaterials, 2015, 5(1): 90-114.

[56] Zhan G D, Kuntz J D, Wan J, et al. Single-wall carbon nanotubes as attractive toughening agents in alumina-based nanocomposites[J]. Nature Materials, 2003, 2(1): 38-42.

[57] Puchy V, Hvizdos P, Dusza J, et al. Wear resistance of Al_2O_3-CNT ceramic nanocomposites at room and high temperatures[J]. Ceramics International, 2013, 39(5): 5821-5826.

[58] Gonzalez-Julian J, Schneider J, Miranzo P, et al. Enhanced tribological performance of silicon nitride-based materials by adding carbon nanotubes[J]. Journal of the American Ceramic Society, 2011, 94(8): 2542-2548.

[59] Ahmad I, Kennedy A, Zhu Y Q. Wear resistant properties of multi-walled carbon nanotubes reinforced Al_2O_3 nanocomposites[J]. Wear, 2010, 269(1-2): 71-78.

[60] Wang H, Feng J, Hu X, et al. Tribological behaviors of aligned carbon nanotube/fullerene-epoxy nanocomposites[J]. Polymer Engineering and Science, 2008, 48(8): 1467-1475.

[61] Le H R, Howson A, Ramanauskas M, et al. Tribological characterisation of air-sprayed epoxy-CNT nanocomposite coatings[J]. Tribology Letters, 2012, 45(2): 301-308.

[62] Jacobs O, Xu W, Schadel B, et al. Wear behaviour of carbon nanotube reinforced epoxy resin composites[J]. Tribology Letters, 2006, 23(1): 65-75.

[63] Zhang Z Z, Yang M M, Yuan J Y, et al. Friction and wear behaviors of MoS_2-multi-walled-carbon-nanotube hybrid reinforced polyurethane composite coating[J]. Friction, 2019, 7(4): 316-326.

[64] 姜鹏，姚可夫. 碳纳米管作为润滑油添加剂的摩擦磨损性能研究 [J]. 摩擦学学报，2005, 25(5): 394-397.

[65] 郭晓燕，彭倚天，胡元中，等. 碳纳米管添加剂摩擦学性能研究及机制探讨 [J]. 润滑与密封，2007, 32(11): 95-97.

[66] Joly-Pottuz L, Dassenoy F, Vacher B, et al. Ultralow friction and wear behaviour of Ni/Y-based single wall carbon nanotubes (SWNTs)[J]. Tribology International, 2004, 37(11-12): 1013-1018.

[67] Martin J M, Ohmae N. Nanolubricants [M]. New York: John Wiley & Sons, 2008.

[68] Salah N, Abdel-Wahab M S, Alshahrie A, et al. Carbon nanotubes of oil fly ash as lubricant additives for

different base oils and their tribology performance[J]. RSC Advances, 2017, 7(64): 40295-40302.

[69] Liu L, Fang Z, Gu A, et al. Lubrication effect of the paraffin oil filled with functionalized multiwalled carbon nanotubes for bismaleimide resin[J]. Tribology Letters, 2011, 42(1): 59-65.

[70] Peng Y, Hu Y, Wang H. Tribological behaviors of surfactant-functionalized carbon nanotubes as lubricant additive in water[J]. Tribology Letters, 2006, 25(3): 247-253.

[71] Chen C, Chen X, Xu L, et al. Modification of multi-walled carbon nanotubes with fatty acid and their tribological properties as lubricant additive[J]. Carbon, 2005, 43(8): 1660-1666.

[72] Ye C F, Liu W M, Chen Y X, et al. Room-temperature ionic liquids: a novel versatile lubricant[J]. Chemical Communications, 2001, 21(21): 2244-2245.

[73] Bo Y, Liu Z, Feng Z, et al. A novel lubricant additive based on carbon nanotubes for ionic liquids[J]. Materials Letters, 2008, 62(17-18): 2967-2969.

[74] Zhang L, Pu J, Wang L, et al. Frictional dependence of graphene and carbon nanotube in diamond-like carbon/ ionic liquids hybrid films in vacuum[J]. Carbon, 2014, 80: 734-745.

[75] Freeman M T. Spacecraft on-orbit deployment anomalies: what can be done?[J]. IEEE Aerospace & Electronic Systems Magazine, 1993, 8(4): 3-15.

第四章

金刚石润滑材料

金刚石是碳材料中重要的同素异形体之一。金刚石多属于立方晶系，其原子结构由 C—C 共价键相互连接，且每个碳原子与其他相邻的四个碳原子相连，形成稳定的四面体结构。立方金刚石的原子结构示意图如图 4-1 所示。金刚石中 C—C 共价键通过 sp^3 杂化方式形成，共价键长度约为 0.155nm，相邻两个 C—C 共价键的角度为 109°28′，是典型的等轴晶系晶体。金刚石中 C—C 共价键键能约为 347.5kJ/mol，键能大，因此其熔点高达 3823K。

图4-1　金刚石的杂化轨道电子云分布、原子结构和晶胞结构示意图

由于其独特的原子结构，金刚石成为天然存在以及人工合成的硬度最高的材料之一。金刚石的莫氏硬度为 10。通常来说，材料的硬度越高其耐磨性能越好。金刚石因其高硬度特性具有极好的耐磨性，因此作为研磨、切割等材料广泛应用于机械加工、材料成型等领域。除具有高硬度之外，金刚石还具有低摩擦系数、低热膨胀系数、高热导率、高化学稳定性、高光学透过率等特性，使其在机械加工、微电子器件、光学窗口及表面涂层等领域有着广阔的应用前景。根据第一性原理计算，金刚石的理论强度约 225GPa。但是由于缺陷运动引起的非弹性松弛和微裂纹传播引起的过早失效，金刚石的实际强度约为 20GPa[1]。此外，金刚石的变形能力较差，脆性相对较高。

第一节
金刚石的制备

天然金刚石通常是在星球内部高温、高压条件下，含碳相经过长时间化学还原反应以及相变过程逐渐形成的。因此在之前很长一段时间内，天然金刚石产量稀少、价格昂贵，通常主要作为饰品应用，限制了其在机械、电子等领域的大量应用。然而，考虑到金刚石具有硬度高、耐磨性好等众多优势，为实现金刚石在众多领域的广泛应用，科研工作者开始寻找人工合成金刚石及其薄膜的方法。目前，人工合成金刚石及薄膜的方法主要有静压法、动压法和气相沉积法等。

一、金刚石颗粒的制备

1. 静压法

静压法主要是将石墨等其他碳材料在高温高压作用下发生相转变成为金刚石颗粒的方法，其主要是模仿自然界在高温高压条件下将石墨等其他碳材料相转变为金刚石的原理。从热力学角度看，在标准条件下，碳的稳定相是石墨，而不是金刚石。表 4-1 为石墨和金刚石的热力学性质对照表。金刚石与石墨相之间存在着巨大的能量势垒。虽然这两个相的能量差为每个原子 0.02eV，但两者之间有一个较高的能量势垒（约 0.4eV），因此需要高温和高压和／或催化剂来实现石墨到金刚石的相转变。但是，在纳米尺度上，由于吉布斯自由能依赖于表面能，碳相图还必须包括团簇大小作为除温度和压力之外的第三个参数，导致相图发生变化。

表4-1　石墨和金刚石的热力学性质对照表

项目	金刚石	石墨
$\Delta H^{\ominus}$/（kJ/mol）	1.900	0.000
$S^{\ominus}$/[J/（mol·K）]	2.440	5.690
$\Delta G_{\mathrm{f}}^{\ominus}$/（kJ/mol）	2.871	0.000
C_p°/[J/（mol·K）]	6.050	8.640
ρ/（g/cm³）	3.514	2.266

石墨相转变为金刚石相至少需要 1500MPa 的压力，但此时相转变的速率较慢，难以满足规模化人工合成金刚石的需求，因此，为提高石墨向金刚石相转变的速率，通常采用的压力超过 5000MPa。早在 18 世纪，Hannay 和 Moissan 等人就开始尝试人工合成金刚石。1954 年，美国科学家采用石墨，并利用纳米金刚石籽晶以及镍作为催化剂，首次在高温高压环境下合成出了单晶金刚石颗粒。通过添加镍、钴、铁等金属催化剂，能够使石墨向金刚石转变的温度和压力降低约一半。1955 年，美国通用电气公司采用高温高压方法大批量人工合成了金刚石颗粒，并将其应用于工具加工等领域。在人工合成高品质金刚石颗粒的过程中，有效控制石墨向金刚石相转变的成核与生长速率是关键。此外，合成工艺中的压力和温度对金刚石的形成也具有显著的影响。如果压力合适而温度偏低，得到的金刚石颗粒呈黄色，接近立方体；温度太低时，出现黑色金刚石颗粒；温度高

时，趋于形成接近八面体的晶型；温度过高时，金刚石颗粒会被烧蚀。当温度、压力都高时，虽然成核多、产量高，但晶型不完整、颜色偏浅。静压法制备金刚石用设备示意图见图 4-2。

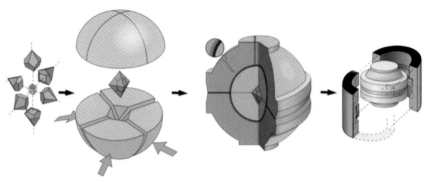

图4-2　静压法制备金刚石用设备示意图

燕山大学田永君等在 15GPa 和 2000 ℃ 条件下，以洋葱碳为前驱体，合成了纳米孪晶金刚石。在高压合成过程中，洋葱碳结构中的 sp^2 杂化碳原子收缩成碳双层膜，并在相邻的双层膜之间形成 sp^3 杂化的 C—C 键[2]。在 4.9N 的载荷下，纳米孪晶金刚石的维氏硬度高达（200.1±8.0）GPa，与天然金刚石相似。

2．动压法

动压法制备金刚石颗粒的方法主要分为两种。一种是冲击法，它是以石墨等碳材料为前驱体，通过爆炸产生的冲击波压力及高温环境，使石墨等碳材料发生相变，转变为金刚石。使用冲击法可以人工合成尺寸超过 10nm 的金刚石颗粒。另一种是爆轰法（图 4-3），它是以 TNT 和 RDX 等爆炸物为前驱体的制备方法，爆炸物分子为转化提供了碳和能量的来源。在密闭腔体内，以及氮气、二氧化碳和水等气氛下，爆炸物在爆炸时未被氧化的碳原子在瞬间的高温高压条件下，形成 1 ～ 2nm 大小的液碳团簇，随着温度和压力的降低，进一步合并成更大的液滴并结晶成为金刚石颗粒。当压力降到金刚石 - 石墨平衡线以下时，金刚石的生长被石墨的形成所取代。最终，在爆炸腔体的底部和内壁上富集了含金刚石相、石墨相和无定形碳等在内的产物。在合适工艺条件下，产物中含有高达 75% 的金刚石，碳产率为爆炸物重量的 4% ～ 10%。除了金刚石相外，爆轰产物中还含有石墨碳和不可燃杂质等，需要经过筛选、提纯等去除非碳物质，才能得到较纯净的纳米金刚石颗粒。在规模生产过程中，通常使用强酸来去除非金刚石碳。

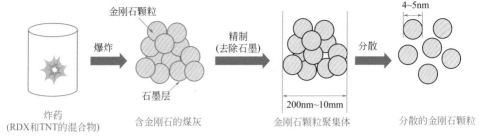

图4-3 爆轰法过程示意图

动压法合成的金刚石颗粒的直径多为几十纳米大小，因此它们倾向于形成聚集体，典型的金刚石悬浮液中通常含有更大尺寸的聚集体，并且可以承受超声波处理等。通过用陶瓷微珠研磨（二氧化锆或二氧化硅）或微珠辅助超声崩解才能够使纳米金刚石在悬浮液中发生解聚，得到直径为几个纳米的单个金刚石颗粒的胶体溶液。

20世纪60年代，苏联科学家 V. V. Danilenko 等[3]首次利用爆炸产生的瞬时高温高压，制备了金刚石颗粒。随后，美国阿贡国家实验室、海军研究实验室等开展了动压法合成金刚石颗粒的研究。国内最早在1993年，由徐康等人[4]报道了这方面的工作，并于1996年实现了工艺、产品品质的突破，开发了水下连续爆轰的方法，大大简化了制备工艺，提高了生产效率[5]。

3. 其他制备方法

近年来，关于金刚石颗粒新的制备方法不断涌现，如激光冲击法、高能球磨法、催化还原法、碳化物氯化法、石墨的离子辐照、洋葱碳的电子辐照和超声空化等[6]。其中，激光冲击法是利用高功率激光冲击石墨等碳材料合成金刚石颗粒的方法。激光具有极高的能量密度，可以使受冲击的材料在极短时间内温度急剧上升，从而发生相变。该方法中，碳源的选择比较宽泛，气态、液态或固态的含碳材料均可作为碳源材料；常用的激光器有 ArF、KrF、CO_2 准分子激光器等[7]。催化还原法，是利用催化剂加速化学反应发生来制备金刚石颗粒。钱逸泰院士课题组用 Wurtz 反应，以四氯化碳为碳源，以镍钴合金做催化剂，以钠为还原剂，以高压反应釜为容器，合成了纳米金刚石团聚体[8]。陈砺团队利用等离子体电解技术，在正丙醇、甲醇、乙醇等多种醇混合溶液中制备了纳米金刚石颗粒[9]。

二、聚晶金刚石的制备

聚晶金刚石（Polycrystalline Diamond，PCD）是在高压（约5GPa）和高温（超过1500℃）条件下通过烧结微纳米金刚石颗粒和黏结材料（钴等）制成的，其具有金刚石的高硬度、高耐磨性，是制造切削刀具、钻井钻头及其他耐磨工具的理想材料。钴还起到催化作用，加速聚晶金刚石结构的形成。在高温条件下，钴熔化并渗透通过金刚石颗粒，作为溶剂催化剂诱导金刚石到金刚石键的形成，将金刚石颗粒结合到一起。聚晶金刚石的硬度为 HV 7500 ~ 9000，仅次于天然金刚石，而且聚晶金刚石的硬度和耐磨性在各方向一致。聚晶金刚石具有很高的耐磨性，其耐磨性一般为硬质合金的 60 ~ 80 倍。在实际应用中，一般都是由金刚石和黏结剂混合的粉末，在高温高压下，直接复合到硬质合金基体上，得到聚晶金刚石和硬质合金的复合材料。聚晶金刚石的强度由韧性较高的硬质合金支撑，其复合抗弯强度可达 1500MPa。除具有高硬度外，聚晶金刚石还具有较高的热导率［560W/（m·K）］，是理想的高性能切割工具的制造材料之一。在切削硬度较高的非金属材料（HV > 1500）时，聚晶金刚石刀具耐用度高、寿命长。聚晶金刚石还具有较低的摩擦系数，其与有色金属间的摩擦系数为 0.1 ~ 0.3，低于硬质合金与有色金属间的摩擦系数（0.3 ~ 0.6），因此可降低切削力和切削温度约 1/2 ~ 1/3。

虽然聚晶金刚石主要由金刚石颗粒组成，但在 970K 或更高温度 1500K 下与铁族金属（钴、铁、镍）接触时，金刚石容易被石墨化而失去其稳定性。从金刚石结构到石墨结构的转变会削弱金刚石的强度，并导致体积的不可逆膨胀。此外，在聚晶金刚石刀具的放电加工中，高温等离子体会降低聚晶金刚石结构的粘接强度，导致在切削过程中发生表面损伤和刀具磨损的可能性。根据实验结果，由于金刚石结构的石墨化作用，当从常温加热到 500K 时，聚晶金刚石会失去原来硬度的 36%。聚晶金刚石工具的磨损主要是由聚晶金刚石结构中微裂纹发展所致的微观尺度断裂造成的。一般来说，微裂纹可由晶间断裂和晶界裂纹引起。晶界裂纹是晶粒间键合失败或晶粒/结合材料界面处键合失败的结果。而晶间断裂多发生在金刚石的解离面[10]。

目前，聚晶金刚石厚度不断提高，由不足 1mm 发展到 2 ~ 4mm，产品的寿命也随之提高。金刚石晶粒越来越细，耐磨性和抗冲击性综合性能提高。在过去的二十年里，聚晶金刚石工具的应用对航空航天、汽车、生物医学材料、光学材料和工具制造等行业产生了很大的影响。在工具制造领域，世界各地的工具制造商，如 Sandvik Coromant 和 EHWA，已经扩大了他们的产品线，并更专注于高性能的聚晶金刚石工具。在学术领域，已经进行了大量的研究来考察聚晶金刚石工具在不同切割工艺中的性能。

三、金刚石薄膜的制备

高温高压制备金刚石颗粒的成本高、周期长、工艺过程难控制，且目前使用高温高压方法，一般只能合成较小尺寸的金刚石颗粒，很难在切削刀具、电子等应用领域得到运用。聚晶金刚石通过采用钴等催化剂与金刚石微粉高温高压方法合成，但在剧烈摩擦过程中硬度较低的钴等结合剂容易磨损，导致剩余的金刚石颗粒凸出，对偶面发生显著的磨损。化学气相沉积（Chemical Vapour Deposition，CVD）自 20 世纪 80 年代开始研究开发并工业化应用，其合成原理是含碳气体（甲烷、乙炔等）和氢气混合物在高温、低压条件下被激发-分解-原子化和电离，通过控制沉积生长条件能够使活性碳粒子在基体上沉积生长成金刚石薄膜。利用 CVD 在低温低压下制备金刚石突破了只有高温高压才能制备金刚石思维的禁锢。

在 CVD 沉积过程中，石墨也会同时沉积，严重限制了金刚石沉积的速度。研究人员发现，如果在 CVD 沉积腔体中加入过量的原子氢，能够减少石墨的沉积，使沉积高质量的单晶和多晶金刚石薄膜成为可能，薄膜的沉积速率最高可达每小时 1mm。腔体中，过饱和氢原子的存在主要起到了稳定金刚石相和激活石墨相的作用，因此，在 CVD 过程中只沉积金刚石而不沉积石墨，或在金刚石与石墨沉积的同时，石墨被刻蚀。经过多年发展，制备金刚石薄膜常用的 CVD 方法有热丝 CVD（Hot Filament CVD，HFCVD）、微波等离子体 CVD（Microwave Plasma CVD，MPCVD）以及直流等离子体喷射 CVD（Direct-current Plasma Jet CVD，DPJCVD）等。

1. HFCVD 制备方法

HFCVD（如图 4-4 所示）是成功制备金刚石薄膜的最早方法之一。该技术具有设备简单、成膜速率快（可达每小时数微米）、操作方便、成本低等优点，因此是国内外制备刀具用金刚石薄膜的主要方法。该方法通过将甲烷、乙炔等含碳气氛与氢气按比例混合通入反应室中，混合气体在反应室中的灯丝（钽丝或钨丝）产生的 2000℃以上的高温下被分解，产生合成金刚石所需的具有 sp^3 杂化轨道的碳原子基团，在基体表面沉积形成金刚石薄膜 [11]。

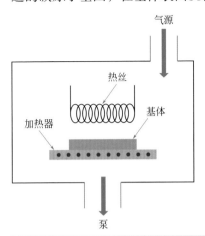

图4-4
HFCVD装置示意图[12]

2. MPCVD 制备方法

MPCVD（如图 4-5 所示）的原理是以一定直径的石英玻璃管或不锈钢腔体作为反应室，通过波导管将微波发生器产生的微波导入反应室内，使通入的甲烷和氢气等混合气体在反应室内产生辉光放电，从而在基体上沉积出金刚石薄膜。微波等离子体与其他等离子体不同，它可以利用微波高频电场的作用在无电极条件下实现稳定放电，因此样品受到的污染较小，且在微波作用下，急剧振荡的气体能够充分活化，形成较高的等离子体密度。因此，MPCVD 常用于沉积高质量的金刚石薄膜。但是，MPCVD 法也有一些缺点，用微波激发的等离子体球一般为球形、椭球形或圆盘状，等离子体球中电子浓度分布不均匀，导致气相中过饱和原子氢浓度不均匀等而使得生长金刚石薄膜的均匀性较差。除此之外，金刚石薄膜生长速度较低，难以扩大实验装置，不利于生长大面积尺寸的金刚石薄膜。

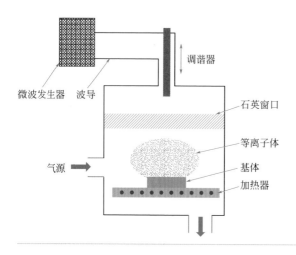

图4-5
MPCVD装置示意图[12]

3. DPJCVD 制备方法

DPJCVD（如图 4-6 所示）最早由日本研究者 Kurihara 等开发出来，是借助工业反应用的等离子体切割、喷涂方法发展起来的，不需要复杂的真空设备，主要利用直流电弧放电所产生的高温等离子体使沉积气体离解。由于在制备过程中，等离子体的高能量密度与其所伴随的化学反应产生的原子氢、甲基原子团及其他激活原子团密度很高，因此 DPJCVD 法沉积金刚石薄膜的速率非常高，可达每小时数十微米至数百微米。虽然该制备方法可以获得很高的生长速率，但工艺难以控制，沉积的金刚石膜面积小、薄膜均匀性差、对基片的热损伤严重。

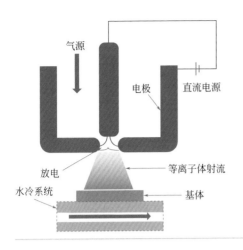

图4-6
DPJCVD装置示意图

图中标注：气源、电极、直流电源、放电、等离子体射流、水冷系统、基体

第二节
金刚石复合润滑材料

虽然金刚石具有优异的耐磨性，但是在实际应用中由于人工合成的金刚石颗粒的尺寸细小，难以单独作为切削加工、抛光研磨工具使用，同时为降低成本、提高效率，通常将金刚石尤其是金刚石颗粒与其他材料进行复合，制备成金刚石复合材料应用。根据不同复合相，可将金刚石复合材料划分为：金刚石/金属复合材料、金刚石/陶瓷复合材料、金刚石/聚合物复合材料等。

一、金刚石/金属复合润滑材料

金刚石/金属复合润滑材料主要由金刚石、金属以及结合剂制备而成。金刚石/金属复合材料的制备工艺主要可分为粉末冶金、液相沉积、粉末喷涂等。

1. 粉末冶金

粉末冶金通常是将金属或合金粉末与金刚石颗粒等混合均匀，放入设计好尺寸的模具中，然后通过加压升温使混合后的粉末在高温高压条件下发生烧结，形成均匀的金刚石/金属复合润滑材料。孕镶金刚石钻头是典型的一种金刚石/金属复合润滑材料，其主要由钻头胎体和散布于其表面和内部的金刚石组成。通过在孕镶金刚石钻头中掺杂一些润滑相，能够进一步制备出具有自润滑功能，即能够在实际工况条件下不借助外加润滑油等介质，通过自主润滑，降低摩擦系数及磨损率，即"自润滑孕镶金刚石钻头"。利用粉末冶金工艺，将金刚石颗粒与硬质合金粉末在高压高温条件下进行烧结能够制备获得金刚石复合片。金刚石复合片同时具有金刚石的高硬度、高耐磨与高导热特性，以及硬质合金的高强度与高韧性特性，成为制造切削刀具及其他耐磨工具的理想材料。

为增强金刚石颗粒与金属基体间的界面结合强度，通常在制备金刚石/金属复合润滑材料过程中添加一定量的钛、铬、钼、钒等强碳化物金属元素，能够在金刚石颗粒表面形成碳化物层，提高金属基体对金刚石颗粒的把持力。此外，通过对金属基体进行成分结构调控，也能进一步提高金刚石/金属复合润滑材料的性能。由于单一主元合金易形成金属间化合物、脆性相等有害产物，难以保持复合材料中组织结构性能的稳定性。通过设计多主元合金，如 FeCoCrNi 等，并将其与金刚石颗粒复合制备超硬耐磨材料，多主元合金与金刚石颗粒界面处形成的非晶碳和纳米有序碳化物等利于改善复合材料的力学性能，较传统金刚石/金属复合润滑材料其抗弯强度和硬度提高 2～3 倍。

2. 液相沉积

金刚石/金属复合材料的液相沉积主要是通过化学镀或电镀等方法，在制备金属镀层的过程中，将分散在镀液中的金刚石颗粒与金属镀层一同沉积到基体表面的方法。由于金刚石颗粒具有高化学稳定性，因此镀液中加入的金刚石颗粒在施镀过程中几乎不参与化学反应，只是伴随着金属离子的还原沉积镶嵌在金属镀层中共同沉积在基体表面上。化学镀和电镀金刚石/金属复合材料过程中，金刚石颗粒与金属镀层共沉积的机理主要有：机械共沉积、电泳共沉积和吸附共沉积等。

电镀金刚石线锯拥有耐磨性、耐热性好和制造直径灵活的优点，并且切割效率高，锯切力小，锯缝整齐，切面精细，噪声低，环境污染小，不仅适用于加工石材、玻璃等普通硬脆材料，而且特别适合锯切陶瓷、宝石、水晶等贵重的硬脆材料[13]。利用电镀方法共沉积的镍与金刚石颗粒复合镀层呈现非晶化趋势，其硬度与耐磨性能明显改善，同时还有良好的自润滑性[14]。采用电刷镀方法[15]将金刚石颗粒和镍共沉积于部件表面，与常规的刷镀相比，其摩擦系数降低了 40%，耐磨性能提高了两倍。利用化学镀方法制备的金刚石/金属复合镀层也同样具有较好的摩擦学性能，同时通过研究金刚石/金属复合镀层中金刚石尺寸大小对摩擦学性能的影响，发现与复合 5～15nm 的纳米金刚石相比，复合 0.5～1μm 的微米金刚石的镍磷镀层具有更好的耐磨性[16]。

3. 粉末喷涂

粉末喷涂也是制备金刚石/金属复合镀层材料的方法之一，其主要是利用热喷涂或冷喷涂的方法将熔融或高速的金属粉末与金刚石颗粒同时沉积在基体表面的方法。利用冷喷涂方法能够在较软的铝基体表面沉积铝 / 金刚石复合材料，通过预先在金刚石颗粒表面沉积铜镍薄膜，能够显著提高金刚石颗粒与铝颗粒界面之间的结合，而且复合镀层中金刚石颗粒含量越高，涂层的耐磨性也越高。对磨痕进行分析发现，金刚石 / 铝复合涂层的耐磨性甚至和激光熔覆的 Inconel 625 和 17-4PH 合金相当[17]。

二、金刚石/陶瓷复合润滑材料

主要利用陶瓷材料作为结合剂和母体材料，将金刚石颗粒复合到其中，制备出具有高加工效率、高加工精度、长使用寿命的金刚石 / 陶瓷复合材料，且能够满足半导体、硬质合金高速及超精密加工技术的要求。与金刚石 / 金属和金刚石 / 聚合物复合材料相比，陶瓷基体具有高强度、高导热、对金刚石润湿性好等优势，此外陶瓷基体对金刚石颗粒的把持力及耐热性优于树脂基体，自锐性又优于金属母体。目前，国内外关于金刚石 / 陶瓷复合材料的研究报道大多针对陶瓷结合剂和超硬材料本体的改性[18]。

三、金刚石/聚合物复合润滑材料

金刚石 / 聚合物复合材料是以天然树脂或合成树脂（酚醛树脂、环氧树脂、聚酰胺树脂等）、固化剂、填料等混合作为结合相，与金刚石颗粒混合后经过模压或热压成型后固化形成强度高、具有一定的弹性和韧性的复合材料。在加入纳米金刚石后，聚合物的机械强度、耐磨性、附着力、电磁屏蔽和热导率均有显著改善。然而，当使用非纯化或聚集的纳米金刚石时，性能反而会发生恶化，因此在聚合物中复合金刚石颗粒时需要使用分散良好以及适当功能化的金刚石颗粒。

通过在高密度聚乙烯、线型低密度聚乙烯等聚合物基体中掺入金刚石颗粒，能够提高聚合物材料的力学性能；同时，摩擦学实验表明，改性金刚石颗粒能显著改善高密度聚乙烯和线型低密度聚乙烯的摩擦学性能，并且耐磨损性能随着金刚石添加量的增加而提高[19]。

四、金刚石-润滑油/脂复合润滑材料

改善润滑油 / 脂润滑性能的方法之一是引入各种添加剂。金刚石纳米颗粒具有高硬度、高导热、高化学稳定性、低热膨胀系数等特性，因此，金刚石纳米

颗粒作为润滑油添加剂的研究引起了国内外学者的极大关注，许多学者研究了其作为润滑油添加剂的摩擦学性能，分析了其减摩机理，并探讨了摩擦学性能的影响因素。目前，在含金刚石纳米颗粒的磨合油、润滑油的研究与生产过程中，存在的主要技术问题是金刚石纳米颗粒的分散。金刚石团聚体的存在容易划伤摩擦副的表面，还会影响磨合油的溶胶稳定性，造成纳米金刚石在磨合油中的沉降。

纳米金刚石作为润滑添加剂可提升传统润滑油的减摩润滑性能和整体性能，在润滑领域显示出良好的应用前景。然而，由于纳米金刚石比表面大、比表面能高，处于热力学不稳定状态，极易团聚至微米级，在润滑油中难以保持稳定分散体系，严重制约了纳米金刚石的实际应用[20]。通过表面化学改性方法来提高纳米金刚石的分散稳定性，主要是在纳米金刚石表面接枝上不同的官能团来达到改性目的，但是此方法只适用于初始原料平均粒径比较细的纳米级金刚石。虽然通过球磨过程也可以实现解团聚，达到降低颗粒粒度的目的，但由于纳米金刚石硬度高，球磨过程易引入杂质。

研究人员发现将尺寸为 $1 \sim 100nm$ 的金刚石纳米颗粒分散于润滑油后，配对材料的摩擦系数和磨损量减小，摩擦学性能得以显著提高。纳米金刚石改善摩擦学性能的原理有：滚动机理，润滑膜机理和填充、抛光机理。纳米金刚石为球形颗粒，在摩擦副工作过程中，可将滑动摩擦变为滚动摩擦，从而减小摩擦系数和磨损量。将纳米金刚石颗粒加入石蜡油中，发现纳米颗粒可改善石蜡油的摩擦学性能，主要原因是纳米金刚石颗粒为球形颗粒，可在摩擦副间滚动，且纳米金刚石颗粒硬度高，可提高摩擦副的承载能力[21]。最初人们认为纳米金刚石是"滚珠轴承"，但在最近的研究中并没有证实这是普遍的，这表明不同的润滑机制可能在不同的系统中起作用。例如，将从润滑剂中提取的纳米金刚石嵌入碳钢表面可以解释减少摩擦和磨损的原因，而铝合金的磨损机制主要是由纳米金刚石悬浮液的黏度决定的。

添加了金刚石的润滑油，其润滑性能和减摩性能都有明显提高，在发动机上，进行应用实验，取得了良好的效果。添加了纳米金刚石的润滑油，除了具有一般润滑油所具有的清净分散性和抗氧化腐蚀性能外，还具有其独特的摩擦学改性特点。纳米金刚石在润滑油中的减摩和抗磨作用，可以有效分化、缩小磨屑体积，避免拉缸，明显改善摩擦副配合精度，球形纳米金刚石在摩擦副表面之间滚动形成"滚珠轴承效应"，使摩擦副之间的滑动摩擦变为滚动和滑动的混合摩擦，大大降低发动机摩擦功耗，节省原油消耗 5% ～ 7%，磨合后缸套表面可形成稳定的耐磨层，延长发动机使用寿命（5 ～ 10）万千米。

第三节
含金刚石碳薄膜的制备与润滑行为

一、类富勒烯碳薄膜中引入纳米金刚石结构

由于金刚石具有优异的光学、机械、热稳定、生物相容性和化学稳定性等优点，在许多方面具有潜在的应用背景，过去几十年人们对化学气相沉积金刚石薄膜进行了大量系统的研究。然而，金刚石薄膜的制备条件还是相对较苛刻，通常其沉积温度在700℃以上，制备的金刚石薄膜的粗糙度较大。这两方面因素严重限制了金刚石薄膜的应用。

尽管文献有低温和低压下制备出含有纳米金刚石颗粒的类金刚石薄膜的报道[22]，但很少有人用透射电镜直接观察到金刚石晶粒的存在，这是因为在类金刚石薄膜的制备条件中（低温、低压），石墨要远比金刚石稳定。本书著者团队采用脉冲直流等离子体增强化学气相沉积技术在低温低压（300℃，20Pa）下制备出含有金刚石颗粒的类富勒烯碳薄膜。高分辨电镜显示，具有较完美晶型的尺寸在100nm左右的金刚石颗粒包裹在类富勒烯碳基底中[23]。图4-7（a）为基体温度为300℃时，薄膜HRTEM照片，尽管薄膜仍然具有类富勒烯结构，但是石墨片的弯曲程度、长度以及有序性都较差，弯曲的石墨片分解成小的碎片结构，并相互挤压，导致薄膜向非晶态转变，类富勒烯特性减弱。更重要的是，HRTEM照片显示两种金刚石颗粒（纳米多晶和单晶）埋藏在类富勒烯碳母体中。一些任意取向的多晶颗粒分散在类富勒烯碳母体中，这些颗粒的尺寸在5nm左右，其晶格间距为2.1Å，对应于金刚石的（111）面。需要注意的是只有那些金刚石颗粒的（111）面与电子束的方向平行的金刚石颗粒才能被HRTEM观察到，因此类富勒烯碳母体中多晶金刚石颗粒的密度要多于观察到的。

除了纳米多晶金刚石颗粒外，薄膜中还有尺寸在100nm左右的单晶金刚石颗粒存在，从图4-7（b）可看出，单晶金刚石颗粒与碳基质存在明显的界面，这些大尺寸的金刚石颗粒可能由纳米多晶金刚石颗粒合并生成的。图4-7（c）显示这些单晶金刚石颗粒同样被类富勒烯碳母体包围。图4-7（d）显示单晶金刚石的晶型较完整，其面间距为2.1Å。结合图4-7（b）中的选区电子衍射，可以确信这些颗粒是单晶金刚石颗粒，同时表明这些金刚石颗粒具有较好的取向性。

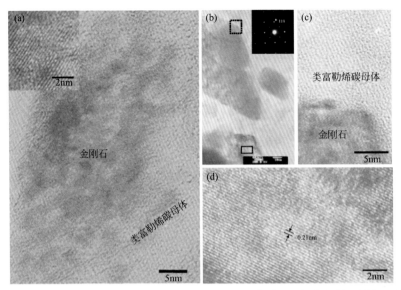

图4-7 金刚石颗粒埋藏在类富勒烯碳母体中。（a）和（b）低倍照片显示纳米金刚石颗粒埋在类富勒烯碳母体中，相应的选区电子衍射对应于金刚石的（111）面；（c）图（b）中虚框处的HRTEM照片；（d）图（b）中实框处的HRTEM照片

　　直流辉光放电技术制备纳米金刚石薄膜的生长机理不同于其他化学气相沉积技术。成核是金刚石生长的第一步，也是最重要的一步，通常通过偏压处理基体或刮擦基体等技术来促进金刚石的成核。很明显，本书著者团队实验中金刚石的成核过程完全不同，纳米金刚石颗粒的形成是受薄膜沉积过程中的驱动力的影响。文献中已有在低温下沉积金刚石薄膜的报道，通常是在前驱气源中加入 CO_2、CO、H_2S 以及卤素气体等。如采用热丝化学气相沉积法制备卤化金刚石薄膜和硫化金刚石薄膜，在微波化学气相沉积中加入 CO_2 气体。一般认为，这些气体的加入显著改变了沉积过程中等离子体的成分以及表面化学反应的活性。然而，本书著者团队的制备条件与文献中制备金刚石薄膜的条件有很大的差别。微观结构表征表明金刚石颗粒被类富勒烯碳母体包裹，这意味着类富勒烯碳（弯曲的石墨网络结构）促进了金刚石颗粒的生长。因此认为金刚石颗粒的生长机理是纳米石墨（类富勒烯碳）向纳米金刚石相转变的过程，在该过程中氢轰击是促进金刚石成核的重要原因。

　　在薄膜的沉积过程中，首先形成致密的含氢 sp^2 杂化碳网络结构（类富勒烯碳），这些弯曲的类富勒烯碳网络很容易吸附氢原子。Ruffieux 等[24]通过理论计算研究发现氢原子的吸附能随碳网络结构的曲率半径的减小而降低，也就是弯曲的石墨网络结构比平面的石墨层更容易被含氢物吸附，因此弯曲的石墨网络结构

更容易向 sp^3 杂化态转变。这或许是在较高基体温度下制备的薄膜的类富勒烯特性较弱的主要原因。在沉积过程中连续的含氢作用导致类富勒烯 sp^2 杂化碳网络结构向 sp^3 杂化碳团簇转变，同时，刻蚀不稳定的 sp^2 相，稳定 sp^3 相，形成 sp^3 碳团簇。这些无序的 sp^3 碳团簇在基体温度的作用下发生晶化，形成金刚石晶核，sp^3 团簇的晶化诱导表面物理和化学反应，如表面附近碳氢粒子的形成和转移，氢的吸附、脱氢以及二次吸附等。晶化区域作为成核点，为金刚石颗粒的长大提供了必要条件。成核颗粒和含氢碳界面处在较高能量粒子的轰击下合并长大，形成尺寸为 5nm 左右的纳米金刚石颗粒。这些小颗粒在氢以及碳氢粒子不断地轰击下相互合并，形成较大的金刚石颗粒。

当基体温度较低时没有金刚石颗粒的形成，这表明高的基体温度是金刚石颗粒形成的一个重要条件。理论模型计算表明金刚石的临界成核尺寸随基体温度的增加而减小，因此较高的基体温度有利于金刚石的形成[25]。然而与一些常规方法制备金刚石、电子束辐照洋葱碳以及 CNTs 向金刚石转变等相比，著者所在团队实验所用的基体温度较低，只有 300℃。由于采用了较高的偏压（-1000V），等离子体中的粒子能量较高，高能粒子的碰撞较剧烈，反应表面的浅粒子注入较明显，导致薄膜局部产生较高的内应力，内应力的产生可以降低金刚石的临界成核尺寸。

二、含金刚石碳薄膜的化学气相沉积制备

在碳氢薄膜（a-C:H 薄膜）的三维无序网状中引入一些碳纳米结构（如纳米金刚石、石墨烯片层、洋葱碳结构等）可能也会有效弛豫薄膜内部应力、改善薄膜摩擦性能对环境的敏感性，赋予碳氢薄膜更优异的综合性能（如高硬度、高弹性等），实现 a-C:H 薄膜在更广范围内（如从大气环境到真空环境、从小接触应力到大接触应力等）的超滑。通过等离子体增强化学气相沉积技术在非晶碳氢薄膜的制备过程中引入了纳米金刚石结构，成功制备了含纳米金刚石碳氢薄膜（ND-a-C:H 薄膜）。研究表明纳米金刚石相能够表现出高硬度和较好弹性[26]，同时在静压力作用下可以转变成类石墨碳相[27]。特别是在微米与纳米金刚石界面上很容易形成类石墨碳薄层使它们之间更容易产生滑移[28]。另外，纳米金刚石薄膜在大气环境下能够表现出超低摩擦和磨损行为[29]。因此，在碳氢薄膜中引入纳米金刚石相可能是有效改善薄膜承载能力使其在高载和大气环境下表现出超滑行为的重要手段之一。更重要的是，就目前的技术手段来看，纳米金刚石结构可以通过等离子体增强化学气相沉积技术在非晶碳氢薄膜的制备过程中原位生长引入。本书著者团队将含金刚石碳薄膜作为润滑层沉积在含氮碳氢薄膜上，图 4-8（a）、（b）分别给出了在硅基底上 ND-a-C:H 薄膜光学图像和局部区域 AFM 图像。

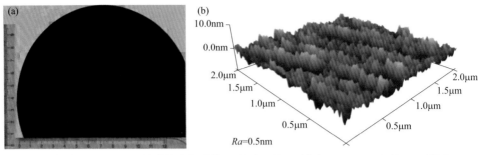

图4-8 （a）ND-a-C:H薄膜的光学图像；（b）局部区域（2μm×2μm）的AFM图像

图 4-9 为该薄膜横截面场发射扫描电子显微镜（FESEM）图像。这些图像显示该薄膜表面光滑（表面粗糙度约有 0.5nm）、均匀致密，约有 580nm 厚度。图 4-10 给出了通过二次离子质谱（SIMS）技术获得的薄膜中元素的深度剖析图谱。该图谱表明在 ND-a-C:H 薄膜与硅基底之间有一个厚度约为 60nm 的含氮碳氢薄膜梯度层。因此，ND-a-C:H 薄膜的实际厚度约为 520nm。

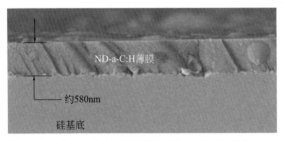

图4-9 ND-a-C:H薄膜横截面的FESEM图像

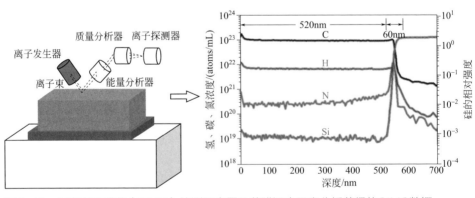

图4-10 二次离子质谱（SIMS）检测示意图及薄膜深度元素分析获得的SIMS数据

图 4-11 为该薄膜的 HRTEM 图像和相应的选区电子衍射图样。HRTEM 图像显示一些离散的纳米颗粒镶嵌在非晶态碳氢网络中；衍射图样显示了三个明显的从内到外衍射环，对应晶面间距分别近似为 2.07Å、1.48Å 和 1.26Å，与六角金刚石或立方金刚石的特征晶面间距基本一致[30]。这些结果表明，ND-a-C:H 薄膜中的离散纳米颗粒为六方或立方纳米金刚石。

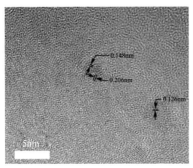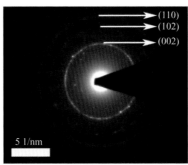

图4-11 ND-a-C:H薄膜的HRTEM图像和相应的电子衍射图样

图 4-12 为常规 a-C:H 和 ND-a-C:H 薄膜的 X 射线衍射模式。ND-a-C:H 薄膜的 X 射线衍射模式显示了三个明显的衍射峰，其 2θ 分别为 43.52°、50.58° 和 90.60°；对应于 0.207nm、0.179nm 和 0.108nm 的面间距。其中面间距为 0.207nm 对应于立方金刚石（111）面或六方金刚石（002）面，面间距为 0.179nm 和 0.108nm 与立方金刚石（200）面和六方金刚石（112）平面相匹配。2θ 为 74.71° 和 62.35° 的衍射峰非常微弱，分别对应于 0.126nm 和 0.150nm 的面间距。综合上述结构信息，ND-a-C:H 薄膜确实含有一些立方和六方纳米金刚石颗粒，

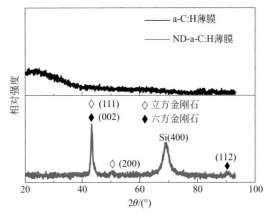

图4-12 ND-a-C:H和a-C:H薄膜的X射线衍射图样

经 Debye-Scherrer 公式计算这些纳米颗粒的平均粒径约为 8nm。与之相比，a-C:H 薄膜的 X 射线衍射模式没有出现任何衍射峰，表明其是由非晶结构碳组成的，与透射电镜测试结果一致。因此，ND-a-C:H 薄膜可以被视为由非晶态碳网络作为"基本框架"，其中嵌入了一些立方和六方纳米金刚石结构。

三、含金刚石碳薄膜的润滑行为

图 4-13（a）给出了 ND-a-C:H 薄膜与氧化铝球对摩时的摩擦系数随滑动时间的演变曲线。无论是在低接触压应力还是高接触压应力下，摩擦系数在初始滑动的磨合阶段均呈现快速下降的趋势，表明摩擦界面间出现了明显的剪切弱化。稳定滑动阶段的摩擦系数随着接触压应力的增大逐渐降低，在 2.89GPa 时达到持续的超滑状态（约 0.005）[31]。图 4-13（b）给出了不同接触压应力下的摩擦系数数据及拟合曲线。这些数据的拟合曲线分析表明，摩擦系数与接触压应力在 0.5～3GPa 范围内呈指数关系：

$$\mu = \frac{\sigma_{friction}}{\sigma_{normal}} = 0.0054 + 0.492 \times \exp(-2.452\sigma_{normal}) \tag{4-1}$$

其中 μ 为摩擦系数；$\sigma_{friction}$ 为剪切应力；σ_{normal} 是接触压应力。这一结果表明：滑动摩擦过程中剪切弱化的发生可能伴随着结构的转变，接触压应力为这一结构转变的结构驱动力，改变了发生结构转变的能量势垒。

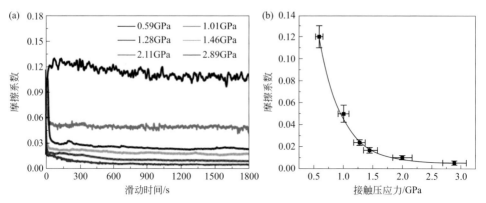

图4-13　（a）ND-a-C:H薄膜摩擦系数曲线；（b）稳定摩擦系数与接触压应力之间的关系曲线

通过计算不同载荷下磨痕的横截面积得出磨损率在 $10^{-15}m^3/$（m·s）的水平。通过对所有的磨痕深度进行计算，发现在 1.01GPa 接触压应力下每滑动一次磨痕在深度上的变化均小于 0.1nm；在 2.89GPa 接触压应力下每滑动一次磨痕在深度上的变化也表明了类似的变化，但其接触区域明显增大［图 4-14（a）］。这些特征符合原子黏着磨损模型，磨损率受接触压应力的影响较大。因此，著者团队根据反应速率理论对实验数据进行了拟合分析，结果表明磨损率与接触压应力呈指数关系［图 4-14（b）］：

$$v_{\text{wear}} + 1.554 = 1.487 \times \exp(0.698\sigma_{\text{normal}}) \tag{4-2}$$

它符合应力激活的 Arrhenius 模型：

$$v = v_0 \exp\left(-\frac{\Delta G_{\text{act}}}{k_{\text{B}}T}\right) = v_0 \exp\left(-\frac{\Delta U_{\text{act}}}{k_{\text{B}}T}\right)\exp\left(\frac{\sigma \Delta V_{\text{act}}}{k_{\text{B}}T}\right) \tag{4-3}$$

其中 v_0 为决定有效频率的因子；ΔG_{act} 为应力激活反应的自由活化能；ΔU_{act} 为无应力条件下的自由活化能；k_{B} 为玻尔兹曼常数；T 为热力学温度；σ 为接触压应力；ΔV_{act} 为激活体积。良好的拟合（相关系数为 0.99）表明，滑动摩擦是一个应力激发化学反应过程[32,33]。考虑到实验的不确定性因素与合理的与原子振动（约 $1 \times 10^{14 \pm 1}\text{s}^{-1}$）相对应的有效频率因子，通过计算得到 $\Delta U_{\text{act}} = (0.72 \pm 0.3)$ eV，$\Delta V_{\text{act}} = (5.62 \pm 0.69)$ Å^3。这些数值与单原子键断裂或形成过程的参数基本一致[34]。

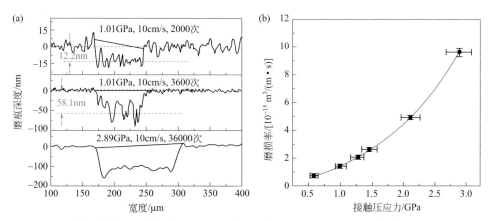

图4-14　（a）在接触压应力为1.01GPa时，经过2000次和3600次往复摩擦周期后磨痕的轮廓图；在接触压应力为2.89GPa下经过36000次往复摩擦周期后的磨痕轮廓图；（b）磨损率与接触压应力之间的关系曲线

四、含金刚石碳薄膜的润滑机制

为了探索摩擦界面发生的摩擦化学反应及其产生超滑的机制，利用光学显微镜［图 4-15（a）～（d）］和高分辨率透射电镜［图 4-15（e）～（h）］对滑动摩擦过程中形成的磨屑和摩擦膜进行了更详细的分析。当接触压应力小于 1.0GPa

时，非晶碳结构磨屑在摩擦界面生成，氧化铝球表面没有形成稳定的摩擦膜，这种转变类似于抛光金刚石的 sp^3-sp^2 转变[35]。当接触压应力在 1～2GPa 时，磨屑表现出类石墨片层结构特征，并转移到氧化铝球表面形成稳定的摩擦膜；分子动态模拟表明 a-C 薄膜在 80GPa 高接触压应力下会发生这种结构转变。当接触压应力大于 2GPa 时，摩擦膜主要由多层弯曲的石墨烯带或纳米洋葱结构碳组成，类似于超分散金刚石粉末热处理后的产物。磨屑和摩擦膜的 Raman 光谱（图 4-16）也显示了这种结构转变，G 峰峰位从 1530cm^{-1} 上移到 1595cm^{-1}，再到 1585cm^{-1}，且 G 峰的半峰宽减小。这些 G 峰位置的变化表明了类石墨结构 sp^2 相的存在且类石墨结构中有序度逐渐增加。与在 2.11GPa 时形成摩擦膜相比，在接触压应力为 2.89GPa 时所形成的摩擦膜的 2D 峰和 D 峰具有更低的强度，这些结果表明在接触压应力为 2.89GPa 时形成的摩擦膜由于石墨烯片撕裂卷曲具有较多的缺陷。在 2838cm^{-1} 处的 G′ 峰（决定石墨烯薄片的堆积顺序）具有较低的强度进一步证明了在接触压应力为 2.89GPa 时有弯曲石墨烯带和纳米洋葱碳摩擦膜的形成。

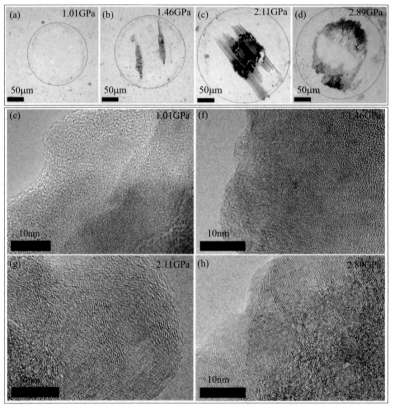

图4-15 （a）～（d）Al$_2$O$_3$球表面形成的摩擦膜或磨屑的在光学显微镜下的形态图；（e）～（h）HRTEM图像

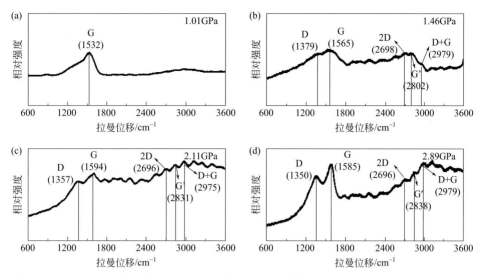

图4-16 Al$_2$O$_3$球表面形成的摩擦膜或磨屑的Raman光谱

这些结果表明摩擦降低不仅与摩擦界面摩擦膜的形成有关，而且与摩擦膜的结构密切相关。在摩擦界面处原位形成弯曲石墨烯带和洋葱碳摩擦膜，类似于石墨烯卷，为薄膜的亚表面提供了非公度接触和更弱的界面间相互作用，因此导致超滑。实验证实该薄膜在接触压应力超过约2GPa（约20N）、滑动速度在 1～15cm/s 的范围内都可以实现超滑（接触面积达到 mm×mm 水平）。所有实验均在空气环境下进行。因此，这种稳定的大尺度超滑有望实现工程应用。

第四节
金刚石的摩擦学行为

一、金刚石宏观摩擦行为

金刚石薄膜具有众多十分接近天然金刚石的优异性能，如：高硬度、高导热性、低摩擦系数和低热膨胀系数等，是作为耐磨减摩涂层的理想材料，在刀具、模具及各类机械耐磨器件的表面得到很好的应用，能够优化机械器件的摩擦学性能，减少器件表面磨损，从而达到提高工作寿命及加工性能的目的。

1. 自身特征

金刚石薄膜表面的物理性能（如表面形貌、晶粒取向、晶粒大小等）可显著影响薄膜摩擦学性能。Fu 等 [36] 采用微波等离子体辅助化学气相沉积法在纯钛基体上沉积了金刚石薄膜，期望改善钛基体的摩擦学特性。并以氧化铝球为对偶采用"球 - 盘"式摩擦试验机，以及划痕试验机（金刚石探针）评价了钛表面金刚石薄膜的摩擦特性，结果表明，多晶金刚石薄膜的摩擦磨损性能以及对偶的磨损与金刚石薄膜的表面粗糙度、形貌和晶体结构以及对偶材料有显著的关系。但氧化铝球与表面粗糙的（111）织构的金刚石薄膜对摩时，摩擦系数远高于（100）织构的金刚石薄膜，而且对偶材料的磨损较高。对金刚石薄膜进行抛光处理后，表面粗糙度降低，相应的摩擦系数和对偶的磨损均显著降低。当用金刚石销在金刚石薄膜表面滑动时，摩擦系数较低且稳定。为了改善薄膜摩擦学性能，提出了三步沉积的方法，在大面积金刚石薄膜上获得了低粗糙度的纳米晶金刚石薄膜，此时承载能力最高，摩擦系数最低，磨损也最低。Zeiler 等 [37] 采用微波等离子体化学气相沉积工艺在 Ti-6Al-4V 上沉积了多晶金刚石薄膜。与钛 / 钛摩擦副体系相比，金刚石薄膜能够显著降低磨损和摩擦。表面抛光后，多晶金刚石薄膜的磨损进一步降低。此外，还对不同的陶瓷对偶（氧化铝、碳化硅、氮化硅、二氧化锆）与沉积和抛光的金刚石薄膜进行了对摩测试，结果发现氧化铝和氮化硅与金刚石薄膜对摩时，摩擦系数非常低，而且磨损也较低。然而，碳化硅和二氧化锆与金刚石薄膜对摩时，呈现出不理想的摩擦学性能。

De Barros 和 Vandenbulcke 等人 [38,39] 采用 MPCVD 法在 Ti-6Al-4V 衬底上制备了不同表面质量的多晶金刚石薄膜（粗晶粒、细晶粒以及经抛光的粗晶粒薄膜），并采用"销 - 盘"摩擦试验机研究了其与钛、100Cr6 钢以及 Ti-6Al-4V 材料对摩时的摩擦行为，实验结果显示薄膜的表面粗糙度对其摩擦学性能具有决定性的影响，即使在高载荷作用下，对偶件与细晶粒的金刚石薄膜对摩时也具有非常低的摩擦系数（0.05 ~ 0.1）以及磨损率。而金刚石薄膜自配副在摩擦过程中则具有自抛光效应，形成了非常光滑的摩擦表面，从而获得了超低的摩擦系数。

Schade 和 Singer 等研究了金刚石薄膜表面形貌以及晶面取向对其摩擦特性的影响。他们采用 HFCVD 法在碳化硅表面沉积了具有 ⟨100⟩ 和 ⟨111⟩ 表面取向的金刚石薄膜，并在空气环境下研究了其在盘 - 盘接触形式下的摩擦学性能，研究结果发现 ⟨111⟩ 表面取向的金刚石薄膜对摩时其摩擦系数与磨损率均为最低 [40]。

Hollman 等采用热丝 CVD 法在硬质合金基底上沉积了纳米晶金刚石薄膜，并研究了其自配副以及与硬质合金、轴承钢、不锈钢、钛、铝等材料组成的摩擦副的摩擦磨损性能 [41]。此外，将纳米晶金刚石薄膜经过表面抛光后，与钛和铝材料组成的摩擦副的摩擦特性也进行了实验研究。结果发现，纳米晶金刚石薄膜与硬质合金、轴承钢、不锈钢对摩，以及抛光金刚石薄膜与钛、铝对摩时，摩擦系数均在 0.06 ～ 0.1 之间。利用水和油润滑接触点后，会轻微减少摩擦。而在无润滑、水润滑和油润滑条件下，轴承钢自配伍的摩擦系数分别为 0.8、0.4 和 0.14。在摩擦过程中，金刚石薄膜磨损很小，而对偶则基本无磨损。轴承钢与金刚石薄膜对摩时的磨损率大概是轴承钢自配伍磨损率的百分之一[42]。

Straffelini 等采用热丝 CVD 工艺在经过三种不同方法预处理后的 WC–Co 硬质合金基底表面沉积了金刚石薄膜，并研究了它们与奥氏体不锈钢组成的摩擦副的摩擦磨损性能。摩擦副在摩擦初始阶段的摩擦系数较高，约为 0.6，但是很快下降到约 0.05 这一稳定值，随后由于摩擦膜的产生，摩擦系数又略微变大。对金刚石薄膜与较软的对偶件（铝）及较硬的对偶件（花岗岩）组成的摩擦副进一步研究发现，与铝材料对摩时，在磨合阶段就出现了转移现象，磨损很快出现，且没有出现一个较稳定的低摩擦系数；而与花岗岩对摩时，摩擦系数则逐渐向零降低[43]。

2. 工况环境

对于金刚石材料，在大气、惰性气体、纯氧气或真空环境下，金刚石均会发生石墨化的过程，但是不同气氛下发生石墨化所需的温度有差异。在摩擦的过程中，由于局部闪温的存在，可能达到金刚石的相变温度点，摩擦界面会发生金刚石的碳原子重杂化过程（sp^3 向 sp^2 转变），碳原子重杂化会伴随着 sp^2 团簇堆垛的产生，这对界面处形成纳米层状结构以及演变成摩擦膜有重要作用，进而控制着整体的摩擦学性能。因此在摩擦过程中界面中金刚石相变过程对整个摩擦学性能起到重要影响作用。

在一般条件下，金刚石在自身上滑动（或钢在其上滑动）的摩擦系数可能低至 0.03。这比润滑良好的金属的边界摩擦要低。金刚石在空气中的低摩擦是由于吸附气体薄膜表面的存在。在空气或中等真空中，金刚石表面显示没有明显的磨损。然而，在非常高的真空中，当摩擦系数上升到 0.9 时，表面的磨损非常大。

CVD 金刚石薄膜的摩擦学性能受环境的影响很大。不同的实验环境，金刚石薄膜表现出迥异的摩擦磨损特性。在真空中，金刚石薄膜的摩擦学性能极差，其摩擦系数和磨损率分别高达 1.0 和 $10^{-4} mm^3/(N \cdot m)$ 以上。但是，在潮湿的大气环境中以及氧气、氢气、氮气存在的条件下，金刚石薄膜的摩擦学性能得到显著改善，具有较低的摩擦系数（＜0.1）和磨损率 $[10^{-7} ～ 10^{-8} mm^3/(N \cdot m)]$。检测证明磨损颗粒为石墨成分，说明摩擦引发金刚石薄膜表面相的转移，石墨是一种很好的固体自润滑材料，从而减少了摩擦磨损。

目前，人们普遍认为，环境因素对金刚石薄膜摩擦学性能的影响主要是由金刚石薄膜表面悬键和表面钝化决定的。在潮湿空气中或者干燥的氮气中，具有低剪切强度的污染层的存在，以及原子 H、原子 O、水蒸气、水分子、含氧有机液体如醛、酮等吸附物对金刚石薄膜表面悬键的浸透导致表面钝化，使得金刚石的摩擦系数大幅度降低。在真空中，温度的升高引起表面吸附物的解吸，薄膜表面存在大量能够与摩擦副接触表面强烈相互作用的悬键，从而使金刚石薄膜摩擦系数高达 1.0 以上。总之，许多摩擦磨损实验结果表明：环境因素对金刚石薄膜摩擦学性能的影响主要由摩擦表面的物理、化学状态控制，具体体现在吸附和解吸附作用、表面悬键的形成和断裂、苛刻环境下表面石墨化等方面。

Erdemir 等[44] 采用改进的 MPCVD 工艺在硅基底上沉积制备了晶粒尺寸 10 ~ 30nm、表面粗糙度 20 ~ 40nm 的纳米晶金刚石薄膜，并研究了薄膜在开放大气以及干燥氮气环境下与氮化硅对偶对摩时的摩擦学性能，结果表明在开放大气气氛下，纳米晶金刚石薄膜的摩擦系数（0.1 ~ 0.15）接近于天然金刚石（约 0.06 ~ 0.15），而对偶材料的磨损率也较小 [约（2 ~ 6）×10^{-7}mm³/（N·m）]；在氮气环境下，纳米晶金刚石薄膜的摩擦系数仅为 0.04，但其磨损率较之空气条件下有所增加。表面和结构分析结果表明，sp^3 的结晶金刚石在摩擦过程中逐渐转变成了 sp^2 的非晶态，而不是结晶石墨。

3. 润滑条件

CVD 金刚石薄膜在不同润滑条件下的摩擦性能有着很大的差别。对于干摩擦，在润滑条件下金刚石薄膜的摩擦系数、磨损率及摩擦副的磨损量均降低。郝俊英等[45] 的实验研究表明，与干摩擦相比，CVD 金刚石薄膜在油及对应脂润滑条件下的减摩性能得到不同程度的改善，摩擦系数降低了 1/2 ~ 1/6。

CVD 金刚石薄膜在水润滑条件下具有非常优异的摩擦学性能，主要表现为极低的摩擦系数和磨损率，这使其有望成为新一代与水润滑技术相匹配的表面耐磨减摩涂层材料。进一步地，用水润滑技术替代现今在机械加工领域广泛应用的油基润滑剂，可以达到减少加工环境污染、节约自然资源的目的，实现绿色制造。Enomoto 等较早报道了 CVD 金刚石薄膜在水润滑条件下的摩擦性能。通过在硅片表面沉积了表面粗糙度约为 0.15μm 的 CVD 金刚石薄膜，并测得其与天然金刚石的（001）晶面在水环境下对摩的摩擦系数约为 0.06，其中接触表面的载荷为 0.98N，摩擦速度约为 1.9 ~ 2.3mm/s。他们还研究了载荷对 CVD 金刚石薄膜摩擦系数的影响，结果表明，在 0.2 ~ 4N 的载荷范围内，水润滑的减摩效果在低载荷条件下比较明显，而在高载荷条件下，由于水溶液的成膜性较差，减摩效果有限[46]。

Lei 等人采用热丝 CVD 法在 WC–Co 硬质合金球以及平面基底上沉积了微米晶金刚石（MCD）薄膜和纳米晶金刚石（NCD）薄膜，并研究了 MCD/NCD、MCD/MCD 以及 NCD/NCD 薄膜配副在干摩擦以及水润滑条件下的摩擦系数和磨损率。结果显示，在干摩擦条件下，所有上述配副的摩擦系数均在 0.053 ～ 0.062 范围内，而在水润滑条件下则降至 0.023 ～ 0.025，表明水能够有效降低 CVD 金刚石摩擦体系的摩擦系数。他们认为是金刚石表面形成的石墨成分以及吸附的水分子或 C—O、C—H 基团使得摩擦系数大大降低。沉积在球上的金刚石薄膜的磨损率为（0.61 ～ 14.5）×10^{-9}mm^3/（N·m），平面基底上的金刚石薄膜的磨损率则在（4.32 ～ 12.95）×10^{-7}mm^3/（N·m）的范围内。此外，NCD 薄膜中由于存在非金刚石成分，导致其硬度低于 MCD 薄膜，因此，在 NCD 和 MCD 对摩的过程中，MCD 颗粒很容易嵌入 NCD 薄膜中，导致 NCD 薄膜的磨损加剧[47]。

二、金刚石微观摩擦行为

金刚石是一种各向异性的单晶结构，硬度在不同晶面上不同，不同晶面硬度排序为（111）＞（110）＞（100）。在金刚石的不同晶面上，金刚石自配伍的摩擦系数也不一样。Enomoto 等发现，如果在空气中金刚石触针滑动过平坦的金刚石表面，摩擦可能在很大程度上取决于滑动的方向。沿（100）方向的摩擦系数较高（μ=0.15），而沿（110）方向的摩擦系数较低（μ=0.07）[48]。分子动力学模拟表明当两个金刚石表面滑动接触时，会发生由化学吸附分子中氢损失引起的摩擦化学反应，该反应包括从表面提取氢、自由基重组、滑动表面的瞬时黏附以及分子迟钝磨屑的形成等。然而，两个氢终止的金刚石表面在没有化学吸附分子的情况下不会导致氢的剪切和磨损的产生[49]。

采用分子动力学方法模拟了 CVD 金刚石薄膜中金刚石（111）和（001）晶面与单晶铜（001）晶面分别在平面和单凸体接触时的微观接触和摩擦行为发现，对于单晶铜（001）表面与金刚石（111）表面的平面接触模型，金刚石晶格的表面含氢可以消除由其表层碳原子结构的各向异性分布导致的接触与摩擦行为的差异。对于含氢金刚石（111）表面，当接触面载荷小于 30GPa 时，其与铜晶格之间的摩擦行为为无磨损摩擦；当载荷增加至 32GPa 时，铜晶格表面开始出现原子级磨损。对于金刚石（111）表面，在整个载荷区间内其与铜晶格之间的摩擦过程均为无磨损摩擦[50]。

2015 年，Sumant 团队通过在石墨烯和 DLC:H 薄膜的摩擦界面加入纳米金刚石颗粒诱导了石墨烯纳米卷的形成，实现了摩擦表面的非公度接触（即超滑）；随后他们在 H-DLC 与 MoS$_2$、纳米金刚石的摩擦体系中也发现了摩擦界面类洋葱碳的原位形成所导致的超滑行为[51]。通过利用二维材料的层间易剪切性能以及纳米金刚石高的硬度以及纳米滚珠效应，可以实现具有超滑特性的界面结构，为摩擦界面设计提供了重要的数据及理论支撑。对于不同二维材料的复合作用对摩擦界面的改善仍是非常有意思的研究课题，可以利用二者或多种二维材料的优势互补，可能会更容易设计低能量耗散的摩擦界面。

在大气环境下，Huang 等 [52] 通过将纳米金刚石和石墨烯分别引入含氢非晶碳（a-C:H）与钢球界面，发现纳米金刚石作为一种单组分润滑剂，在与 a-C:H 薄膜结合时，无论薄膜中的氢含量如何，都比石墨烯具有更好的润滑性能；但同时加入纳米金刚石和石墨烯时，改善效果最好，摩擦系数从 0.52 显著降低到 0.07，同时，在纳米金刚石和石墨烯的协同润滑作用下，磨损率显著降低。Yin 等 [53] 研究了纳米金刚石 $/Ti_3C_2$ 复合涂层的润滑行为，研究发现纳米金刚石 / Ti_3C_2 复合涂层与聚四氟乙烯球摩擦时几乎没有磨损。超耐磨性很大程度上取决于聚四氟乙烯（PTFE）的屏蔽和自润滑、Ti_3C_2 的层剪切和纳米金刚石的自滚压等因素的综合作用。

三、金刚石的润滑机制

围绕固 - 固摩擦条件下金刚石的磨损机理，学者们开展了相关研究，其磨损主要可分为三类情况。

（1）硬质对偶（金刚石或陶瓷）导致的磨损　学者们最初认为该类磨损与金刚石不同晶面弹性常数有关，提出由断裂韧性各向异性主导的磨损机制（金刚石 100 面较软，111 面较硬）。但随着分析手段的发展，发现金刚石磨损与微观键合结构紧密相关，特别是摩擦作用下金刚石表面的非晶化，从而提出了通过非晶化碳的剥离导致金刚石发生磨损的机制。

（2）高碳溶解度铁、镍、铬等金属导致的磨损　该类金属原子 d 轨道未配对电子较多，且与金刚石在某一晶面上符合对准原则，对金刚石非晶化的催化作用较强，然后通过碳的溶解 - 析出行为，在摩擦界面产生强的碳 - 碳作用，此时金刚石表现出严重黏着磨损和高摩擦，金属碳化物便是此时磨损的常见产物。

（3）低碳溶解度铜、银、金等金属导致的磨损　该类金属与碳的相互作用明显弱于第二类，表现出金属向金刚石表面转移行为，即在金刚石表面形成金属转移膜。这使得金刚石不再暴露于滑动界面处，从而避免了金刚石的显著磨损。同时，金属转移膜并不能导致金刚石发生结构相变，这一点已通过高温条件下铜 / 固体碳源界面的原位 HRTEM 和拉曼联合分析所证实。因此，铜、银、金与金刚石间的固 - 固滑动摩擦并不会导致金刚石发生显著的磨损。

理论上讲，低溶碳金属（铜、银、金等）原子 d 轨道电子处于充满状态，因而对金刚石的非晶化及石墨化无明显催化作用。但是近来学者们发现低溶碳金属与金刚石摩擦时，某些异质原子的引入将诱导金刚石表面非晶化，甚至石墨化。研究指出，氧对单晶金刚石石墨化过程起到催化作用，导致单晶金刚石以松散的石墨形式被机械去除。理论计算显示，硫、硼、氮和氧原子会引起金刚石（特别是表面）局部应变（体积应变0.5%～2.37%），导致金刚石晶格的局部扭曲/无序，促进金刚石非晶化。基于密度泛函理论计算，发现纳米金刚石的石墨化主要是由金刚石-石墨界面的悬键导致的。基于这一模型，从 sp^3 到 sp^2 杂化的碳相转变使顶部碳层上的悬键饱和，并导致在次表层上形成新的悬键。在石墨化过程中，纳米金刚石表面的悬键含量降低，但不会消失。此外，纳米金刚石的表面重建也会受到表面缺陷等的影响。利用拉曼光谱监测氩气气氛下纳米金刚石到石墨洋葱碳的相变过程[54]，发现在石墨化过程开始时，首先是纳米金刚石表面发生 sp^3 到 sp^2 的转变，并且在金刚石向洋葱碳转变的过程中存在一个无序的 sp^2 阶段作为一个中间步骤。

第五节
金刚石润滑材料的应用

随着人工合成金刚石润滑材料行业的快速发展，金刚石下游应用领域也高速成长。在 2000 年以前，50% 左右的人造金刚石主要用于制造金刚石磨具，伴随金刚石人工合成技术的进步，人造金刚石的应用领域也开始逐渐拓展。

（1）金刚石传统应用领域产品升级　由低端应用领域向高端应用领域发展。例如：聚晶金刚石复合片的出现使金刚石刀具、修整工具、拉丝模具等得到迅速发展和推广，应用于半导体等领域。

（2）石油钻头应用领域的拓展　与牙轮钻头相比，聚晶金刚石钻头使用寿命长，钻井效率高，经济效益好。预计未来石油开采等领域聚晶金刚石钻头市场需求将快速提升。

（3）光伏及电子产业领域是人造金刚石拓展的新兴领域　其中，在电子产业领域，利用金刚石切割线进行晶圆切割已在日本、中国台湾市场大范围推广，除此之外，蓝宝石切割环节也将成为金刚石切割线的又一新兴领域。

一、切削刀具润滑薄膜

CVD 金刚石薄膜具有接近甚至优于天然金刚石的高硬度、高热导率、高弹性模量、良好的自润滑和化学稳定性等优异性能，因此在刀具表面沉积 CVD 金刚石薄膜，能够显著提高刀具的切削性能，成为解决高精度加工难题的理想刀具。在硬质合金刀具基体表面沉积 CVD 金刚石薄膜，金刚石薄膜的厚度、形貌及其与基体间的结合力等是影响 CVD 金刚石薄膜刀具的重要因素。由于在钻头、铣刀等形貌复杂的刀具表面沉积金刚石薄膜后，无法进行二次抛光等后处理，因此要求直接在刀具表面沉积光滑的金刚石薄膜。在 CVD 金刚石薄膜的制备过程中，沉积工艺参数（基体温度、反应气压和碳源浓度等）直接影响着薄膜的形貌、结构和性能。CVD 金刚石薄膜刀具比传统硬质合金刀具在使用寿命以及加工性能方面的巨大提升已经引起了科研界和产业界的极大关注。

目前，国内外许多研究机构和公司都在积极开发金刚石薄膜刀具技术，尤其是复杂形状金刚石薄膜刀具的制备。瑞典的 Sandvik 和 Balzers 曾在美国合资建立一条金刚石薄膜刀具生产线，在硬质合金基体表面沉积 6 ～ 10μm 金刚石薄膜；美国 GE 公司超级磨料部已拥有成熟的金刚石薄膜沉积工艺；日本 OSG 公司开发了超细晶粒金刚石薄膜铣刀，在切削铝合金、铜等材料时克服了传统粗晶金刚石薄膜由于表面粗糙度高引发的机械性粘刀问题，刀具寿命大幅度提高，加工表面光洁度显著改善；德国 CemeCon 公司开发的微米 / 纳米金刚石复合薄膜铣刀，较传统微米晶粒金刚石薄膜刀具，使用寿命显著提高，并在切削铝合金、石墨电极、玻璃纤维强化材料等应用中效果显著。

研究人员在氮化硅陶瓷刀具表面沉积了具有纳米、亚微米与微米等不同晶粒尺寸的金刚石薄膜，以 WC 为工件材料对金刚石薄膜刀具的切削性能进行了研究，发现金刚石薄膜刀具出现了轻微的崩刃现象，后刀面磨损为主要磨损形式[55]。不同的表面形貌和粗糙度导致了不同晶粒尺寸的金刚石薄膜刀具的切削性能并不相同。综合考虑切削力、刀具磨损以及工件表面质量等，具有亚微米晶粒尺寸的金刚石薄膜刀具的性能最优。

二、拉拔模具润滑薄膜

在金属丝尤其超细金属丝拉拔生产过程中，拉拔模具内壁表面的硬度和耐磨性对金属丝材的拉拔生产有着至关重要的影响。目前，采用的拉拔模通常是价格低廉、制造方便、适用性广的硬质合金模具。在部分领域，也采用聚晶金刚石模具，但是其加工工艺复杂、成本高，因此通常仅适用于小孔径模具的制备。

在拉拔加工行业，传统的硬质合金拉拔模具在拉制绞制各类电缆线芯、金属制品以及建筑管材等产品时，模具内孔表面磨损严重，使用寿命低，拉制质量差，拉拔精度难以保证，严重制约了拉拔行业的经济效益及产品质量的提高。此外，大量硬质合金模具的消耗，会直接导致国家战略物资钨、钴资源的消耗。

在传统硬质合金拉拔模具的内孔表面沉积 CVD 金刚石薄膜作为耐磨减摩薄膜，能够大幅延长拉拔模具的使用寿命，显著提高生产效率并改善加工表面完整性。近年来，上海交通大学孙方宏团队对在各类硬质合金拉丝模和紧压模等模具的内孔表面制备表面光滑、附着力强的高性能 CVD 金刚薄膜的技术进行了比较系统的研究，开发出的各类金刚石薄膜涂层模具的使用寿命可比传统硬质合金模具提高至少 10 倍以上，已成功实现了金刚石薄膜涂层拉拔模具的产业化，该系列发明产品目前已在电力、建材、冶金、机械加工等行业 300 多家生产企业应用，为应用企业带来了显著的经济效益。

参考文献

[1] Cui Y, Yao H, Zhang J, et al. Over 16% efficiency organic photovoltaic cells enabled by a chlorinated acceptor with increased open-circuit voltages[J]. Nature Communication, 2019, 10(1): 1-8.

[2] Yue Y, Gao Y, Hu W, et al. Hierarchically structured diamond composite with exceptional toughness[J]. Nature, 2020, 582(7812): 370-374.

[3] Danilenko V V. On the history of the discovery of nanodiamond synthesis[J]. Physics of the Solid State, 2004, 46(4): 595-599.

[4] 徐康. 关于冲击波化学反应机理的一点看法 [J]. 含能材料，1993, 1(1): 8-10.

[5] 徐康，金增寿，饶玉山. 纳米金刚石粉制备方法的改进：水下连续爆炸法 [J]. 含能材料，1996, 4(4): 175-181.

[6] Mochalin V N, Shenderova O, Ho D, et al. The properties and applications of nanodiamonds[J]. Nature Nanotechnology, 2012, 7(1): 11-23.

[7] Buerki P R, Leutwyler S. Homogeneous nucleation of diamond powder by CO_2‐laser‐driven gas‐phase reactions[J]. Journal of Applied Physics, 1991, 69(6): 3739-3744.

[8] Li Y, Qian Y, Liao H, et al. A reduction-pyrolysis-catalysis synthesis of diamond[J]. Science, 1998, 281(5374): 246-247.

[9] 邓丽华. 正丙醇溶液等离子体电解制备金刚石颗粒初探 [D]. 广州：华南理工大学，2012.

[10] Li G, Rahim M Z, Pan W, et al. The manufacturing and the application of polycrystalline diamond tools: a comprehensive review[J]. Journal of Manufacturing Processes, 2020, 56: 400-416.

[11] 颜认，陈枫，陈小丹，等. CVD 金刚石薄膜涂层刀具的技术进展 [J]. 机械设计与制造工程，2016, 45(08): 11-15.

[12] 李博. MPCVD 法制备光学级多晶金刚石膜及同质外延金刚石单晶 [D]. 吉林：吉林大学，2008.

[13] 王蕊，刘新宽，徐斌，等. 电镀金刚石线锯制备及应用的研究现状 [J]. 电镀与涂饰，2017, 36(12): 660-664.

[14] 阎逢元，张绪寿，薛群基，等. 一种新型的减摩耐磨复合电镀层 [J]. 材料研究学报，1994, 8(6): 573-576.

[15] 冶银平，陈建敏，徐康，等. 含纳米金刚石的复合镍刷镀层的摩擦学特性 [J]. 表面技术，1996, 25(4): 27-29.

[16] 朱昌洪，朱永伟，邵建兵，等. Ni/P 金刚石化学复合镀层性能与组织研究 [J]. 金刚石与磨料磨具工程，2010, 30(05): 26-31, 37.

[17] Chen C, Xie Y, Yan X, et al. Tribological properties of Al/diamond composites produced by cold spray additive manufacturing[J]. Additive Manufacturing, 2020, 36: 101434-101457.

[18] 刘锟，孔帅斐，刘一波. 金刚石用陶瓷基金属复合结合剂发展及展望 [J]. 超硬材料工程，2021, 33(05): 46-50.

[19] 徐建波. 纳米金刚石黑粉／聚合物基复合材料的结构与性能研究 [D]. 南京：南京理工大学，2005.

[20] Lee G J, Park J J, Lee M K, et al. Stable dispersion of nanodiamonds in oil and their tribological properties as lubricant additives[J]. Applied Surface Science, 2017, 415: 24-27.

[21] Kim H S, Park J W, Park S M, et al. Tribological characteristics of paraffin liquid with nanodiamond based on the scuffing life and wear amount[J]. Wear, 2013, 301(1-2): 763-767.

[22] Zarrabian M, Fourches-Coulon N, Turban G, et al. Observation of nanocrystalline diamond in diamondlike carbon films deposited at room temperature in electron cyclotron resonance plasma[J]. Applied Physics Letters, 1997, 70(19): 2535-2537.

[23] 王成兵. 碳基薄膜材料的设计、制备与性能研究 [D]. 北京：中国科学院大学，2008.

[24] Ruffieux P, Gröning O, Bielmann M, et al. Hydrogen adsorption on sp^2-bonded carbon: influence of the local curvature[J]. Physical Review B, 2002, 66(24): 245416.

[25] Gamarnik M Y. Energetical preference of diamond nanoparticles[J]. Physical Review B, 1996, 54(3): 2150.

[26] Banerjee A, Bernoulli D, Zhang H, et al. Ultralarge elastic deformation of nanoscale diamond[J]. Science, 2018, 360(6386): 300-302.

[27] Gogotsi Y G, Kailer A, Nickel K G. Transformation of diamond to graphite[J]. Nature, 1999, 401(6754): 663-664.

[28] Almeida F A, Salgueiredo E, Oliveira F J, et al. Interfaces in nano-/microcrystalline multigrade CVD diamond coatings[J]. ACS Applied Materials & Interfaces, 2013, 5(22): 11725-11729.

[29] Konicek A R, Grierson D S, Gilbert P U P A, et al. Origin of ultralow friction and wear in ultrananocrystalline diamond[J]. Physics Review Letters, 2008, 100(23): 235502-235505.

[30] Frondel C, Marvin U B. Lonsdaleite, a hexagonal polymorph of diamond[J]. Nature, 1967, 214(5088): 587-589.

[31] 曹忠跃. 碳氢薄膜纳米结构调控及其超滑行为研究 [D]. 北京：中国科学院大学，2019.

[32] Bhaskaran H, Gotsmann B, Sebastian A, et al. Ultralow nanoscale wear through atom-by-atom attrition in silicon-containing diamond-like carbon[J]. Nature Nanotechnology, 2010, 5(3): 181-185.

[33] Jacobs T D B, Carpick R W. Nanoscale wear as a stress-assisted chemical reaction[J]. Nature Nanotechnology, 2013, 8(2): 108-112.

[34] Gosvami N N, Bares J A, Mangolini F, et al. Mechanisms of antiwear tribofilm growth revealed in situ by single-asperity sliding contacts[J]. Science, 2015, 348(6230): 102-106.

[35] Pastewka L, Moser S, Gumbsch P, et al. Anisotropic mechanical amorphization drives wear in diamond[J]. Nature Materials, 2011, 10(1): 34-38.

[36] Fu Y, Yan B, Loh N L, et al. Characterization and tribological evaluation of MW-PACVD diamond coatings deposited on pure titanium[J]. Materials Science and Engineering: A, 2000, 282(1-2): 38-48.

[37] Zeiler E, Klaffke D, Hiltner K, et al. Tribological performance of mechanically lapped chemical vapor deposited diamond coatings[J]. Surface and Coatings Technology, 1999, 116: 599-608.

[38] Vandenbulcke L, De Barros M I. Deposition, structure, mechanical properties and tribological behavior of polycrystalline to smooth fine-grained diamond coatings[J]. Surface and Coatings Technology, 2001, 146: 417-424.

[39] De Barros M I, Vandenbulcke L, Blechet J J. Influence of diamond characteristics on the tribological behaviour of metals against diamond-coated Ti-6Al-4V alloy[J]. Wear, 2001, 249(1-2): 67-77.

[40] Schade A, Rosiwal S M, Singer R F. Tribological behaviour of <100> and <111> fibre textured CVD diamond films under dry planar sliding contact[J]. Diamond and Related Materials, 2006, 15(10): 1682-1688.

[41] Hollman P, Wänstrand O, Hogmark S. Friction properties of smooth nanocrystalline diamond coatings[J]. Diamond and Related Materials, 1998, 7(10): 1471-1477.

[42] Hogmark S, Hollman P, Alahelisten A, et al. Direct current bias applied to hot flame diamond deposition produces smooth low friction coatings[J]. Wear, 1996, 200(1-2): 225-232.

[43] Straffelini G, Scardi P, Molinari A, et al. Characterization and sliding behavior of HFCVD diamond coatings on WC-Co[J]. Wear, 2001, 249(5-6): 461-472.

[44] Erdemir A, Halter M, Fenske G R, et al. Friction and wear mechanisms of smooth diamond films during sliding in air and dry nitrogen[J]. Tribology Transactions, 1997, 40(4): 667-675.

[45] 郝俊英, 王鹏, 刘小强, 等. 固体-油脂复合润滑Ⅱ: 类金刚石 (DLC) 薄膜在几种空间用油脂润滑下的摩擦学性能 [J]. 摩擦学学报, 2010, 30(03): 217-222.

[46] Enomoto Y, Miyake S, Yazu S. Friction and wear of synthetic diamond with and without N^+ implantation and CVD diamond coating in air, water and methanol[J]. Tribology Letters, 1996, 2(3): 241-246.

[47] Lei X, Shen, Chen S, et al. Tribological behavior between micro- and nano-crystalline diamond films under dry sliding and water lubrication[J]. Tribology International, 2014, 69: 118-127.

[48] Enomoto Y, Tabor D. The frictional anisotropy of diamond [J]. Nature, 1980, 283(5742): 51-52.

[49] Harrison J A, Brenner D W. Simulated tribochemistry: an atomic-scale view of the wear of diamond [J]. Journal of the American Chemical Society, 1994, 116(23): 10399-10402.

[50] 沈彬. 超光滑金刚石复合薄膜的制备、摩擦学性能及应用研究 [D]. 上海: 上海交通大学, 2009.

[51] Berman D, Deshmukh S A, Sankaranarayanan S K R S, et al. Macroscale superlubricity enabled by graphene nanoscroll formation [J]. Science, 2015, 348(6239): 1118-1122.

[52] Huang P, Qi W, Yin X, et al. Ultra-low friction of a-C: H films enabled by lubrication of nanodiamond and graphene in ambient air [J]. Carbon, 2019, 154: 203-210.

[53] Yin X, Jin J, Chen X, et al. Ultra-wear-resistant MXene-based composite coating via in situ formed nanostructured tribofilm [J]. ACS Applied Materials & Interfaces, 2019, 11(35): 32569-32576.

[54] Cebik J, McDonough J K, Peerally F, et al. Raman spectroscopy study of the nanodiamond-to-carbon onion transformation [J]. Nanotechnology, 2013, 24(20): 205703.

[55] Almeida F A, Amaral M, Oliveira F J, et al. Machining behaviour of silicon nitride tools coated with micro-, submicro-and nanometric HFCVD diamond crystallite sizes [J]. Diamond and Related Materials, 2006, 15(11-12): 2029-2034.

第五章

石墨烯润滑材料

2004 年英国科学家安德烈·盖姆和康斯坦丁·诺沃肖洛夫使用"透明胶带"方法从石墨中首次获得了单个原子层厚度的二维石墨片,并将其命名为"graphene",凭借着这一发现获得 2010 年诺贝尔物理学奖。这一开创性的工作,开启了二维材料研究的时代。石墨烯是世界上已知最薄、最坚硬的材料,具有优异的光学、电学、力学及化学稳定性,在物理学、化学、材料学、纳米科学、能源、生物医学和药物传递等方面具有重要的应用前景,被认为是一种未来革命性的材料。特别是石墨烯原子层中的原子通过共价键组合在一起,形成高模态和高强度的单层结构,相邻原子层间仅有较弱的范德瓦尔斯力,致使原子层之间具有极低的剪切强度,原子层间容易滑动,进而实现超低的摩擦。同时,石墨烯具有很高的比表面积,容易吸附到摩擦对偶表面转化形成碳质摩擦膜,从而防止摩擦副的直接接触,防止了黏着磨损。石墨烯优异的摩擦学性能使其在润滑领域具有潜在的应用价值,成为纳米润滑材料研究的热点方向。

第一节
石墨烯的结构和制备

一、石墨烯的结构

碳元素在地球上广泛分布,其奇异独特的物性和多种多样的形态随人类文明的进步而逐渐被发现、认识和利用。在 1924 年研究者准确确定石墨和金刚石的结构后,C_{60}、碳纳米管等也逐渐被发现,加入碳家族中,如图 5-1 所示。

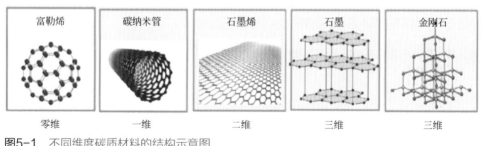

图5-1 不同维度碳质材料的结构示意图

石墨烯(graphene)是由碳原子以 sp^2 杂化连接的单原子层构成的新型二维原子晶体,其基本结构单元为有机材料中最稳定的苯六元碳环,可以看成是单层的石墨结构，如图 5-2 所示。这种能够在外界稳定存在的单层石墨烯是由英国曼彻斯特大学物理学家 Geim 等[1] 以石墨为原料采用机械剥离法于 2004 年首次获得的，这个发现推翻了"热力学涨落不允许二维晶体在有限温度下自由存在"[2,3] 的认知，从此掀起了学者们对于碳材料研究的热潮。

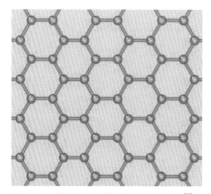

图5-2 单片石墨烯的结构示意图[5]

石墨烯的理论厚度仅为 0.335nm，仅为头发的 20 万分之一，是目前所发现的最薄的二维材料[4]。石墨烯中的每个碳原子都与相邻的 3 个碳原子相连，其 C—C 键长约为 0.142nm，每个晶格内有 3 个 σ 键。

石墨烯结构的片段可以包裹成零维的富勒烯，卷曲形成一维的碳纳米管（CNTs），或者堆积成三维的石墨（图 5-3），因此被认为是构建石墨、富勒烯、碳纳米管等碳材料的基本结构单元。由于层数小于 10 的石墨片才表现出石墨烯的独特性能，而层数大于 10 的石墨片与石墨性质没有什么差别，所以通常将层数小于 10 的石墨片统称为石墨烯[6]。按层数分类，石墨烯可以分为单层、双层和多层（3 ～ 9）3 种不同类型；按形貌分类，可分为石墨烯纳米片、纳米线、纳米带和膜等；按取向分类，可分为水平和站立石墨烯。

石墨烯的碳原子连接很柔韧，对其施加外力，碳原子会发生弯曲变形，从而使得石墨烯具有很高的稳定性。迄今为止，科学工作者们还没有发现石墨烯中存在碳原子缺失的情况，但是在 2007 年，Meyer 等[7] 观察到石墨烯的单层并不完全平整，表面会有一定的褶皱（如图 5-4），很可能是由于单层石墨烯是通过在表面形成褶皱或吸附其他分子维持自身的稳定性。单层石墨烯的褶皱程度明显高于双层石墨烯，并且褶皱程度会随着石墨烯层数的增加而越来越小[8]。一些研究者认为，从热力学的角度来分析，这可能是由于单层石墨烯为降低其表面能，由二维形貌向三维形貌转换[9]，或者也可以认为褶皱是二维石墨烯存在的必要条件之一。但具体的原因还有待进一步研究和探索。

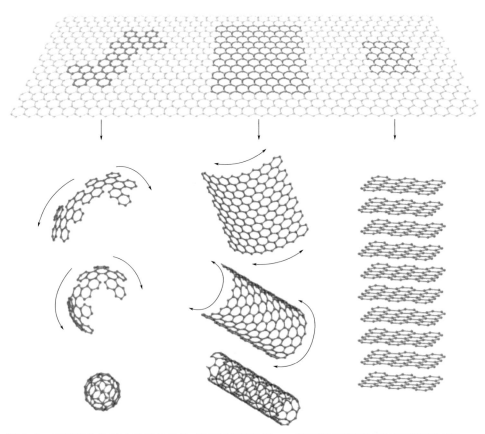

图5-3 石墨烯作为基本结构单元构成的零维富勒烯、一维碳纳米管和三维石墨的示意图

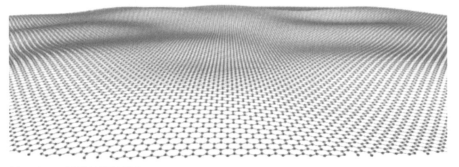

图5-4 石墨烯的褶皱结构

二、石墨烯的制备

目前，石墨烯的制备方法主要有以下几种：

1. 微机械剥离法

微机械剥离法是通过机械力将石墨烯从高定向石墨晶体表面剥离下来的方法。该方法主要采用有黏附性的胶带反复解理自然的石墨单晶，并将其放置在 Si 或 SiO$_2$ 衬底上，从而制得单层或者多层石墨烯，如图 5-5 所示，是最初用于制备石墨烯的物理方法。该方法过程简单，成本低廉，且产物保持比较完美的晶体结构，缺陷含量较低，可以得到宽度达微米尺寸的石墨烯片，但是该法制备的石墨烯具有一定的随机性，多为单层、双层和多层结构的混合物，且尺寸难以控制，另外，产率很低，因此不适合大规模地生产及应用。

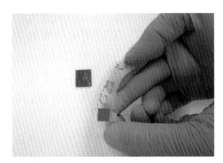

图5-5　用透明胶带从高定向热解石墨中机械剥离制得的石墨烯[10]

2. 外延生长法

外延生长法是指利用晶格匹配，在一种晶体结构上生长出另一种晶体的方法。外延生长法包括碳化硅（SiC）外延生长法、金属衬底外延生长法等[11]，其中 SiC 外延生长法是在高温和超高真空中使得单晶 SiC 中的硅原子蒸发，剩下的碳原子经过结构重排形成单层或多层石墨烯，从而得到石墨烯片[12]。具体方法是：将经氧气或氢气刻蚀处理得到的样品在高真空下通过电子轰击加热，除去氧化物。用俄歇电子能谱确定表面的氧化物完全被移除后，将样品加热使之温度升高至 1250 ~ 1450℃后，恒温 1 ~ 20min，从而得到极薄的石墨烯层。利用这种方法能够可控地制备出单层或多层石墨烯（最多可获得 100 层的多层石墨烯），其厚度由加热温度决定，缺点是用到的单晶 SiC 衬底价格比较昂贵；条件苛刻 [高温，>1100℃，超高真空，10^{-10} Torr（1Torr=133Pa，下同）]，成本高；制备大面积、具有单一厚度的、高均匀性的石墨烯比较困难，得到的石墨烯也很难进行转移。另外，从这种方法制备出来的二维石墨中并没有观测到由高定向热解石墨（HOPG）剥离出的二维石墨所表现出的量子霍尔效应[13]，并且石墨烯表面的电子性质受 SiC 衬底的影响很大。

金属衬底外延生长法是在超高真空条件下将含氢碳合物通入具有催化活性的

过渡金属基底［如 Pt（111）、Ir（111）、Ru（0001）、Cu（111）等］表面，通过加热使吸附气体催化脱氢从而制得石墨烯[14,15]。该方法所制备出的石墨烯多为单层，所利用的金属基底与石墨烯要具有较低的结合力，使其能够通过化学腐蚀容易地将石墨烯与基底分离，并且对碳原子具有较小的溶解度，才能制备出厚度均匀的石墨烯薄膜。该法避免了单晶 SiC 的使用，降低了成本，还可以进一步控制石墨烯的结构。

3. 化学气相沉积法

化学气相沉积（CVD）法是将平面基底（如金属薄膜、金属单晶等）置于高温可分解的含碳原子的前驱体（如甲烷、乙烯等）气氛中，通过高温退火使氢原子脱出、碳原子沉积吸附在基底表面连续生长成石墨烯，最后用化学腐蚀法去除金属基底从而得到独立的石墨烯片的方法[16]。它是目前应用最广泛的一种大规模制备半导体薄膜材料的沉积技术，也是目前制备石墨烯的一种有效途径。用于 CVD 法制备石墨烯的过渡金属有 Cu，Co，Pt，Ir，Ru 及 Ni 等。通过选择基底的类型、生长的温度、前驱体的流量等参数可调控石墨烯的生长（如生长速率、厚度、面积等），因此可获得大面积、厚度可控的高质量石墨烯，但是到目前为止利用 CVD 法制备石墨烯的技术还尚不完善，如必须在高温下完成，且在制作的过程中，石墨烯膜有可能形成缺陷，而且相对其他制备方法成本也比较高，因此还有待于进一步地研究。

4. 氧化石墨还原法

氧化石墨还原法是以鳞片石墨为原料，经过一系列的氧化获得氧化石墨，氧化石墨再经还原而获得石墨烯的方法，如图 5-6 所示。目前，这种方法成本最低且最容易实现规模化。具体步骤是：将石墨原料置于溶液中，在一定条件下与强氧化剂反应，石墨被氧化后边缘带上羧基、羟基，层间带上环氧及羰基等含氧基团而使石墨层间距变大，成为氧化石墨[17]。氧化石墨经过适当的超声波振荡处理后，在水溶液或有机溶剂（乙二醇、DMF、NMP 和 THF）中分散成均匀的单层或几层厚度的氧化石墨烯（GO）溶液，然后经过还原处理再除去氧化石墨烯平面上的含氧官能团，使大键共轭体系得到恢复（sp^3 结构转变为 sp^2 结构），从而得到高导电性的石墨烯，另外还可加入分散剂防止石墨烯团聚。常用的氧化剂包括 $KMnO_4$、浓 HNO_3 以及 $KClO_3$ 等；还原剂有水合肼、二甲肼、对苯二酚、烷基锂和 $NaBH_4$ 等。石墨的氧化方法主要有 Hummers[17]、Brodie[18] 和 Staudenmaier[19] 三种方法。它们都是用无机强质子酸如浓硫酸、发烟 HNO_3 或它们的混合物处理天然石墨，将强酸小分子插入石墨层间，再用强氧化剂如 $KMnO_4$、$KClO_4$ 等对其进行氧化。相比较而言，Hummers 法较为安全，是目前实验室最常用的方法。

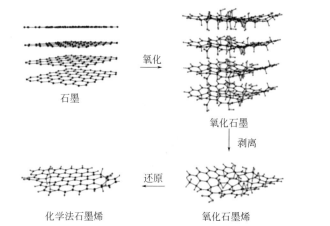

氧化

石墨

氧化石墨

剥离

还原

化学法石墨烯

氧化石墨烯

图5-6
氧化石墨还原法制备石墨烯的过程图[20]

氧化石墨还原法制备石墨烯时，经过强氧化剂完全氧化过的石墨并不一定能够完全还原，导致石墨烯的电子结构及晶体的完整性受到破坏，使其电学性能受到影响，在一定程度上限制了其在精密微电子领域的应用，但是这种方法简便且成本较低，可实现石墨烯的批量生产，因此仍然是目前最常用的制备石墨烯的方法。

在上述制备石墨烯的工艺中，虽然微机械剥离法可以制备微米大小、高品质的石墨烯，但是其可控性较低，难以实现大规模合成。SiC外延生长法虽然能可控地制备出单层或多层石墨烯，但是SiC晶体表面在高温加热过程中容易发生重构，导致表面结构较为复杂，难以获得大面积、单一和均一厚度的石墨烯。CVD法最大的优点在于可制备出面积较大的石墨烯片，缺点是必须在高温下完成，且在制作过程中，石墨烯膜有可能形成缺陷。而经过改进的微波等离子体化学气相沉积法，其处理温度较低，只有大约400℃，但是仍然不适于量产。氧化石墨还原法以相对简单和低廉的特点正受到越来越多的关注。而且合成出的石墨烯具有兼容性好、易于修饰的优点。氧化石墨还原法主要采用氧化石墨、膨胀石墨或微粉石墨作为石墨源，其中以氧化石墨为源制备的石墨烯存在较多的含氧官能团和不可逆转的结构缺陷，极大地影响了石墨烯的电学性能，而以膨胀石墨或者微粉石墨为源制备的石墨烯，具有结构缺陷少、电导率较高的特点。

5. 其他方法

除了以上几种制备石墨烯的方法外，还有电化学方法[21]、超声分散法[22]、微波法[23]、溶剂热法[24]、电弧法[25]、有机合成法[26]和切割碳纳米管法[27,28]等其他方法，但是这些方法制备出的石墨烯层数和质量还有待进一步地深入探索。

总之，石墨烯制备方法多样化，优缺点并存，但如何大规模制备结构完整、尺寸和层数可控的高质量石墨烯仍然是值得继续研究和探讨的课题。

石墨烯的性质和应用

一、石墨烯的性质

石墨烯是一种超轻材料。它以一个正六边形碳环为结构单元，由于每个碳原子只有 1/3 属于正六边形，所以这个正六边形的碳原子数为 2。正六边形的面积为 0.052nm²，由此计算出石墨烯的面密度为 0.77mg/m²[29]。石墨烯材料的理论比表面积可高达 2630m²/g[30]，具有突出的导热性能［3000～5000W/（m·K），是金刚石的三倍］[31]，以及室温下高的电子迁移率［15000cm²/（V·s），是硅片的 10 倍］[4,32]，机械强度大（130GPa，是钢的 100 多倍）[33]，室温下具有反常量子霍尔效应[34]。而且石墨烯具有极佳的柔韧性，当施加外部机械应力时碳原子面发生弯曲变形，从而使碳原子不必重新排列来适应外力，因此保持了结构稳定。有实验表明，它们每 100nm 距离上承受的最大压力可达 2.9μN[33]，这一结果相当于要施加 55N 的压力才能使 1m 长的石墨烯断裂，因此是迄今为止发现的力学性能最好的材料之一。此外，石墨烯还具有优异的磁学[35,36]和光学性能[29]。

总之，石墨烯在很多方面具备超越现有材料的特性，具体如图 5-7 所示[37]，日本企业的一名技术人员形容单层石墨碳材料"石墨烯"是"神仙创造的材料"。石墨烯的出现，有望从结构材料到用于电子器件的功能材料等广泛领域引发材料革命。

(a) "最强性能"

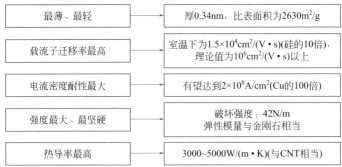

最薄、最轻	厚0.34nm，比表面积为2630m²/g
载流子迁移率最高	室温下为1.5×10⁴cm²/(V·s)(硅的10倍)，理论值为10⁶cm²/(V·s)以上
电流密度耐性最大	有望达到2×10⁸A/cm²(Cu的100倍)
强度最大、最坚硬	破坏强度：42N/m，弹性模量与金刚石相当
热导率最高	3000~5000W/(m·K)(与CNT相当)

(b) "独特性质"

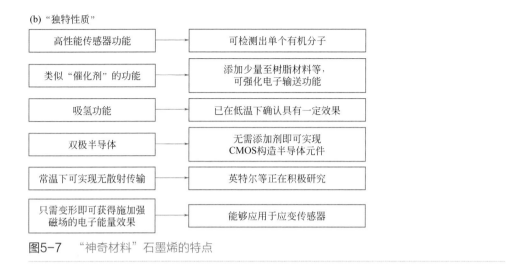

高性能传感器功能	可检测出单个有机分子
类似"催化剂"的功能	添加少量至树脂材料等，可强化电子输送功能
吸氢功能	已在低温下确认具有一定效果
双极半导体	无需添加剂即可实现CMOS构造半导体元件
常温下可实现无散射传输	英特尔等正在积极研究
只需变形即可获得施加强磁场的电子能量效果	能够应用于应变传感器

图5-7　"神奇材料"石墨烯的特点

另外，石墨烯还具有优异的摩擦学性能[38]。

二、石墨烯的应用

石墨烯优异的力学、热学、光学、电学、磁学和大的比表面积等性质决定了其广泛的应用前景，从超微电子产品到智能服装，从可折叠显示器到有机太阳能电池等。具体主要表现在以下几个方面：

1. 在纳电子器件方面的应用

硅让人类迈入了数字化时代，但研究人员仍然渴望找到一些新材料，让集成电路更小、更快、更便宜。在众多的备选材料中，石墨烯最引人瞩目。石墨烯具有超高强度、透光性（因为极薄）和超强导电性等优点，而且它的晶体结构非常稳定，能够保证电子在其平面上畅通无阻地迁移，使其与目前的微纳米加工工艺具有良好的兼容性，用它制成的器件可以更小，耗能更低，电子传输速度更快，因此很有可能取代硅成为组建可弯曲显示设备和超高速纳米电子器件的最佳材料。在任何材料中，温度和能量会引起电子的振动。电子穿过材料时，它们会试探振动的电子，诱发电子的反作用力。这种电子的反作用力是材料的固有属性，不能被消除，除非冷却到绝对零度，热振动效应对传导性有重要的影响。2005年，Geim研究组[32]与Kim研究组[39]发现，室温下石墨烯的载流子迁移率是普通硅片的十倍，并且受温度和掺杂效应的影响很小，表现出室温亚微米尺度的弹道传输特性（300K下可达0.3μm）。马里兰大学纳米技术和先进材料中心的物理学教授Fuhrer领导的研究小组首次测量了石墨烯中电子传导的热振动效应，结果也表明石墨烯中电子传导的热振动效应非常细微[40]。这是石墨烯作为纳米电子器件最突出的优势。它使电子工程领域极具吸引力的室温弹道场效应管成为可能。高的费米速度和低的接触电阻大大缩短了器件开关（转换）时间，因此石墨烯可以应用到高频转换晶体管。超高频率的操作响应特性是石墨烯基电子器件的另一显著优势。一些电子设备，例如手机，由于工程师们正在设法将越来越多的信息填充在信号中，它们被要求使用越来越高的频率，然而手机的工作频率越高，热量也越高，于是，高频的提升便受到很大的限制。由于石墨烯的出现，高频提升的发展前景似乎变得无限广阔了。此外，与目前电子器件中使用的硅及金属材料不同，石墨烯减小到纳米尺度甚至单个苯环同样能保持很好的稳定性和电学性能，使探索单电子器件成为可能。据估计，用石墨烯器件制成的计算机的运行速度可达到 1T（10^{12}）Hz，比现在常见的 1G（10^9）Hz 的计算机快 1000 倍。

与一维纳米材料（碳纳米管）相比，石墨烯独特的柔性二维平面结构，可以使各种掺杂物很好地分散在石墨烯平面上，有效提高电子的传输效率。基于石墨烯的电子器件几乎包含了整个电路所需的所有要素，包括导电通道、量子点、电极、势垒、分子开关及联结部件等，避免了一维材料基器件中难以实现的集成问题。2010 年、2011 年，IBM 公司相继研发了由石墨烯材料制成的射频场效应晶体管（FET），其截止频率分别为 100GHz、155GHz，是迄今为止运行速度最快、体积最小的射频 FET[41,42]。石墨烯如今已经出现在新型晶体管、存储器和其他器件的原型样品中。

2. 在能量储存和转化领域的应用

石墨烯在能源转化和储存方面有着广阔的应用前景[43]。在能源转化方面，石墨烯具有高导电性、大比表面积等性质可以作为燃料电池催化剂的载体，将铂等金属粒子沉积到石墨烯片层上，可使其具有更好的催化活性。碳纳米材料具有较高的比容量和较好的循环特性，在锂离子电池中使用石墨烯有望提高负极材料的比容量和功能充放电性能；室温下石墨烯呈现金属性，并具有高比表面积、高载流子迁移率等特点，石墨烯和单晶硅组成的肖特基结太阳能电池有着良好的光伏性能，实验室已制备出全碳的太阳能电池；此外，石墨烯还有良好的力学强度、光透过率和柔韧性，石墨烯和碳纳米管的杂化物有望取代氧化铟锡（ITO）用作太阳能电池的透明电极。在能源储存方面，石墨烯具有巨大的比表面积；被期望用来制备超级电容器，以获得较大的能量存储密度。

3. 在存储氢方面的应用

H_2 是一种有望减少 CO_2 的排放量、减少空气污染的可持续发展的清洁能源。储氢材料是指在特定条件下具有吸附和释放氢气能力的材料。但是发展具有高容量的储氢载体依然是一个巨大的挑战[44]。合金如 $LaNi_5$、$TiFe$、$MgNi$ 等都有储氢能力。其中，La 和 Ti 合金作为低温（<150℃）储氢材料，其储氢能力低（<2%，质量分数）；Mg 合金作为高温储氢材料，虽然理论储氢量很高，但它的吸附以及解吸附动力学不稳定。此外，合金不仅价格昂贵而且密度大，因而在很大程度上限制了其实际应用。所以寻找纳米载体的吸收剂来提高储氢能力是非常有必要的。材料吸附氢气量和比表面积成正比，比表面积越大吸附氢气的能力越强，石墨烯是具有单层原子厚度的二维结构，电子导电性高，比表面积大，化学稳定性好，因而成为储氢材料的最佳候选者。最重要的是它的价格低廉，能够大幅度降低成本。

4. 在超级电容器中的应用

超级电容器具备高能量密度、高循环效率、快充/放电速率的特性，是高性能储能材料领域的研究热点。电极材料是超级电容器的关键材料。由于双电层电容器是利用正、负离子在电极和电解液界面上分别吸附形成双电层，造成两个电极之间的电势差来进行储能，因此电极材料必须要求具有较高的比表面积、良好的导电性。常用的电极材料主要为过渡金属氧化物（如 MnO_2、RuO_2 等）、导电聚合物（如聚苯胺、聚吡咯等）和具有高比表面积的碳基活性材料（碳纳米管、活性炭等）等。碳质材料是最早也是目前研究和应用很广泛的超级电容器电极材料。石墨烯独特的结构赋予其高导电性、高比表面积、高比强度、高稳定性等许多优异的物理化学性质，因此成为制备薄膜电极的理想材料，同时杂原子的掺杂可以提高石墨烯材料的电化学活性[45]。

5. 在锂离子电池中的应用

高性能锂离子电池（LIBs）具备大容量、高电压、高能量密度、高充/放电效率、长循环寿命、无记忆效应、无环境污染等优点。锂离子电池的性能与电极的结构和性能密切相关[46]。碳/石墨材料是最早应用于锂离子电池并商业化的负极材料，其价格便宜、来源丰富、能提供低而平稳的工作电压且性能稳定[47,48]。但其比容量较小，每 6 个 C 与 1 个 Li^+ 形成 LiC_6 结构存储 Li^+，理论比容量为 372mA·h/g。石墨烯纳米板结构是新兴的纳米材料，二维层只有原子厚度并有着强大的碳键网络结构，在各种应用中吸引了人们很大的兴趣。与石墨碳相比，这些材料具有较高导电性（有助于 Li 离子和电子的传输）、高比表面积（超过 $2600m^2/g$，利于 Li 离子的存储）、充足的缓冲空间（可用于减小充/放电循环中的体积变化对电极的影响）[49]、良好的化学性能，同时有着超宽的电化学窗口，将在能源技术应用中占据非常有利的地位。同时石墨烯存在无序性和缺陷，在锂离子电池中具有很广阔的可逆容量（794～1054mA·h/g）以及良好的循环性能，因此，它在锂离子电池方面有着很广阔的应用前景。

自石墨烯被成功制备以来，与石墨、炭黑、碳纳米管等其他碳基材料相比，其片层具有的柔性和可控性，为构筑新的纳米结构提供了机会，能够更有效地改善活性材料的电化学性能[50]。石墨烯以无序松散的方式聚集，这种结构有利于 Li^+ 的插入，在片层两面都能储存 Li^+，形成 Li_2C_6 结构，理论容量（744mA·h/g）明显提高[51,52]。研究者通过分子轨道理论计算发现，0.7nm 的石墨片层间距是储 Li^+ 的最佳层间距，该层间距也能有效防止电解质进入片层间而发生形成 SEI 膜（固体电解质界面膜）的不可逆反应。同时，石墨烯自然聚集形成的皱褶表面也为 Li^+ 提供了额外的存储空间。此外，采用电导率很高的石墨烯作为锂离子电池负极材料时，Li^+ 在石墨烯材料中的扩散路径比较短，可以很大程度地提高其倍率性能。因此，石墨烯是一类具有应用前景的锂离子电池负极材料[53]。

6. 在燃料电池中的应用

燃料电池通过低温下催化固定在电极上的燃料来产生电能。聚合物电解质膜燃料电池（PEMFCs）以其优异的特性受到研究人员的广泛关注。高效催化剂、固态聚合物电解质对于 PEMFCs 性能的提高至关重要。Pt 是燃料电池中催化效率最高的催化剂，然而相对较高的成本、容易因 CO 中毒、易于发生团聚等问题限制了其实际应用。N- 掺杂石墨烯有着较高的电催化活性、较好的耐久性，可以作为氧还原反应的催化剂。

7. 在太阳能电池中的应用

透明导电电极（TCEs）是太阳能电池等光电子器件中的核心部件，TCEs 要求较高的透光率（>80%）、低电阻率（<100Ω/m）、适宜的工作电压（4.5～5.2eV），ITO 由于其高的电导率和光透射率已被广泛用作太阳能电池的电极材料[54,55]。但是，ITO 是典型脆性材料，抗冲击性能较差，无法实现大面积太阳能电池板的规模化制备，而且铟资源非常缺乏，人们急需要寻找一种易得的材料替代这种稀少的材料。二维的单层石墨烯具有优异的导电性、导热率、透光性（约为 97.7%）和适当的柔性，很有潜力替代 ITO 作为透明导电电极（TCFs）的理想材料应用于太阳能电池中[56]。采用层层成膜技术制备的石墨烯作为有机太阳能电池的阳极，可节省 30% 的成本，同时器件的转换效率为 2.5%，接近 ITO 器件的转换效率（3%）[57]。

电池和超级电容都属于储能器件，其区别在于电池将电能存储于化学反应中；而电容则将电能以电荷的形式存储于电容内，不存在化学反应。石墨烯具有极高的耐腐蚀性、优异的电子传导能力及介电性能，使其在超级电容器、燃料电池以及生物燃料电池方面都显示出巨大的应用前景[58-60]。

8. 在传感器领域的应用

石墨烯具有优异的电学、力学性能和高的比表面积，使其在传感器的制作及应用方面也有很好的发展前景。石墨烯独特的二维层状结构引起的大比表面积（充分的接触面积），成为制作高灵敏度传感器的必要因素，事实上这也是其他纳米结构材料用作传感器制作的重要原因；石墨烯独特的电子结构使得某些气体分子吸附到石墨烯表面时能诱导其电子结构（电导率）发生变化（不同的气体分子可以作为电子给体或受体），如当 NH_3 分子在石墨烯表面发生物理吸附后，NH_3 分子能够提供电子给石墨烯，形成 n- 型掺杂的石墨烯；而吸附 H_2O 和 NO_2 等分子后，它们能从石墨烯接受电子，导致形成 p- 型掺杂的石墨烯[4,61]，从而可以用于如壬醇、辛酸、三甲胺等传感器的制备[62]。石墨烯优异的力学性能使其适用于制备应力传感器，南洋理工大学的 Lee 等[63]以褶皱的石墨烯和纳米纤维素为原料，借助抽滤的方式得到柔性纳米纸前驱体，然后通过与聚二甲基硅氧烷（PDMS）的复合得到可弯曲的具有压电性能的应力传感器。三维褶皱结构的石墨烯是嵌入弹性基质的关键所在，弹性基质的柔性使得材料可以感知来自各个方向的应力，并发生相应的形变。另外，石墨烯表面的含氧基团可与水及羟基形成氢键，晶体外延型的 1～2 层石墨烯可灵敏地感知表面的离子浓度，从而可以作为很好的 pH 传感器[64]。

利用石墨烯大比表面积及良好的导电性能，各类基于石墨烯修饰电极的生物传感器被广泛研究并应用于对生物物质的检测[65]。嵌入生物传感器界面的石墨烯可增大电极的有效表面积并可用作金属纳米颗粒的支撑物。纳米尺寸的功能颗粒能够在单位面积上固定大量的生物分子，形成高效的生物传感器或生物质催化剂。这些材料具有最佳的传感器性能，而且成本低廉。将铂或钯纳米颗粒喷撒到分层的石墨纳米小片上，可以起到葡萄糖传感器的变送器作用。该变送器反应时间短于 2s。铂或钯纳米颗粒创造了大的电活性表面积，从而有效地催化了氧化还原反应。

另外，石墨烯还可以用作光子传感器检测光纤中携带的信息。虽然现在这个角色还在由硅担当，但硅的时代似乎就要结束。2010 年 10 月，IBM 的一个研究小组首次披露了他们研制的石墨烯光电探测器。英国剑桥大学及法国 CNR 的研究人员已经制造出了超快锁模石墨烯激光器，这项研究成果显示了石墨烯在光电器件上大有可为[66]。

9. 在催化剂和药物载体方面的应用

碳材料在多相催化中一直受到广泛的关注，石墨化的碳材料，包括石墨、炭黑、活性炭、碳纳米管、碳纳米纤维等，已广泛用作催化剂的载体[67-71]。大量的研究结果表明，碳载体的结构对担载催化剂的性能有很大影响[72,73]，石墨烯由于具有规整的二维表面结构，与碳纳米管相比，具有更大的理论比表面积和更好的电子传导能力，可以作为一个理想的模板担载催化剂。金属纳米粒子分散在石墨烯中，可以提供新的催化、磁和光电特性。实验表明，将含有 Pt 的金属盐与石墨烯粉末混合，在一定试验条件下出现了 Pt 集群。这种小 Pt 集群的出现表明，在石墨烯纳米片（GNS）和 Pt 之间存在较强的相互作用，而这种作用可能会诱导 Pt 集群在电子结构等方面的改变。Okamoto[74] 以密度泛函计算为基础，在 GNS 中引入 C 空位，提高了 GNS 和 Pt 集群之间的相互作用，同时证明了金属集群在含有 C 空位石墨烯中的稳定性比无缺陷石墨烯的更好，使得 GNS 有望成为一种可提高燃料电池中铂催化性能的新型碳材料催化剂。

由于石墨烯具有单原子层结构，其比表面积很大，且由于其良好的生物相容性，非常适合用作药物载体。石墨烯和喜树碱类等物质制备的复合物具有良好的水溶性、比其他药物载体更大的药物吸附量，因而在药物控制释放领域具有广阔的前景。

10．在复合材料方面的应用

石墨烯具有独特的物理（磁学、力学、电学、热学）、化学性能。石墨烯的加入可以显著提高复合材料的多功能性和加工性能。因而它在导电高分子材料、多功能复合材料、高强度多孔陶瓷材料、电子薄膜材料和吸波材料等领域有着广泛的应用 [75,76]。

11．在摩擦学领域的应用

石墨烯是一种仅有原子厚度而且强硬的碳材料，具有低表面能量，可有效降低黏着力和摩擦力，而多层石墨烯薄膜只有几个纳米的厚度，摩擦系数可媲美散装石墨，是很好的固体润滑材料，因此在摩擦学领域有着光明的应用前景 [77]。

除了以上几种应用，石墨烯还在降低噪声、显示器、触摸屏及柔性印刷电路、信息存储、超导材料、场发射材料、性能可控渗透膜及军事工程等领域有着较好的应用前景。

第三节
石墨烯润滑材料

目前国内外有关石墨烯宏观摩擦学性能的研究，特别是其润滑机制的研究相对较少。已有研究表明，石墨烯展现出良好的宏观润滑性能，通过喷涂、化学气相沉积、电泳沉积、自组装等方法制备的石墨烯涂层，均能有效地降低样品的摩擦系数和磨损率，但是不同方法制备的石墨烯摩擦学性能存在差异，导致这些差异的机理尚不清楚。

一、石墨烯薄膜的制备方法

（1）真空抽滤法 在用氧化石墨烯/石墨烯分散液过滤之前，通常需将体系稀释至低浓度（0.1～0.5mg/L），然后快速真空抽滤，将氧化石墨烯/石墨烯片沉积到滤膜（微孔混纤膜/氧化铝膜）上，再转移到不同基底上如玻璃、聚对苯二甲酸乙二醇酯（PET）等。混纤膜可以用丙酮溶解，氧化铝膜可以用NaOH溶液溶解。此外，也可以用聚二甲基硅氧烷（PDMS）将滤膜上的石墨烯膜转移到新的基底上。

Coleman等[78]在胆酸钠（SC）水溶液中超声剥离石墨，离心后得到的石墨烯分散液经多孔的纤维素滤膜过滤，通过控制滤液的体积来制备不同厚度的石墨烯膜，并转移到载玻片上。高廉等[79]首先将氧化石墨烯溶液分散在全氟磺酸（Nafion）溶液中，然后用水合肼还原，得到Nafion-石墨烯溶液，接着用微孔酯膜过滤并将其转移到玻璃基底上，便得到复合的透明导电薄膜。研究表明，所得的薄膜均匀光滑，而且方块电阻可低至30kΩ，透光率可达80%。Kim等[80]通过真空抽滤法在多细胞酯滤膜上获得了化学转移的石墨烯薄膜，然后将滤膜切成合适的尺寸使石墨烯薄膜表面正对粘在石英基底上，随后用丙酮将多细胞酯滤膜溶解掉，进而得到石墨烯薄膜。通过真空退火（400℃，1100℃）处理，薄膜导电性能进一步提高。Kang等[81]将石墨片在NMP中超声12h后，过滤并在氩气保护下于400℃，600℃，800℃下热处理3min，随后再在NMP中超声并离心，移除上层液后即可得到高浓度石墨烯悬浮液。然后用真空过滤装置沉积在MCE滤膜上，并转移到玻璃和聚合物基底上。所制得的薄膜电阻为$2.8×10^3Ω$，透光率为81%。Krishnaswamy等[82]首先用真空抽滤法获得氧化石墨烯薄膜（GOF），然后将其从滤膜上剥落下来，包裹在铝箔中并在200～400℃下退火获得石墨烯薄膜。还原后的氧化石墨烯薄膜和还原前相比，层间距减小，碳氧比增高，导电性提高了5个数量级以上。

真空抽滤法在过滤过程中，氧化石墨烯/石墨烯片受水流的控制，自动流向滤膜的空白处，首先会将整个滤膜均匀覆盖，再沉积第二层。因此这种方法得到的石墨烯薄膜均匀性较好，膜的厚度也可以通过分散液的使用量控制，而且原材料利用率高，但是薄膜的尺寸受到过滤纸尺寸的限制，不能实现大面积制膜。此外氧化石墨烯/石墨烯在抽滤过程中层层叠加会降低抽滤速度直至停止，从而制约大厚度薄膜的制备。另外，由于透明导电薄膜的厚度通常只有10～100nm，很难独立支撑而必须依附于必要的支撑材料，因而必须采用特殊的转移技术将薄膜从过滤膜上剥离下来，这可能会造成薄膜结构的破坏，从而影响薄膜的性能。

（2）旋转涂覆法　旋转涂覆法是将氧化石墨烯溶液滴到基底上，让基底旋转，调节基底的转速，从而使溶液均匀地铺在基底表面，干燥后即可得到氧化石墨烯薄膜。制膜过程中可控的因素包括：氧化石墨烯分散溶液的浓度，以及旋转的转速。提高转速可以加快溶剂挥发，同时减小薄膜的厚度。

目前已见报道的旋转涂覆法制备石墨烯薄膜所用的原料只有氧化石墨烯溶液。为了提高氧化石墨烯片层与基底的相互作用力，在旋转涂覆前需对基底表面做一些处理，如氧化（水虎鱼溶液）[83]或涂上有机膜（3-氨丙基三乙氧基硅烷，APTES）[84]等，提高基底的亲水性。之后将准备好的氧化石墨烯分散液滴到基底上，调节基底转速，使液体在基底上均匀铺展，干燥后得到氧化石墨烯膜，最后用化学还原或热处理得到石墨烯薄膜。Yang 等[83]首先在氧化铝膜上通过过滤得到氧化石墨薄膜，然后用肼还原并将其分散液旋涂在 Si/SiO$_2$ 基底上，最后用低温（115℃）和高温（350℃）分别除去肼和肼离子便得到石墨烯薄膜。Robinson 等[85]首先将氧化石墨烯分散到乙醇中，然后用旋转涂覆法在 SiO$_2$/Si 表面得到连续平铺的氧化石墨烯薄膜。制膜时用干燥 N$_2$ 吹扫，加快溶剂的挥发。最后经肼还原和热处理得到石墨烯薄膜。Ma 等[86]首先用硼氢化钠还原氧化石墨烯，加入双十二烷基氯化铵后通过控制 pH 值，得到亲水或疏水的石墨烯纳米片，将其分散在水或水 /THF 介质中后通过旋转涂覆法沉积在亲水或疏水基底上，随后用硝酸洗掉双十二烷基氯化铵颗粒后，即可生成高透光率和电导率的透明导电薄膜。

相对于真空抽滤成膜技术，旋转涂覆成膜的面积与厚度不受限制：薄膜面积由衬底的尺寸进行控制，厚度可以通过旋转涂覆参数进行调节。制膜工艺简单高效，但是该方法存在膜厚不均匀以及原材料利用率较低的问题。

（3）喷射涂覆法　喷射涂覆法是指用专业的喷雾枪将石墨烯分散液喷涂到预热的基底上，溶剂挥发后得到石墨烯薄膜的过程。喷雾枪的作用是将液体雾化，形成小液滴。预热基底是为了保证液滴沉积到基底上后，溶剂能迅速蒸发，避免石墨烯片的团聚，从而得到均匀的薄膜。

Kaner 等[87]用喷射涂覆方法，将氧化石墨水溶液喷涂到预热的 SiO$_2$/Si 基底上，经肼还原后，得到透明导电的石墨烯薄膜。喷射涂覆过程中膜的密度可以通过改变石墨烯分散液的浓度来进行调节。Novoselov 等[88]先用 DMF 超声剥离石墨得到石墨片和石墨烯片的悬浮液，然后用喷射涂覆法在载玻片上得到了 1.5nm 的薄膜。接着将该薄膜在氩气和氢气的混合气体（体积比为 9∶1）中于 250℃下退火 2h，便得到低电阻（5kΩ）、高透光率（90%）、高化学稳定性的石墨烯薄膜。Kim 等[89]将氧化石墨烯溶液加入水合肼（质量比 1∶3）中，用水 / 乙醇混合液稀释并超声，得到稳定的氧化石墨烯 - 肼混合溶液，然后将混合溶液喷射涂覆到预热过的石英基底上，成膜和氧化石墨烯的还原同时进行，最终得到了方块电阻为 2200Ω、透光率为 84% 的石墨烯薄膜。潘炳力等[90]在钢基底上用喷射涂覆法制备了聚酰胺 11/石墨烯复合涂层，通过摩擦学研究表明，该涂层表现出了较长的磨损寿命。

喷射涂覆法生产效率高，可用于制备大面积的薄膜。喷射涂覆可以在任意基底上进行，制备过程一步完成，可避免因转移而引起膜的破坏，操作简便。但是，这一方法制得的膜的均匀性不是很好。

在以上三种溶液基的制备方法中，抽滤法制备石墨烯薄膜快速，且效果极好，但受基底限制；由于石墨烯不能在黏性溶液中分散，因此不能用旋转涂覆法直接制备薄膜；喷射涂覆法较为烦琐，但不受基底限制。

（4）化学气相沉积法　化学气相沉积法制备石墨烯薄膜一般是将单晶或多晶金属箔片或膜置于碳含氢合物气体中，加热催化碳含氢合物裂解，在基底表面沉积形成石墨烯薄膜。选用的金属材料通常是一些过渡金属材料。其中 Cu 和 Ni 使用得最多，不仅仅是因为它们相对便宜，更因为它们能更容易地被硝酸、氯化铁等溶液腐蚀，Cu 与 Ni 上沉积的石墨烯膜可以用热压贴合[91]或聚甲基丙烯酸甲酯（PMMA）[92]转移到不同的基底上，得到大面积、性能优良的石墨烯薄膜。图 5-8 展示了详细的制备过程。

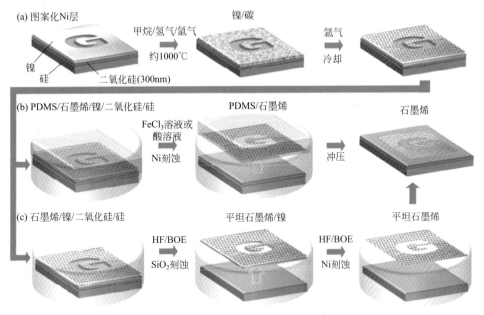

图5-8　大尺寸图案化的石墨烯薄膜的制备、刻蚀和转移过程[93]。（a）图案化的石墨烯薄膜制备在薄的镍层上；（b）用FeCl₃（或酸）刻蚀镍层并用PDMS转移图案化的石墨烯薄膜；（c）用BOE或氢氟酸（HF）溶液刻蚀SiO₂层和镍层并转移石墨烯薄膜

Kong 等[94]用化学气相沉积（CVD）法在多晶镍上制备了 1～12 层的石墨烯薄膜，随后转移到各种基底上。在玻璃基底上所得薄膜的透光率为 90%，对应方块电阻在 770～1000Ω 之间。Ahn 等[95]在常压下，用 CVD 方法在 Ni 和 Cu 基底上制备了 3in（1in=2.54cm，下同）大高质量圆片状的透明导电石墨烯薄膜，通过瞬时腐蚀金属层可将其转移到任意基底上。

有研究表明，Cu[92,96]基底用于制备连续均匀的单层石墨烯薄膜比 Ni 基底更具优势。研究认为，碳在 Cu 中的溶解度比在 Ni 中的低[97]，所以 Cu 基底上更易得到均匀的单层石墨烯。Faggio 等[98]用甲醇作碳源，通过 CVD 法在铜基底上制备了石墨烯薄膜。他们认为温度和氢气流量对薄膜的质量有重要的影响。李永峰等[99]用 CVD 法通过精确控制甲烷和氢气的流量、反应压力、温度及反应时间在多晶铜上成功制备了 1～7 层的石墨烯薄膜，并将其成功转移到其他基底上，研究发现该薄膜具有良好的透光率。而且得出如下结论：低压有助于生成 1～2 层的石墨烯薄膜；而大气压力下则会形成 3～7 层石墨烯薄膜。

尽管用 CVD 法可以得到大尺寸的石墨烯薄膜，但是，它是以非石墨烯为原料，产量低；而且它不可避免地对基底有严格的要求，需要基底耐高温；同时，还需要有一个腐蚀掉基底层的复杂过程；最后，需要将薄膜转移到其他基底上，操作复杂、条件严苛[100]，而且导致膜的均匀性不够好，有一定程度的褶皱，无法实现大规模制备。所以，还需要探索出一种简单的方法来制备石墨烯薄膜。

（5）自组装法 Drzal 等[101]在氯仿中超声剥离石墨，得到石墨烯溶液，然后将水加入石墨烯溶液中使溶液变成明显的两相，再超声极短的时间，借助超声带来的机械功在最小界面能的作用下，自组装成单层的石墨烯薄膜。该薄膜的电导率为 1000S/cm；透光性接近 70%。Yoo 等[102]基于静电相互作用，通过层层自组装带电荷的石墨烯纳米片制备了石墨烯薄膜。薄膜经过热处理后，电学性能增强，方块电阻为 1.4kΩ，透光率为 80%。陈旭等[103]通过静电层层自组装金纳米颗粒和牛血清蛋白功能化的石墨烯纳米片，并经过随后空气中的热处理（340℃，2h），得到了均匀的三维金纳米颗粒镶嵌的多孔石墨烯薄膜。该薄膜修饰的电极在探测 H_2O_2 方面具有非常优异的电化学传感性能。Müllen 等[104]层层自组装带负电的氧化石墨烯纳米片和带正电的多聚赖氨酸后，在层间插入 H_3BO_3，再经热处理制备了大面积、高度均匀、超薄的、氮和硼共同掺杂的多层（<10）石墨烯薄膜。该薄膜具有超高的容量电容（约 488F/cm³）和优异的倍率性能。

与真空抽滤法和旋转涂覆法相比，自组装成膜的面积不受限制，可以任意进行调控，而且薄膜厚度也呈现出良好的均匀性与可控性，特别是在应用于单层氧化石墨烯薄膜的制备方面。此外，在一定加热条件下氧化石墨烯水溶液中的氧化石墨烯可以在气液界面处自组装成氧化石墨烯自由撑薄膜，这为丰富和拓展石墨烯基薄膜的制备研究开辟了新方向。

（6）电化学法　成会明等[105]首先将石墨烯分散到异丙醇中，并超声1h，然后加入$Mg(NO_3)_2 \cdot 6H_2O$，使石墨烯片带上正电荷，最后通过电泳沉积（100～160V）在负极的ITO玻璃表面形成石墨烯薄膜。研究表明，制得的薄膜均匀致密，而且通过改变石墨烯浓度、硝酸镁用量、沉积电压和沉积时间可以调节石墨烯薄膜的厚度。马衍伟等[106]通过混合和回流氧化石墨烯水溶液和对苯二胺（还原剂和稳定剂）-DMF溶液的混合液，再经过滤和清洗，并转移到乙醇中，得到带正电荷的稳定的石墨烯胶体溶液，最后运用电泳沉积法（50V）在ITO涂覆的导电玻璃上制得了石墨烯薄膜。所得的薄膜具有很好的电导率（150S/cm）。Li等[107]用石墨片做电极，在硫酸水溶液中用直流偏压（-10～+10V）通过电化学剥离制备石墨烯片悬浮液，随后通过多孔过滤器收集、清洗、真空过滤、干燥等得到石墨烯薄膜。

二、石墨烯薄膜的宏观摩擦学性能研究

王金清等[108]用氧化石墨烯水溶液做前驱体，聚多巴胺作过渡层和还原剂，用自组装方法在APTES（3-氨丙基三乙氧基硅烷）溶液预处理过的硅基底上制备了APTES-PDA-RGO薄膜。研究表明，该薄膜具有优异的表面形貌及减摩抗磨性能（摩擦系数为0.13，磨损寿命大于3600s）（图5-9）。杨树明等[109]用LB法在硅基底上成功组装了多层石墨烯片。随后通过200℃热处理得到RGO薄膜。通过微观和宏观摩擦学研究表明，与APTES-GO/RGO自组装薄膜相比，在低载荷下，LB-RGO薄膜表现出了优异的减摩和抗磨性能（摩擦系数为0.21，磨损寿命大于10min）。Marchetto等[110]首先将SiC-6H（0001）表面用氢气刻蚀以获得原子尺寸平坦的表面，然后在氩气中用热解法在这些表面制备石墨烯层。由于是热解法制备，因此在SiC基底和石墨烯层之间有一个所谓的富碳界面层。微摩擦学研究表明，外延生长在SiC（0001）上的石墨烯最初摩擦系数为0.02，明显低于同等条件下的石墨，即使当石墨烯层被损坏，中间富碳界面层的摩擦系数（0.08）仍然低于石墨，而且为氢气刻蚀过的SiC基底的1/5。Sumant等[111]用化学剥离高定向热解石墨并分散到乙醇中制得溶液基的石墨烯，并将其铺展在高度抛光的不锈钢片表面，然后在干燥氮气中蒸发乙醇以获得2～3层的石墨烯片。接着在大气环境下用CSM摩擦试验机将其与不锈钢球（440C级别）对摩。研究表明，石墨烯的存在使钢的摩擦系数（0.9）减小为原来的$\frac{1}{6}$（0.15），磨损率［$179.9\times10^{-7}mm^3/$（$N \cdot m$）］减小了4个数量级［$0.03\times10^{-7}mm^3/$（$N \cdot m$）］。另

外，他们[112]还用同样的方法制备石墨烯片，并研究了其在干燥氮气中对440C钢自配副的润滑效果。研究发现，石墨烯片的存在使摩擦系数从空钢片的1减小到0.15，而且磨损率也减小了2个数量级[从3.28×10⁻⁷mm³/（N•m）到2.83×10⁻⁹mm³/（N•m）]。

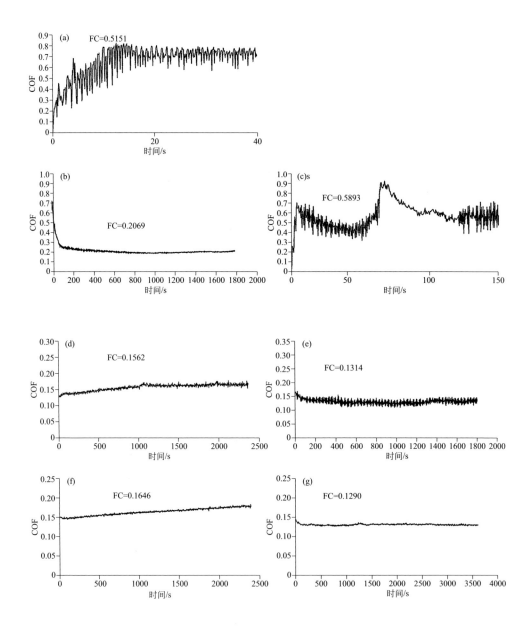

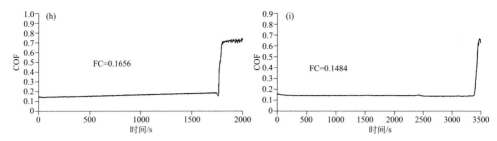

图5-9 不同载荷和固定滑动频率为1Hz的情况下，不同薄膜样品的摩擦系数随时间的变化：APTES-SAM（a）；在0.1N（b）和0.2N（c）载荷下的APTES-PDA；APTES-GO分别在0.1N（d）、0.2N（f）和0.3N（h）载荷下；APTES-PDA-RGO分别在0.1N（e）、0.2N（g）和0.3N（i）载荷下。平均摩擦系数（FC）在相应曲线上方给出

　　陈延峰课题组[113]用CVD法在铜箔上制备石墨烯薄膜并转移到SiO₂/Si基底上，然后用磁控溅射技术将Pt圆柱形基阵镀在石墨烯表面。研究表明，无圆柱形基阵结构的石墨烯在摩擦实验过程中很容易被擦掉而溅到磨痕两侧，而含有铂基圆柱形基阵结构的石墨烯却表现出优异的宏观摩擦学性能（摩擦系数为0.22，磨损寿命大于3600s）。分析认为，这是因为铂圆柱体基阵阻止了石墨烯片和压头之间的直接作用，而且通过诱导阻塞效应减小了石墨烯的表面剥落、褶皱和塑性变形，因而制止了摩擦过程中石墨烯片的滑移。Sumant等[114]首先用CVD法在铜箔上制备了单层的石墨烯，然后用过硫酸铵将铜箔刻蚀掉并用PMMA做支撑物将石墨烯/PMMA附着在不锈钢（440C级别）基底上，再用丙酮将PMMA刻蚀即得到了钢片上的单层石墨烯。同时，少层（3～4层）石墨烯用溶液基的方法制备在高度抛光的不锈钢表面。然后用CSM摩擦试验机研究了室温下单层和少层石墨烯在干燥氢气和干燥氮气环境中与不锈钢球（440C级别）对摩时的宏观耐磨性。研究表明一个原子厚度的单层石墨烯在钢片上能持续6500圈，3～4层的石墨烯可持续47000圈（图5-10）。计算模拟研究认为它们优异的磨损性能源于一个破裂的石墨烯中悬键的氢钝化，而且认为提高的耐磨性有助于保存石墨烯的电子性能。Kim等[115]用横向力显微镜（摩擦力显微镜）研究了CVD生长并转移到界面清晰的二氧化硅格栅试样上的石墨烯不同滑动方向（不同旋转角）下的界面摩擦。通过对倾斜和扁平表面的测试发现，石墨烯有低的表面能和重复的摩擦转换（从0.066到0.087），说明接触点有极低的剪切强度，同时还有独特的周期性（60°），这和石墨烯的晶格周期性一致。这种独特的周期性归因于界面上原子的不可通约性和界面滑移条件下最小的晶格变形。而且还发现石墨烯的摩擦系数（0.066～0.087）远低于SiO₂基底的摩擦系数（约0.263）。

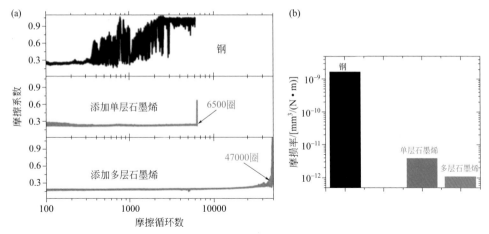

图5-10　钢球对空钢片、钢球对涂有单层石墨烯的钢片、钢球对涂有多层（3～4层）石墨烯的钢片在氢气气氛中各自的（a）摩擦系数、（b）磨损率。其中负载为1N，线速度为9cm/s

三、氧化石墨烯薄膜的宏观摩擦学性能研究

　　氧化石墨烯薄膜的摩擦学性能和石墨烯薄膜一样优异，因此也成为近年来研究的热点[116]。其中关于氧化石墨烯基复合材料的摩擦学性能的研究居多。王金清等[117]首先用自组装法在硅基底上制备了3-氨丙基三乙氧基硅烷（APTES，底层）和氧化石墨烯（外层）双层膜，然后利用氧化石墨烯表面上C—OH基团和十八烷基三氯硅烷（OTS）上Si—OH基团之间可以缩合的优势，成功将OTS嫁接到前面所制备的氧化石墨烯基双层膜上，所制备的薄膜被称为APTES-GO-OTS疏水三层膜。摩擦学研究表明，该薄膜的摩擦系数最低可达0.17，磨损寿命大于3600s。这与他们之前制备的APTES-GO或APTES-C_{18}自组装膜相比，摩擦学性能更加优越。王齐华等[118]经单体反应物的聚合过程制备了苯乙炔基终端的热固性聚酰亚胺（PI）与氧化石墨烯（GO）纳米复合材料。热重分析结果表明，GO的引入，增加了PI的热稳定性。对PI和PI/GO纳米复合材料进行摩擦和磨损测试得出，GO的加入（最佳含量为3%，质量分数），明显提高了PI的摩擦磨损性能［摩擦系数最低为0.28，磨损率最低为2.75×10^{-6}mm³/（N·m）］。他们认为这是由于转移膜的形成和承载能力增强所致。阎兴斌等[119]用一个优化的甲苯辅助混合伴随热压法制备了氧化石墨烯/超高分子量聚乙烯（GO/UHMWPE）复合材料。力学和摩擦学性能研究表明，当氧化石墨烯纳米片的含量高于1.0%（质量分数）时，复合材料的硬度和耐磨性都显著提高（图5-11）。分析认为，GO

加入后，复合材料磨损率的减小［最低为 $1.0×10^{-5}mm^3/（N·m）$］是因为摩擦学行为从疲劳磨损转变为磨粒磨损，同时还伴随接触表面上转移层的形成。程先华等[120]首先将硅片浸入 APTES 溶液得到 APTES-SAM 膜，然后将其浸入羧酸化的氧化石墨烯（GO-COOH）溶液中，在 80℃下保持 12h，得到 APTES-GO 膜。接着将 APTES-GO 膜浸入到 2mmol/L 的 $LaCl_3$ 乙醇溶液中，在 90℃下保持 12h，就得到了目标产物 APTES-GO-La 薄膜。该薄膜具有较低的摩擦系数（0.13）和良好的抗磨性能（磨损寿命＞3600s）。这种显著的摩擦学性能可能是由于镧与羧基之间的配位化学反应减小了三层自组装薄膜的表面自由能并提高了其与基底的横向交联键合力所致。

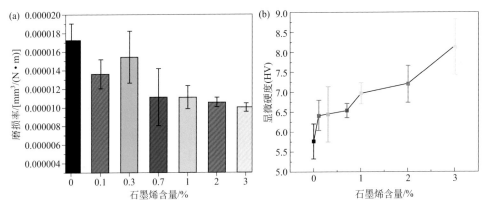

图5-11　氧化石墨烯/超高分子量聚乙烯（GO/UHMWPE）复合材料的（a）磨损率和（b）显微硬度随氧化石墨烯（GO）含量的变化情况（摩擦条件为：ϕ4mm ZrO_2球，载荷=5N，线速度=9cm/s）

　　复旦大学李同生课题组[121]首先用化学复合法制备了一种自润滑和抗磨损的氧化石墨烯（GO）/聚四氟乙烯（PTFE）混合添加剂（简称 GNF），然后将其加入聚酰亚胺（PI）和环氧树脂（EP）中生成 GNF/PI 和 GNF/EP 复合物。接着将两种复合物铸在不锈钢片上，对它们进行摩擦磨损实验。研究发现，只加入 1%（质量分数）的 GNF 添加剂，它们的摩擦系数（0.18 和 0.45）就降低了近 60%，而且磨损率［$1×10^{-6}mm^3/（N·m）$和 $3×10^{-6}mm^3/（N·m）$］降低了两个数量级。和其他未填充的聚合物或只用其中之一填充的聚合物相比，GNF/聚合物复合材料摩擦学性能的提高主要是由于纳米 -PTFE 和氧化石墨烯的协同作用。可以归结为四个方面：均匀的 GNF 分散和强的界面；增加的机械性能；转移膜和 GNF 的摩擦学效应（保护效应和抑制效应）。丁建宁等[122]用自组装和浸涂技术在硅基底上成功制备了氧化石墨烯（GO）和多烷基化环戊烷（MACs）复合薄膜（APS-GO/MACs）。摩擦学研究发现，所制备的多层膜 APS-GO/MACs 与 APS-GO 或 APS/MACs 膜相比，具有较低的摩擦系数（0.09）和较长的磨损寿命（＞3600s）。他们将这种优异的摩擦学性能归结为键合在硅基底表面上氧化石墨烯的抗磨损性能与 MACs 自身修复之间的协同效应。宋浩杰等[123]通过原位聚合法制备了聚酰亚胺（PI）/氧化石墨烯（GO）纳米复合薄膜，并对其在干燥空气中、纯水中、海水中分别进行了摩擦学研究。结果表明，PI/GO 在海水中表现出了更加优异的摩擦学性能［摩擦系数为 0.22，磨损率为 $2.6×10^{-6}mm^3/$（N·m）］。这跟海水较好的润滑效应（Ca2p 和 Mg2p 沉积物）有关。另外，在海水条件下填充 GO 后，PI 的耐磨性显著提高，而且当 GO 含量为 0.5%（质量分数）时，耐磨性达到最高。这是由于 PI 矩阵和 GO 纳米填充剂之间强的界面黏附能够有效转移接触面间的负荷所致。王金清等[124]用自组装法在硅基底上制备了二氧化铈/氧化石墨烯（CeO_2/GO）复合薄膜。该复合薄膜与硅基底和 GO 膜相比，摩擦学性能显著提高：摩擦系数（0.25）仅为硅基底的 1/3，而且磨损寿命（8h）为 GO 膜的 7 倍。他们认为复合薄膜优异的摩擦学性能可用"滑移"和"转移"来进行解释。

最近，Filleter 等[125]用摩擦力显微镜研究了超薄氧化石墨烯（GO）薄膜（1.2～3.3nm）的摩擦学性能，SiO_2/Si 衬底上石墨烯（4层）的摩擦力随法向力变化的曲线见图 5-12。研究结果表明，GO 的摩擦系数约为空硅片的 1/2，而且跟薄膜的厚度无关；含不同碳氧比的 GO 薄膜具有不同的抗磨损性能：当碳氧比为 2 时，薄膜很容易磨穿，而当碳氧比为 4 时，薄膜的耐磨性有很大的提高。

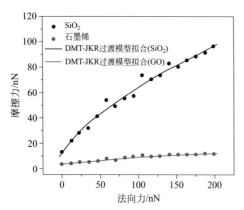

图5-12 SiO_2/Si 衬底上石墨烯（4层）的摩擦力随法向力变化的曲线。黑色实线和红色实线使用DMT-JKR过渡模型拟合

第四节
面向MEMS/NEMS器件的电化学沉积石墨烯薄膜

一、制备与结构表征

1. 制备方法

特征尺寸在微/纳米的微电子机械系统（MEMS/NEMS）由于具备尺寸微型化、功能集成化等优点，已经成为近几十年的一个重要发展方向。但是由于MEMS/NEMS尺寸很小，黏着和磨损问题已经成为其广泛应用的最大挑战。著者及其团队采用Hummers方法制备了氧化石墨烯[126]。制得的氧化石墨烯粉末被分散在超纯水中，用超声波清洗机超声若干时间，以获得均匀且稳定的氧化石墨烯胶体溶液。沉积前，首先用98% H_2SO_4和30% H_2O_2的混合溶液（体积比为7∶3）把硅片清洗干净，然后用超纯水清洗几次，最后用N_2吹干。图5-13展示了运用电泳沉积法制备氧化石墨烯薄膜的原理图。两个平行放置的硅片（相距5mm）分别作为工作电极和对电极同时浸入到含有4.56mg/mL的氧化石墨烯胶体溶液中。两端分别与直流电源的正负极相连。分别采用20V，25V，30V，35V，40V和45V的电压来沉积薄膜，沉积时间均为1h。所有的实验都在室温下（22℃）进行。

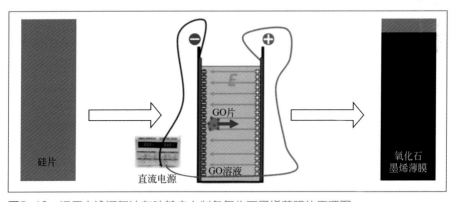

图5-13 运用电泳沉积法在硅基底上制备氧化石墨烯薄膜的原理图

2. 结构表征

由于氧化石墨烯片层上极性含氧官能团的存在，氧化石墨烯本身能够形成带负电的稳定的胶体溶液。图 5-14（a）给出了不同浓度下氧化石墨烯胶体溶液的 Zeta 电势值。可以看出，所有溶液的 Zeta 电势值均为负值（-8～-32mV），而且随着浓度的增加而减小，证实了氧化石墨烯水溶液带负电是由于氧化石墨烯片层上含氧官能团的存在造成的。通过 XPS 测试 ［图 5-14（b）］进一步确认，C—O（羟基和环氧基，约 287.1eV）和 C＝O（羧基，约 288.6eV）[84] 是氧化石墨烯主要的含氧官能团[127]。也就是说，在电场作用下，可以直接利用水溶液中氧化石墨烯片层上固有的负电荷，使它们移向带相反电荷的电极（阳极）来制备氧化石墨烯薄膜。用反射红外和拉曼光谱来进一步研究这些薄膜的化学结构，图 5-14（c）中，FTIR 光谱约 1744cm^{-1} 和约 1037cm^{-1} 峰分别对应 C＝O 和 C—O 伸缩振动。从红外光谱图中可以看出，在不同电压下沉积的氧化石墨烯薄膜和氧化石墨烯溶液相比（蓝色曲线），除了 C—O 峰强度有所差别外，其他大致相同，说明

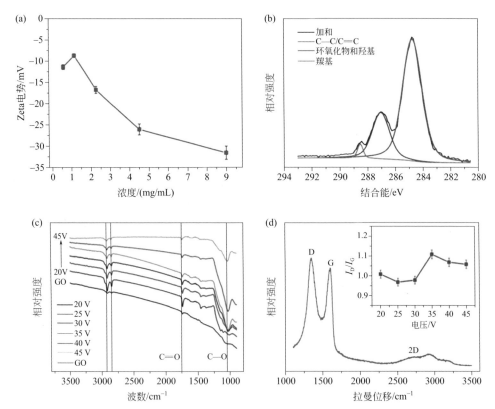

图5-14 （a）氧化石墨烯胶体溶液在各种浓度下的Zeta电势；（b）氧化石墨烯薄膜的XPS C1s谱图；（c）氧化石墨烯和在不同电压（20～45V）下硅基底上沉积的氧化石墨烯薄膜的FTIR光谱；（d）35V电压下沉积的氧化石墨烯薄膜的Raman光谱，插图是不同电压（20～45V）下沉积的氧化石墨烯薄膜D峰和G峰的相对比

电压对氧化石墨烯薄膜的化学成分基本没有影响。这点也可以从 Raman 光谱中得到印证。在氧化石墨烯薄膜的 Raman 光谱图中［图 5-14（d）］，明显可以看到两个显著的峰：D 峰（约 1348cm^{-1}）和 G 峰（约 1603cm^{-1}），图 5-14（d）中的插图表明，D 峰和 G 峰的强度比随着电压的增加在不断变化，而且在 35V 时达到最高。D 峰和 G 峰强度比的增加通常是氧化石墨烯无序性增加的反映[128]，在此无序性主要是高电压下（35V）正极的强氧化作用造成的，从而使得 D 峰和 G 峰强度比较大。

从图 5-15（a）可以看出，所制备的氧化石墨烯薄膜的颜色随沉积电压增加而变化。这主要是由薄膜厚度的变化造成的。通过椭偏仪测得的各种电压（20～45V）条件下制备的薄膜厚度分别是 50nm，99nm，171nm，259nm，296nm 和 402nm。随着薄膜厚度的增加，薄膜的颜色从 20V 电压条件下的灰色演变成 25V 电压条件下的蓝色，最终演变成 40V 电压条件下的紫红色。图 5-15（b）展示了一个沉积在硅片上的带有清晰沉积边界（样品浸入溶液中的界线）的均匀的薄膜，表明氧化石墨烯薄膜能轻而易举且很均匀地沉积在硅表面上。而且，这种制备方法对环境友好，不需要添加任何带电离子，只需要水作为介质就可以实

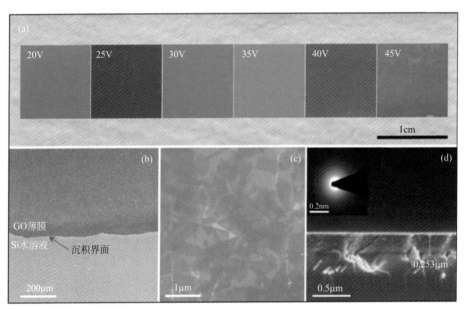

图5-15　（a）运用阳极电泳法在不同电压（20～45V）下沉积1h所得的氧化石墨烯薄膜的光学图；（b）35V电压下沉积的氧化石墨烯薄膜的低倍SEM图片（有一个清晰的沉积界面）；（c）20V电压下沉积的氧化石墨烯薄膜的高倍SEM图片；（d）35V电压下沉积的氧化石墨烯薄膜的SEM断面图和选区电子衍射图

现。图 5-15（c）展示了一个典型氧化石墨烯薄膜的 SEM 图，证明氧化石墨烯薄膜是由层状的氧化石墨烯片以平躺的方式堆积而成，因此具有较低的粗糙度（0.59nm）。当沉积电压增加到 40V 时，氧化石墨烯片层开始起皱，使得薄膜的粗糙度达到 2.61nm（表 5-1）。图 5-15（d）给出了 35V 电压下沉积的氧化石墨烯薄膜的断面图，显示出薄膜的致密和规整；薄膜的厚度大约是 253nm，这与用椭偏仪测得的厚度 259nm 相近。图 5-15（d）中 35V 电压下沉积的氧化石墨烯薄膜的选区电子衍射图展示了氧化石墨烯片层的典型特征[129]。不太清晰的衍射环说明氧化石墨烯薄膜的结晶状态是无定形的。这说明了 35V 电压下沉积的氧化石墨烯薄膜是非晶的。

表5-1　在不同电压（20～45V）条件下沉积的氧化石墨烯薄膜的粗糙度、应力和黏着力

样品编号	粗糙度/nm	应力/GPa	黏着力/nN
GOF20	0.59	4.66	59.68
GOF25	1.38	2.04	40.71
GOF30	1.43	1.59	1.08
GOF35	1.65	−0.20	1.17
GOF40	2.61	−0.25	1.09
GOF45	2.75	−0.32	0.82

二、力学与摩擦学

1．力学表征

图 5-16（a）给出了纳米压痕测试中氧化石墨烯薄膜的载荷 - 位移曲线，

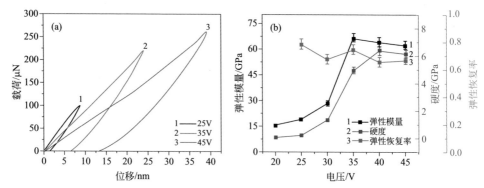

图5-16　（a）在25V，35V和45V电压下沉积的氧化石墨烯薄膜的三种典型的纳米压痕载荷-位移曲线；（b）20～45V电压下沉积的氧化石墨烯薄膜的硬度、弹性模量和弹性恢复率

图 5-16（b）给出了薄膜的硬度和弹性模量，而且可以看出它们都随着沉积电压的增高而增大，这可能是由于较高电压下电场力较强，薄膜的沉积速度较快，使得薄膜比较致密。但是，高电压会使薄膜表面变得粗糙，如表 5-1 所示。35V 电压下沉积的薄膜硬度为 5GPa，弹性恢复率为 74.8%，而 40V 和 45V 电压下沉积的薄膜硬度稍高些但弹性恢复率却稍低。和硅片的硬度（12GPa）相比，氧化石墨烯薄膜可被认为是硬度较低的薄膜。

2. 摩擦学表征

正如上面所述，氧化石墨烯薄膜和硅片相比是软材料，在摩擦过程中将不会产生很大的磨损[93]，因此可以在 MEMS/NEMS 中用作固体润滑薄膜。氧化石墨烯薄膜的摩擦学性能用球 - 盘实验来进行研究。图 5-17（a）给出了不同电压（20 ～ 45V）条件下沉积的氧化石墨烯薄膜的摩擦系数 - 时间曲线，对应的摩擦系数分别是 0.05，0.067，0.08，0.086，0.11 和 0.21，都比较低。结合表 5-1 可以看出，氧化石墨烯薄膜的摩擦系数随着表面粗糙度的增大而增大，而表面粗糙度则随着沉积电压的增高而增大，表明氧化石墨烯薄膜的摩擦系数在一定程度上可以通过控制沉积电压来调节。20V 电压条件下沉积的氧化石墨烯薄膜的摩擦系数仅为空硅片的 1/6，说明氧化石墨烯薄膜能显著减小硅基底的摩擦，因此可以作为潜在的固体润滑薄膜应用于 MEMS/NEMS。为了和石墨片的摩擦性能进行对比，图 5-17（a）同时给出了相同条件下石墨片的摩擦系数（0.12），它和 40V 电压条件下沉积的薄膜相近（0.11），但是却是 35V 电压条件下沉积薄膜的 1.4 倍，是 20V 电压条件下沉积薄膜的 2.4 倍。另外石墨片的磨损体积（$3.19 \times 10^{-12} m^3$）也远远高于 35V 电压条件下沉积的氧化石墨烯薄膜的（$3.38 \times 10^{-14} m^3$）。这进一步说明氧化石墨烯薄膜可以在硅基 MEMS/NEMS 中用作有效的固体润滑薄膜。从图 5-17（b）中可以看出，氧化石墨烯薄膜的厚度和沉积电压呈线性关系：沉积电压越高，厚度越大。它与硅基底的结合力和沉积电压也呈线性关系，当厚度随电压增大时，结合力从 2.1N 增大到 3.8N，足以满足 MEMS 中的固体润滑要求[130]。氧化石墨烯薄膜的黏着力是通过 AFM 测得，是用一个探针的针尖接触薄膜表面来实现。不同电压条件下制备的氧化石墨烯薄膜的黏着力值都在表 5-1 中列出。结果表明黏着力的变化趋势和粗糙度相反。氧化石墨烯薄膜黏着力的减小主要是由于真实接触面积的减小造成的。以 20V 电压条件下沉积的氧化石墨烯薄膜为例，它有一个最小的粗糙度（0.59nm），但是黏着力却最大（59.68nN）。总体来说，黏着力在低电压下比较高，在高电压下比较低。30V，35V，40V 和 45V 电压条件下沉积的薄膜的黏着力分别为 1.08nN，1.17nN，1.09nN 和 0.82nN。高电压下如此低的黏着力对于 MEMS/NEMS 设备的润滑非常有利。

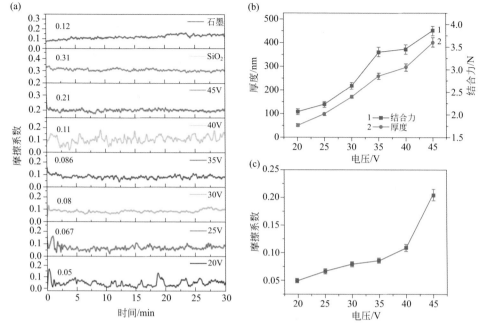

图5-17 （a）石墨片、空硅片和在不同电压（20～45V）条件下沉积的氧化石墨烯薄膜的摩擦系数随时间的变化曲线（摩擦条件：载荷=400mN，频率=5Hz，距离=2.5mm，时间=30min）；（b）在不同电压（20～45V）条件下沉积的氧化石墨烯薄膜的厚度和与硅基底的结合力；（c）在不同电压（20～45V）条件下沉积的氧化石墨烯薄膜的摩擦系数

在 MEMS/NEMS 设备的实际应用中，对于一种固体润滑薄膜来说，耐磨性也至关重要，因为 MEMS 部件的严重磨损会导致整个系统失效[131]。图 5-18 给出了空硅片、20V 电压条件下和 35V 电压条件下沉积的薄膜的三维磨痕图。从图 5-18（c）中可以看出，硅片磨损很严重，磨痕深度可达 3.5μm。但是 20V 电压条件下和 35V 电压条件下沉积的薄膜的磨痕却比较浅，深度分别是 1.5μm 和 0.12μm［图 5-18（b）和图 5-18（a）］。根据椭偏仪测得的 20V 电压条件下和 35V 电压条件下沉积的薄膜的厚度可以推断出，20V 电压条件下沉积的薄膜已经被磨穿，而 35V 电压条件下沉积的薄膜却没有被磨穿。此外，内应力测试结果表明，在高电压下氧化石墨烯薄膜的内应力接近零，35V 条件下是 0.2GPa，而 20V 电压条件下达到最高（4.66GPa），这可能是 20V 电压条件下沉积的薄膜耐磨性差的原因之一，因为在摩擦过程中高的应力会导致氧化石墨烯薄膜被破坏甚至剥落。而 35V 电压条件下沉积的薄膜应力为 0.2GPa，达到最低，使得它的磨痕深度为 120nm（它的厚度范围大约是 259nm），表现出优异的耐磨损性能[132]。

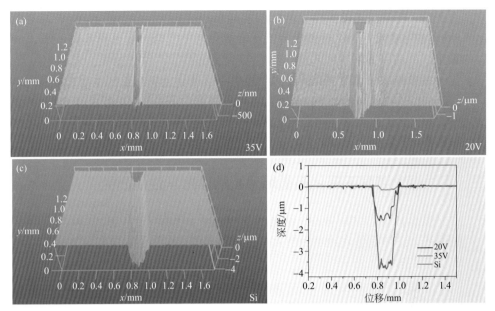

图5-18　（a）35V和（b）20V电压条件下沉积的氧化石墨烯薄膜与（c）空硅片磨痕的三维轮廓图；（d）35V和20V电压条件下沉积的氧化石墨烯薄膜与空硅片磨痕的二维剖面图。摩擦测试条件如下：载荷=400mN，频率=5Hz，距离=2.5mm，时间=30min

　　35V电压条件下沉积的薄膜的磨损体积是$3.38×10^{-14}m^3$，是硅片（$8.32×10^{-13}m^3$）的1/25，同时也远低于石墨片的（$3.19×10^{-12}m^3$），说明氧化石墨烯薄膜可以显著延长硅的磨损寿命。对于40V和45V条件下沉积的氧化石墨烯薄膜，尽管它们的磨损体积也比较低，但是它们的粗糙度和摩擦系数都比较高。结合摩擦和磨损性能，在35V电压条件下制备的氧化石墨烯薄膜显示出了最优异的抗摩擦和耐磨损性能。

　　总之，在硅基底上运用环境友好的电泳沉积法（没有添加任何带电粒子，只有水作为介质）制备的高纯氧化石墨烯薄膜展示出了优异的摩擦学性能。而且氧化石墨烯薄膜的厚度可以很方便地通过调整电泳的工作电压来实现。通过研究电泳工作电压对氧化石墨烯薄膜的粗糙度、硬度及与硅基底的结合力等的影响规律，发现35V电压条件下沉积的氧化石墨烯薄膜具有最优的摩擦学性能：摩擦系数降低到硅片的$\frac{0.086}{0.31}$即$\frac{5}{18}$，磨损体积也减小到硅片的1/25。总之，由电泳沉积法制备的氧化石墨烯薄膜能有效地减小硅基底的摩擦，延长其磨损寿命。这展示了氧化石墨烯薄膜在MEMS/NEMS中的巨大应用潜力。

　　采用Hummers方法制备氧化石墨烯：经真空冷冻干燥过的氧化石墨烯粉末被分散在超纯水中，用超声波清洗机超声若干时间，以获得均匀和稳定的氧化石墨烯胶体溶液。沉积前，首先用98% H_2SO_4和30% H_2O_2的混合溶液（体积比为 7:3）把硅片清洗干净，然后用超纯水清洗几次，最后用 N₂ 吹干，两个相距 5mm 平行放置的硅片分别作为工作电极和对电极同时浸入到含有 4.56mg/mL 的氧化石墨烯胶体溶液中。两端分别与直流电源的正负极相连。采用 30V 电压沉积五组薄膜（沉积时间均为 1h）。其中四组薄膜分别在氩气中于 200℃，300℃，500℃和 800℃退火 1h。退火后的薄膜分别被命名为 GO200，GO300，GO500 和 GO800。未退火的那组薄膜被命名为 GO25 作为参照。除退火实验外，其他的实验操作均在室温下进行。

三、不同退火温度下氧化石墨烯薄膜的摩擦学性能研究

图 5-19（a）和（b）分别展示了 20mN 下摩擦系数随时间和退火温度变化的曲线，总体趋势先减小后增大，这说明薄膜的摩擦学性能和含氧官能团之间可

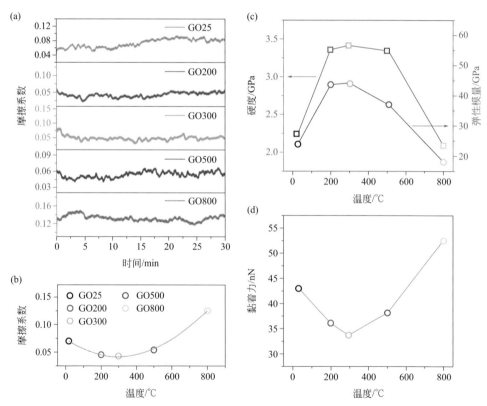

图5-19　未退火的（GO25）和退火后的（GO200，GO300，GO500和GO800）氧化石墨烯薄膜（a）各自的摩擦系数随时间的变化曲线；（b）摩擦系数随退火温度的变化趋势；（c）硬度、弹性模量和（d）黏着力与退火温度的关系

能存在着某种内在联系。GO25 平均摩擦系数为 0.071，它可以看作是各种含氧官能团如环氧基、羟基、羧基和羰基的综合体。但是，当环氧基的含量从 21.6% 减小到 4.8% 时，GO200 的摩擦系数却急剧地减小到 0.047。正如预料的那样，GO300 的摩擦系数进一步减小到 0.042，环氧基的含量进一步减小到 1.8%。因此，从这个意义上来说，环氧基不利于降低氧化石墨烯薄膜的摩擦系数。对于羧基，GO300 只含 2.1%，这远小于 GO200 的（15.2%）。然而，GO200 和 GO300 却表现出相似的摩擦系数（0.047 和 0.042），这说明羧基对氧化石墨烯薄膜的摩擦学性能影响较小。在更高温度（500℃）下，GO500 的摩擦系数上升到 0.054，这和 GO200 和 GO300 的摩擦系数相比，稍微高些。和 GO300 相比，GO500 最大的改变是羟基几乎被完全除去（热重分析和红外光谱结果），这说明羟基对减小薄膜的摩擦系数起着非常重要的作用。当温度达到 800℃时，GO800 的摩擦系数升到 0.125，此值和石墨非常接近[117]。值得注意的是，退火温度为 300℃时，氧化石墨烯薄膜的硬度和弹性模量都达到最大［图 5-19（c）］，表面黏着力最小［图 5-19（d）］，说明 GO300 优异的摩擦学性能主要源于它表面覆盖的羟基，这些羟基通过调整空间构型极大地减小了薄膜的内应力，从而有利于形成更加有序和致密的氧化石墨烯薄膜。

为了进一步揭示氧化石墨烯薄膜摩擦学性能变化的内在原因，对未退火的和在不同温度下退火处理后的氧化石墨烯薄膜进行了 XRD 分析。如图 5-20（a）所示，GO25 在 $2\theta=12.2°$ 处有一个狭窄的峰（001），对应层间距约为 0.728nm，远超过石墨的层间距 0.335nm。在 200℃退火处理 1h 后，GO200 的层间距迅速减小到 0.371nm。继续提高退火温度到 300℃，相应的层间距（0.367nm）却减小甚微。当退火温度升高到 500℃时，层间距（0.353nm）变得很小，接近石墨。最终，当退火温度增加到 800℃时，层间距（约 0.338nm）非常接近石墨（约 0.335nm）。

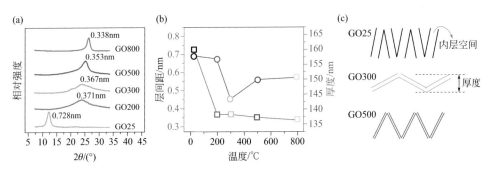

图5-20　未退火的（GO25）和退火后的（GO200，GO300，GO500和GO800）氧化石墨烯薄膜的（a）XRD图谱；（b）层间距和厚度；（c）氧化石墨烯薄膜（GO25，GO300和GO500）中氧化石墨烯片层排列规整性变化的横断面示意图

综合起来，不同的含氧官能团对层间距的改变有不同的贡献。低摩擦系数的氧化石墨烯薄膜需要合适的层间距，如GO300那样，层间距适中。例如，GO25有最大的层间距，当层间发生滑移时，面外的环氧基极大地增加了层间摩擦力。但是，对GO300来说，它的层间距适中，羟基之间的排斥力很大从而使得相互接触的氧化石墨烯片层之间滑移非常容易，因而导致相对较低的摩擦系数。上面的结果表明，氧化石墨烯薄膜的摩擦学性能由不同含氧官能团引起的层间距决定。这个发现可以用图5-21中羟基和环氧基的空间构型来进行解释。较大的层间距由刚性的环氧基引起，它难以减小摩擦过程中的剪切强度。相反，键合在C＝C骨架上的可旋转的羟基，像柔软的刷子一样，能够自调节产生合适的层间距来增强氧化石墨烯薄膜的表面和力学性能。因此对GO300来说，氧化石墨烯片层上柔软的羟基对减小其摩擦系数非常有利。相反，对GO25来说，不可弯曲的环氧基使得其摩擦系数增高。

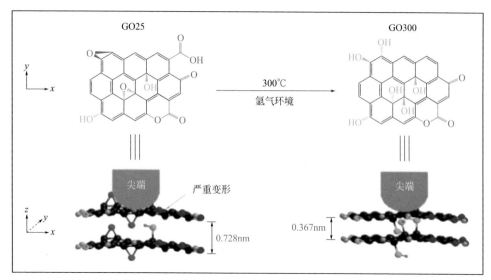

图5-21　退火过程中分别由环氧基和羟基主导的GO25和GO300之间含氧官能团的演化（上半部分）及它们相应摩擦学性能演化（下半部分）的示意图

四、结论

概括起来，氧化石墨烯薄膜层间距和表面黏着的减小与其含氧官能团的物种分布有关。对于未经退火处理的氧化石墨烯薄膜，它的摩擦学性能受到由面外环氧基引起的较大层间距的抑制。当退火温度达到300℃时，羟基引起的层间距被减小到一个合适的距离，使得GO300更加致密和抗黏着，因此显著降低了它的摩擦系数。当退火温度在 500 ～ 800℃之间时，层间距非常接近石墨，相应的摩擦学性能也向石墨演化。总之，在整个退火过程中，不同含氧官能团引起的层间距支配氧化石墨烯薄膜摩擦学性能的演化。在它们当中，环氧基引起的层间距极大地抑制了氧化石墨烯薄膜的摩擦学性能，而高含量的羟基使层间距减小到一个合适的值，导致其优异的摩擦学性能。其他面内的含氧官能团对氧化石墨烯薄膜的层间距改变影响甚微，因此对其摩擦学性能影响很小。这些发现有助于人们更好地理解氧化石墨烯或碳基薄膜的润滑机制，进而指导人们设计出更加优异的氧化石墨烯基固体润滑材料。

第五节
氧化石墨烯基组装薄膜的摩擦学

  微纳制造技术推动着微/纳电子机械系统（MEMS/NEMS）、微纳米器件、微型空间飞行器等向集成化、智能化和微型化方向快速发展。由于尺寸减小、比表面积增大而导致微纳米器件表面效应增强，黏着和摩擦成为影响微纳米器件可靠性与耐久性的关键因素 [133,134]。由于具有纳米量级厚度、制备方法简单、结构可控、自恢复性好等特点，在过去的二十余年中，有机分子薄膜曾被认为是有望解决微纳系统构件表面黏着、摩擦和磨损问题的理想润滑体系 [135,136]。然而，有机分子固有的低承载力使其无法保证微纳机械系统长时间的稳定性与高可靠性。

  作为一种重要的石墨烯衍生物，氧化石墨烯（GO）具有层状结构、优异的力学特性及特殊的表面性能。相比惰性的石墨烯表面，含氧基团的引入使得 GO 表面易功能化，为合成石墨烯基/氧化石墨烯基复合材料提供表面活性位置。将 GO 作为构建氧化石墨烯基组装薄膜的前驱物与承载相引入有机分子薄膜体系，有望提高有机分子薄膜的承载力及耐磨性能，从而减小微纳尺度下接触表面的黏着、摩擦和磨损问题。

一、薄膜的结构设计

  著者及其团队通过薄膜结构设计，以柔性有机分子和刚性结构的 GO 为组装前驱体，通过自组装法构筑柔性－刚性复合结构薄膜。其中，有机分子有望增大 GO 纳米片的间距，使复合薄膜形成弹性 3D 结构，而不是仅由 GO 纳米片构成的刚性 3D 结构。该弹性结构将有利于在摩擦过程中吸收变速冲击能量，从而提高氧化石墨烯基复合薄膜的耐磨性和承载力。而且，多层薄膜中仍然保留了良好堆叠的 GO-GO 层状结构。GO 片层之间的滑动将有利于降低薄膜的摩擦系数。

二、薄膜结构对摩擦学性能的影响

聚二烯丙基二甲基氯化铵 [Poly（Diallyldimethylammonium Chloride），PDDA] 是一种水溶性阳离子聚季铵盐，具有高的正电荷密度和良好的水溶性，结构中含有灵活的分子长链。著者及其团队采用 GO 和 PDDA 为组装前驱体 [图 5-22（a）]，

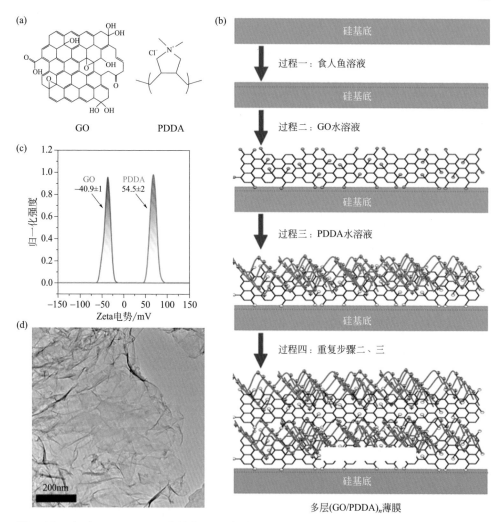

图5-22　（a）GO和PDDA的结构式；（b）(GO/PDDA)$_n$多层薄膜的构筑示意图；（c）GO和PDDA水分散液的ζ电势；（d）GO的TEM照片

通过层层静电自组装将 GO 和 PDDA 组装在羟基化的单晶硅片表面，构筑 (GO/PDDA)$_n$ 多层氧化石墨烯复合薄膜 [图 5-22（b）]。薄膜的厚度随着 (GO/PDDA)$_n$ 层数的增加呈现线性增大的趋势，(GO/PDDA)$_1$，(GO/PDDA)$_3$ 和 (GO/PDDA)$_5$ 的膜厚分别为 3.37nm，9.41nm 和 15.93nm（椭偏仪测定）。

从 AFM 形貌可知（图 5-23），GO 纳米片在 GO 薄膜中不连续地分布在单晶硅基底表面，其均方根粗糙度（RMS）为 0.52nm。PDDA 薄膜表面较平整，其 RMS 为 1.29nm。(GO/PDDA)$_n$ 多层薄膜表面呈现大量微凸起，表面粗糙度随着组装层数的增加而增大，(GO/PDDA)$_1$、(GO/PDDA)$_3$ 和 (GO/PDDA)$_5$ 薄膜的 RMS 分别为 1.76nm，3.04nm 和 4.70nm。

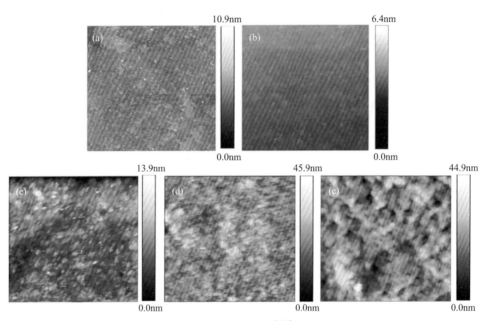

图5-23　组装薄膜的AFM形貌图（2.5μm×2.5μm）[137]：（a）GO SAM；（b）PDDA SAM；（c）(GO/PDDA)$_1$；（d）(GO/PDDA)$_3$和（e）(GO/PDDA)$_5$

采用 XPS 分析了组装薄膜的成分及元素的化学状态，如图 5-24 所示。位于 400.1eV 处的 N 1s 表明 PDDA 成功地组装在 Si 基底表面 [图 5-24（a）和（b）]。在 (GO/PDDA)$_n$ 多层薄膜中，位于 400.1eV 处的 N 1s 表明 PDDA 成功地与 GO 层发生键合。GO 薄膜的 C 1s [图 5-24（c）] 可拟合得到结合能分别为 284.8eV，286.3eV，287.1eV 和 288.9eV 的 4 个拟合峰，分别归属为 C=C/C—C，C—O，C=O 和 O=C—OH。(GO/PDDA)$_n$ 多层薄膜的 C 1s [图 5-24（d）～（f）] 可拟合出 5 种结合形式，分别为 C=C/C—C（284.8eV）、C—N（285.6eV）、C—O

（286.3eV）、C=O（287.1eV）和 O=C—OH（288.9eV）。其中，C—N 含量随着 (GO/PDDA)$_n$ 层数的增加而增大。

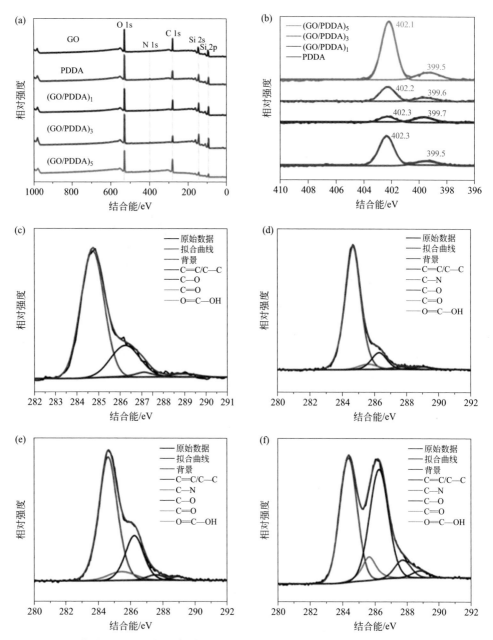

图5-24 组装薄膜的XPS全谱（a），薄膜的N 1s精细谱（b），C 1s精细谱：GO（c），(GO/PDDA)$_1$（d），(GO/PDDA)$_3$（e），(GO/PDDA)$_5$（f）[137]

图 5-25 给出了 GO 和 (GO/PDDA)$_n$ 薄膜的 Raman 光谱。在约 1350cm^{-1} 处的 D 峰和约 1590cm^{-1} 处的 G 峰是 GO Raman 光谱的主要特征峰。随着 (GO/PDDA)$_n$ 薄膜层数的增多，D 峰和 G 峰的峰强度逐渐增强，并且峰变得更加尖锐。意味着在 (GO/PDDA)$_n$ 薄膜中仍然存在良好堆叠的 GO-GO 层状结构[138,139]。

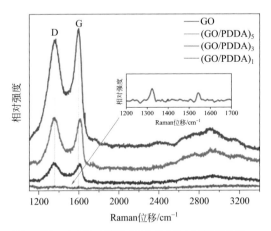

图5-25 GO纳米片和(GO/PDDA)$_n$薄膜的Raman谱图

采用 UMT-2MT 摩擦试验机评价薄膜在不同载荷下的宏观摩擦学性能（图 5-26）。GO 薄膜的抗磨寿命很短，在 0.1N 和 1Hz 条件下的寿命仅为 300s，载荷增加至 0.2N 时，GO 薄膜很快失效。相同条件下，PDDA 薄膜依然起到减摩作用。当载荷进一步增加至 0.3N，PDDA 薄膜迅速失效。虽然 PDDA 具有较好的减摩作用，但其承载力差。相比而言，(GO/PDDA)$_n$ 多层薄膜呈现出优异的抗磨减摩性能。随着 (GO/PDDA)$_n$ 多层薄膜层数的增加，薄膜的摩擦系数逐渐降低。而且，(GO/PDDA)$_n$ 多层薄膜具有高承载和长寿命。在 0.4N 和 1Hz 往复滑动频率下，(GO/PDDA)$_1$，(GO/PDDA)$_3$ 和 (GO/PDDA)$_5$ 薄膜的寿命分别超过 11800s，14600s 和 16600s。(GO/PDDA)$_n$ 多层薄膜优异的摩擦学性能可归因于其特殊的薄膜结构。其中，PDDA 增大了 GO 纳米片的间距，形成弹性 3D 薄膜，而不是仅由 GO 纳米片构成的刚性 3D 结构，这种柔性结构有利于在摩擦过程中吸收变速冲击能量，从而提高石墨烯基复合薄膜的耐磨性和承载力。此外，如前面 Raman 分析（图 5-25），(GO/PDDA)$_n$ 多层薄膜中仍保持良好的 GO-GO 层状结构。GO 片层之间的滑动有利于降低薄膜的摩擦系数。随着 (GO/PDDA)$_n$ 层数的增加，GO 片层的数量增多，导致摩擦系数随着 (GO/PDDA)$_n$ 层数的增加而降低。

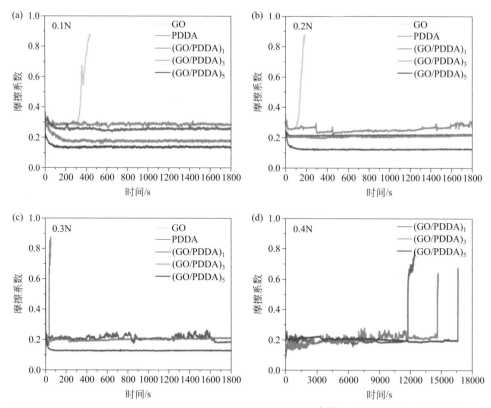

图5-26 组装薄膜在不同载荷下摩擦系数随时间的变化曲线[137]：（a）0.1N；（b）0.2N；（c）0.3N；（d）0.4N

由以上研究结果可知，通过前驱体分子和薄膜结构设计，可方便地调控薄膜的结构和性能。以柔性有机分子和刚性氧化石墨烯为组装前驱体，可构筑柔性－刚性复合结构氧化石墨烯基薄膜。其中，有机分子增大了 GO 纳米片的间距，形成弹性 3D 复合薄膜，这种复合结构有利于在摩擦过程中吸收变速冲击能量，从而提高氧化石墨烯基复合薄膜的耐磨性和承载力。而且，多层薄膜中仍然保留了良好堆叠的 GO-GO 层状结构。GO 片层之间的滑动有利于降低薄膜的摩擦系数。与单组分石墨烯薄膜和有机分子薄膜相比，柔性－刚性复合结构氧化石墨烯基薄膜具有低摩擦、高承载和长寿命等优点，有望成为 MEMS/NEMS 等微器件的分子润滑薄膜。

三、工况条件对摩擦学性能的影响

复合薄膜的组分和结构是影响氧化石墨烯基组装薄膜摩擦学性能的关键因

素。此外，复合薄膜的摩擦学行为还受到环境气氛、摩擦配副、运动方式、温度、载荷、速度等外在因素的影响。

Saravanan 等[140,141]通过层层自组装制备了聚乙烯亚胺 / 氧化石墨烯多层薄膜[（PEI/GO）$_n$，$n = 5,10,15$，图 5-27]，研究了薄膜在空气、真空、氢气和氮气环境中的摩擦学性能。研究发现，薄膜的磨损寿命随膜厚的增加而提高。在干燥的氮气中，最厚的薄膜（$n = 5$）实现了超滑性[COF（摩擦系数）<0.01]。对磨屑的微观结构分析表明，干燥条件下薄膜表面可形成特征性碳纳米粒子，这些颗粒作为滚动微凸体，大幅减少了摩擦副的接触面积和 COF。密度泛函理论表明，在压力作用下，插层水分子的存在可形成强的氢键作用，使 GO 不易剪切，薄膜表面难以形成碳纳米粒子结构。

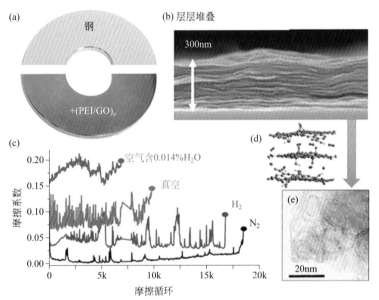

图5-27 （a）裸基底及沉积（PEI/GO）$_n$薄膜的照片；（b）（PEI/GO）$_{15}$薄膜的横截面SEM图；（c）（PEI/GO）$_n$薄膜在不同环境中的摩擦系数（COF）；（d）干燥氮气中GO的纳米结构示意图；（e）干燥氮气环境中收集的磨损碎片的HRTEM

在空气和干燥氮气环境中，研究了（PEI/GO）$_{15}$薄膜与六种不同聚合物对偶球[聚甲醛（POM）、聚醚醚酮（PEEK）、聚乙烯（PE）、聚甲基丙烯酸甲酯（PMMA）、聚碳酸酯（PC）和聚四氟乙烯（PTFE）]的 COF 和磨损率（图 5-28），特别关注了摩擦转移膜的形成[140,141]。研究发现，聚合物对偶球的硬度和表面能会影响转移膜的形成。由于空气中存在 H_2O，形成的转移膜不连续、有缺陷，并显示出剥落迹象。因而所有聚合物在空气中具有相对较高的 COF 和磨损率。除

PTFE 和 PE 外，其他四种聚合物（POM、PEEK、PMMA 和 PC）在氮气中都形成转移膜，并表现出超低摩擦（COF 约 0.02）。

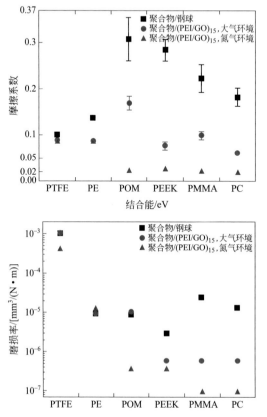

图5-28　(PEI/GO)$_{15}$薄膜与六种不同聚合物对偶球（PTFE、PE、POM、PEEK、PMMA、PC）的COF和磨损率[141]

　　采用 PMMA 对偶球，进一步研究了氧含量对 (PEI/GO)$_{15}$ 薄膜 COF 和磨损率的影响规律[140,141]。与无氧环境相比，薄膜在含氧环境中的 COF 和磨损率更高，且随着氧含量的增加，COF 和磨损率均显著增大[142]。研究表明，在无氧环境中，对偶球表面更易形成连续均匀的转移膜。主要归因于：在含氧环境下，磨屑中 sp^3 键合比例增加，转移膜中的结构缺陷比例更高。因此，含氧和无氧环境中摩擦学性能的差异可归结为转移膜化学性质的变化。另一个可能的机制是氧吸附在 PMMA 对偶球表面，一定程度上抑制了磨屑在对偶球表面的黏附，导致转移膜的结合能较弱。

参考文献

[1] Geim A K, Novoselov K S. The rise of graphene[J]. Nature Materials, 2007, 6(3): 183-191.

[2] Peierls R. Quelques propriétés typiques des corps solides[J]. Annales de l'institut Henri Poincaré, 1935, 5(3): 177-222.

[3] Mermin N D. Crystalline order in two dimensions[J]. Physical Review B, 1968, 176(1): 250-254.

[4] Novoselov K S, Geim A K, Morozov S V, et al. Electric field effect in atomically thin carbon films[J]. Science, 2004, 306(5696): 666-669.

[5] Li D, Kaner R B. Materials science-graphene-based materials[J]. Science, 2008, 320(5880): 1170-1171.

[6] Partoens B, Peeters F M. From graphene to graphite: electronic structure around the K point[J]. Physical Review B, 2006, 74(7): 075404.

[7] Meyer J C, Geim A K, Katsnelson M I, et al. The structure of suspended graphene sheets[J]. Nature, 2007, 446(7131): 60-63.

[8] Meyer J C, Geim A K, Katsnelson M I, et al. On the roughness of single- and bi-layer graphene membranes[J]. Solid State Communications, 2007, 143(1-2): 101-109.

[9] Fasolino A, Los J H, Katsnelson M I. Intrinsic ripples in graphene[J]. Nature Materials, 2007, 6(11): 858-861.

[10] Singh V, Joung D, Zhai L, et al. Graphene based materials: past, present and future[J]. Progress in Materials Science, 2011, 56(8): 1178-1271.

[11] Juang Z Y, Wu C Y, Lo C W, et al. Synthesis of graphene on silicon carbide substrates at low temperature[J]. Carbon, 2009, 47(8): 2026-2031.

[12] Berger C, Song Z M, Li X B, et al. Electronic confinement and coherence in patterned epitaxial graphene[J]. Science, 2006, 312(5777): 1191-1196.

[13] Berger C, Song Z M, Li T B, et al. Ultrathin epitaxial graphite: 2D electron gas properties and a route toward graphene-based nanoelectronics[J]. Journal of Physical Chemistry B, 2004, 108(52): 19912-19916.

[14] Sutter P W, Flege J I, Sutter E A. Epitaxial graphene on ruthenium[J]. Nature Materials, 2008, 7(5): 406-411.

[15] Coraux J, N'Diaye A T, Busse C, et al. Structural coherency of graphene on Ir(111)[J]. Nano Letters, 2008, 8(2): 565-570.

[16] Obraztsov A N. Chemical vapour deposition making graphene on a large scale[J]. Nature Nanotechnology, 2009, 4(4): 212-213.

[17] Hummers W S, Offeman R E. Preparation of graphitic oxide[J]. Journal of the American Chemical Society, 1958, 80(6): 1339.

[18] Brodie B C. On the atomic weight of graphite[J]. Philosophical Transactions of the Royal Society of London, 1859, 149: 249-259.

[19] Staudenmaier L. Verfahren zur darstellung der graphitsäure[J]. Berichte der Deutschen Chemischen Gesellschaft, 1898, 31(2): 1481-1487.

[20] Bai H, Li C, Shi G Q. Functional composite materials based on chemically converted graphene[J]. Advanced Materials, 2011, 23(9): 1089-1115.

[21] Liu N, Luo F, Wu H X, et al. One-step ionic-liquid-assisted electrochemical synthesis of ionic-liquid-functionalized graphene sheets directly from graphite[J]. Advanced Functional Materials, 2008, 18(10): 1518-1525.

[22] Stankovich S, Dikin D A, Piner R D, et al. Synthesis of graphene-based nanosheets via chemical reduction of exfoliated graphite oxide[J]. Carbon, 2007, 45(7): 1558-1565.

[23] Chen W F, Yan L F, Bangal P R. Preparation of graphene by the rapid and mild thermal reduction of graphene

oxide induced by microwaves[J]. Carbon, 2010, 48(4): 1146-1152.

[24] Qian W, Hao R, Hou Y L, et al. Solvothermal-assisted exfoliation process to produce graphene with high yield and high quality[J]. Nano Research, 2009, 2(9): 706-712.

[25] Subrahmanyam K S, Panchakarla L S, Govindaraj A, et al. Simple method of preparing graphene flakes by an arc-discharge method[J]. Journal of Physical Chemistry C, 2009, 113(11): 4257-4259.

[26] Zhi L J, Mullen K. A bottom-up approach from molecular nanographenes to unconventional carbon materials[J]. Journal of Materials Chemistry, 2008, 18(13): 1472-1484.

[27] Kosynkin D V, Higginbotham A L, Sinitskii A, et al. Longitudinal unzipping of carbon nanotubes to form graphene nanoribbons[J]. Nature, 2009, 458(7240): 872-876.

[28] Jiao L Y, Zhang L, Wang X R, et al. Narrow graphene nanoribbons from carbon nanotubes[J]. Nature, 2009, 458(7240): 877-880.

[29] 周银，侯朝霞，王少洪，等. 石墨烯的制备方法及发展应用概述 [J]. 兵器材料科学与工程，2012, 35(03): 86-90.

[30] Chae H K, Siberio-Perez D Y, Kim J, et al. A route to high surface area, porosity and inclusion of large molecules in crystals[J]. Nature, 2004, 427(6974): 523-527.

[31] Balandin A A, Ghosh S, Bao W Z, et al. Superior thermal conductivity of single-layer graphene[J]. Nano Letters, 2008, 8(3): 902-907.

[32] Novoselov K S, Geim A K, Morozov S V, et al. Two-dimensional gas of massless Dirac fermions in graphene[J]. Nature, 2005, 438(7065): 197-200.

[33] Lee C, Wei X D, Kysar J W, et al. Measurement of the elastic properties and intrinsic strength of monolayer graphene[J]. Science, 2008, 321(5887): 385-388.

[34] Novoselov K S, Jiang Z, Zhang Y, et al. Room-temperature quantum hall effect in graphene[J]. Science, 2007, 315(5817): 1379.

[35] Nomura K, MacDonald A H. Quantum Hall ferromagnetism in graphene[J]. Physical Review Letters, 2006, 96(25): 256602-256605.

[36] Wang Y, Huang Y, Song Y, et al. Room-temperature ferromagnetism of graphene[J]. Nano Letters, 2009, 9(1): 220-224.

[37] 张文毓，全识俊. 石墨烯应用研究进展 [J]. 传感器世界，2011, (05): 6-11.

[38] Penkov O, Kim H J, Kim D E. Tribology of graphene: a review[J]. International Journal of Precision Engineering and Manufacturing, 2014, 15(3): 577-585.

[39] Zhang Y B, Tan Y W, Stormer H L, et al. Experimental observation of the quantum Hall effect and Berry's phase in graphene[J]. Nature, 2005, 438(7065): 201-204.

[40] Mayerm L. Intercalation and exfofiafian routes to graphite nanoplatelets[J]. Nature Nanotechnology, 2006, 12: 45-48.

[41] Lin Y M, Dimitrakopoulos C, Jenkins K A, et al. 100-GHz transistors from wafer-scale epitaxial graphene[J]. Science, 2010, 327(5966): 662.

[42] Wu Y Q, Lin Y M, Bol A A, et al. High-frequency, scaled graphene transistors on diamond-like carbon[J]. Nature, 2011, 472(7341): 74-78.

[43] 康飞宇，贺艳兵，李宝华，等. 炭材料在能量储存与转化中的应用 [J]. 新型炭材料，2011, (04): 246-254.

[44] Eberle U, Felderhoff M, Schuth F. Chemical and physical solutions for hydrogen storage[J]. Angewandte Chemie-International Edition, 2009, 48(36): 6608-6630.

[45] Jeong H M, Lee J W, Shin W H, et al. Nitrogen-doped graphene for high-performance ultracapacitors and the importance of nitrogen-doped sites at basal planes[J]. Nano Letters, 2011, 11(6): 2472-2477.

[46] Sun Y Q, Wu Q O, Shi G Q. Graphene based new energy materials[J]. Energy & Environmental Science, 2011, 4(4): 1113-1132.

[47] Armand M, Tarascon J M. Building better batteries[J]. Nature, 2008, 451(7179): 652-657.

[48] Ishihara T, Kawahara A, Nishiguchi H, et al. Effects of synthesis condition of graphitic nanocabon tube on anodic property of Li-ion rechargeable battery[J]. Journal of Power Sources, 2001, 97-98: 129-132.

[49] Han S, Wu D Q, Li S, et al. Porous graphene materials for advanced electrochemical energy storage and conversion devices[J]. Advanced Materials, 2014, 26(6): 849-864.

[50] Dunn B, Kamath H, Tarascon J M. Electrical energy storage for the grid: a battery of choices[J]. Science, 2011, 334(6058): 928-935.

[51] Zhi B J, Hu Y S, Hamaoui B E, et al. Precursor-controlled formation of novel carbon/metal and carbon/metal oxide nanocomposites[J]. Advanced Materials, 2008, 20(9): 1727-1731.

[52] Wang D H, Choi D W, Li J, et al. Self-assembled TiO$_2$-graphene hybrid nanostructures for enhanced Li-ion insertion[J]. ACS Nano, 2009, 3(4): 907-914.

[53] Wang C Y, Li D, Too C O, et al. Electrochemical properties of graphene paper electrodes used in lithium batteries[J]. Chemistry of Materials, 2009, 21(13): 2604-2606.

[54] Schlatmann A R, Floet D W, Hilberer A, et al. Indium contamination from the indium-tin-oxide electrode in polymer light-emitting diodes[J]. Applied Physics Letters, 1996, 69(12): 1764-1766.

[55] Scott J C, Kaufman J H, Brock P J, et al. Degradation and failure of MEH-PPV light-emitting diodes[J]. Journal of Applied Physics, 1996, 79(5): 2745-2751.

[56] Koh W S, Gan C H, Phua W K, et al. The potential of graphene as an ITO replacement in organic solar cells: an optical perspective[J]. IEEE Journal of Selected Topics in Quantum Electronics, 2014, 20(1): 4000107.

[57] Wang Y, Tong S W, Xu X F, et al. Interface engineering of layer-by-layer stacked graphene anodes for high-performance organic solar cells[J]. Advanced Materials, 2011, 23(13): 1514-1518.

[58] Le L T, Ervin M H, Qiu H W, et al. Graphene supercapacitor electrodes fabricated by inkjet printing and thermal reduction of graphene oxide[J]. Electrochemistry Communications, 2011, 13(4): 355-358.

[59] Wang C N, Li H, Zhao J H, et al. Graphene nanoribbons as a novel support material for high performance fuel cell electrocatalysts[J]. International Journal of Hydrogen Energy, 2013, 38(30): 13230-13237.

[60] Grosse W, Champavert J, Gambhir S, et al. Aqueous dispersions of reduced graphene oxide and multi wall carbon nanotubes for enhanced glucose oxidase bioelectrode performance[J]. Carbon, 2013, 61: 467-475.

[61] Wehling T O, Novoselov K S, Morozov S V, et al. Molecular doping of graphene[J]. Nano Letters, 2008, 8(1): 173-177.

[62] Yang G, Lee C, Kim J, et al. Flexible graphene-based chemical sensors on paper substrates[J]. Physical Chemistry Chemical Physics, 2013, 15(6): 1798-1801.

[63] Yan C Y, Wang J X, Kang W B, et al. Highly stretchable piezoresistive graphene-nanocellulose nanopaper for strain sensors[J]. Advanced Materials, 2014, 26(13): 2022-2027.

[64] Ang P K, Chen W, Wee A T S, et al. Solution-gated epitaxial graphene as pH sensor[J]. Journal of the American Chemical Society, 2008, 130(44): 14392-14393.

[65] 李晶, 杨晓英. 新型碳纳米材料：石墨烯及其衍生物在生物传感器中的应用 [J]. 化学进展, 2013, 25(2/3): 380-396.

[66] 英法研制出超快锁模石墨烯激光器 [J]. 光机电信息，2010, (05): 53-54.

[67] Nhut J M, Pesant L, Tessonnier J P, et al. Mesoporous carbon nanotubes for use as support in catalysis and as nanosized reactors for one-dimensional inorganic material synthesis[J]. Applied Catalysis A: General, 2003, 254(2): 345-363.

[68] Serp P, Corrias M, Kalck P. Carbon nanotubes and nanofibers in catalysis[J]. Applied Catalysis A: General, 2003, 253(2): 337-358.

[69] Pan X L, Bao X H. Reactions over catalysts confined in carbon nanotubes[J]. Chemical Communications, 2008, (47): 6271-6281.

[70] Yao Y X, Fu Q, Zhang Z, et al. Structure control of Pt-Sn bimetallic catalysts supported on highly oriented pyrolytic graphite (HOPG)[J]. Applied Surface Science, 2008, 254(13): 3808-3812.

[71] Zhang H, Fu Q, Yao Y X, et al. Size-dependent surface reactions of Ag nanoparticles supported on highly oriented pyrolytic graphite[J]. Langmuir, 2008, 24(19): 10874-10878.

[72] Pan X L, Fan Z L, Chen W, et al. Enhanced ethanol production inside carbon-nanotube reactors containing catalytic particles[J]. Nature Materials, 2007, 6(7): 507-511.

[73] Chen W, Fan Z L, Pan X L, et al. Effect of confinement in carbon nanotubes on the activity of Fischer-Tropsch iron catalyst[J]. Journal of the American Chemical Society, 2008, 130(29): 9414-9419.

[74] Okamoto Y. Density-functional calculations of icosahedral M-13 (M=Pt and Au) clusters on graphene sheets and flakes[J]. Chemical Physics Letters, 2006, 420(4-6): 382-386.

[75] Ramanathan T, Abdala A A, Stankovich S, et al. Functionalized graphene sheets for polymer nanocomposites[J]. Nature Nanotechnology, 2008, 3(6): 327-331.

[76] Kim K S, Lee H J, Lee C, et al. Chemical vapor deposition-grown graphene: the thinnest solid lubricant[J]. ACS Nano, 2011, 5(6): 5107-5114.

[77] Berman D, Erdemir A, Sumant A V. Graphene: a new emerging lubricant[J]. Materials Today, 2014, 17(1): 31-42.

[78] De S, King P J, Lotya M, et al. Flexible, transparent, conducting films of randomly stacked graphene from surfactant-stabilized, oxide-free graphene dispersions[J]. Small, 2010, 6(3): 458-464.

[79] Liu Y Q, Gao L, Sun J, et al. Stable Nafion-functionalized graphene dispersions for transparent conducting films[J]. Nanotechnology, 2009, 20(46): 465605.

[80] Wang S J, Geng Y, Zheng Q B, et al. Fabrication of highly conducting and transparent graphene films[J]. Carbon, 2010, 48(6): 1815-1823.

[81] Oh S Y, Kim S H, Chi Y S, et al. Fabrication of oxide-free graphene suspension and transparent thin films using amide solvent and thermal treatment[J]. Applied Surface Science, 2012, 258(22): 8837-8844.

[82] Naik G, Kaniyoor A, Ramaprabhu S, et al. Large-area graphene-based thin films using rapid reduction of graphene-oxide [A] // Lynch JPY C B, Wang KW. Conference on Sensors and Smart Structures Technologies for Civil, Mechanical, and Aerospace Systems [C]. San Diego, CA: Spie-Int Soc Optical Engineering, 2013: 86921C.

[83] Allen M J, Tung V C, Gomez L, et al. Soft transfer printing of chemically converted graphene[J]. Advanced Materials, 2009, 21(20): 2098-2102.

[84] Becerril H A, Mao J, Liu Z, et al. Evaluation of solution-processed reduced graphene oxide films as transparent conductors[J]. ACS Nano, 2008, 2(3): 463-470.

[85] Robinson J T, Zalalutdinov M, Baldwin J W, et al. Wafer-scale reduced graphene oxide films for nanomechanical devices[J]. Nano Letters, 2008, 8(10): 3441-3445.

[86] Tien H W, Huang Y L, Yang S Y, et al. Preparation of transparent, conductive films by graphene nanosheet deposition on hydrophilic or hydrophobic surfaces through control of the pH value[J]. Journal of Materials Chemistry,

2012, 22(6): 2545-2552.

[87] Gilje S, Han S, Wang M, et al. A chemical route to graphene for device applications[J]. Nano Letters, 2007, 7(11): 3394-3398.

[88] Blake P, Brimicombe P D, Nair R R, et al. Graphene-based liquid crystal device[J]. Nano Letters, 2008, 8(6): 1704-1708.

[89] Pham V H, Cuong T V, Hur S H, et al. Fast and simple fabrication of a large transparent chemically-converted graphene film by spray-coating[J]. Carbon, 2010, 48(7): 1945-1951.

[90] Pan B L, Xu G Q, Zhang B W, et al. Preparation and tribological properties of polyamide 11/graphene coatings[J]. Polymer-Plastics Technology and Engineering, 2012, 51(11): 1163-1166.

[91] Verma V P, Das S, Lahiri I, et al. Large-area graphene on polymer film for flexible and transparent anode in field emission device[J]. Applied Physics Letters, 2010, 96(20): 203108.

[92] Li X, Zhu Y, Cai W, et al. Transfer of large-area graphene films for high-performance transparent conductive electrodes[J]. Nano Letters, 2009, 9(12): 4359-4363.

[93] Kim K S, Zhao Y, Jang H, et al. Large-scale pattern growth of graphene films for stretchable transparent electrodes[J]. Nature, 2009, 457(7230): 706-710.

[94] Reina A, Jia X T, Ho J, et al. Large area, few-layer graphene films on arbitrary substrates by chemical vapor deposition[J]. Nano Letters, 2009, 9(1): 30-35.

[95] Lee Y, Bae S, Jang H, et al. Wafer-scale synthesis and transfer of graphene films[J]. Nano Letters, 2010, 10(2): 490-493.

[96] Li X S, Cai W W, An J H, et al. Large-area synthesis of high-quality and uniform graphene films on copper foils[J]. Science, 2009, 324(5932): 1312-1314.

[97] Li X, Cai W, Colombo L, et al. Evolution of graphene growth on Ni and Cu by carbon isotope labeling[J]. Nano Letters, 2009, 9(12): 4268-4272.

[98] Faggio G, Capasso A, Messina G, et al. High-temperature growth of graphene films on copper foils by ethanol chemical vapor deposition[J]. Journal of Physical Chemistry C, 2013, 117(41): 21569-21576.

[99] Tu Z Q, Liu Z C, Li Y F, et al. Controllable growth of 1-7 layers of graphene by chemical vapour deposition[J]. Carbon, 2014, 73: 252-258.

[100] Choi D, Choi M Y, Choi W M, et al. Fully rollable transparent nanogenerators based on graphene electrodes[J]. Advanced Materials, 2010, 22(19): 2187-2192.

[101] Biswas S, Drzal L T. A novel approach to create a highly ordered monolayer film of graphene nanosheets at the liquid-liquid interface[J]. Nano Letters, 2009, 9(1): 167-172.

[102] Park J S, Cho S M, Kim W J, et al. Fabrication of graphene thin films based on layer-by-layer self-assembly of functionalized graphene nanosheets[J]. ACS Applied Materials & Interfaces, 2011, 3(2): 360-368.

[103] Xi Q, Chen X, Evans D G, et al. Gold nanoparticle-embedded porous graphene thin films fabricated via layer-by-layer self-assembly and subsequent thermal annealing for electrochemical sensing[J]. Langmuir, 2012, 28(25): 9885-9892.

[104] Wu Z S, Parvez K, Winter A, et al. Layer-by-layer assembled heteroatom-doped graphene films with ultrahigh volumetric capacitance and rate capability for micro-supercapacitors[J]. Advanced Materials, 2014, 26(26): 4552-4558.

[105] Wu Z S, Pei S F, Ren W C, et al. Field emission of single-layer graphene films prepared by electrophoretic deposition[J]. Advanced Materials, 2009, 21(17): 1756-1760.

[106] Chen Y, Zhang X, Yu P, et al. Stable dispersions of graphene and highly conducting graphene films: a new

approach to creating colloids of graphene monolayers[J]. Chemical Communications, 2009, (30): 4527-4529.

[107] Su C Y, Lu A Y, Xu Y P, et al. High-quality thin graphene films from fast electrochemical exfoliation[J]. ACS Nano, 2011, 5(3): 2332-2339.

[108] Mi Y J, Wang Z F, Liu X H, et al. A simple and feasible in-situ reduction route for preparation of graphene lubricant films applied to a variety of substrates[J]. Journal of Materials Chemistry, 2012, 22(16): 8036-8042.

[109] Liu H, Yang S M, Wang J H, et al. Multilayer Graphene Sheets Assembled by Langmuir-Blodgett for Tribology Application [A]// IEEE. 12th IEEE International Conference on Nanotechnology (IEEE-NANO) [C]. Birmingham, England: IEEE, 2012.

[110] Marchetto D, Held C, Hausen F, et al. Friction and wear on single-layer epitaxial graphene in multi-asperity contacts[J]. Tribology Letters, 2012, 48(1): 77-82.

[111] Berman D, Erdemir A, Sumant A V. Few layer graphene to reduce wear and friction on sliding steel surfaces[J]. Carbon, 2013, 54: 454-459.

[112] Berman D, Erdemir A, Sumant A V. Reduced wear and friction enabled by graphene layers on sliding steel surfaces in dry nitrogen[J]. Carbon, 2013, 59: 167-175.

[113] Wu H Y, Gu Z B, Gong Q, et al. Macrotribological behavior of the graphene surface structured in a cylinder array[J]. Surface & Coatings Technology, 2013, 236: 296-302.

[114] Berman D, Deshmukh S A, Sankaranarayanan S, et al. Extraordinary macroscale wear resistance of one atom thick graphene layer[J]. Advanced Functional Materials, 2014, 24(42): 6640-6646.

[115] Kim D I, Park S M, Hong S W, et al. The periodicity in interfacial friction of graphene[J]. Carbon, 2015, 85(0): 328-334.

[116] Liang H Y, Bu Y F, Zhang J Y, et al. Graphene oxide film as solid lubricant[J]. ACS Applied Materials & Interfaces, 2013, 5(13): 6369-6375.

[117] Ou J F, Wang Y, Wang J Q, et al. Self-assembly of octadecyltrichlorosilane on graphene oxide and the tribological performances of the resultant film[J]. Journal of Physical Chemistry C, 2011, 115(20): 10080-10086.

[118] Liu H, Li Y Q, Wang T M, et al. In situ synthesis and thermal, tribological properties of thermosetting polyimide/graphene oxide nanocomposites[J]. Journal of Materials Science, 2012, 47(4): 1867-1874.

[119] Tai Z X, Chen Y F, An Y F, et al. Tribological behavior of UHMWPE reinforced with graphene oxide nanosheets[J]. Tribology Letters, 2012, 46(1): 55-63.

[120] Liu Z H, Shu D, Li P F, et al. Tribology study of lanthanum-treated graphene oxide thin film on silicon substrate[J]. RSC Advances, 2014, 4(31): 15937-15944.

[121] Huang T, Li T S, Xin Y S, et al. Preparation and utility of a self-lubricating & anti-wear graphene oxide/nano-polytetrafluoroethylene hybrid[J]. RSC Advances, 2014, 4(38): 19814-19823.

[122] Wang Y, Pu J B, Xia L, et al. Fabrication and tribological study of graphene oxide/multiply-alkylated cyclopentanes multilayer lubrication films on si substrates[J]. Tribology Letters, 2014, 53(1): 207-214.

[123] Min C Y, Nie P, Song H J, et al. Study of tribological properties of polyimide/graphene oxide nanocomposite films under seawater-lubricated condition[J]. Tribology International, 2014, 80: 131-140.

[124] Bai G, Wang J, Yang Z, et al. Self-assembly of ceria/graphene oxide composite films with ultra-long antiwear lifetime under a high applied load[J]. Carbon, 2015, 84(0): 197-206.

[125] Chen H, Filleter T. Effect of structure on the tribology of ultrathin graphene and graphene oxide films[J]. Nanotechnology, 2015, 26(13): 135702-135712.

[126] Nair R R, Wu H A, Jayaram P N, et al. Unimpeded permeation of water through helium-leak-tight graphene-

based membranes[J]. Science, 2012, 335(6067): 442-444.

[127] Su C Y, Xu Y P, Zhang W J, et al. Electrical and spectroscopic characterizations of ultra-large reduced graphene oxide monolayers[J]. Chemistry of Materials, 2009, 21(23): 5674-5680.

[128] Paredes J I, Villar-Rodil S, Solis-Fernandez P, et al. Atomic force and scanning tunneling microscopy imaging of graphene nanosheets derived from graphite oxide[J]. Langmuir, 2009, 25(10): 5957-5968.

[129] Stankovich S, Dikin D A, Compton O C, et al. Systematic post-assembly modification of graphene oxide paper with primary alkylamines[J]. Chemistry of Materials, 2010, 22(14): 4153-4157.

[130] Laboriante I, Suwandi A, Carraro C, et al. Lubrication of polycrystalline silicon MEMS via a thin silicon carbide coating[J]. Sensors and Actuators A: Physical, 2013, 193: 238-245.

[131] Luo D B, Fridrici V, Kapsa P. Selecting solid lubricant coatings under fretting conditions[J]. Wear, 2010, 268(5-6): 816-827.

[132] Hogmark S, Jacobson S, Larsson M. Design and evaluation of tribological coatings[J]. Wear, 2000, 246(1-2): 20-33.

[133] Saha B, Liu E, Tor S B. Nanotribological phenomena, principles and mechanisms for MEMS[M]// Sinha S K, Satyanarayana N, Lim S C . Nano-tribology and Materials in MEMS. Berlin: Springer-Verlag, 2013.

[134] Shen S, Meng Y. Effect of surface energy on the wear process of bulk-fabricated MEMS devices[J]. Tribology Letters, 2013, 52(2): 213-221.

[135] Tsukruk V V. Molecular lubricants and glues for micro- and nanodevices[J]. Advanced Materials, 2001, 13(2): 95-108.

[136] Chen L, Zhang J. Design and properties of self-assembled ordered films for nanolubrication[M]// Biresaw G, Mittal K L. Surfactants in Tribology, Volume 4.New York: CRC Press, 2014.

[137] Chen L, Wu G, Huang Y, et al. High loading capacity and wear resistance of graphene oxide/organic molecule assembled multilayer film[J]. Frontiers in Chemistry, 2021, 9: 740140-740148.

[138] Ni P, Li H, Yang M, et al. Study on the assembling reaction of graphite oxide nanosheets and polycations[J]. Carbon, 2010, 48: 2100-2105.

[139] Lee H, Han G, Kim M, et al. High mechanical and tribological stability of an elastic ultrathin overcoating layer for flexible silver nanowire films[J]. Advanced Materials, 2015, 27: 2252-2259.

[140] Saravanan P, Selyanchyn R, Tanaka H, et al. Macroscale superlubricity of multilayer polyethylenimine/graphene oxide coatings in different gas environments[J]. ACS Applied Materials Interfaces, 2016, 8(40): 27179-27187.

[141] Saravanan P, Selyanchyn R, Tanaka H, et al. Ultra-low friction between polymers and graphene oxide multilayers in nitrogen atmosphere, mediated by stable transfer film formation[J]. Carbon, 2017, 122: 395-403.

[142] Saravanan P, Selyanchyn R, Tanaka H, et al. The effect of oxygen on the tribology of $(PEI/GO)_{15}$ multilayer solid lubricant coatings on steel substrates[J]. Wear, 2019, 432-433: 102920-102926.

第六章

橡胶软表面硬质碳基薄膜润滑材料

现代工业设备中存在大量的密封装置[1,2]，用以防止工作介质泄漏及外界灰尘和异物侵入。密封介质一旦泄漏，轻则造成物料流失、设备损坏，重则可能引发火灾、爆炸。大多数动密封泄漏事故均与密封件的密封失效有关[3-5]。1986年，美国"挑战者"号航天飞机升空后不久爆炸，造成这场航天史上最大悲剧的主要原因是其左侧火箭助推器连接处O形密封圈密封失效引起的泄漏。2000年，俄罗斯"库尔斯克号"核潜艇事故，造成118名舰员全部遇难，其事故的主要原因是4号鱼雷因密封失效使氢气混合物发生泄漏引起爆炸。2014年，美军F-35战斗机试飞中出现发动机故障，致使全球停飞。其原因是高摩擦致使密封件失效导致漏油。2017年，英国"伊丽莎白女王号"航母被迫瘫痪维修。其原因是航母螺旋桨传动轴橡胶密封圈密封失效导致舰体漏水。诸如此类泄漏事故国际上屡见不鲜。橡胶具有良好的压缩性和回弹性、气密性等优异性能，是最常用的密封材料。橡胶动密封件装入密封槽后受到高压介质挤压变形，与钢质槽壁和密封杆对摩的摩擦系数极高（$\mu \geqslant 1$），高摩擦产生的摩擦热极易导致橡胶密封件软化而快速磨损失效[6-8]，使得高压密封介质从受损部位渗漏，影响设备的安全可靠服役。因此，改善橡胶密封件的抗磨损性能具有重大的工程意义。

目前，橡胶耐磨改性的方法主要包括：整体改性和表面改性。整体改性是改变橡胶本体分子结构[9]或添加纳米固体润滑剂[10]（如石墨[11]、石墨烯[12]和二硫化钼[13]等）。整体改性对橡胶基础胶料的性能影响较大，且考虑到材料摩擦磨损主要发生在其表面或亚表面。因此，表面改性是提高橡胶耐磨损特性的理想方法之一。表面改性分为表面化学改性[14]和表面物理改性[15]。表面化学改性是指通过表面化学反应使材料表面化学组分、结构发生改变以减小界面黏着。表面化学改性方法主要包括表面卤化[16,17]、表面磺化[18]、表面氧化[19]等。表面化学改性能降低橡胶表面摩擦，但化学改性层厚度较薄（0.01～10μm），摩擦耐久性差。表面物理改性主要包括等离子体处理[20-22]和硬质薄膜[23-25]。等离子体处理主要是通过高能等离子体轰击橡胶表面，改变其表面物理和化学性质，从而改善其摩擦磨损性能。但等离子体处理层同样存在厚度薄（几十纳米）和摩擦耐久性差的问题。而硬质薄膜改性研究工作主要分为三类：①金属薄膜。白俄罗斯国立理工大学Tashlykov等[23]将金属薄膜（Ti、Cr和Mo等）沉积在橡胶表面，结果发现金属薄膜对消除滞后摩擦效果甚微，且其与钢对偶存在强烈的黏着，导致其摩擦系数较高。②陶瓷薄膜。英格兰谢菲尔德大学Ghassemieh等[24]研究表明，碳化钨薄膜可有效降低滞后摩擦，但其高硬度会对钢对偶造成严重犁沟摩擦，导致摩擦系数急剧升高（0.4～0.5）。③类金刚石碳薄膜。类金刚石碳（DLC）薄膜具有与橡胶良好的化学相容性（两者主要成分均为碳和氢）、与钢质对偶的低黏着特性、机械硬度可控、结构多变（如多微纳结构、多元素掺杂等）、低摩擦磨损等性能[26,27]，是橡胶表面耐磨改性最理想的硬质薄膜材料。

橡胶表面碳薄膜概述

1971 年，Aisenberg 和 Chabot[28] 首次利用离子束沉积法在室温下获得了性质接近金刚石的薄膜，他们称之为类金刚石碳（diamond-like carbon）薄膜。此后，经过近 50 年的发展，类金刚石碳薄膜的研究形成了完整的体系。根据薄膜结构和成分差异可分为六大类[29,30]：①无氢非晶碳基（a-C）薄膜；②无氢四面体非晶碳基（ta-C）薄膜；③掺杂无氢非晶碳基（a-C:X，其中 X 为金属或非金属元素如 Ti，W，Cr，Al 或 Si，N，O，F 等）薄膜；④含氢非晶碳基（a-C:H）薄膜；⑤含氢四面体非晶碳基（ta-C:H）薄膜；⑥掺杂含氢非晶碳基（a-C:H:X，其中 X 为金属或非金属元素如 Ti，W，Cr，Al 或 Si，N，O，F 等）薄膜；此外，通过向非晶碳基薄膜中引入不同纳米结构，可得到不同结构非晶碳基薄膜如类富勒烯碳薄膜[31-33]、类洋葱碳薄膜[34,35]、含纳米金刚石的非晶碳基薄膜[36,37] 等。本章中所涉及的 DLC 薄膜，未经特殊说明均指 a-C:H 族薄膜。

一、橡胶基底前处理及典型的沉积技术

1. 橡胶基底前处理

橡胶表面存在大量污染物（包括油、脂及粉尘颗粒等），为避免其对薄膜结合强度的影响，有必要对橡胶基底进行清洗。清洗过程主要利用超声清洗机在蒸馏水[38,39]、有机溶剂[40-43]、有机溶剂 + 水[44-57] 或肥皂水 + 水[58-62] 中反复清洗后用气流[38,39] 或 UV 光照[41] 干燥。清洗结束后，为进一步提高薄膜结合强度，需要对橡胶基底进行等离子体预处理，所选用的等离子体源主要包括：$Ar^{[40,43,54,56-59,63-68]}$、$H_2^{[69]}$、$Ar+H_2^{[44,55,60]}$，$O_2^{[61,62,70]}$ 和臭氧[41] 等。

2. 典型的沉积技术

橡胶表面 DLC 薄膜沉积技术主要包括：$PACVD^{[40,44,48,50,51,55,72]}$、$PECVD^{[49,62,63,73,74]}$、$P-CVD^{[52,53,59,60,69]}$、磁控溅射[42,58,75,76] 等。此外，还有飞秒脉冲激光[71]、$PBII^{[41]}$、$ETP-CVD^{[54]}$、$GLAD^{[43]}$ 等。前驱气体主要包括 $Ar+C_2H_2$，$Ar+CH_4$ 或 Ar 直接溅射石墨靶等。特殊碳源的使用主要是为了获得掺杂类 DLC，如利用 $Si(CH_3)_4$ 得到 Si-DLC 薄膜[41]，利用 $Si(CH_3)_3—O—Si(CH_3)_3$ 得到 $SiO_x-DLC^{[72]}$ 薄膜等。表 6-1 给出了橡胶表面 DLC 薄膜沉积技术等相关信息。

表6-1　不同弹性体基底前处理及表面DLC薄膜沉积技术等信息

基底	清洗介质	预处理	沉积技术	工作气体和前驱体	薄膜	参考文献
Q, CR, NBR	—	H_2	RF-PCVD	CH_4	DLC	[69]
EPDM, Q	蒸馏水	—	T-FAD	H_2, Ar, C_2H_2, CH_4, C_2H_2	DLC	[38,39]
丁基橡胶	丙酮	Ar	RF-PACVD	CH_4	DLC	[40]
Q	—	—	FSPLD	冻$C_5H_{11}OH$	DLC	[71]
PE, PET, SIS, PDMS, PP	—	—	PECVD	C_2H_2, $C_2H_2+C_2F_6$	DLC, F-DLC	[73]
FKM	乙醇	O_3	PBII	$Si(CH_3)_4$	Si-DLC	[41]
PDMS	—	Ar	PECVD	C_2H_2	DLC	[63]
FKM, HNBR	乙醇	—	UBRMS	$Ar+C_2H_2$	Cr/WC/W-DLC	[42]
FKM, HNBR, ACM	—	—	UBRMS	$Ar+C_2H_2$	WC/W-DLC	[75]
HNBR	—	—	UBRMS	$Ar+C_2H_2$	Ti-DLC	[76]
HNBR	肥皂水+蒸馏水+开水	Ar	CFUBMS	$Ar+C_2H_2$	DLC	[58]
HNBR	肥皂水+蒸馏水+开水	Ar	P-CVD	$Ar+C_2H_2$	DLC	[59]
HNBR	肥皂水+蒸馏水+开水	$Ar/Ar+H_2$	P-CVD	$Ar+C_2H_2$	DLC	[60]
ACM	洗涤剂+开水	$Ar→Ar+H_2$	PACVD	$Ar+C_2H_2$	DLC	[44~49]
HNBR	洗涤剂+开水	$Ar/Ar+H_2$	PACVD	$Ar+C_2H_2$	DLC	[50,51]
HNBR	洗涤剂+开水	$Ar→Ar+H_2$	P-CVD	$Ar+C_2H_2$	DLC	[52]
HNBR	洗涤剂+开水	$Ar/Ar+H_2$	P-CVD	$Ar+C_2H_2$	DLC	[53]
NBR	洗涤剂+开水	Ar	ETP-CVD	$Ar+C_2H_2$	DLC	[54]
ACM	洗涤剂+开水	$Ar→Ar+H_2$	PACVD	$Ar+C_2H_2$	DLC	[55]
NBR	—	Ar	CFUBMSIP	$Ar+C_4H_{10}$	SiC/DLC Si-DLC	[64~67]
PDMS	—	—	RF-PACVD	$Si(CH_3)_3$—O—$Si(CH_3)_3$	SiO_x-DLC	[72]
PDMS	—	Ar	GLAD	C_2H_2	DLC	[43]
PDMS	—	O_2	PECVD	CH_4	DLC	[70]
TPU	乙醇	—	RF-MS	Ar, C_4H_{10}, C_2H_2	DLC	[77]
NBR, FKM	肥皂水+开水	O_2	P-DC, MS+PACVD	$Ar+C_2H_2$	DLC	[61]
NBR	肥皂水+开水	O_2	MS+PECVD	$Ar+C_2H_2$	DLC	[62]
NBR	洗涤剂+开水	Ar	DC-MS	Ar（石墨靶）	DLC	[56]
NBR	肥皂水+开水	Ar	MS	Ar（石墨靶）	DLC	[57]
NBR	肥皂水+乙醇+开水	Ar	RF-MS	Ar（石墨靶）	Ti-C/DLC	[68]

注：1. Q（硅橡胶），CR（氯丁橡胶），NBR（丁腈橡胶），HNBR（含氢丁腈橡胶），EPDM（三元乙丙橡胶），PE（聚乙烯），PET（聚对苯二甲酸乙二醇酯），SIS（聚苯乙烯-聚异戊二烯-聚苯乙烯组成的三嵌段共聚物），PDMS（聚二甲基硅氧烷），PP（聚丙烯），ACM（丙烯酸酯橡胶），FKM（氟橡胶），TPU（热塑性聚氨酯弹性体橡胶）。

2. RF（射频），DC（直流），P-DC（脉冲直流），T-FAD（T形滤波电弧沉积），FSPLD（飞秒脉冲激光沉积），PACVD（等离子体辅助化学气相沉积），PECVD（等离子体增强化学气相沉积），GLAD（掠角沉积），ETP（扩展热等离子体沉积技术），CFUBMSIP（闭合场非平衡磁控溅射离子注入），UBRMS（非平衡反应磁控溅射）。

二、表面形貌及特征

2004 年，Nakahigashi 等 [69] 制备出一种灵活性极高的 DLC 薄膜（F-DLC™），并将其成功应用于相机"O"形密封圈表面。此后，日本学者普遍认为橡胶表面 DLC 薄膜表面裂纹的存在是其具有灵活性的主要原因 [38-40,71,73]，并尝试人为制造裂纹 [40]，但对裂纹的形成机理并不清楚。

直到 2008 年，Bui 等 [58,76] 研究不同等离子体预处理偏压和不同薄膜沉积偏压对橡胶表面 DLC 薄膜结合力的影响时发现，不同等离子体预处理偏压和薄膜沉积偏压会导致薄膜沉积时的温差，从而影响薄膜裂纹密度。此后，Pei 等 [60] 和 Martinez-Martinez 等 [44,45] 采用不同预处理偏压和薄膜沉积偏压来控制薄膜沉积时的温差，制备出了表面结构完全不同的薄膜。此外，研究还发现薄膜沉积温差存在正温差、零温差和负温差。温差（$|\Delta T|$）越大，薄膜裂纹密度越高，且负温差时薄膜裂纹密度相对正温差时更高。

2010 年，Martinez-Martinez 等 [44] 对裂纹形成机理进行了详细的探讨。正温差时（$T_{终} > T_{始}$），橡胶基底在整个沉积过程中处于不断膨胀状态，沉积初期薄膜呈柱状生长且相互分离。然而，随着温度逐渐达到平衡，橡胶基底的膨胀速率减慢，而薄膜生长速率恒定。因此，从某一时刻开始薄膜逐渐呈连续生长。随着温度进一步增加，橡胶基底持续膨胀，导致薄膜受拉应力作用而碎裂，即裂纹产生。待沉积结束后，由于橡胶基底从沉积结束时的高温逐渐降到室温的过程中会发生收缩，导致薄膜板块相互挤压而向内弯曲。负温差时（$T_{终} < T_{始}$），随沉积温度逐渐降低，橡胶基底不断收缩，薄膜为应对压应力作用而形成褶皱状形貌；当温差为 0 时（$T_{终} = T_{始}$），由于薄膜沉积中温度没有变化，即橡胶基底无膨胀和收缩，因而薄膜为连续薄膜无裂纹产生。

2012 年，Pei 等 [50] 进一步指出，正温差时，薄膜较平整，裂纹向内弯曲。负温差时，薄膜板块向上隆起呈拱形，裂纹向内弯曲。即橡胶表面 DLC 薄膜的裂纹均向内弯曲，这种向内弯曲且闭合的裂纹一方面可以防止裂纹尖锐边缘与摩擦对偶的剧烈碰撞，有效避免犁沟摩擦和磨粒磨损；另一方面，裂纹的存在还可以作为微存储器储存润滑剂和磨屑。此外，薄膜沉积前后的温差（$|\Delta T|$）越大，薄膜板块尺寸越小。

值得一提的是，尽管裂纹的存在对薄膜结合强度（缓解应力）和灵活性（应对形变）至关重要，但它也可能在一定程度上降低薄膜的性能 [63]。因此，部分学者提倡在橡胶表面发展褶皱状连续薄膜。这种特殊的褶皱状微纳结构能够改变薄膜光学带隙，在制备光学器件方面有潜在的应用价值 [43]；能够影响表面疏水性 [72]、哺乳动物细胞功能 [63] 等，在生物医药领域具有潜在的应用价值；能够降低摩擦实际接触面积，从而显著降低摩擦和磨损 [61]。

三、橡胶/薄膜灵活性和结合强度

橡胶表面 DLC 薄膜灵活性及结合强度是决定薄膜润滑功能的两个极其重要的参数。灵活性用以应对橡胶基底受外力变形而造成的薄膜崩落，其主要采用反复弯曲法定性判定，即对橡胶/DLC 薄膜样品向外或向内反复多次弯折[67]，然后在光学显微镜或电子显微镜下观察其脱落情况。如前所述，DLC 薄膜表面裂纹的存在是决定其灵活性的关键，因为当样品发生变形时，侧向裂缝会释放应力而不会分层，导致 DLC 薄膜可随橡胶变形而不会发生脱落。

高的结合强度可确保薄膜能够牢固黏附在橡胶表面以起到润滑作用。由于橡胶基体的黏弹性特性，常规的测量方法如划痕法受到限制。目前，主要采用两种定性方法测试橡胶表面 DLC 薄膜的结合强度，即"X"切割法和拉伸法。"X"切割法是利用刀片在样品表面切出"X"形切痕，然后利用特定的胶带粘接并撕拉切痕，最后通过显微镜观察切痕处薄膜的脱落情况[65,78]。拉伸法则是对样品进行一定程度的拉伸，并考察拉伸前后薄膜板块尺寸的变化。如果橡胶基底与 DLC 薄膜结合强度足够高，拉伸结束后可在薄膜表面观察到更多的裂纹；如果结合强度较差，除了产生新裂纹外，在裂纹边缘薄膜会剥落以释放应力[59]。Schenkel 等人[46]曾提出了定量计算橡胶表面 DLC 薄膜结合力的方法，即薄膜结合力 $\tau = 4t\sigma / I_d$，而 $I_d \approx 3/4L$，其中 t 和 σ 分别为 DLC 薄膜厚度和抗拉强度（一般为 720MPa）；L 为最大拉力作用下薄膜板块尺寸的平均值。尽管该方法可用来定量估算橡胶表面 DLC 薄膜结合力，但利用最大拉力下最大板块对角线的平均长度来计算板块尺寸从统计学上讲并不准确[79]。

橡胶与 DLC 薄膜结合强度受众多因素影响，如基底洁净程度及薄膜应力强弱等。对橡胶基底进行清洗，除去其表面污染物（如油脂、蜡及粉尘颗粒等）可改善薄膜结合强度[44,46,50,52]。清洗结束后，在薄膜沉积前对橡胶表面进行等离子体预处理可有效增强薄膜结合强度，但等离子体种类的使用存在差异。如表 6-1 所示，Nakahigashi 等[69]采用氢等离子体预处理，Masami 等[41]采用臭氧作为等离子体源，Kim 等[70]和 Thirumalai 等[61,62]采用 O_2 作为等离子体源，而 Lubwama 等[64-67]、Wen 等[56,57,68]和 De Hosson 等[44-53,55,60]则分别采用 Ar 和 $Ar+H_2$ 作为等离子体预处理气体。此外，设计过渡层也可提高薄膜结合强度。2008 年，Pei 等[42]尝试采用 Cr 做中间层，结果发现 Cr 中间层的存在不利于薄膜膜基结合强度。2009 年，Lackner 等[77]则提倡发展质软且高弹的类聚合物碳薄膜作为中间层。通过有限元分析发现，这种中间层不仅具有高承载能力，而且具有与软基底较高的结合强度。2012 年，Lubwama 等[64]引入了 Si-C 层作为中间层，并发现 Si-C 中间层的存在会增加上层薄膜中的 sp^2 含量，有利于缓解薄膜内应力，从而提高了膜基结合强度[65]。但遗憾的是，Si-C 中间层的引入却不利于提高薄膜摩擦磨损性能。2020年，Wu等[68]引入了Ti掺杂碳薄膜作为中间层，并研究了中间层偏压对薄膜结合力的影响。结果表明，适当偏压沉积的中间层能够有效增强薄膜结合强度。另外，使用闭合场非平衡磁控溅射技术也能提高薄膜结合强度[64-67]，因为该技术导致高能粒子轰击橡胶基体致使其表面致密化以及减少了残余应力[66,67]。

四、橡胶表面碳薄膜摩擦学性能

表6-2总结了不同橡胶基底表面不同薄膜摩擦参数、摩擦系数等信息。总体而言，沉积DLC薄膜后其摩擦系数比原始橡胶摩擦系数要低，这主要是由于DLC薄膜阻止了钢对偶与橡胶基底的直接接触，从而避免了严重的黏着摩擦。

表6-2　不同橡胶基底表面不同薄膜摩擦参数、摩擦系数等

样品		摩擦学性能					参考文献
基底	薄膜	对偶球（尺寸/mm）	载荷/N	速度/（cm/s）	摩擦环境	摩擦系数	
Q, CR, NBR, EPT	DLC	铝球	0.1	1	干燥大气环境	0.7～1.3	[69]
丁基橡胶	DLC	钢球	0.5～5	10	干燥大气环境	0.15～0.25	[40]
FKM	Si-DLC	钢球（SUJ）	0.49	1	干燥大气环境	0.2～0.25	[41]
FKM, HNBR	Cr/WC/W-DLC	钢球（100Cr6）	1	10	干燥大气环境	0.2～0.6	[42]
FKM, HNBR, ACM	WC/W-DLC	钢球（100Cr6）	1～5	10	干燥大气环境	0.2～0.6	[75]
HNBR	Ti-DLC	钢球（100Cr6）	1,3	10	干燥大气环境	0.17～0.25	[76]
HNBR	DLC	钢球（100Cr6）	1,3	10	干燥大气环境	0.16～0.22	[58]
HNBR	DLC	钢球（100Cr6）	1,3	10	干燥大气环境	0.16～0.22	[59]
HNBR	DLC	钢球（100Cr6）	1	10	干燥大气环境	0.11～0.18	[60]
ACM	DLC	钢球（100Cr6）	1～5	10	干燥大气环境	0.07～0.3	[44]
ACM	DLC	钢球（100Cr6）	1,3	5～40	干燥大气环境	0.16～0.30	[46]
ACM	DLC	钢球（100Cr6）	1～5	10	干燥大气，油	0.07～0.3	[49]
HNBR	DLC	钢球（100Cr6）	1～5	10	干燥大气环境	0.1～0.22	[51]
HNBR	DLC	钢球（100Cr6）	1	10～30	干燥大气环境	0.11～0.18	[52]

样品		摩擦学性能					参考文献
基底	薄膜	对偶球（尺寸/mm）	载荷/N	速度/（cm/s）	摩擦环境	摩擦系数	
HNBR	DLC	钢球（100Cr6）	1,3	10～50	干燥大气环境	0.11～0.23	[53]
NBR	DLC	钢球（100Cr6）	1～3	10	干燥大气环境	0.2～0.3	[54]
ACM	DLC	钢球（100Cr6）	0.001～1	5	干燥大气环境	0.05～0.4	[55]
NBR	SiC（可选）/DLC或Si-DLC	WC-Co钢球	1,5	10	干燥大气或水	0.18～0.6	[64～67]
PDMS	DLC	钢球	1	0.5～50	干燥大气环境	0.25～1.04	[70]
NBR，FKM，TPU	DLC	钢球（100Cr6）	1	10	干燥大气环境	0.3～0.65	[61]
NBR	DLC	钢球（100Cr6）	1	10	干燥大气环境	0.2～0.3	[62]
NBR	DLC	碳化钨球	0.3	约4.7	干燥大气环境	0.22～0.37	[56]
NBR	DLC	碳化钨球	0.3	约4.7	干燥大气环境	0.05～0.30	[57]
NBR	Ti-C/DLC	氧化锆球	0.3	约3.1	干燥大气环境	0.15～1.00	[68]

1. 橡胶表面碳薄膜的摩擦

2010 年，Pei 等[59,60] 发现薄膜板块尺寸越小（裂纹密度越高），摩擦系数越小，达到稳定摩擦状态所需的时间越短。此外，他们否定了掺杂类 DLC 薄膜在橡胶表面的应用，因为掺杂的纳米颗粒或其与碳原子形成的硬质陶瓷纳米颗粒可能会对对偶材料造成犁沟摩擦而导致高磨损。2011 年，Martinez-Martinez 等[44]发现所有薄膜摩擦系数随摩擦距离增加而逐渐增加，这可能与橡胶基底的黏弹性有关，它导致了对偶与薄膜间摩擦接触面积和形状的差异。2011 年，Schenkel等[46] 研究了薄膜不同时间间隔的摩擦行为。经较短时间间隔（24h）摩擦时，薄膜起始摩擦系数逐渐增加。而经 144h 间隔后继续摩擦时，薄膜起始摩擦系数则完全相同，这可能是由于经 144h 间隔后橡胶又恢复到了原始状态。这些结果间接地证实了薄膜摩擦系数随摩擦距离增加而逐渐增加可能与摩擦对偶压入样品深度有关。而且，摩擦系数随着摩擦载荷和速度的增加而增加，更高速度下摩擦系数增加更快，因为橡胶基底可能没有足够的时间恢复到前一状态。这些行为均表明，橡胶表面 DLC 的摩擦行为可能与橡胶基底的黏弹性密切相关。

2011 年，Martinez-Martinez 等[47] 发现，薄膜摩擦系数曲线与对偶压入样品深度曲线同步。基于此，他们基于 Maxwell 模型和 Voigt 模型引入了标准线性模型（SLS），模拟计算了刚性圆球对橡胶基底压入深度的变化情况。结果显示，刚性圆球对橡胶基底的压入深度变化值随压入次数的增加逐渐减小并趋于稳定，这与实验结果完全吻合。而模拟实际摩擦过程中对偶压入深度时，他们对上述模型进行了修正（双 Voigt 模型）。结果表明，随着摩擦的进行，对偶压入深度逐渐增加并趋于稳定。然而，随着研究逐步深入[48]，模拟和实验结果均证实了摩擦接触形状的不对称性（即对偶球斑呈椭圆形），这是因为摩擦前次形变未恢复，使得其形变面积超出了橡胶与对偶的接触面积（不完全接触）。这种情况严重地削弱了橡胶黏弹性对薄膜摩擦系数的作用，这意味着实验所观察到的摩擦系数随摩擦距离增加而逐渐增加的原因不仅与橡胶的黏弹性（滞后摩擦）有关，而且还与摩擦界面的黏着摩擦有关。

2012 年，Martinez-Martinez 等[49]通过设计不同的摩擦实验，即在对偶表面沉积 DLC 薄膜和油环境下摩擦，结果发现在上述两种情况同时存在时薄膜的摩擦系数最低，并且所有薄膜在油润滑条件下的摩擦系数最终随着摩擦距离的增加逐渐降低，这进一步证实了黏着效应是薄膜摩擦系数总体增加的主要原因。

2012 年，Pei 等[51]还对黏着摩擦和滞后摩擦对薄膜总体摩擦的贡献大小进行了详细分析。黏着摩擦主要依赖于摩擦接触面积，而滞后摩擦则依赖于接触面力的大小（或扭矩大小）。研究还发现，摩擦过程中薄膜受法向摩擦应力作用会发生二次脆断，这对工程应用极为不利，它会造成新产生锋利边缘与摩擦对偶的强烈碰撞，造成犁沟摩擦和磨粒磨损。此外，增加摩擦界面剪切力，滞后摩擦和接触面积不变，黏着作用增加，因而总体摩擦系数增加；增加载荷，黏着摩擦降低，滞后摩擦和接触面积增加，总体摩擦系数增加。这意味着两种不同的薄膜沉积在同一橡胶表面，相同摩擦条件下的摩擦系数差异主要取决于摩擦界面剪切作用的强弱。

2012 年，Lubwama 等[64]引入了 Si-C 层作为中间层，但用摩擦系数曲线斜率来判断薄膜失效速率时，发现其失效速率从大到小依次为 Si-C/Si-DLC＞Si-C/DLC＞Si-DLC＞DLC[65]，即 Si-C 中间层的引入不利于提高薄膜摩擦磨损性能，这主要归因于 Si-C 中间层的存在降低了薄膜的显微硬度。

2014 年，Lubwama 等人[67]详细研究了上述薄膜的灵活性和水环境下的摩擦学行为。低载荷下对偶材料硬度影响薄膜的摩擦行为，且无论干摩擦还是水环境，薄膜磨损性能并无差异；高载荷下对偶材料硬度并不影响其摩擦行为，但不同环境下其摩擦行为存在差异性。干摩擦时，只有 Si-C/Si-DLC 薄膜具有优异的抗磨损特性，这主要与中间层导致的高结合强度有关。然而，在水环境下所有薄膜均具有优异的抗磨性，这主要归因于水分子对薄膜表面和摩擦界面悬键的饱和作用。摩擦热计算结果表明，摩擦表面结构转变主要是形成致密的磨屑层而不是摩擦热导致的石墨化。

2016 年，Thirumalai 等人[61]将 DLC 薄膜沉积在三种不同的聚合物（丁腈橡胶、氟橡胶和热塑性聚氨酯）表面，研究发现，高表面能有利于摩擦转移膜的形成，从而显著降低摩擦学性能。

2018 年，Thirumalai 等 [62] 将 DLC 薄膜沉积在 NBR 表面，并研究了氧等离子体预处理和两种不同的沉积方法（类物理气相沉积和类化学气相沉积）对薄膜摩擦学性能的影响。氧等离子体预处理橡胶表面能有效降低薄膜摩擦系数，而类物理气相沉积技术制备的薄膜具有更加优异的摩擦学性能，这主要归因于其表面化学特性、高硬度和表面颗粒状 / 高密度裂纹状微观形貌。2019 年，Liu 等 [56] 研究了 Ar 气气压对 NBR 表面 DLC 薄膜结构及性能的影响。结果表明，气压存在最优值（1.4Pa），此时薄膜具有最优的摩擦学性能，这主要归因于薄膜中高 sp^3 含量和表面能。2019 年，Liu 等 [57] 研究了沉积偏压对 NBR 表面 DLC 薄膜摩擦学性能和密封性的影响。研究显示，当薄膜沉积偏压为 −200V 时，其具有最优的摩擦学性能，这主要是由于薄膜相对高的机械硬度。而理论计算与实验结果表明，薄膜优异的密封性则主要是由其弹性模量和粗糙度协同作用的结果。

2020 年，Wu 等 [68] 引入了 Ti 掺杂碳薄膜作为中间层，并研究了中间层沉积偏压对薄膜摩擦学性能的影响。研究结果表明，适当偏压沉积的中间层能够有效增强薄膜摩擦学性能。

2. 橡胶表面碳薄膜的磨损

尽管有学者尝试采用三维轮廓仪定量测定薄膜磨损率 [64,65,68]，但由于橡胶黏弹性特征，其表面 DLC 的磨损率无法准确定量测定，而是采用典型的定性方法。即通过光学或扫描电子显微镜技术观察薄膜摩擦后的磨痕形貌 [76]。当沉积偏压为 −50V 时，薄膜磨损比较严重（严重磨平）。随着偏压增加，薄膜磨损仅发生在其板块的顶部（抛光效应），即薄膜抗磨损性增强。值得说明的是，采用定性的方法测定薄膜磨损存在很大的局限性，当薄膜抗磨损性差别不大时，无法准确比较薄膜抗磨损性能的强弱，相关讨论存在争议性。

第二节
等离子体预处理对橡胶表面碳薄膜结合力和摩擦学性能影响

丁腈橡胶具有低成本、高弹性和良好的耐油性（因其分子链中含有强极性基团 C≡N），可作为常用橡胶密封材料广泛应用于在航空航天、汽车工业等领域[80,81]。然而，橡胶密封件与对偶配副（通常为钢或陶瓷等）摩擦时其摩擦系数极高（$\mu=1$），高摩擦产生的摩擦热极易导致橡胶软化而快速磨损失效[82-84]，使得高压密封介质从受损部位渗漏，影响设备的安全可靠服役。因此，减少橡胶密封件摩擦磨损是延长其服役寿命的关键。类金刚石薄膜具有高硬度、化学惰性和低摩擦磨损特性等，是改善橡胶耐磨性的理想防护涂层之一。特别是，DLC 薄膜的化学成分（主要为碳和氢）与丁腈橡胶具有良好的化学相容性可确保优异的结合强度。

　　然而，橡胶软表面沉积硬质碳薄膜听上去似乎并不合逻辑，因为橡胶受应力作用而发生弹性形变时薄膜不可能不脱落。因此，大量的学者主要致力于橡胶表面改性，而等离子体表面改性技术是一种行之有效的方法。即通过高能等离子体轰击橡胶表面，一方面可清洗表面，另一方面可在表面形成改性层，该改性层具有低黏着、低摩擦等特性。等离子体改性机理主要包括：去除表面污染物，促使断链和交联、脱氢、生成自由基和改变表面形貌等[85,86]。然而，等离子体改性后的改性层厚度较薄，高载荷下其耐久性较差。尽管如此，这一方法却为改善丁腈橡胶表面 DLC 薄膜结合强度提供了思路。因此，本节主要探讨等离子体预处理橡胶表面对其表面碳薄膜结构和性能的影响。

一、空气等离子体预处理改善橡胶表面碳薄膜结合强度和耐磨性

1. 空气等离子体预处理对碳薄膜结构影响

　　根据其 HR TEM 图像和选择区域电子衍射图案（图 6-1），在薄膜中没有观察到特殊的结构（如纳米晶、微晶），相应的 SAED 显示出衍射光晕，清晰表明薄膜为典型无定形结构。其他薄膜均显示出相同的特征。

图6-1
类金刚石碳薄膜的HRTEM图像
和相应SAED图案

图 6-2 显示了不同空气等离子体预处理偏压下丁腈橡胶表面 a-C:H 薄膜断面形貌。在丁腈橡胶基体上 a-C:H 薄膜的断面形态没有本质区别。所有薄膜都表现出致密的柱状结构，这与薄膜的生长界面和空气等离子体轰击强度有关（撞击离子的通量和能量分布）[87]。此外，在不同位置测量样品厚度具有差异性。这种微小的差异可能与橡胶基体的粗糙表面和空气等离子体刻蚀相关。因此，精确测量薄膜的厚度较为困难。但可以判定随等离子体预处理偏压升高，薄膜的厚度呈增长趋势，这可能与高偏压预处理产生温度较高，薄膜在起初沉积时生长速率较快相关。

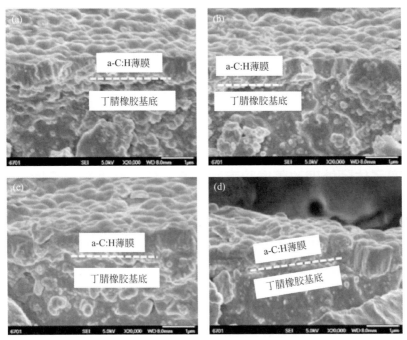

图6-2　不同偏压预处理a-C:H的断面图：（a）-500V，（b）-700V，（c）-900V，（d）-1100V

薄膜碳键类型采用拉曼光谱进行分析。通常，无定形碳结构涉及一个以 1560cm^{-1} 波数为中心的 G 峰值以及在 1350cm^{-1} 附近的 D 峰值[88]。此外，G 峰位和 I_D/I_G 值（峰强比）会随着薄膜中 sp^2 含量增加而增加。如图 6-3 所示，样品 G 峰位几乎没有变化，但 I_D/I_G 值从 0.39 单调增加到 0.43，表明预处理偏压增加薄膜趋于石墨化。由于随着预处理偏压增加造成薄膜具有较高的温度，加速薄膜的沉积速率以及增强等离子体能量，促使薄膜沉积时形成更稳定的 sp^2 键。此外，高预处理偏压会加速恶化橡胶表面，产生大量的空隙和凸起。后续沉积薄膜的等离子体中自由基的浓度会积聚在橡胶表面的凹陷处，这些高能离子之间的相互作用传递能量也加剧了薄膜中 sp^2 键的形成[74]。因此，空气等离子体高预处理偏压导致薄膜含有更高的 sp^2 键。

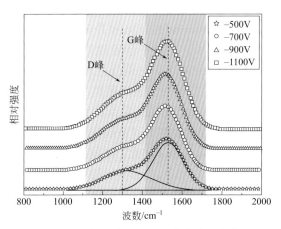

图6-3　不同预处理偏压下沉积薄膜拉曼光谱

2.空气等离子体预处理对膜基结合力影响

图 6-4 展示了 −500V 预处理样品的划痕测试曲线图，其他样品测试结果如表 6-3 所示。可以看出，预处理偏压为 −900V 样品具有最佳的结合强度。其主要归因于以下方面：

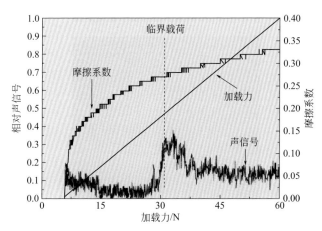

图6-4　−500V预处理样品的划痕测试图

表6-3　不同预处理偏压对膜基结合力的影响

项目	−500V	−700V	−900V	−1100V
临界载荷/N	32	36	46	38

从严格意义上讲，使用任何液体完成清洁过程之后，橡胶表面仍然受到污染。通过空气等离子体轰击将物理去除橡胶表面污染物，以及等离子体预处理可以改变丁腈橡胶的表面形貌和表面致密度。通过 SEM 照片定性地确定污染物的残留量和表面致密度，如图 6-5 所示。对于 −500V 预处理橡胶表面，发现存在大量污染物以及表面致密度较低，这导致薄膜的黏附强度较弱。对于 −700V 预处理时，表面污染物可近似完全被清洗，但橡胶的表面粗糙度较大。划痕试验时，橡胶表面应力分布不均匀，应力集中于突起部位，从而薄膜容易被去除。对于 −1100V 预处理时，轰击偏压较高，离子能量急剧上升造成橡胶表面机械强度降低以及橡胶表面分子链过度交联，自由基数量减小。因此，高偏压预处理恶化橡胶力学性能而降低膜基结合力。此外，应该考虑到温度的影响。随着预处理偏压的增加，橡胶表面温度急剧升高，高温导致橡胶劣化和脱层，也会导致结合力的下降。

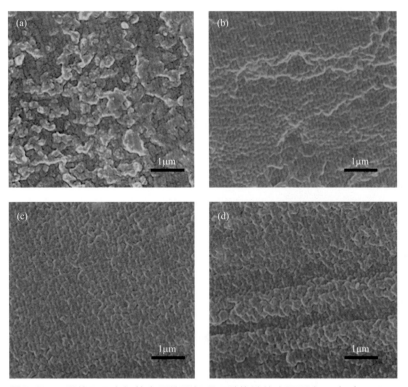

图6-5　不同偏压下空气等离子体预处理丁腈橡胶的表面形态：（a）−500V，（b）−700V，（c）−900V和（d）−1100V

空气等离子体轰击导致C—H和C═C键的断裂和自由基的形成，以促进产生更多活化位点增强结合力。图6-6显示了在不同偏压下通过空气等离子体预处理丁腈橡胶的FTIR光谱。吸收峰2914cm^{-1}和2844cm^{-1}属于饱和烷基C—H伸缩振动，1430cm^{-1}属于饱和烷基C—H弯曲振动。发现通过随空气等离子体预处理偏压升高C—H强度峰增强，其原因可能是空气等离子体处理活化橡胶表面，空气中水分子饱和悬键所引起，这将有利于薄膜沉积时结合力的提高，因C—H容易薄膜沉积时断裂[89]。波数2233cm^{-1}属于不饱和腈的C≡N振动，代表丁腈橡胶的典型特征，发现空气等离子体预处理对该键未产生影响。此外，可以观察到大约1550～1650cm^{-1}的峰值较为明显，属于氧基团，以及波数为1730cm^{-1}的峰值随空气等离子体偏压升高加强，表明样品中的羧基含量增加。尤为注意的是1170cm^{-1}和1068cm^{-1}随空气等离子体预处理偏压升高显现出来，其属于C—O基团。上述的官能团将增强橡胶表面能，利于薄膜的黏附力[90]。

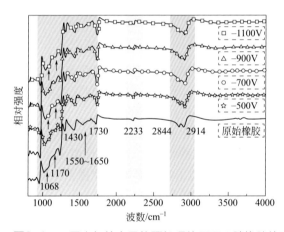

图6-6　不同空气等离子体预处理偏压下丁腈橡胶的FTIR光谱

3. 空气等离子体预处理对摩擦学性能影响

图6-7给出了不同预处理偏压下沉积的薄膜摩擦系数曲线图。橡胶表面沉积a-C:H薄膜可显著降低其摩擦系数（相比原始NBR橡胶）[74]，这归咎于a-C:H薄膜具有良好的化学惰性和稳定特性。不同偏压预处理样品的摩擦系数存在较大差异，其原因具体如下：

低偏压预处理的薄膜没有表现出最佳的摩擦学性能。其原因是低偏压产生的离子能量较低，而没有清洗干净的橡胶表面（残留硫化物等污染物），薄膜板块边缘与橡胶结合力较差，对薄膜翘起边缘在摩擦过程中产生较大影响，如图6-5（a）所示。同时，低能量离子刻蚀效应弱，使得橡胶表面致密度较低，导致承载力下降。因此，−500V空气等离子体预处理摩擦曲线趋势完全依赖橡胶基体。

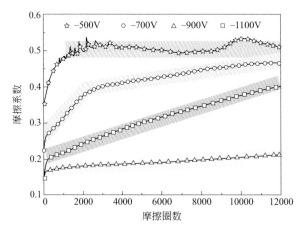

图6-7　10N载荷下预处理偏压对a-C:H薄膜摩擦系数的影响

从拉曼光谱可以明显看出，薄膜随空气等离子体处理偏压升高而sp^2含量增多，导致薄膜的硬度、耐磨性等性质降低[62]。因此，−1100V空气等离子体预处理没有呈现最优摩擦学性能的原因之一是薄膜机械性能的下降。

所有薄膜摩擦系数曲线均单调增加。其主要原因可归结为空气中存在大量氧分子，其对橡胶产生老化现象，从而急剧加快橡胶恶化，使得橡胶表面过度交联没有达到理想的致密度，从而导致橡胶承载力下降，影响了摩擦系数的平稳性。这可能也是高偏压预处理没有进一步降低摩擦系数的主要原因。

图6-8显示薄膜随预处理偏压升高薄膜磨损程度逐步呈先变小后增大的趋势。对于磨损程度的不同归咎于以下两方面：

（1）膜基结合强度。−500V预处理无法完全清除橡胶表面杂质，导致膜基结合强度较差，以及板块边缘翘起加剧了磨损程度。

（2）薄膜内部结构。高预处理偏压导致薄膜石墨化也是导致薄膜磨损失效的主要原因之一。对于相同的施加载荷，薄膜的纳米硬度相对较低，对偶球接触深度较大，从而摩擦能量耗损严重，最终导致薄膜的磨损加剧[62]。

图6-9为样品磨痕的拉曼光谱分析，可以看出，−500V预处理样品磨痕的I_D/I_G值（0.56）比相应薄膜样品（0.39）高出许多，G峰位由1526cm^{-1}偏移至1531cm^{-1}。此外，−1100V预处理的样品I_D/I_G和G峰位显示了相同的变化趋势。表明薄膜摩擦过程中均发生不同程度石墨化[91,92]。值得注意的是，经过合适预处理（−900V）偏压空气等离子体预处理可赋予薄膜高的黏附力，薄膜在高载荷条件下磨损发生相对较弱的石墨化趋势［I_D/I_G从0.40（原始样品）变为0.41，G峰

位置未发生改变]。可推断出薄膜的化学惰性能够有效阻止柔性基体与钢对偶黏着摩擦。

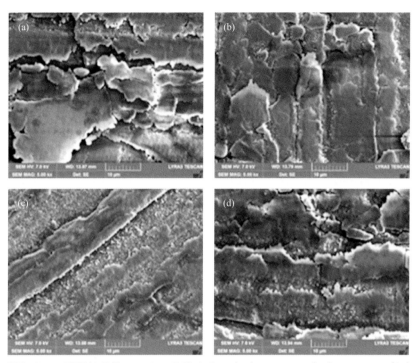

图6-8　不同预处理偏压a-C:H薄膜磨痕：（a）-500V，（b）-700V，（c）-900V和（d）-1100V

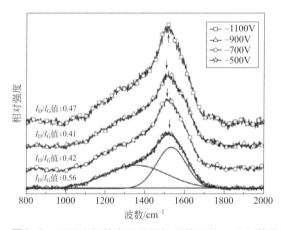

图6-9　不同空气等离子体预处理偏压的a-C:H薄膜的磨痕拉曼光谱

4. 小结

（1）利用空气等离子体预处理橡胶基体表面是实现碳薄膜高黏附力的关键。

（2）空气等离子体预处理偏压对后续沉积薄膜的内部结构具有一定影响，这主要归咎于预处理偏压增加造成薄膜沉积初具有较高的温度，其温度加速薄膜的沉积速率以及增强等离子体能量，促使薄膜在沉积时更稳定的 sp^2 键形成。

（3）沉积 a-C:H 薄膜的橡胶的摩擦系数远远低于相应的未涂覆橡胶，因为 a-C:H 薄膜将基体与金属对偶物分开，避免由于橡胶的黏着效应引起的强烈的相互作用。在 -900V 预处理偏压条件下实现最佳的摩擦性能，主要归咎于该样品较高的膜基结合强度以及橡胶表面高致密性。

二、不同等离子体预处理对橡胶表面碳薄膜结合力和摩擦学性能影响

等离子体处理改性橡胶涉及去除低分子量物质、分子链的断裂和交联、自由基生成、表面化学结构和形态的演变[93,94]。采用 Ar 或 Ar-H₂ 等离子体增强橡胶表面类金刚石薄膜结合力，可完全清洁表面污染物、橡胶表面形态[58]。O₂ 等离子体预处理也被采用以改善黏附性。因 O₂ 等离子体可与橡胶表面反应，在橡胶表面形成新的官能团，如 C—O，C=O，O=C—O 或其至更多的额外基团，增强表面能[63]。另外，O₂ 等离子体可以在橡胶表面上产生显著的烧蚀，能够去除橡胶表面污染物油层。通过研究两种类型等离子体预处理的不同效果，选择合适的等离子体预处理工艺至关重要。此外，探索不同等离子体处理的作用机制将是一个研究热点。

1. 不同等离子体预处理对丁腈橡胶表面形貌的影响

图 6-10 给出了不同等离子体预处理后丁腈橡胶表面 SEM 图像。对于原始表面（肥皂水和沸水清洗后），可以看到由光滑层覆盖橡胶表面［图 6-10（a）］。表明肥皂水溶液不足以除去石蜡和污染物。在 Ar 等离子体清洗 15min 后，直径为 200nm 的孔和颗粒状结构清晰地显现出来［图 6-10（b）］。意味着 Ar 等离子体净化橡胶表面，原始橡胶的"皮肤"完全被剥离。值得注意，Ar 等离子体处理丁腈橡胶只传递能量和产生刻蚀效应，Ar 等离子体和丁腈橡胶之间没有化学反应。此外，由于温度达到 43℃，Ar 等离子体引起的热效应可忽略不计。因此，在处理过程的早期阶段，选择 Ar 等离子体处理有利于去除丁腈橡胶表面污染物，并减少杂质对后续等离子体处理的影响。

第二次等离子体处理对丁腈橡胶表面产生更明显的影响，如图 6-10（c）～（f）所示。Ar-O₂ 等离子体处理后，橡胶表面上出现微尖峰、较粗糙和松散结构。显然，氧等离子体导致橡胶表面发生降解，归咎于过度刻蚀、氧化和热膨胀。与氩

等离子体清洗作用不同，氧等离子体能够与橡胶进行反应。由于 Ar 等离子体去除污染物，氧等离子体可更快与橡胶基体发生反应。大量空隙形成可证明氧等离子体与橡胶表面反应产生气态物质。另外，氧等离子体处理时温度高达 95℃，热效应和刻蚀效果可能加速橡胶表面的恶化。与 Ar-O$_2$ 等离子体处理相比，Ar-H$_2$ 等离子体损伤橡胶表面较弱，橡胶表面呈现出圆形鳞片状结构和均匀分散直径为 50nm 的孔洞。有趣的现象是将许多明亮的颗粒接枝到鳞片状结构上，可能主要由化学反应引起，氢等离子体饱和橡胶表面自由基和分子链。对于 Ar-N$_2$ 等离子体处理，橡胶表面分布细小的球状纹理，主要由于离子刻蚀引起的，等离子体破坏了表面橡胶链，增加了短链交联。然而，对于 Ar-Ar 等离子体处理，随着 Ar 等离子体处理时间的增加，颗粒状结构变为致密性结构，并能够促进生成大量自由基[74]。总之，Ar-O$_2$ 等离子体严重恶化橡胶表面，Ar-Ar 等离子体产生最致密的表面结构。

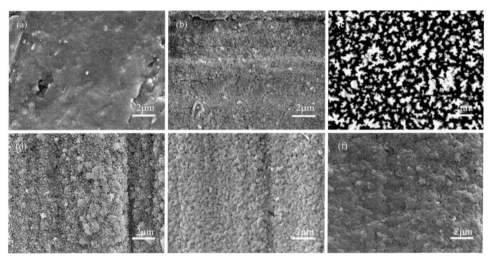

图6-10　不同等离子体预处理丁腈橡胶表面形貌：（a）原始橡胶；（b）Ar等离子体清洁15min；（c）Ar-O$_2$等离子体；（d）Ar-H$_2$等离子体；（e）Ar-N$_2$等离子体和（f）Ar-Ar等离子体

2. 不同等离子体预处理对丁腈橡胶表面分子结构的影响

原始和预处理橡胶表面的化学性质通过 FTIR 光谱进行分析（图 6-11）。吸收峰为 2917cm^{-1}，2848cm^{-1} 和 1438cm^{-1} 分别对应于亚甲基非对称拉伸振动，亚甲基对称拉伸振动和亚甲基非对称变化角振动。与原始丁腈橡胶相比，不同等离子体处理橡胶导致上述峰强度减弱[19]。已知橡胶表面石蜡的成分主要包含这些官能团，因此，Ar-Ar 等离子体和 Ar-O$_2$ 等离子体刻蚀污染物的效率最高。此外，

$2235cm^{-1}$、$1168cm^{-1}$、$961cm^{-1}$、$917cm^{-1}$ 峰分别归属于不饱和腈的 C≡N 振动，平面伸缩振动中的 C—H，两个取代烯烃的 C—H 变形振动。与其它等离子体处理相比，$Ar-H_2$ 等离子体处理橡胶表面显示最强的峰值，表明 $Ar-H_2$ 等离子体处理的样品表面含有大量 C—H 键。可以推测，H 等离子体处理饱和大量自由基。

化学结构变化显著的是 $1500 \sim 1747cm^{-1}$，其属于氧基团。包含 $1730cm^{-1}$ 波数的 C=O 拉伸振动和在 $1650 \sim 1560cm^{-1}$ 的 COO—不对称拉伸。对比发现，除了氧等离子体之外，其它等离子体处理后的氧基团振动的强度均低于原始样品。结合图 6-10，氧等离子体改性橡胶表面生成 CO 或 CO_2 气体并产生氧基团。对于其它等离子体处理，橡胶表面没有产生明显的新官能团。可以推断，等离子体处理能够有效去除石蜡和添加剂等物质。等离子体处理起到清洁和促使自由基形成的作用。其次，橡胶分子链也会发生断链、自由基转移、氧化和重组。$Ar-O_2$ 处理发生氧化最明显。此外，等离子体处理会促进自由基相互作用形成交联，这对后续薄膜的制备具有重要意义。

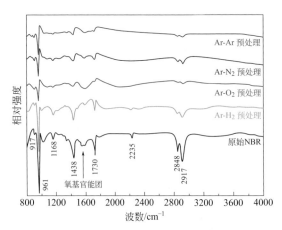

图6-11 丁腈橡胶经不同等离子体处理后的FTIR光谱图

3. 丁腈橡胶表面碳薄膜形貌和断面结构

丁腈橡胶表面碳薄膜形貌如图 6-12 所示。$Ar-O_2/DLC$ 呈条纹状结构（低倍图像）和均匀的颗粒结构（高倍图像）。条纹状在其它丁腈橡胶表面碳薄膜均显示，归因于丁腈橡胶制造使用的注塑模具。此外，除 $Ar-O_2/DLC$，其它薄膜均显示出在柔性基体表面硬质薄膜的板块结构，因薄膜与橡胶基体之间热膨胀系数和弹性的巨大差异。然而，$Ar-O_2/DLC$ 并没有致密的裂缝，主要原因是在 $Ar-O_2$ 等离子体处理后丁腈橡胶表面形成大量空隙。对于其它等离子体处理，薄膜沉积到结束产生的正 ΔT 几乎相同，因此薄膜的裂缝网络的密度是类似的。因此，在后续讨论中，裂缝网络密度对 DLC/ 橡胶柔韧性和摩擦力的影响可以忽略不计。

在高倍数下可以看出，O_2 等离子体强烈刻蚀和氧化橡胶基体导致碳薄膜呈松散和颗粒状的形态。Ar-O_2/DLC 颗粒状结构被数十纳米的间隙隔开，预计该间隙给予薄膜高灵活性。但必须指出的是，该结构不能保护橡胶基体本身，因为橡胶和外来杂质通过间隙彼此接触。Ar-H_2，Ar-N_2 或 Ar-Ar 预处理丁腈橡胶后薄膜的凹谷结构很容易识别，凹谷结构可以在摩擦过程中储存碎屑颗粒，从而提高润滑性能。

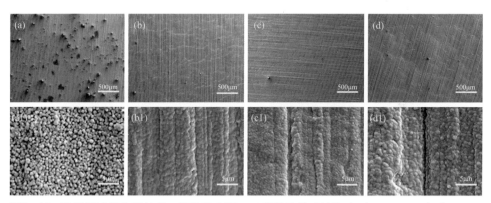

图6-12 不同等离子体预处理丁腈橡胶表面DLC薄膜的微观结构（a）Ar-O_2；（b）Ar-H_2；（c）Ar-N_2；（d）Ar-Ar。顶部：放大倍数较低（比例尺500μm）；底部：更高的放大倍数（比例尺5μm）

各种等离子体预处理丁腈橡胶表面 DLC 薄膜断面显示在图 6-13 中。与其它 DLC/ 橡胶相比，Ar-O_2/DLC 的断面形态存在显著差异，显示出具有类似"金针菇"状的微观结构。这种柱状结构直接与 Ar-O_2 等离子体处理的橡胶表面相关，因为橡胶表面被 O_2 等离子体破坏 [图 6-10（c）]，空隙阻碍了薄膜的连续性。在 Ar-H_2/DLC 的情况下，断面清楚地表明由 H_2 等离子体引起的生长缺陷。虽然通常的做法是通过氢离子钝化悬键，然后通过脱氢提高膜基结合力。然而，界面密集孔显示该方案并不理想 [图 6-13（b）]。薄膜沉积起初在短时间并不能促进脱氢。在 Ar-N_2/DLC 和 Ar-Ar/DLC 的情况下，薄膜和橡胶的组合更紧凑，其原因可能与等离子体预处理后的自由基和表面形貌直接相关。此外，通过橡胶表面碳薄膜形貌和断面形态判断出所有薄膜均呈柱状生长。众所周知，粗糙橡胶表面使得柱状结构容易形成。

采取光学三维表面轮廓分析丁腈橡胶表面碳薄膜和等离子体处理橡胶表面的粗糙度，如图 6-14 所示。很明显 Ar-O_2 等离子体预处理导致形成更加粗糙表面，而其它等离子体预处理正好相反。原因可归因于氧等离子体氧化橡胶表面形成大量空隙［图 6-10（c）］，而被其它等离子体刻蚀以去除杂质并促进交联以平坦化橡胶表面。

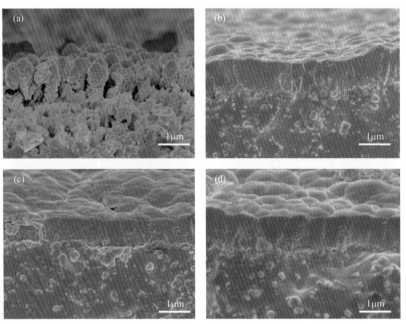

图6-13　不同等离子体预处理丁腈橡胶表面DLC薄膜断面：（a）Ar-O$_2$；（b）Ar-H$_2$；（c）Ar-N$_2$；（d）Ar-Ar

与等离子体预处理橡胶表面粗糙度相比，沉积 DLC 薄膜后，粗糙度均趋于明显的降低。其原因可能为橡胶粗糙表面可增强碳原子以积聚并嵌入橡胶表面孔中。对比 Ar-Ar 预处理的橡胶表面，Ar-Ar/DLC 的表面轮廓的凹凸幅度显著增强，但是轮廓算术平均偏差 Ra 相对较低（图 6-14 所示）。Ar-Ar 处理后的橡胶表面光滑，细孔分布相对均匀。根据上述界面阴影理论，自由基 C 原子将首先在孔中积累并形成许多高度一致的峰。Ar-Ar/DLC，Ar-N$_2$/DLC 和 Ar-H$_2$/DLC 的轮廓算术平均偏差 Ra 几乎相同，而凹凸起伏振动强度却有差异：Ar-Ar/DLC＞Ar-N$_2$/DLC＞Ar-H$_2$/DLC。因此，这种波动将对薄膜的摩擦学性能具有巨大的影响。

4. 丁腈橡胶表面碳薄膜 Raman 分析

Raman 光谱是一种有效且非破坏性手段，用于表征 DLC 薄膜的详细内部结构。图 6-15（a）表示在各种等离子体预处理丁腈橡胶表面 DLC 薄膜 Raman 光谱，由 G 峰和 D 峰（分别约 1530cm^{-1} 和 1350cm^{-1}）组成。G 峰归因于 sp^2 键的伸展振动，无论是在链中还是在芳香环中，D 峰仅指定为芳香环中 sp^2 键的呼吸模式[95,96]。通常，关于碳键的间接信息可以通过拟合拉曼光谱曲线得出，包括 G 峰位置和 D 峰与 G 峰的强度比（I_D/I_G）。

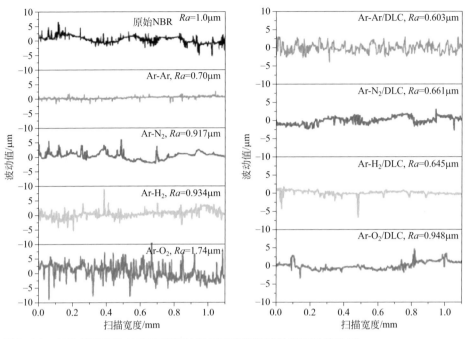

图6-14 各种等离子体处理丁腈橡胶和相应沉积薄膜的断面轮廓分析

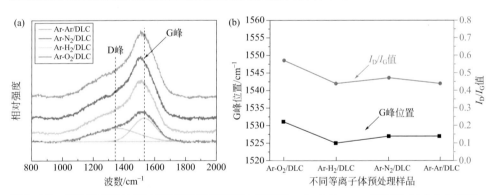

图6-15 各种等离子体预处理丁腈橡胶表面DLC薄膜：（a）Raman光谱和（b）I_D/I_G值和 G峰位置

Ar-N$_2$/DLC，Ar-H$_2$/DLC 和 Ar-Ar/DLC 的 G 峰 位 置 [（1527±2）cm^{-1}] 和 I_D/I_G（0.44±0.03）没有明显差异。这表明薄膜的微观结构不受 N$_2$，H$_2$ 和 Ar 等离子体预处理的影响。然而，Ar-O$_2$/DLC 的 G 峰位置和 I_D/I_G 值分别高于其它样品。原

因可能是 O_2 等离子体处理橡胶表面形貌导致碳聚集而增加 sp^2 含量[97]。Ar-O_2 等离子体处理形成离散状形貌导致碳在橡胶表面上的扩散性降低，进一步导致通过碳团聚形成 sp^2 键。此外，基于上述分析，可推断 Ar-O_2 等离子体处理导致橡胶基体和碳离子的结合不良。差的结合也可能导致在沉积过程中碳 - 碳颗粒之间的亲和力增加，导致 sp^2 键数量增加。因此，可以确定等离子体预处理的类型对DLC 膜的微观结构具有轻微影响，橡胶基体表面形貌将起主导作用。

5. 不同等离子体预处理对膜基结合力的影响

图 6-16 显示了不同等离子体预处理丁腈橡胶基体表面 DLC 薄膜剥离测试后的 X 切割位置的 SEM 图像。尽管 X 切口难以判断结合强度，但是 X 切割图像右上角的胶带图案可以定性地区分膜基结合强度。可以观察到 Ar-O_2/DLC 膜剥离发生在切口和边缘处，沿着切口发生的痕迹剥离出现在 Ar-H_2/DLC 中。然而，难以区分 Ar-N_2/DLC 和 Ar-Ar/DLC 之间的膜基结合力水平，因为两者仅显示切口标记并且切口边缘处的膜未黏附胶带。Ar-N_2/DLC 和 Ar-Ar/DLC 的黏合强度远高于 Ar-O_2/DLC 和 Ar-H_2/DLC。此外，基于上述观察可得出，胶带的选择特别关键，并且胶带的使用具有限制因素。例如，它的黏合强度必须超过膜基结合力，但又不能高很多。

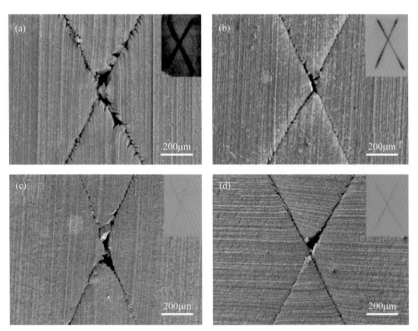

图6-16 不同等离子体预处理丁腈橡胶表面薄膜的剥离试验后的X切割位置的SEM图像：（a）Ar-O_2；（b）Ar-H_2；（c）Ar-N_2；（d）Ar-Ar

表 6-4 显示了不同等离子体预处理丁腈橡胶表面 DLC 薄膜划痕测试数据，Ar-Ar/DLC 划痕测试后表面 SEM 图像如图 6-17 所示。基于两个关键位置，L_{c1} 的值（较低临界载荷）导致薄膜向上翘起，以及确定从 NBR 表面除去薄膜所需的 L_{c2}（高临界载荷）。Ar-Ar/DLC 的临界载荷分别为 21.26N 和 63.68N，而 Ar-N_2/DLC 的 L_{c1} 和 L_{c2} 分别为 18.43N 和 50.25N。因此，所有膜的黏附水平可以如下排列：Ar-Ar/DLC＞Ar-N_2/DLC＞Ar-H_2/DLC＞Ar-O_2/DLC。

表6-4　丁腈橡胶表面碳薄膜膜基结合力比较

样品	临界载荷 L_{c1}/N	临界载荷 L_{c2}/N
Ar-O_2/DLC	5.14	12.87
Ar-H_2/DLC	12.60	24.30
Ar-N_2/DLC	18.43	50.25
Ar-Ar/DLC	21.26	63.68

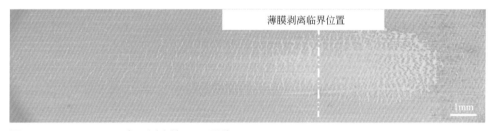

图6-17　Ar-Ar/DLC表面划痕的SEM图像

膜基结合强度与等离子体改性橡胶表面形貌、自由基等直接相关。丁腈橡胶表面油脂层会对膜基结合强度产生负面影响。O_2 等离子体能够去除表面有机污染物，但 O_2 等离子体可以不间断地与橡胶基体反应而使橡胶表面劣化，导致黏附性差［如图 6-10（c）所示］。虽然广泛报道 O_2 等离子体促使生成氧官能团，增加表面自由能以增强膜基结合力[78]，但著者所在团队的实验未达到预期效果。同样，对 H_2 等离子体预处理的研究表明，这种增强膜基结合力的方法可能不适用。它被设计用于通过 H 离子饱和悬键。随后，电子进程诱导原子集体激发，促进脱氢以改善膜基结合力。然而，似乎没有足够的能量在短时间内实现脱氢，导致在断面中显示出大量空隙［如图 6-13（b）所示］。此外，N_2 等离子体似乎不如 Ar 等离子体有效改善黏附性。因为 N_2 等离子体容易增加与脆弱短链的表面交联。这种交联方式导致表面劣化以及自由基数目减少，降低膜基结合力［如图 6-10（e）所示］。综上，Ar 等离子体处理是增强膜基结合力最有效的方法。橡胶表面暴露于惰性气体等离子体（例如 He 或 Ar），其有效产生自由基但不从气相中添加新的化学官能团。Ar 等离子体处理下产生的自由基只能与链转移反应中的其他表面自由基或其他链反应。该特征是最早被认可的惰性气体等离子体对聚合物表面的影响之一[98]。因此，可以推断出 DLC 膜在橡胶上的黏合强度增加主要与去除有机污染物、去除弱边界层和形成自由基有关。

6. 不同等离子体预处理对摩擦学性能影响

采用不同等离子体预处理的丁腈橡胶表面碳薄膜的摩擦曲线如图 6-18 所示。与原始橡胶相比，沉积 DLC 薄膜后显著降低了摩擦系数，其归因于 DLC 膜的化学惰性，其将橡胶分子与对偶物的表面分开。对比不同等离子体预处理对摩擦曲线的影响，只有 Ar-Ar/DLC 的摩擦曲线达到稳定状态，其它样品均连续生长。此外，平均摩擦系数（图 6-18 插图）的变化趋势与膜基结合力强度变化趋势一致，因此优异的膜基结合力可确保薄膜在持续摩擦条件下保持稳定摩擦曲线。对于 Ar-O$_2$/DLC，可以观察到初始摩擦系数低至 0.20，并且随着滑动时间的增加而增加，结束时摩擦系数相对较高（0.52）。摩擦曲线的不稳定性以及 COF 的逐渐增加表明 DLC 薄膜逐渐被损坏。除了膜基结合力较差，橡胶表面机械强度的劣化也是造成 Ar-O$_2$/DLC 摩擦性能差的另一个原因。Ar-H$_2$/DLC 和 Ar-N$_2$/DLC 的摩擦曲线均呈单调上升趋势。具有较高斜率摩擦曲线的 Ar-H$_2$/DLC 主要归咎于黏附性差，尖锐的裂缝边缘向上倾斜对对偶物施加额外的阻力。DLC 在 N$_2$ 等离子体预处理橡胶表面的摩擦系数的增加可能与 DLC 的不规则表面轮廓有关（图 6-14 所示）。对于 Ar-Ar/DLC，Ar 等离子体预处理似乎是提高橡胶摩擦性能最有效的方法。斜率几乎为零的摩擦曲线表明薄膜摩擦性能较为稳定并且不会受到太大损害。Ar-Ar/DLC 的优异摩擦性能可以解释如下：（a）优异的膜基结合力，板块边缘凹向橡胶内部减少摩擦阻力［如图 6-12（d1）所示］。（b）Ar-Ar/DLC

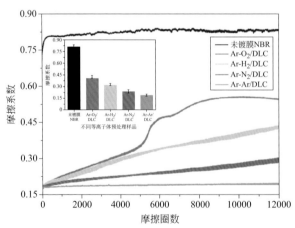

图6-18 不同等离子体预处理对橡胶表面DLC薄膜摩擦系数的影响

表面形貌的凹（"谷"）和凸（"山"）的形成似乎对其摩擦特性有积极影响。尽管测得的表面粗糙度和其它样品无差异，但近似的正弦函数波动表面轮廓减少了摩擦测试期间的接触面积（图6-14），从而降低了黏着效应促使形成稳定摩擦曲线。（c）Ar等离子体预处理增加了NBR橡胶表面的致密性［图6-10（f）］，从而材料变硬并且黏弹性对摩擦的贡献减小。黏着效应和滞后效应均降低为优异的摩擦性能奠定了基础。

图6-19显示了丁腈橡胶表面碳薄膜的磨痕形貌。可以看出，Ar-O_2/DLC中的离散柱状结构在整个表面受到严重损坏。O_2等离子体不会增强膜基结合力，并且导致橡胶的承载能力减弱。此外，在Ar-H_2/DLC的磨损轨迹中看到明显的磨损，板块结构的周边处显示破碎的颗粒，其向外弯曲的裂缝边缘可能是碎片的主要来源。然而，在低倍数图像中几乎看不到Ar-N_2/DLC和Ar-Ar/DLC的磨损轨迹［图6-19（c）、（d）插图］。对比高倍数图像可以发现，Ar-N_2/DLC的磨损严重，归咎于DLC薄膜的极不规则表面轮廓。然而，Ar-Ar/DLC的磨损仅仅发生在凹凸起伏轮廓的顶部，表现出优异的耐磨性。此外，文献报道，微小的板块结构使得DLC涂层橡胶具有优异的摩擦学性能[50,53]。除了Ar-O_2/DLC之外，样品中板块的尺寸几乎相同，因此不考虑薄膜柔韧性对摩擦性能的影响。

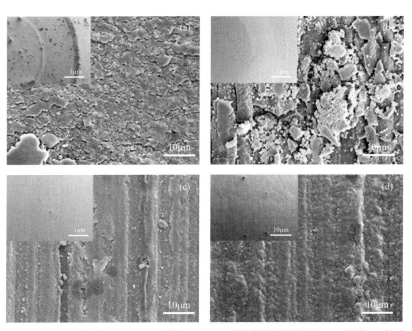

图6-19 不同等离子体预处理橡胶表面DLC薄膜的磨损轨迹SEM图像：（a）Ar-O_2等离子体；（b）Ar-H_2等离子体；（c）Ar-N_2等离子体；（d）Ar-Ar等离子体

7. 小结

（1）不同等离子体对丁腈橡胶表面形貌产生了明显的影响。等离子体处理起到清洁和促使自由基形成的作用。其次，橡胶分子链也会发生断链、自由基转移、氧化和重组。通过红外光谱分析证明 Ar 等离子体和 O_2 等离子体可以非常有效地去除橡胶表面的蜡和其它污染物。

（2）O_2 等离子体会持续与橡胶分子链反应，导致降低丁腈橡胶表面机械强度，降低膜基结合力和摩擦学性能。H_2 等离子体饱和了大量自由基，导致膜基结合力较差，摩擦曲线单调上升。N_2 等离子体处理加剧分子链交联，形成大量短棒状结构，自由基数目减少，导致膜基结合力不是最佳。

（3）Ar 等离子体处理显示了最佳的膜基结合力（63.68N），此外，稳定摩擦曲线也归因于 Ar 预处理后橡胶表面的致密性和近似正弦波动的表面轮廓。因此，预处理等离子体类型对膜基结合力和摩擦学性能起重要作用。

三、氩等离子体预处理时间改善膜基结合力和摩擦学性能

前期研究表明，Ar 等离子体预处理是改善丁腈橡胶表面碳薄膜结合强度的有效手段之一。氩气是惰性气体，因此 Ar 和 NBR 表面之间没有化学反应。Ar 等离子体处理丁腈橡胶的主要作用是将能量从等离子体物质转移到橡胶表面（轰击效应），这有效地产生自由基，但不直接在橡胶表面上添加新官能团[98]。最终提供了碳原子与橡胶结合的可能性，从而增强了 DLC 膜和 NBR 橡胶之间结合力。本部分主要探讨 Ar 等离子体预处理时间对薄膜结构和性能的影响。经 0min，15min，30min 和 75min 预处理的样品分别标记为 DLC1，DLC2，DLC3 和 DLC4。

1. Ar 等离子体预处理对橡胶表面碳薄膜形貌和断面影响

不同 Ar 等离子体预处理时间对橡胶表面 DLC 薄膜形貌如图 6-20 所示。所有 DLC 薄膜均呈现随机裂纹状结构［如图 6-20（a）～（d）所示］，这些裂纹网络将薄膜分成微米尺度的板块，这是柔性基体表面沉积硬质涂层的典型特征[99]。其原因与 NBR 和 DLC 薄膜的热膨胀系数（CTE）的差异直接相关，这种不匹配的热应变决定了裂纹网络的密度和 DLC 薄膜板块尺寸。此外，随着 Ar 等离子体预处理时间从 0min 增加到 75min，板块尺寸从 80μm 增加到 170μm。此外，所有的薄膜都呈现柱状生长的形态［图 6-20（a1）～（d1）］。该结构与 De Hosson 研究结果一致[58]。在未经预处理的橡胶表面薄膜的球状颗粒尺寸为约 350nm［图 6-20（a1）］，然而在预处理 75min 时 DLC 薄膜球状颗粒尺寸高达约 1300nm［图 6-20（d1）］。这种差异可能与 Ar 等离子体处理的橡胶表面形态有关[17]。

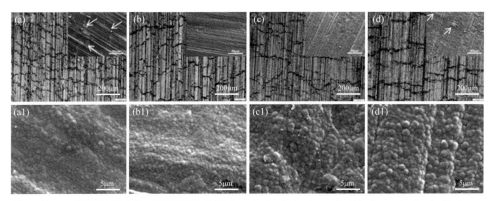

图6-20 不同预处理时间对薄膜形貌的影响：0min［（a），（a1）］；15min［（b），（b1）］；30min［（c），（c1）］和75min［（d），（d1）］

图 6-21 显示不同 Ar 等离子体预处理时间下丁腈橡胶表面 DLC 薄膜的断面图。丁腈橡胶表面 DLC 膜的断面形态没有本质区别，所有薄膜都呈现致密的柱状微结构，这与橡胶粗糙表面引发的界面阴影有关。此外，不同位置测量的样品厚度存在差异性。这种微小的差异与橡胶基体的粗糙界面和 Ar 等离子体刻蚀相关。此外，可以观察到未处理样品的界面分层［图 6-21（a）］，意味着未预处理的膜基结合力较差。

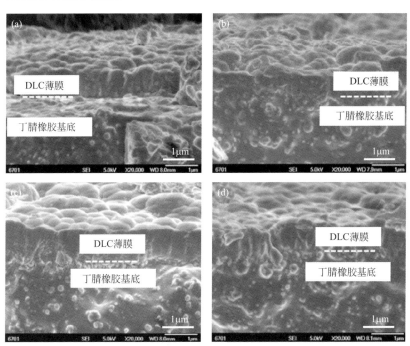

图6-21 （a）DLC1薄膜；（b）DLC2薄膜；（c）DLC3薄膜；（d）DLC4薄膜断面SEM图

2．Ar 等离子体预处理时间对碳薄膜结构影响

拉曼光谱通常用于获得 DLC 薄膜结构信息。图 6-22 显示了 $800 \sim 2000cm^{-1}$ 波数范围内不同预处理时间的薄膜拉曼光谱。其中，G 峰（约 $1530cm^{-1}$）和 D 峰（约 $1350cm^{-1}$）代表含氢无定形 DLC 薄膜的典型特征。通常，G 峰位置和 I_D/I_G 值随着含氢非晶 DLC 膜中 sp^2/sp^3 的增加而增加[96]。薄膜 G 峰位置和 I_D/I_G 值作为 Ar 预处理时间的函数反映于表 6-5 中，发现 I_D/I_G 值和 G 峰位置随等离子体预处理时间增加而显著增加。当预处理时间从 0min 增加到 75min 时，G 峰位置从 $1523cm^{-1}$ 到 $1538cm^{-1}$。此外，随着预处理时间从 0min 增加到 75min，I_D/I_G 值从 0.41 单调增加到 0.61，这表明薄膜 sp^2 含量显著增加。预处理时间的增加意味着高能离子的持续轰击导致橡胶基体温度增加，即薄膜初始沉积温度增加。当沉积完成时薄膜温度存在微小差异。例如，DLC1 的薄膜沉积温度从 23℃升至 88℃，而 DLC4 的薄膜沉积温度从 112.5℃降至 95℃。预处理时间越长反映了早期膜沉积的温度越高，因此膜可能含有更高的 sp^2 浓度[100]。薄膜的硬度和弹性模量在表 6-5 中给出。很明显，随着预处理时间从 0min 到 75min 的增加，硬度连续降低。众所周知，硬度和 sp^2/sp^3 之间存在密切关系。随着预处理时间的增加，sp^2 含量增加，薄膜硬度降低。

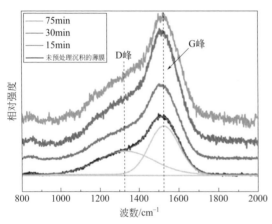

图6-22　不同预处理时间条件下DLC薄膜的Raman光谱

表6-5　DLC薄膜G峰位置，I_D/I_G 值，硬度和弹性模量

项目	DLC1薄膜	DLC2薄膜	DLC3薄膜	DLC4薄膜
I_D/I_G 值	0.41	0.44	0.48	0.61
G峰/cm^{-1}	1523	1526	1527	1538
硬度/GPa	28.84±1	27.59±3	23.37±1	21.57±1
弹性模量/GPa	164.42±3	142.35±10	155.94±3	134.21±3

3．Ar 等离子体预处理时间对膜基结合力的影响

根据 X 切割方法测定样品的膜基结合力。图 6-23 显示了薄膜进行剥离试验后 X 切割位置的 SEM 图像。对于 DLC1 薄膜，观察到沿切口的锯齿状去除［图 6-23（a）］。同时，在切割过程中发生脆性断裂，沿着切割线的大量碎屑粘在胶带上（虚线区域），同时 DLC2 薄膜可以观察到严重的翘曲。这些现象也定性地表明 DLC1，DLC2 和 DLC4 膜显示出差的黏附性。由于沿着切口观察到很少的剥离，因此确定 DLC3 薄膜具有高黏附力［图 6-23（c）］。

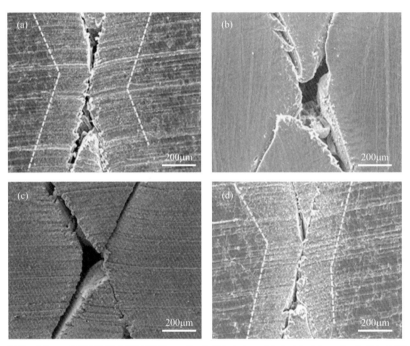

图6-23 X切割位置SEM图像：（a）DLC1；（b）DLC2；（c）DLC3和（d）DLC4薄膜

上述定性判断仍然不足以评估膜基结合力的细微差别，但可通过划痕试验得以纠正。表 6-6 详细列出了膜基结合力测量的结果。此外，Ar 等离子体预处理 30min 样品的摩擦系数和声信号曲线如图 6-24 所示。根据摩擦系数和声信号的变化，L_{c2}（较低的临界载荷）会导致薄膜破裂以及 L_{c3}（上限临界载荷）会达到薄膜被去除。例如，当摩擦系数突然增加并且声信号剧烈波动，如图 6-24 所示。

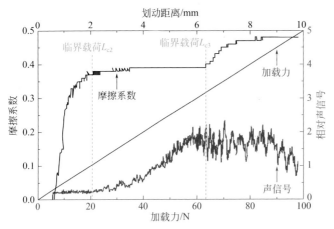

图6-24　DLC3薄膜摩擦系数和声信号随加载力的变化情况

表6-6　丁腈橡胶表面碳薄膜结合力比较

薄膜	预处理时间	临界载荷L_{c2}/N	临界载荷L_{c3}/N
DLC1	0min	9.26	30.83
DLC2	15min	15.24	38.59
DLC3	30min	21.26	63.68
DLC4	75min	11.28	29.35

　　与未经预处理丁腈橡胶表面DLC的膜基结合力相比（发现L_{c2}和L_{c3}分别为9.26N和30.83N），等离子体预处理改善橡胶表面DLC的膜基结合力。特别是，预处理30min沉积在NBR表面DLC的临界力几乎是非预处理的两倍。同时，随着Ar等离子体的预处理时间增加，薄膜与NBR之间的附着力先增大后减小。证实了等离子体预处理膜基结合力的最佳时间为30min，结果与X切割方法的结果一致。

　　DLC3薄膜的优异黏附性可归因于以下两个原因：①通过离子轰击可物理去除橡胶表面污染物。从严格意义上讲，任何使用液体冲洗完成的清洁工艺，橡胶表面仍会受到污染。Ar等离子体能够去除橡胶中的有机污染物，但重要的是等离子体清洁橡胶必须保证足够长的时间以去除所有表面污染物。此外，X射线光电子能谱（XPS）或其他分析技术难以检测污染物质，因为污染物具有与NBR非常相似的化学性质。因此，可以通过SEM照片定性地确定污染物的残留量。对于DLC1薄膜，橡胶表面可能存在大量污染物，这导致薄膜的黏附强度较弱［如图6-25（a）所示］。对于DLC2薄膜，预处理时间很短，以至于尽管对橡胶施加等离子体轰击，但是NBR橡胶可能无法完全清洁［如图6-25（b）中所示］，导致黏附性没有明显改善。对于DLC3和DLC4薄膜，NBR橡胶的表面形态经等离子体预处理后明显改变，表面更加光洁。由于预处理时间较长，橡胶表面可以完全清洁［图6-25（c）和（d）］。

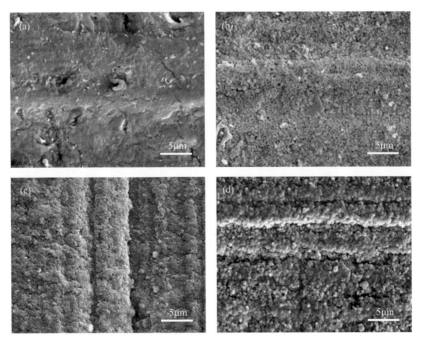

图6-25 不同等离子体处理时间后丁腈橡胶的表面形貌：（a）0min；（b）15min；（c）30min和（d）75min

② 由于等离子体轰击，产生C—H和C═C键断裂和自由基的生成，增强薄膜和NBR橡胶结合力。然而，问题是如何测量表面上活化基团的数量，因为在等离子体轰击期间不能进行原位检测。通常，从等离子体处理NBR到反应室中取出时，自由基可以从空气气氛中捕获分子O_2和H_2O，产生氧官能团。因此，选择测量氧原子含量以间接解释自由基的变化。图6-26显示了原始和Ar等离子体处理的NBR的碳和氧元素mapping图像。可以观察到，随着Ar等离子体处理时间的增加，氧含量百分比呈增长趋势。氧含量的增加间接意味着自由基随等离子体处理时间增加而增加。然而，对于DLC4薄膜，尽管自由基的数量达到最大，但随着轰击时间进一步增加，产生许多空位或空隙［如图6-26（d）所示］，并且由于等离子体过多而形成弱边界层[101]。尽管在薄膜和NBR橡胶之间也可能形成化学黏合，但橡胶表面的机械强度降低导致橡胶的塑性破裂和薄膜剥离。此外，应考虑温度因素。橡胶表面温度随预处理时间的增加而增加。当Ar等离子体预处理时间为15min，30min和75min时，橡胶基体的温度可分别达到43℃，80℃和112.5℃。其升高的温度加速了橡胶的膨胀，并使等离子体聚集在NBR表面的更深处[102]，也对膜基结合力造成一定影响。

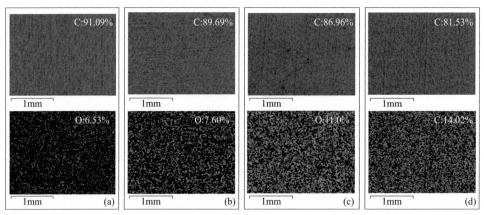

图6-26 Ar等离子体预处理时间对丁腈橡胶表面碳和氧元素mapping图像影响：（a）0min；（b）15min；（c）30min和（d）75min

4．Ar 等离子体预处理时间对摩擦学性能的影响

不同预处理时间对摩擦系数影响如图 6-27（a）所示。对于原始 NBR 橡胶，滑动开始时摩擦系数相对较低（约 0.7）。大约 400 圈后，摩擦系数迅速增加，达到约 0.8 的稳定值，并略有波动。橡胶摩擦曲线变化趋势恰与相关文献相反[60]，他们的结果表明，由于闪点温度升高对接触面积的影响，原始橡胶的摩擦系数在摩擦生成开始时迅速下降。然而，在较高的载荷下，初始橡胶的表面温度在摩擦开始时急剧上升，这导致严重的黏着摩擦并使摩擦系数显著增加。对于橡胶表面 DLC 薄膜，很明显所有摩擦系数都大幅降低（为原来的 1/4），这可能主要归因于 DLC 薄膜会削弱薄膜与对偶物之间的黏着摩擦。但是，不同预处理时间的薄膜的平均摩擦系数表现出差异。DLC1 薄膜具有最高的摩擦系数（约 0.28），并且其摩擦系数从滑动开始时的 0.2 单调增加到试验结束时的 0.35。随着预处理时间增加，DLC2 薄膜的摩擦系数比 DLC1 薄膜低 0.22，摩擦系数相对稳定，但略有增加，未见明显波动。随着预处理时间从 15min 增加到 30min，DLC3 薄膜显示出最低的摩擦系数（约 0.2），并且在 60min 内稳定。然而，随着预处理时间进一步增加，DLC4 薄膜的摩擦系数显示出与 DLC1 薄膜相同的趋势，即在整个滑动期间逐渐增加并最终达到 0.28。摩擦系数的逐渐增加表明 DLC1 和 DLC4 薄膜严重磨损并且产生了大量的磨损碎屑（图 6-28）。

最后，进一步研究了 DLC3 薄膜的磨擦寿命。图 6-27（b）显示了 DLC3 薄膜的摩擦寿命。显然，在 40000 圈的摩擦试验中，薄膜的摩擦系数显著增加，这意味着薄膜逐渐受损。然而，应该注意的是，摩擦系数仍小于原始 NBR 橡胶的一半（0.31 与 0.8 相比）。尽管薄膜部分受损，但在 120000 圈的摩擦磨损后仍然有效，这表明摩擦寿命较长。在高负荷下 NBR 橡胶表面 DLC 薄膜可工业应用。

Ar 等离子体预处理时间对橡胶表面 DLC 薄膜的磨损痕迹的 SEM 图像显示在图 6-28 中。对于原始丁腈橡胶，磨损痕迹的宽度相当宽（约 2.89mm），并且由于摩擦过程中闪点温度的升高，可以找到磨损轨道上的液体状"第三体"。从这一点来看，原始 NBR 的摩擦系数在滑动开始时急剧增加，可能与黏性摩擦有关。因此，原始 NBR 橡胶会出现剧烈磨损。DLC1 发生了严重磨损［图 6-28（a）］，磨损轨道的宽度达到 2.56mm，并且在磨损轨道上可以观察到大量磨屑。其摩擦系数在测试结束时从初始的 0.2 单调增加到 0.35，由于膜基结合力差的原因［图 6-23（a）］，导致薄膜失效和形成的硬碎片起到磨粒磨损的作用。在 Ar 等离子体预处理 15min 后，DLC2 薄膜的摩擦系数比 DLC1 薄膜的摩擦系数低（0.22）且相对稳定，磨损轨迹的宽度也减小到 1.88mm，薄膜位于橡胶的山顶条纹逐渐变平［图 6-28（c）］，意味着较低的磨损。随着预处理时间从 15min 增加到 30min，DLC3 薄膜显示出最低的摩擦系数（约 0.2）和磨损，磨液宽度最小（1.83mm），仅在接触点上存在少量磨屑。

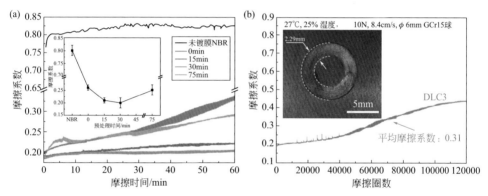

图6-27 （a）不同的预处理时间对NBR橡胶表面DLC薄膜摩擦系数影响；（b）DLC3薄膜的磨擦寿命

图 6-29 显示了 DLC 薄膜和相应磨痕的拉曼光谱。可以发现，DLC2 薄膜的 I_D/I_G 值从 0.44 增加到 0.98，G 峰位置从 $1526cm^{-1}$ 变为 $1563cm^{-1}$。DLC3 薄膜的 I_D/I_G 值和 G 峰位置以及相应的磨损轨迹显示相同的趋势，但其石墨化相对较弱，这表明所有薄膜在摩擦期间均发生不同程度石墨化。这与 Bui 等人的结果[76]完全不同，因为在他们的研究中施加的负荷非常小，以至于接触应力不足以引起石墨化。幸运的是，可以看出适当的预处理时间使涂层具有良好的膜基结合力，并且较高的负荷促使石墨化，这保证了 DLC3 膜的良好摩擦性能。然而，随着预处理时间进一步增加，DLC4 薄膜的摩擦系数和磨损逐渐增加，这可能归因于较低的硬度和较差的结合力。

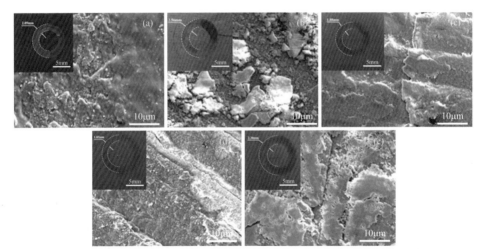

图6-28 磨痕SEM图像：（a）原始NBR橡胶；（b）DLC1薄膜；（c）DLC2薄膜；
（d）DLC3薄膜和（e）DLC4薄膜

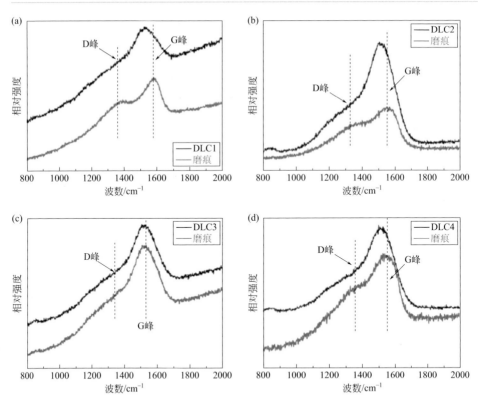

图6-29 不同预处理时间条件下DLC薄膜和相应磨痕的拉曼光谱：（a）0min；
（b）15min；（c）30min和（d）75min

5. 小结

（1）DLC 薄膜和 NBR 之间的热膨胀系数差异较大，因此所有薄膜均呈现随机裂纹分离的微米（μm）级板块。板块结构可以有效地释放薄膜的内应力，利于膜基结合力。

（2）DLC 薄膜硬度随着预处理时间的增加而单调下降，这与 Ar 预处理导致的薄膜初始沉积温度增加有关。

（3）膜基结合力的增强可归因于 Ar 等离子体清洁和表面活性位点的产生。在未经预处理且预处理时间短 NBR 橡胶的表面污染物导致膜基结合力较弱，以及过长等离子体预处理导致橡胶表面的机械强度降低，形成弱边界层造成薄膜剥落。

（4）合理的预处理时间将增强 DLC/NBR 的膜基结合力、摩擦学性能和服役寿命，将有助于实际工程应用。

四、氩等离子体预处理偏压对薄膜结合力和摩擦学性能影响

前期研究表明，Ar 等离子体预处理是改善丁腈橡胶表面碳薄膜结合强度的有效手段之一。氩气是惰性气体，利用氩等离子体轰击橡胶表面主要作用是将能量从等离子体物质转移到橡胶表面（轰击效应），这可有效地产生自由基，但不会与橡胶表面发生化学反应生成新官能团。最终提供了碳原子与橡胶结合的可能性，从而增强了 DLC 膜和 NBR 橡胶之间结合力。本部分主要探讨 Ar 等离子体预处理偏压对薄膜结构和性能的影响。

1. 丁腈橡胶经等离子体处理前后的表面形貌

图 6-30 呈现了原始橡胶和不同偏压预处理后橡胶的表面形貌。原始丁腈橡胶表面呈颗粒状［图 6-30（a）］。随着预处理偏压增加至 -300 ~ -500V，丁腈橡胶表面仍然保持原始形貌，但其表面颗粒状物质明显减少，即其表面趋于平坦化［图 6-30（b）、（c）］。随着预处理偏压增加到 -700V，其表面存在大量平均尺寸为 10nm 的纳米孔洞，并且其表面被一层疏松的结构所替代［图 6-30（d）］。随着预处理偏压的进一步增加，这些纳米孔洞的尺寸没有明显增加，总体的形貌也没有发生太大的变化［图 6-30（e）、（f）］。

随着预处理偏压的增加，橡胶表面粗糙度明显降低。低偏压（< -700V）处理后橡胶表面趋于平坦化，高偏压（≥ -700V）预处理后橡胶表面会形成一层薄的疏松层。显然，氩等离子体刻蚀和轰击效应在改变橡胶表面粗糙度方面扮演了重要的角色。低偏压处理时，Ar^+ 离子能量太低，不足以改变橡胶的表面结构。然而，当预处理偏压足够高时，高能氩等离子体能够打断橡胶表面分子链段并植入其表层而形成大量的孔洞和缺陷（即疏松层）。

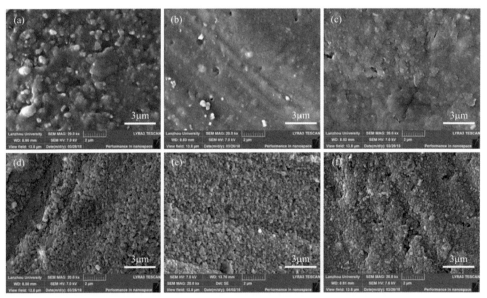

图6-30 不同偏压等离子体预处理丁腈橡胶表面形貌：（a）原始橡胶；（b）-300V；
（c）-500V；（d）-700V；（e）-900V和（f）-1000V

2．丁腈橡胶经等离子体处理前后的表面红外分析

图 6-31 显示了原始橡胶和不同偏压预处理后橡胶表面 FTIR 分析图谱。从图中可以明显看到，2914cm^{-1} 和 2844cm^{-1} 处存在吸收峰，其可归因于饱和烷基 C—H 伸缩振动，1438cm^{-1} 处存在的吸收峰可归因于饱和烷基 C—H 弯曲振

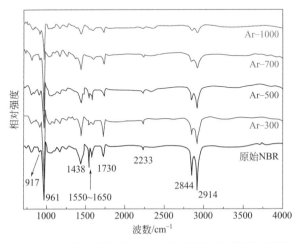

图6-31 原始丁腈橡胶和不同偏压预处理后橡胶表面红外分析图谱

动。此外，还可以观察到2233cm⁻¹，961cm⁻¹和917cm⁻¹处存在明显的吸收峰，其分别对应不饱和腈（C≡N）的膨胀振动（丁腈橡胶的典型特征峰），双取代烯烃（R¹CH＝CHR²）的C—H变形振动和单取代烯烃的C—H变形振动。约在1500～1747cm⁻¹之间存在的吸收峰主要归因于氧基功能团，其中1730cm⁻¹处存在的吸收峰为C＝O键，而1550～1650cm⁻¹之间的吸收峰为COO—不对称伸缩振动。

所有吸收峰的强度都明显减弱，特别是饱和烷基C—H伸缩振动峰，这表明随着预处理偏压的增加，橡胶表面C—H键被打断[86]。随着偏压增加，橡胶表面被大量高能氩离子轰击刻蚀，并产生大量自由基。当样品暴露在空气中时，这些活性表面会迅速与氧键合。然而，氩等离子体预处理后立即沉积薄膜，即并不会与空气接触，从而避免了氧等杂质的混入。因而，橡胶表面形成的活性位点会与碳薄膜沉积时的碳原子形成化学键合，这对于提高碳薄膜与橡胶的膜基结合强度起着至关重要的作用。

3. 橡胶表面DLC薄膜表面及断面形貌

图6-32显示了不同偏压预处理后沉积的Si-DLC薄膜表面SEM形貌。所有薄膜表面均存在随机裂纹［图6-32（a）～（f）］，这主要归因于橡胶与DLC薄膜之间热膨胀系数的巨大差异，导致了橡胶在薄膜沉积过程中的膨胀和收缩。此外，所有薄膜表面均呈类菜花状结构［图6-32（a）～（f）插图］。

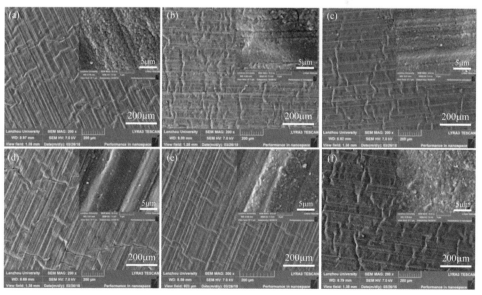

图6-32　原始橡胶和不同偏压处理后沉积的Si-DLC薄膜表面SEM形貌：（a）未预处理；（b）-300V；（c）-500V；（d）-700V；（e）-900V和（f）-1000V

图 6-33 显示了不同偏压预处理后沉积的薄膜断面形貌。所有薄膜的断面形貌没有明显的差异性，也没有展现出典型的柱状结构。Bui 等[76]研究表明，Ti-DLC 薄膜呈柱状结构，其可通过离子轰击能量（基底偏压）来控制。著者所在团队实验中，薄膜的沉积偏压足够高以至于可以弱化柱状结构生长的界面阴影效应，从而形成致密非柱状结构。此外，薄膜厚度存在略微差别，这可能主要归因于测量误差。

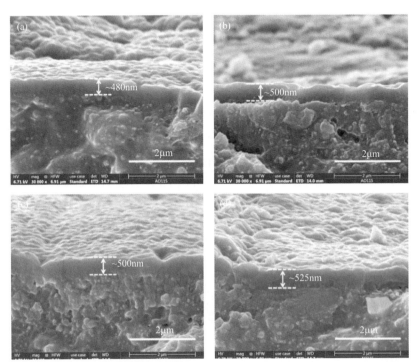

图6-33 不同偏压预处理后沉积的Si-DLC薄膜断面SEM形貌图：（a）未预处理；（b）-300V；（c）-700V和（d）-1000V

4. 丁腈橡胶表面碳薄膜Raman 光谱分析

Raman 光谱作为有效且无损的方法常常用来表征薄膜的键态结构。图 6-34 为不同偏压预处理后沉积薄膜的 Raman 光谱分析图。所有薄膜均呈现一个主峰 G 峰（波数约 1550cm^{-1}）和一个肩峰 D 峰（波数约 1350cm^{-1}），这是无定形含氢 DLC 薄膜的典型特征峰。通常来说，G 峰位和 I_D/I_G 值会随着薄膜中 sp^2 含量增加而增加。不同偏压氩等离子体处理的样品 G 峰位和 I_D/I_G 值如图 6-34（b）所示。所有样品的 G 峰位 [（1556±3）cm^{-1}] 和 I_D/I_G 值（0.72±0.03）并没有明显的变化，这表明氩等离子体预处理橡胶基底并不影响其表面薄膜结构，因而薄膜硬度也显示了相同的变化趋势［（7±1）GPa］。

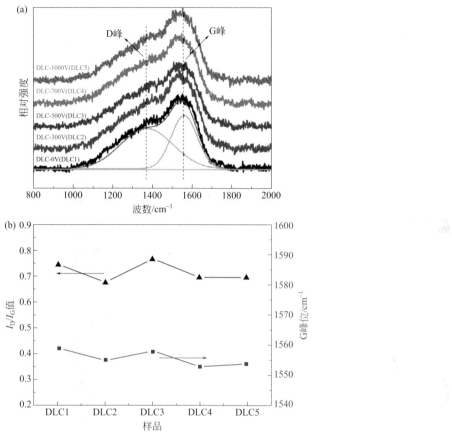

图6-34　不同偏压预处理后沉积薄膜的Raman光谱（a）和I_D/I_G值与G峰位（b）

5．不同等离子体预处理偏压对薄膜膜基结合强度的影响

图 6-35 为不同偏压等离子体预处理后沉积的薄膜经切割后其切痕的 SEM 形貌。对于 DLC-0V 薄膜，切痕处能够观察到锯齿状脱落，且薄膜发生了脆断并沿切痕蔓延，同时有少量碎屑被胶带粘掉，这些现象均表明薄膜结合力较差。有趣的是，对于 DLC-300V 和 DLC-500V 薄膜，薄膜结合力更差。对于 DLC-0V 薄膜，由于橡胶基底未经氩等离子体处理，其表面存在的杂质可能弱化了结合力。对于 DLC-300V 和 DLC-500V 薄膜，红外分析发现其表面仅仅发生了少量碳氢键的断裂，这意味着薄膜主要是机械结合，而低偏压预处理又降低了橡胶表面粗糙度，这对机械结合的薄膜相当不利。然而，随着预处理偏压增加（≥-700V），特别是对于 DLC-1000V 薄膜，表面切痕处几乎观察不到薄膜脱落

现象，这表明薄膜结合力较好。其原因主要归因于以下两个方面：（a）高能粒子轰击可有效清洗橡胶表面；（b）薄膜与橡胶表面形成了化学键合。

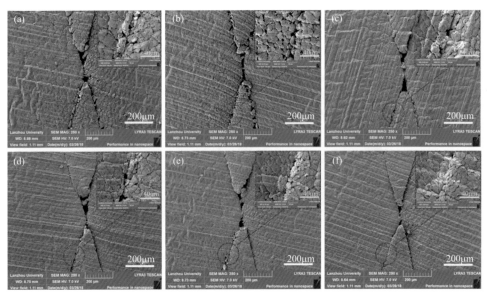

图6-35 不同等离子体预处理偏压处理后沉积薄膜X切割部位SEM图像：（a）未预处理；（b）-300V；（c）-500V；（d）-700V；（e）-900V和（f）-1000V

6. 不同等离子体预处理偏压对摩擦学性能影响

图6-36为不同偏压预处理后NBR基底和沉积的薄膜在0.2N和3N载荷下的摩擦系数曲线图。对于原始橡胶而言，其在0.2N载荷下的摩擦系数非常高

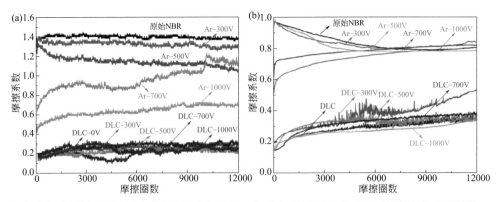

图6-36 不同偏压预处理后NBR基底和沉积的Si-DLC薄膜在0.2N和3N载荷下的摩擦系数曲线图

（约 1.4）。随着预处理偏压的增加，橡胶基底摩擦系数单调降低，这表明氩等离子体预处理能够改善橡胶基底摩擦性能。对于橡胶基底表面 Si-DLC 薄膜，所有样品的摩擦系数几乎都保持在 0.23±0.01，这可能主要归因于不同偏压处理后橡胶表面碳薄膜几乎相同的结构和机械硬度。此外，镀制薄膜后样品的摩擦系数明显低于原始橡胶基底，这表明碳薄膜确实能够有效改善橡胶的摩擦性能。

然而，高载荷下（3N）样品却显示了完全不同的结果。对于原始橡胶，其摩擦系数在摩擦开始时相对较高（约 1.0），在经过 6000 圈摩擦后其摩擦系数逐渐降低并最终达到了稳定值（约 0.84）。对于所有经氩等离子体预处理而未沉积薄膜的样品，在摩擦前期其摩擦系数明显小于原始橡胶摩擦系数，这表明等离子体处理确实能够改善橡胶摩擦学性能，这可能主要归因于橡胶表面等离子体处理层的形成 [18,19]。然而，所有样品在经过 6000 圈摩擦后其摩擦系数均趋于一致，且等于原始丁腈橡胶摩擦系数，表明等离子体处理层在经过 6000 圈摩擦后已经完全失效。这可能主要是由于等离子体处理层相对较薄，其摩擦耐久性差。对于沉积薄膜后的样品而言，所有样品摩擦系数均显著下降（相比原始橡胶下降，为原来的 1/3 ～ 1/4），这主要归因于 Si-DLC 薄膜优异的化学惰性，其有效弱化了橡胶与钢对偶之间强烈的黏着摩擦。然而，不同预处理偏压却影响薄膜摩擦系数。DLC-0V 薄膜（未处理）展现了高摩擦系数（约 0.29），且摩擦系数曲线在 4500 圈后抖动明显。随着预处理偏压增加，DLC-300V 薄膜呈现了更高的摩擦系数（约 0.37），并且其摩擦系数从 0.2 单调增加到 0.5，且摩擦系数曲线在 2800 圈后抖动明显。随着预处理偏压增加到 -500V，DLC-500V 薄膜摩擦系数（0.32）相比 DLC-300V 薄膜略微减小，但却比 DLC-0V 薄膜高，同样在 4000 圈后其摩擦系数曲线抖动严重。随着预处理偏压增加到 -700V，DLC-700V 薄膜展现了几乎相同的摩擦系数且相对稳定。随着预处理偏压进一步增加到 -1000V，DLC-1000V 薄膜却展示了相对稳定且较低的摩擦系数，其摩擦系数曲线在整个摩擦过程中也没有明显的抖动。

图 6-37 显示了不同偏压预处理后沉积薄膜磨痕的 SEM 形貌。对于原始橡胶而言，其表面能够观察到明显的磨痕，且其宽度相当宽（约 1.27mm）。对于未处理而沉积的薄膜，可以观察到明显的磨痕，其宽度几乎与原始橡胶相同（约 1.27mm），且样品条纹顶部被磨平，但是其磨痕却比原始橡胶要模糊，这表明沉积 Si-DLC 薄膜能够有效改善橡胶的抗磨损性能。随着预处理偏压增加到 -300V 和 -500V，特别是 DLC-300V 薄膜，其磨痕宽度达到了 1.57mm，且在磨痕上能观察到大量磨屑，样品条纹顶部被严重磨平，摩擦系数也逐渐增加。随着预处理偏压增加到 -700V 和 -1000V，特别对 DLC-1000V 薄膜，其摩擦系数（0.25）最小且相当稳定，其磨痕宽度也最小（0.78mm）且难以观察到。此外，轻微的磨损也仅仅发生在条纹顶部，这表明其具有最低的磨损率。

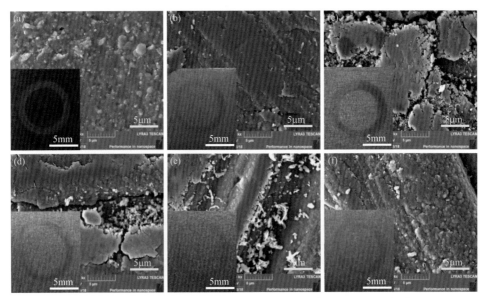

图6-37 不同偏压预处理后沉积薄膜磨痕的SEM形貌：（a）原始橡胶；（b）未预处理；（c）-300V；（d）-500V；（e）-700V和（f）-1000V

为了探索其摩擦磨损机制，需对薄膜磨痕进行拉曼分析，其结果如图6-38所示。所有薄膜和对应磨痕的I_D/I_G值和G峰位几乎没有明显变化，暗示了摩擦过程中并没有石墨化现象发生，这主要归因于其摩擦接触应力太小。对于DLC-1000V薄膜，其优异的摩擦磨损性能可能主要归因于其高的结合力。因为当结合力足够高时，薄膜不易从基底剥落，这意味着Si-DLC薄膜在整个摩擦过程中均能起到良好的润滑作用，从而赋予样品优异的摩擦磨损性能。

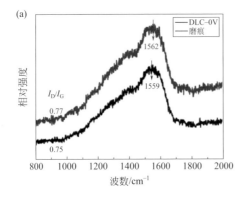

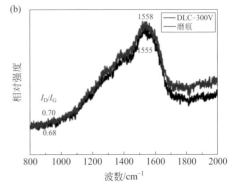

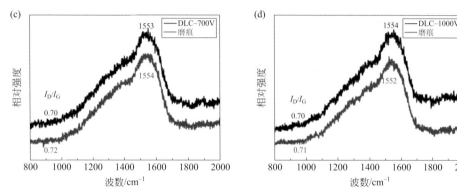

图6-38　不同偏压预处理样品和相应磨痕的拉曼分析图：（a）未预处理；（b）-300V；（c）-700V；（d）-1000V

7．小结

（1）等离子体预处理偏压影响丁腈橡胶表面形貌及微结构。低偏压处理时，氩等离子体能量太低不足以改变橡胶表面微结构，仅仅造成其粗糙度的降低。当预处理偏压足够高时，高能氩等离子体轰击能够打断橡胶表面分子链（主要是C—H键），从而形成大量悬键。

（2）丁腈橡胶表面Si-DLC薄膜呈不连续板块结构，即存在大量微裂纹，这些随机裂纹的存在对缓解薄膜应力和提高其灵活度具有极其重要的作用。此外，薄膜呈致密非柱状结构，这取决于薄膜沉积时的高离子能量（高偏压）。而Ar等离子体预处理偏压并不会影响薄膜微结构和机械性能。

（3）低偏压（≤-500V）Ar等离子体预处理不利于薄膜膜基结合强度，而高偏压（≥-700V）预处理可有效提高薄膜结合强度，这主要归因于高能量离子轰击导致其表面产生悬键，从而形成化学键合。因而，经高偏压预处理基底后沉积的薄膜展现出优异的摩擦学性能。

第三节
中间层对橡胶表面碳薄膜结合力和摩擦学性能影响

一、有/无Si中间层对橡胶表面薄膜微结构及性能影响

Lubwama等研究发现，引入Si-C中间层能够降低薄膜内应力从而改善其结合强

度。此外，中间层还影响薄膜微结构和机械硬度，从而影响薄膜摩擦学性能。本节中，选用 Si 做中间层是由于 Si 与 C 处于化学元素周期表中的同一主族，可能与丁腈橡胶基底和 DLC 基薄膜均具有良好的结合强度。本节工作主要是比较研究偏压对有 / 无 Si 中间层的 Si-DLC 薄膜结构、结合强度和摩擦学性能的影响。尽管关于偏压对 DLC 或 DLC 基薄膜性能的影响已经有大量的研究[103-106]，著者所在团队工作仍然选用偏压作为研究对象的沉积参数主要是基于如下考虑：①上述研究工作的基底均为硬质基底（如硅基底或金属基底）而非橡胶基底；②偏压决定着薄膜沉积时的离子能量，因而会显著影响薄膜的结构和性能。然而，丁腈橡胶是绝缘体，偏压会不会仍然影响薄膜的微结构和性能？如果是，原因是什么？著者所在团队工作的研究目的主要是探究偏压是如何导致有 / 无 Si 中间层的 Si-DLC 薄膜结构和性能的差异性，通过比较这一差异性进一步阐明 DLC 基薄膜沉积在橡胶表面时 Si 中间层所扮演的角色。

1. 样品表面及断面形貌

图 6-39 呈现了丁腈橡胶表面有 / 无 Si 中间层的经不同偏压沉积的 Si-DLC 薄膜的断面形貌。对于有 Si 中间层的薄膜，所有 Si 中间层均呈柱状生长，其厚度保持恒定值 [(1.33±0.03)μm]，而 Si-DLC 薄膜则呈致密非柱状生长。对于无 Si 中间层的薄膜，其断面形貌完全不同。Si-DLC1（0V）薄膜呈典型的柱状生长。随着沉积偏压的增加，柱状结构逐渐消失，薄膜变得越来越致密，但其致密度却比有 Si 中间层的薄膜低。

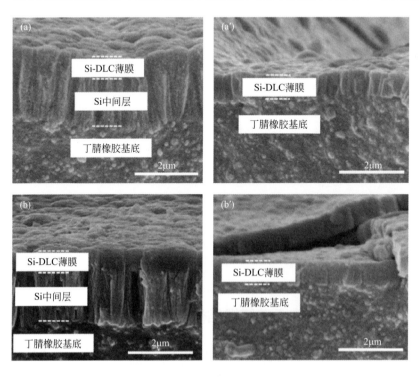

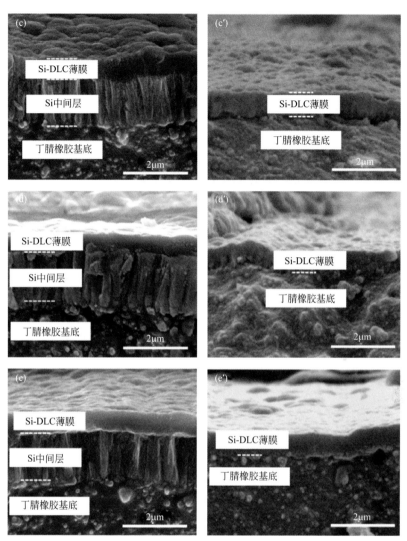

图6-39 丁腈橡胶表面有/无Si中间层的经不同偏压: [(a), (a')] 0V; [(b), (b')]: -300V; [(c), (c')] -500V; [(d), (d')] -700V和 [(e), (e')] -900V 沉积的薄膜断面SEM形貌

上述现象表明，偏压对有 / 无 Si 中间层的薄膜生长机理的影响完全不同。对于无 Si 中间层的薄膜，未加基底偏压时离子能量相当低，此时橡胶表面阴影效应非常强，使得薄膜呈柱状生长[76]。随着偏压的增加，离子能量也增加，这增强了粒子的移动能力进而弱化了界面阴影效应。同时，由于偏压增加导致离子能量增强，这些高能粒子的持续轰击使得薄膜的致密度增加[76]。对于有 Si 中间层的薄膜，由于 Si 中间层的导电性比橡胶基底要高，使得离子到达 Si 中间层表面

的能量要更高，这使得离子的移动更加容易，因而显著弱化了界面阴影效应。也就是说，Si 中间层的存在有利于薄膜在低离子能量（低偏压）下呈致密非柱状生长。同时，更高能粒子的持续轰击导致有 Si 中间层的薄膜比无 Si 中间层的薄膜更加致密。

2. 样品 Raman 光谱分析

图 6-40 显示了不同偏压下沉积的有 / 无 Si 中间层的薄膜 Raman 光谱。可以看到，原始丁腈橡胶的 Raman 光谱呈波浪形。对有 Si 中间层的薄膜，当偏压较低时（≤-300V）薄膜的 Raman 光谱与原始橡胶的 Raman 光谱形状完全一致，这表明薄膜呈类聚合物结构。随着偏压增加到-500V，观察到一个弱峰（1500cm^{-1} 处）。随着偏压继续增加（≥-700V），Si/Si-DLC4（-700V）薄膜和 Si/Si-DLC5（-900V）薄膜的 Raman 光谱图中能观察到一个明显的峰（约 1500cm^{-1}），其能够被拟合 D 峰（1380cm^{-1}）和 G 峰（1550cm^{-1}）两个峰，这是 DLC 薄膜的典型特征峰[107]。对于无 Si 中间层的薄膜，随着偏压从 0V 增加到-500V，薄膜仍然呈类聚合物薄膜结构特征。甚至当偏压增加到-700V 时，仍然很难观察到 DLC 薄膜的特征峰。当偏压最终增加到-900V，薄膜呈现出典型的 DLC 特征峰。这些结果表明偏压对于有 / 无 Si 中间层的薄膜微结构的影响完全不同。

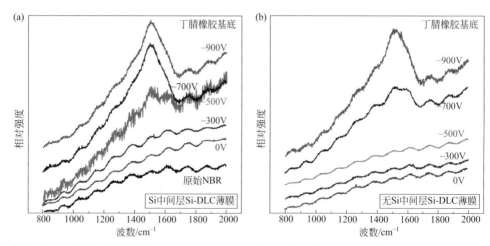

图6-40 不同偏压下沉积的有（a）/无（b）Si中间层的薄膜Raman光谱图

理论上讲，由于丁腈橡胶基底良好的绝缘性，偏压并不会影响无 Si 中间层的薄膜微结构，这暗示了丁腈橡胶（阴极）是零电势。也就是说，无论丁腈橡胶基底偏压是 0V 还是-900V，Si 靶（阳极）和丁腈橡胶（阴极）之间的电势场强度恒定。为了证明这一假设，用矩形丁腈橡胶片直接代替金属样品盘，用相同的工艺沉积薄膜，并利用拉曼光谱分析薄膜微结构。结果显示，偏压为 0V 和 −900V 下沉积的薄膜 Raman 光谱与原始丁腈橡胶的 Raman 光谱图极为相似（图 6-41），这表明偏压并不影响丁腈橡胶表面直接沉积的 Si-DLC 薄膜。

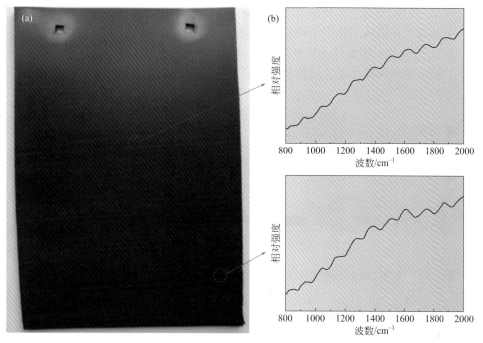

图6-41 丁腈橡胶表面−900V偏压下沉积的无Si中间层薄膜（a）及Raman光谱图（b）

然而，有趣的是著者所在团队工作中偏压却明显影响丁腈橡胶表面无 Si 中间层的薄膜微结构。可能的原因分析如下：薄膜沉积前，将丁腈橡胶切割成 20mm×20mm 的小片，然后用不锈钢螺丝固定在钢样品盘上（如图 6-42 所示）。薄膜沉积中，当偏压为 0V 时，丁腈橡胶基底表面（面积 2）和钢样品盘的其他部位（面积 1）没有区别。随着偏压增加，从 Si 靶溅射出来的粒子在电磁场作用下呈螺旋状运动轨迹向基底表面移动。阴极（丁腈橡胶基底）和阳极（Si 靶）之间的电势场强是恒定的，并不会随偏压改变而改变（面积 2）。然而，Si 靶与钢样品盘之间（面积 1）的电势场强却是随偏压增加而逐渐增加，这些具有较高能量的粒子（面积 1 中的 a 离子）可能与 Si 靶与丁腈橡胶之间（面积 2 中的 b 离子）的粒子相互碰撞而交换能量，致使到达丁腈橡胶表面的离子（面积 2 中的 c 离子）能量发生明显变化，进而影响薄膜微结构。然而，对于有 Si 中间层的薄膜，非晶结构 Si 中间层（图 6-43）的导电性比丁腈橡胶基底要高，这意味着 Si 靶和 Si

中间层间（面积 3）的电势场强随偏压增加而增加。作为结果，这些具有较高能量的粒子相互碰撞（面积 1 中的 a 离子与面积 3 中的 d 离子碰撞）导致到达 Si 中间层的离子能量比到达丁腈橡胶表面的离子能量要更高，这可能是偏压影响有 / 无 Si 中间层的 Si-DLC 薄膜微结构的主要原因。值得注意的是，上述机理可能对没有固定物的平面样品并不适用，因为丁腈橡胶基底阻隔了 Si 中间层。然而，在著者所在团队工作中丁腈橡胶基底不能简单地放置于样品盘表面。因为样品盘垂直于 Si 靶，因此样品需要用不锈钢螺丝固定（图 6-42），而这个螺丝在连接 Si 中间层和金属样品盘之间扮演着极其重要的角色。

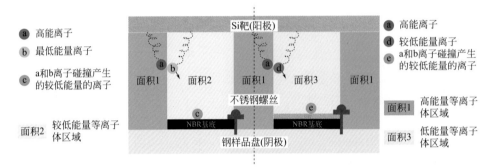

图6-42　丁腈橡胶表面有/无Si中间层薄膜沉积机理示意图

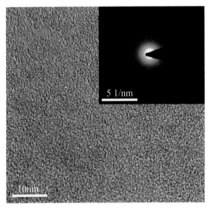

图6-43　丁腈橡胶表面Si中间层的HRTEM形貌和相应的选区电子衍射

3. 样品的膜基结合强度

图 6-44 显示了薄膜 X 切痕部位的 SEM 形貌。对于有 Si 中间层的薄膜，当偏压为 0V 时，薄膜发生了明显的脆裂，并且裂纹沿切痕两侧蔓延［图 6-44(a)］，

但是胶带表面切痕印迹却难以观察 [图 6-44（a）插图]，这表明薄膜结合良好。随着偏压增加到 -500V，切痕周围的少量碎屑被胶带粘掉，这可以从模糊的胶带表面切痕印迹 [图 6-44（c）插图] 得到证实。随着偏压增加到 ≥-700V，薄膜的切痕形貌几乎不再变化，但胶带表面的切痕印迹却变得越来越清晰 [图 6-44（d）、（e）插图]，这表明薄膜结合强度随着偏压增加而降低。如前所述，低偏压（≤-300V）沉积的薄膜是类聚合物薄膜，其内应力较低。随着偏压增加，薄膜逐渐显示出类金刚石薄膜特征，其内应力比类聚合物薄膜要高。尽管薄膜表面被裂纹分割为大小不等的板块，但只要板块尺寸不是足够小，其内部仍然存在应力，这些应力会导致薄膜板块脆裂而脱落。作为结果，薄膜结合强度随偏压增加而降低。

　　然而，对于无中间层的薄膜，薄膜切痕的总体形貌与有 Si 中间层的薄膜完全不同 [比较图 6-44（a）～（e）和图 6-44（a'）～（e'）]。所有薄膜在切割过程中并没有观察到大尺寸脆裂和变形。脆性 Si 中间层比碳薄膜要厚，显然其决定着薄膜切割过程中的脆断行为，这解释了图 6-44 两侧 SEM 形貌存在差异性的原因。同时，随着偏压增加，胶带表面切痕印迹均难以辨别 [图 6-44（a'）～（e'）插图]，这暗示了偏压并不会影响丁腈橡胶表面无 Si 中间层的薄膜膜基结合强度，所有薄膜均具有优异的结合强度。这些结果均表明，著者所在团队工作中 Si 中间层在改善薄膜膜基结合强度方面并没有起到积极作用。

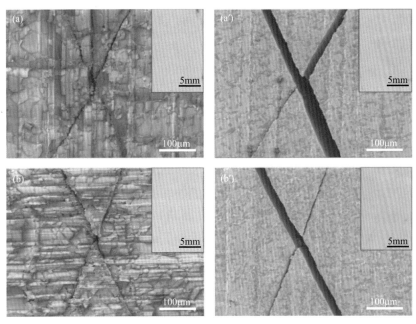

图6-44

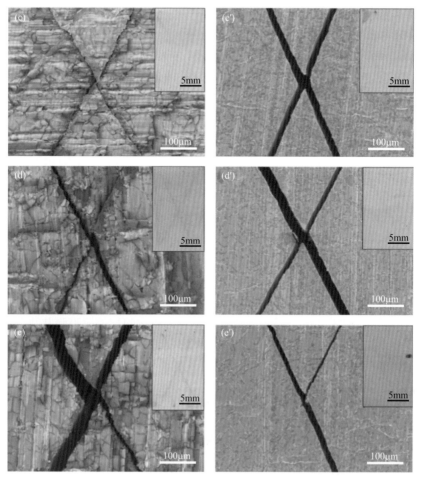

图6-44　不同偏压下沉积的有/无Si中间层的薄膜切痕SEM形貌图

4. 样品的摩擦学性能

图 6-45 显示了丁腈橡胶表面不同偏压下沉积的有 / 无 Si 中间层的薄膜摩擦系数曲线图，表 6-7 列出了薄膜的平均摩擦系数和相对标准偏差值。对于有 Si 中间层的薄膜 [图 6-45（a）]，Si/Si-DLC1（0V）薄膜显示出相对较高的摩擦系数（约0.58）。随着偏压增加到 -700V，薄膜摩擦系数单调下降，Si/Si-DLC4（-700V）薄膜显示了最低且相对稳定的摩擦系数值（0.18）。然而，随着偏压最终增加到-900V，Si/Si-DLC5（-900V）薄膜摩擦系数却略微增加（0.20）。对于无 Si 中间层的薄膜，Si-DLC1（0V）薄膜摩擦系数较高（约0.50）。随着偏压增加，薄膜摩擦系数单调下降至 0.21 [Si-DLC5（-900V）]。比较图 6-45（a）和图 6-45（b）可以看出，当偏压较低（≤-500V）时有 / 无 Si 中间层的薄膜均显示出相对较

高的摩擦系数。当偏压较高时（≥-700V），有 Si 中间层的薄膜摩擦系数比无 Si 中间层的薄膜摩擦系数要低。

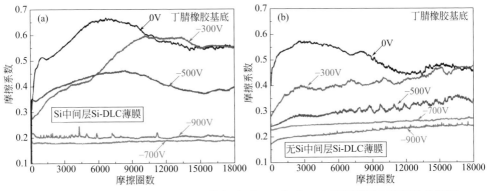

图6-45　丁腈橡胶表面不同偏压下沉积的有（a）/无（b）Si中间层薄膜摩擦系数曲线图

表6-7　薄膜平均摩擦系数和相对标准偏差值

样品	平均摩擦系数	相对标准偏差值	样品	平均摩擦系数	相对标准偏差值
Si-DLC1薄膜	0.50	0.044	Si/Si-DLC1薄膜	0.58	0.057
Si-DLC2薄膜	0.41	0.037	Si/Si-DLC2薄膜	0.50	0.094
Si-DLC3薄膜	0.31	0.028	Si/Si-DLC3薄膜	0.41	0.033
Si-DLC4薄膜	0.26	0.011	Si/Si-DLC4薄膜	0.18	0.004
Si-DLC5薄膜	0.22	0.018	Si/Si-DLC5薄膜	0.20	0.005

注：Si-DLC1（0V）；Si-DLC2（-300V）；Si-DLC3（-500V）；Si-DLC4（-700V）；Si-DLC5（-900V）；下同。

图 6-46 显示了有 / 无 Si 中间层的薄膜磨痕的 SEM 照片。对于有 Si 中间层的薄膜［图 6-46（a）～（e）］，当偏压较低时（≤-500V）薄膜发生了脆裂［图 6-46（a）～（c），红色虚线区域］，并能观察到明显的磨痕［图 6-46（a）～（c）插图］，样品条纹顶部被严重磨平［图 6-46（a）～（c），白色虚线区域］，在磨痕表面发现大量磨屑［图 6-46（a）～（c）插图，白色箭头所示］，这表明薄膜磨损率较高。然而，随着偏压增加到 -700V，在样品条纹顶部仅仅发生轻微磨损［图 6-46（d），白色箭头所示］，磨痕表面也没有磨屑［图 6-46（d）插图］，这表明 Si/Si-DLC4 薄膜具有优异的抗磨损特性。随着偏压最终增加到 -900V，薄膜磨损率略微增加。对于无 Si 中间层的薄膜，其磨痕形貌与有 Si 中间层的薄膜完全不同。当偏压较低时（≤-300V），能够明显观察到磨痕，并且在磨痕两侧堆积有大量磨屑［图 6-46（a'）～（c'）插图，白色箭头所示］，但薄膜并不像 Si/Si-DLC1 薄膜发生脆裂，其磨痕的显微形貌与原始橡胶类似[108]。随着偏压增加到 -500V，能观察到大量小尺寸薄膜碎屑［图 6-46（c'），红色虚线区域］，薄

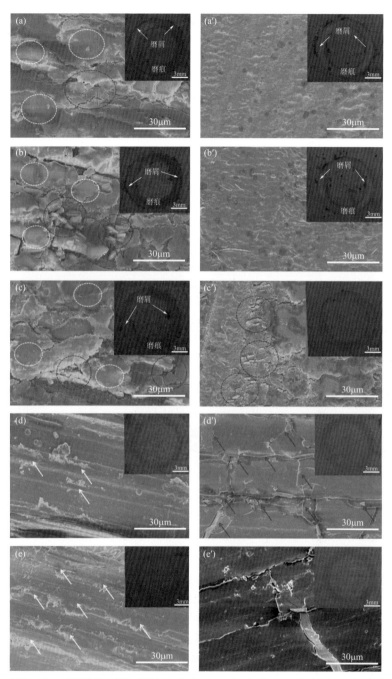

图6-46 丁腈橡胶表面不同偏压：[（a），（a′）] 0V；[（b），（b′）] -300V；[（c），（c′）] -500V；[（d），（d′）] -700V和 [（e），（e′）] -900V下沉积的有 [（a）～（e）]/无 [（a′）～（e′）] Si中间层的薄膜磨痕的SEM照片

膜磨痕比 Si-DLC1 或 Si-DLC2 薄膜磨痕窄，且能观察到少量磨屑。随着偏压进一步增加到 -700V，磨损明显降低且 Si-DLC4 薄膜发生脆断［图 6-46（d′），红色箭头所示］。随着偏压最终增加到 -900V，薄膜磨损率没有显著变化，但其脆断程度明显降低［图 6-46（e），红色箭头所示］。

　　图 6-47 显示了相应的摩擦对偶球斑 SEM 形貌。对于有 Si 中间层薄膜，当偏压为 0V 时，Si-DLC1 薄膜摩擦对偶表面存在大量的严重划伤［图 6-47（a）］，并且球斑周围堆积有大量磨屑。随着偏压单调地增加至 -900V，球斑表面划痕逐渐消失且变模糊。对于无 Si 中间层的薄膜，当偏压较低时（≤-300V）球斑表面光滑无划伤，但其周围存在大量磨屑。随着偏压增加到 -500V，球斑表面粗糙度明显增加，且其周围分散有少量磨屑。随着偏压增加到 -700V，球斑表面仍能观察到划痕，却难以发现磨屑。随着偏压最终增加至 -900V，已很难观察到球斑表面划痕和磨屑存在。

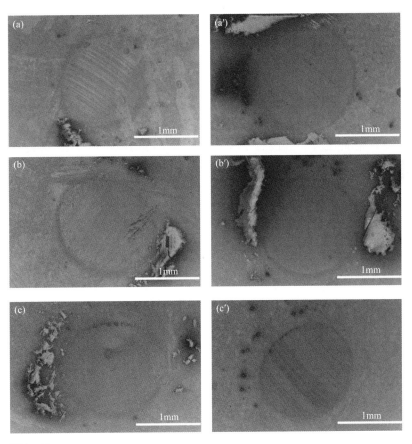

图6-47

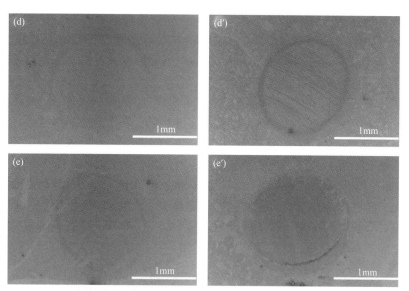

图6-47 丁腈橡胶表面不同偏压：〔（a），（a'）〕0V；〔（b），（b'）〕-300V；〔（c），（c'）〕-500V；〔（d），（d'）〕-700V和〔（e），（e'）〕-900V下沉积的有〔（a）～（e）〕/无〔（a'）～（e'）〕Si中间层的薄膜摩擦对偶球斑的SEM照片

图6-48显示了薄膜摩擦对偶球斑表面EDS结果。在0V和-900V下沉积的薄膜摩擦对偶球斑表面仅仅能探测到Fe和Cr元素，其他样品摩擦对偶表面也观察到相同结果。除此之外，并没有发现其他元素（特别是碳元素），这表明所有样品摩擦对偶表面没有形成碳转移层。通常来说，对于硬质基底表面薄膜摩擦对偶表面会形成富碳转移膜而降低摩擦系数[109]。然而，对于橡胶基底表面碳薄膜摩擦对偶表面却难以形成转移膜，这可能与橡胶基底的黏弹性有关，因为没有足够的接触应力促使转移膜形成。此外，由于橡胶基底的弹性形变（软接触），石墨化现象也很难发生[58,110]。

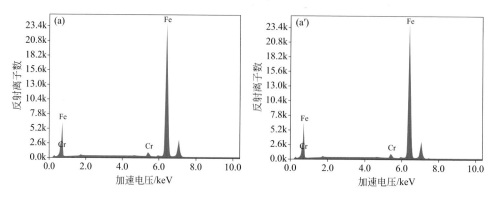

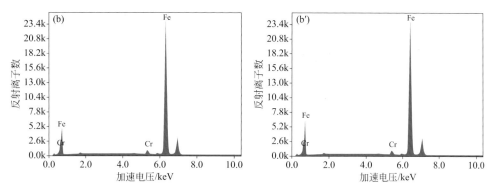

图6-48　丁腈橡胶表面不同偏压［（a），（a′）］0V和［（b），（b′）］900V下沉积的有［（a）、（b）］/无［（a′）、（b′）］Si中间层的薄膜摩擦对偶表面磨屑的EDS成分分析

　　图 6-49 显示了薄膜摩擦对偶表面磨屑的 EDS 分析。磨屑中除了 Fe 和 O 元素之外，还能观察到 C 和 Si 元素，但 Si 含量却不同。表 6-8 和表 6-9 分别显示了薄膜和对偶表面磨屑具体的元素含量。从表 6-8 可以看出，偏压并没有影响薄膜中的元素含量（特别是 Si 含量）。对于无 Si 中间层的薄膜，所有薄膜中 Si 含量均为（4.5±0.5）%（未经特殊说明，本章中元素含量均为原子分数），对于有中间层的薄膜，其含量为（5.5±0.5）%。然而，对偶表面磨屑中 Si 含量却完全不同（表 6-9）。对于无 Si 中间层的薄膜，对偶表面磨屑中 Si 含量与薄膜中 Si 含量一致。因为没有 Si 中间层，所以 Si 元素只能来自 Si-DLC 薄膜。然而，对于有 Si 中间层的薄膜，对偶表面磨屑中的 Si 含量（约10%）比薄膜中 Si 含量要多，显然这些 Si 元素来自 Si 中间层，这表明 Si 中间层参与了样品摩擦磨损。

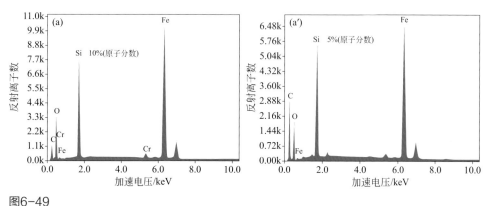

图6-49

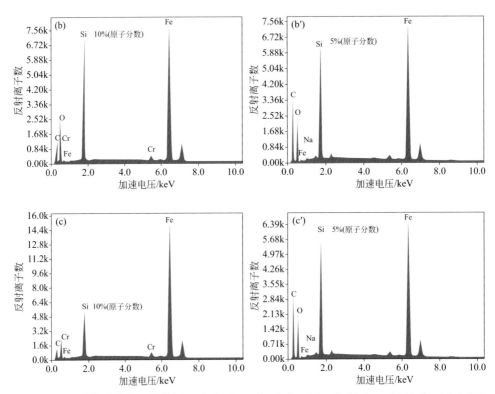

图6-49 丁腈橡胶表面不同偏压：[（a），（a′）] 0V；[（b），（b′）] -300V和[（c），（c′）] -500V下沉积的有[（a）～（c）]/无[（a′）～（c′）] Si中间层的薄膜摩擦对偶表面磨屑的EDS成分分析

表6-8 XPS测得有/无Si中间层薄膜的元素含量（原子分数）　　　　　　单位：%

样品	C	O	Si	样品	C	O	Si
Si-DLC1薄膜	79	17	4	Si/Si-DLC1薄膜	76	19	5
Si-DLC2薄膜	78	18	4	Si/Si-DLC2薄膜	76	18	6
Si-DLC3薄膜	78	18	4	Si/Si-DLC3薄膜	77	17	6
Si-DLC4薄膜	78	17	5	Si/Si-DLC4薄膜	75	19	6
Si-DLC5薄膜	79	16	5	Si/Si-DLC5薄膜	76	19	5

表6-9 EDS测得摩擦对偶表面磨屑中的元素含量（原子分数）　　　　　　单位：%

样品	C	O	Si	Fe	样品	C	O	Si	Fe
Si-DLC1薄膜	66	21	5	8	Si/Si-DLC1薄膜	43	32	10	15
Si-DLC2薄膜	64	23	5	8	Si/Si-DLC2薄膜	49	28	10	13
Si-DLC3薄膜	66	16	5	13	Si/Si-DLC3薄膜	48	30	10	12

对于有 Si 中间层的薄膜，当偏压较低时（≤-300V），上层 Si-DLC 薄膜是

软质类聚合物薄膜，Si 中间层是脆性层。摩擦过程中，上层薄膜快速失效因而 Si 中间层遭受了严重的脆性碎裂，而其作为硬质摩擦三体可加速薄膜摩擦磨损。随着偏压增加到 −500V，尽管类金刚石特征出现，但薄膜机械强度或承载能力仍然较弱，因而 Si 中间层仍会发生脆裂。然而，随着偏压继续增加，薄膜呈现出典型的类金刚石特征。也就是说，上层 Si-DLC 薄膜机械强度显著增加，Si 中间层作为承载层改善了薄膜摩擦磨损。对于无 Si 中间层的薄膜，当偏压较低时（≤−300V），上层薄膜为类聚合物薄膜，其磨损比较严重。同时，由于薄膜质软且没有 Si 中间层，因而对偶表面无划痕。随着偏压增加到 −500V，尽管薄膜仍然是类聚合物薄膜，但薄膜硬度略微增加且没有 Si 中间层，因此其磨损率比 Si/Si-DLC3 薄膜低。随着偏压增加到 −700V，薄膜硬度增加，磨损率降低。然而，由于缺乏 Si 中间层的承载作用，薄膜仍然会发生脆断。因此，Si-DLC4 薄膜摩擦系数比 Si/Si-DLC4 薄膜摩擦系数高。随着偏压最终增加到 −900V，薄膜为典型的类金刚石薄膜，其硬度增加，因而磨损率降低。同时，由于 Si-DLC5 薄膜的脆断程度减少，因而其摩擦系数降低。

本书著者团队引入 Si 中间层对提高薄膜膜基结合强度并没有起到积极作用，但却显著增强了薄膜承载能力，从而有效降低了薄膜摩擦系数和磨损率。然而，选用脆性中间层（如本章中的 Si 中间层）存在巨大的风险。因为当上层薄膜机械强度和韧性较差时，脆性中间层极易脆裂而作为摩擦三体加剧薄膜及对偶件磨损。因此，在不牺牲薄膜结合强度的前提下应尽量选用韧性中间层，并致力于改善上层薄膜机械强度和韧性。

图 6-50 显示了碳薄膜改性与未改性丁腈橡胶样品摩擦系数曲线图。可以看出，原始橡胶平均摩擦系数较高（约 0.68），而碳薄膜改性后 NBR 样品经过 150 万转摩擦后其平均摩擦系数（约 0.38）仍然小于原始橡胶摩擦系数，这表明碳薄膜改性丁腈橡胶样品具有优异的耐磨性。

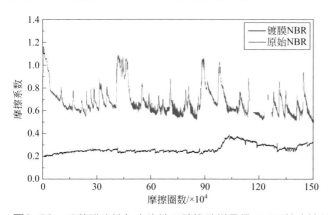

图6-50 碳薄膜改性与未改性丁腈橡胶样品经150万转摩擦后其摩擦系数曲线图

5．小结

（1）无 Si 中间层时基底偏压并不影响薄膜微结构，引入中间层后基底偏压显著影响薄膜的生长机理和微结构，这与中间层导电性有关。中间层增强了薄膜的承载能力，因而显著地降低了薄膜摩擦磨损。

（2）当上层薄膜承载能力或机械强度较差时，选用脆性中间层存在巨大的风险。因此，在不牺牲薄膜膜基结合强度的前提下，应尽量选择韧性中间层，并提高上层薄膜机械强度和硬度。

（3）薄膜经过 150 万转摩擦后其摩擦系数仍小于原始丁腈橡胶摩擦系数，表明其具有优异的耐磨性。

二、Si中间层厚度对薄膜微结构及摩擦学性能影响

本部分中，采用磁控溅射技术，利用 Ar 和 CH$_4$ 作为前驱气体将 Si 中间层 / Si-DLC 成功沉积于丁腈橡胶表面，系统研究了 Si 中间层厚度对丁腈橡胶表面 Si-DLC 薄膜结合强度和摩擦学性能的影响。研究的主要目的指导选用合适的中间层和摩擦磨损性能优异的 NBR/DLC 基薄膜，为拓展 DLC 基薄膜的应用范围提供理论依据和技术支撑。

1．丁腈橡胶表面碳薄膜表面及断面形貌

图 6-51 呈现了丁腈橡胶表面薄膜表面 SEM 形貌。可以看出，其表面存在规则分布的条状纹理，这主要归因于丁腈橡胶基底制造工艺。同时，薄膜表面存在大量裂纹，其均垂直于表面纹理。此外，所有薄膜均呈类菜花状结构。

图 6-52 显示了丁腈橡胶和硅片表面不同中间层厚度薄膜的断面形貌。对 NBR 表面所有 Si-DLC 薄膜而言，其均展现出致密的非柱状结构，这主要与薄膜沉积时的离子轰击能量有关。Si 中间层的存在降低了 Si-DLC 薄膜的生长速率。对于 DLC1 而言，Si-DLC 层厚度为 1.04μm。随着中间层厚度增加，Si-DLC 层厚度逐渐减少至 0.71μm（DLC4 薄膜）。通常，橡胶表面薄膜厚度测量时的微小差别主要归因于测量误差。然而，DLC2 和 DLC3 薄膜之间厚度的巨大差别（约 200nm）并不能归因于测量误差。为了探究这一现象的原因，将相同薄膜沉积在硅片表面进行比较研究，具体的厚度数据如表 6-10 所示。没有 Si 中间层时，NBR 表面 Si-DLC 薄膜的厚度明显比硅片表面薄膜厚度要厚，而橡胶表面 Si 中间层沉积速率是硅片表面的 2 倍多，这与部分学者的研究结果一致[38,39]，但原因尚不清楚。本节中，这一现象可能主要归因于橡胶基底较差的电导性。薄膜沉积是溅射与反溅射相互竞争的过程，橡胶导电性较差意味着橡胶基底与溅射靶之间的电势场强度较弱，即沉积离子对薄膜的刻蚀能量较低（即反溅射速率较低）。因此，丁腈橡胶表面薄膜的沉积速度比硅片表面快。

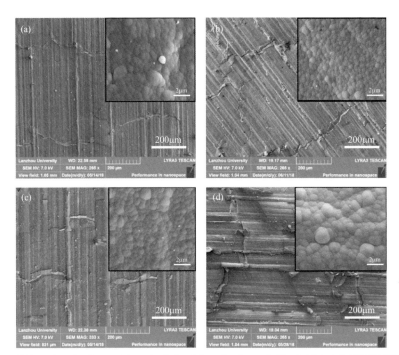

图6-51 （a）DLC1；（b）DLC2；（c）DLC3和（d）DLC4薄膜表面SEM形貌

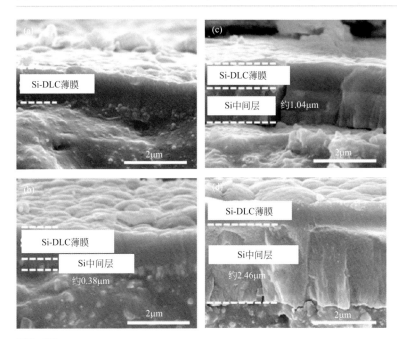

图6-52

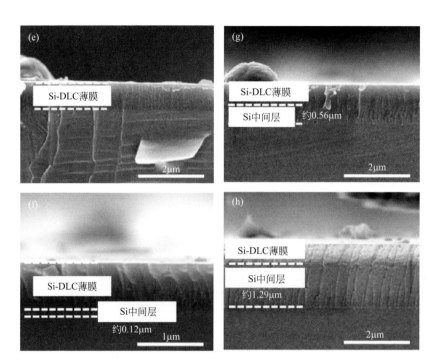

图6-52　丁腈橡胶［（a）～（d）］和硅片［（e）～（h）］表面薄膜断面的SEM形貌

表6-10　硅片和丁腈橡胶表面Si中间层和Si-DLC薄膜厚度

基底	样品	DLC1	DLC2	DLC3	DLC4
硅片	Si中间层厚度/μm	0	0.12 ± 0.007	0.56 ± 0.008	1.29 ± 0.01
	Si-DLC薄膜厚度/μm	0.76 ± 0.004	0.65 ± 0.007	0.58 ± 0.006	0.58 ± 0.008
丁腈橡胶	Si中间层厚度/μm	0	0.38 ± 0.06	1.04 ± 0.04	2.46 ± 0.03
	Si-DLC薄膜厚度/μm	1.04 ± 0.05	0.98 ± 0.02	0.77 ± 0.04	0.71 ± 0.02

2．薄膜微结构及内应力

图 6-53 显示了 DLC3 薄膜高分辨透射形貌及对应的选区电子衍射图。可以看到，薄膜中没有特殊结构（如纳米晶、颗粒物等），对应的选区电子衍射也显示了晕而非衍射环，这表明薄膜是典型的非晶结构。其他薄膜也显示了同样的结构特征。同时，薄膜中包含有碳（74%）、硅（13%）、铜（2.4%）和氧（10.6%）元素，其中铜元素主要来自制备 TEM 样品所用的微栅，而氧元素则与样品暴露于大气环境有关。

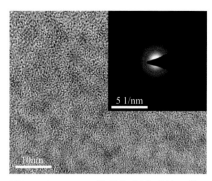

图6-53 DLC3薄膜高分辨透射形貌及对应的选区电子衍射图

图 6-54 显示了丁腈橡胶和硅基底表面 Si-DLC 薄膜 XPS C1s 峰及高斯拟合结果。所有薄膜均能观察到键合能为约 284.5eV 的主峰，这是非晶碳薄膜的典型特征峰。随着 Si 中间层厚度从 0μm 增加到 1.04μm，C1s 峰向低键合能方向移动，这表明薄膜中 sp^2C 键含量增加。然而，随着 Si 中间层厚度继续增加，C1s 峰又向高键合能方向移动，表明薄膜中 sp^3C 键含量增加。通常，C1s 主峰能够被拟合为四个高斯峰，分别代表了键合能约 284.4eV 的 sp^2C 键，键合能约 285.2eV 的 sp^3C 键，键合能约 286.2eV 的 C—O 键和键合能约 288.1eV 的 C═O 键。sp^2 峰面积除以 sp^3 峰面积可以定量得到 sp^2/sp^3 值，图 6-54 显示了具体的结果。随着 Si 中间层厚度从 0μm（DLC1）增加到 1.04μm（DLC3），sp^2/sp^3 值单调增加，暗示了薄膜中 sp^2C 含量增加。然而，对于 DLC4 薄膜，sp^2/sp^3 值更低（0.38），意味着薄膜中 sp^3 含量更高。硅片表面薄膜的 sp^2/sp^3 值也显示了相同的变化趋势。

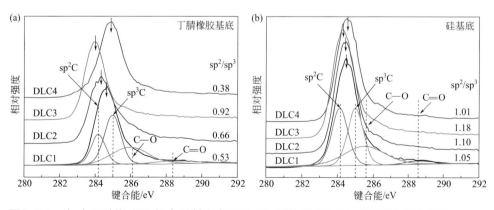

图6-54 （a）丁腈橡胶和（b）硅基底表面Si-DLC薄膜XPS C1s峰及高斯拟合结果

图 6-55 呈现了丁腈橡胶和硅基底表面 Si-DLC 薄膜的典型拉曼光谱，所有薄膜均显示一个主峰（约 1530cm⁻¹ 处，称为"G"峰）和一个肩峰（约 1350cm⁻¹ 处，称为"D"峰），这是含氢非晶碳的典型特征。G 峰位和 D 峰与 G 峰的强度比（I_D/I_G 值）可用来定性表征薄膜中 sp² 含量。一般来说，G 峰位和 I_D/I_G 值增加则表明薄膜中 sp²/sp³ 值增加，图 6-55 [（c），（d）] 显示了具体的 G 峰位和 I_D/I_G 值。对于丁腈橡胶表面薄膜而言，随着 Si 中间层厚度从 0μm 增加到 1.04μm，I_D/I_G 平均值从 0.75 增加到 1.1，G 峰位也向高波数方向移动，这表明 Si 中间层的引入可导致薄膜中 sp² 含量增加。然而，随着 Si 中间层厚度进一步增加，I_D/I_G 值减小到 0.68，G 峰位向更低波数方向移动，即薄膜中 sp³ 含量增加。硅基底表面薄膜的 I_D/I_G 值和 G 峰位显示了相同的变化趋势，这与 XPS 研究结果完全一致。

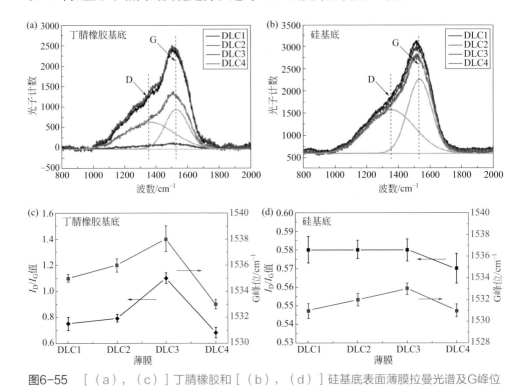

图6-55　[（a），（c）] 丁腈橡胶和 [（b），（d）] 硅基底表面薄膜拉曼光谱及G峰位和I_D/I_G值

薄膜内应力（即残余应力）是与结合强度密切相关的一个参量，其可通过如下公式计算[16]：

$$\sigma = 2G\left(\frac{1+v}{1-v}\right)\left(\frac{\Delta w}{w_0}\right) \tag{6-1}$$

其中，v和G分别为薄膜泊松比（0.3）和剪切模量（70GPa）；w_0是参照G峰位（一般对纯DLC其值为1580cm^{-1}）；Δw是G峰位移差值（$\Delta w = w - w_0$）。对橡胶表面薄膜而言，DLC1薄膜的内应力为-0.74GPa（如图6-56所示）。随着Si中间层的引入，薄膜的内应力达到了-0.72GPa（DLC2）。随着Si中间层厚度增加，内应力达到了最低值-0.69GPa（DLC3）。然而，随着Si中间层厚度的进一步增加，薄膜内应力又增加到-0.77GPa（DLC4），这主要归因于薄膜中sp^{3}含量增加。更低的内应力导致更高的结合强度，因此DLC3薄膜显示了更优异的结合强度。对于硅基底表面薄膜而言，所有薄膜的G峰位均处于（1532±1）cm^{-1}处，因此薄膜内应力基本为恒定值［（-0.79±0.01）GPa］。此外，所有薄膜的内应力值均为负值，表明所有薄膜内应力均表现为压应力。同时，丁腈橡胶表面Si-DLC薄膜内应力明显比硅基底表面薄膜内应力值低，其原因是丁腈橡胶表面DLC薄膜存在大量微裂纹，这些裂纹有利于缓解薄膜内应力。

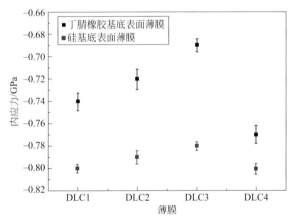

图6-56　丁腈橡胶和硅基底表面Si-DLC薄膜内应力值

3. 薄膜膜基结合强度

图6-57显示了划痕法测得的硅基底表面薄膜结合强度。所有薄膜的结合力均为恒定值［（30±2）N］，这归因于薄膜相近的内应力。然而，丁腈橡胶表面结合强度展现出完全不同的变化趋势。图6-58显示了丁腈橡胶表面薄膜切痕处的SEM照片。可以看到，薄膜发生了明显的脆性碎裂，且沿着切痕周边蔓延，在胶带表面观察到大量碎屑［图6-58（a）插图］，这暗示了DLC1薄膜结合强度较低。随着Si中间层的引入，DLC-2薄膜切痕两侧能够观察到锯齿状脱落，胶带表面切痕的颜色明显变模糊［图6-58（b）插图］，意味着薄膜结合力增加。随着Si中间层厚度增加，很难观察到锯齿状脱落，胶带表面切痕印记变得更加

模糊，表明调整 Si 中间层厚度能够提高薄膜结合强度。这一结果主要是由于 Si 中间层的引入增加了薄膜中的 sp^2 含量，导致薄膜中压应力降低 [图 6-56（b）]。有趣的是，对 DLC4 薄膜而言，胶带表面的切痕印迹明显变清晰，即 DLC4 薄膜结合强度最差，这可能源自薄膜中高 sp^3 含量导致的高应力。

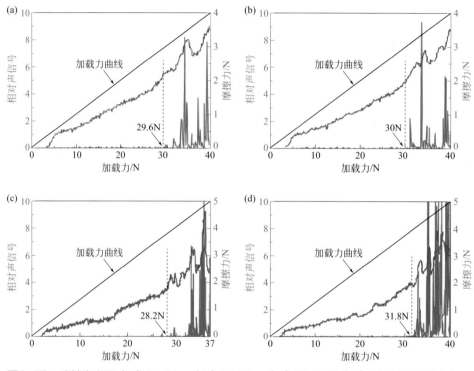

图6-57　硅基底表面（a）DLC1；（b）DLC2；（c）DLC3和（d）DLC4薄膜结合力

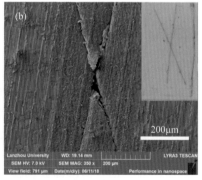

图6-58　丁腈橡胶表面：（a）DLC1；（b）DLC2；（c）DLC3和（d）DLC4薄膜切痕处的SEM照片和对应的胶带表面切痕印迹的光学照片

4. 薄膜的摩擦学性能

图 6-59 显示了 3N 载荷下丁腈橡胶与硅基底表面薄膜的摩擦系数曲线图。对原始橡胶基底而言，开始摩擦时其摩擦系数相对较高（约 1.0），摩擦 100 圈后薄膜摩擦系数逐渐降低并达到稳定值（约 0.87）。对于丁腈橡胶表面薄膜而言，所有薄膜摩擦系数相比原始橡胶均显著降低（为原来的 $\frac{1}{3} \sim \frac{1}{4}$）。显然，Si-DLC 薄膜在弱化橡胶与钢对偶界面黏着方面扮演着极其重要的角色，但是不同中间层厚度的薄膜摩擦系数却完全不同。DLC1 薄膜显示了相对较低的摩擦系数（约 0.27）。随着 Si 中间层的引入，DLC2 薄膜呈现了比 DLC1 薄膜更高的摩擦系数（0.33），并且其摩擦系数从摩擦开始时的 0.18 逐渐增加到摩擦结束时的 0.37。随着 Si 中间层厚度增加，DLC3 薄膜显示了稳定且最低的摩擦系数（0.23）。然而，随着 Si 中间层继续增加，DLC4 薄膜展现了比 DLC3 薄膜略高的摩擦系数（约 0.29）。对硅基底表面薄膜而言，DLC1 薄膜摩擦系数较高（约 0.21）。随着 Si 中间层厚度增加，薄膜摩擦系数达到恒定值（0.18±0.01）。

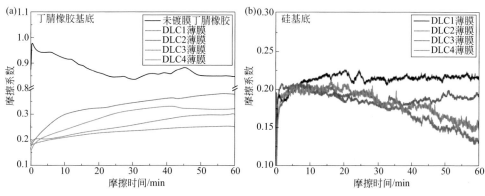

图6-59　3N载荷下丁腈橡胶和硅基底表面薄膜摩擦系数曲线图

图 6-60 显示了丁腈橡胶表面薄膜磨痕的 SEM 照片。DLC1 薄膜摩擦后发生明显的脆性碎裂，条纹顶部能够观察到明显磨损（抛光效应），摩擦对偶表面没

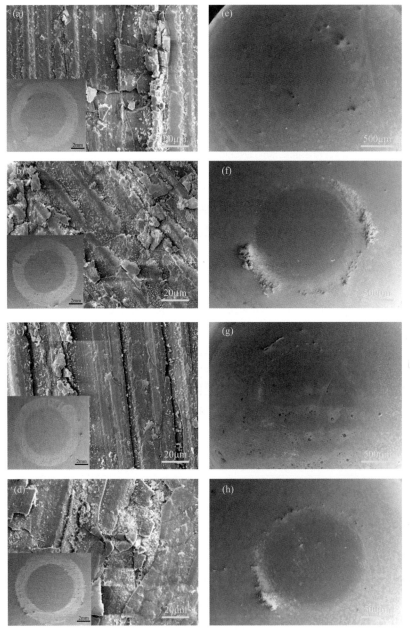

图6-60　丁腈橡胶表面：（a）DLC1；（b）DLC2；（c）DLC3和（d）DLC4薄膜磨痕和对应的摩擦对偶球斑的SEM照片

有观察到磨屑［图6-60（e）］。随着Si中间层的引入，DLC2薄膜被压碎，但碎屑大多仍黏附在NBR表面，在磨痕表面能观察到少许磨屑。而在对偶表面却观察到了大量磨屑，并且这些磨屑均堆积在球斑的周围而非球斑表面［如图6-60（f）所示］。显然，当Si中间层较薄时，其并没有增强薄膜的承载能力，但却改善了薄膜的结合强度。随着Si中间层厚度增加，几乎观察不到新生裂纹［如图6-60（c）所示］，条纹顶部仅发生了轻微磨损，且在球斑表面及四周也没有观察到磨屑［图6-60（g）］。这些结果均表明，Si中间层不仅能够增强薄膜承载能力，而且能够改善薄膜结合强度和耐磨性。然而，随着Si中间层继续增加，DLC4薄膜发生了明显的脆性碎裂，其磨损也明显加剧。与DLC2薄膜类似，磨屑均堆积在球斑周围而非其表面。

为了探索上述现象发生的机理，图6-61显示了硅基底表面薄膜摩擦对偶球斑的光学显微照片。可以看出，摩擦对偶表面明显发生了不同程度的划伤，这可能是硅基底表面薄膜摩擦系数严重波动［图6-59（b）］的主要原因。此外，大量的磨屑堆积在球斑周围并形成了摩擦转移膜［图6-61（a）～（d）］。磨痕的拉曼分析［图6-62（a）～（d）］结果显示，I_D/I_G值相对薄膜明显增加，并且G峰位向更高波数方向移动，暗示了摩擦过程中发生石墨化。这些石墨化的磨屑逐渐转

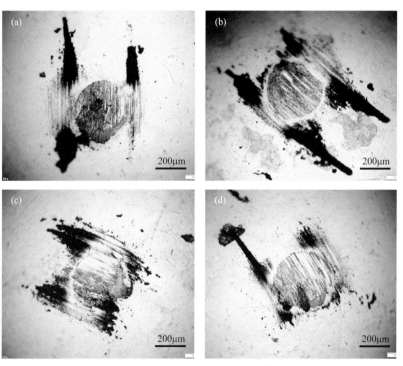

图6-61　硅基底表面薄膜摩擦对偶球斑的光学显微照片

移到对偶表面形成了易剪切转移膜，导致了更低的摩擦系数。然而，由于橡胶巨大的形变作用，其表面薄膜摩擦中并不会发生石墨化［图 6-62（e）～（g）中薄膜与磨痕的 G 峰位及 I_D/I_G 值基本相同］，也不会形成转移膜［图 6-60(e)～(h)］。当 Si 中间层足够厚时（DLC4 薄膜）薄膜承载能力明显增强，薄膜则会发生石墨化［图 6-62（h）中磨痕的 G 峰位和 I_D/I_G 值明显比薄膜大］，但其高摩擦系数主要是因为其脆性碎裂。如果薄膜韧性足够强以至于薄膜不会发生二次脆断，则其摩擦系数可能会进一步降低。

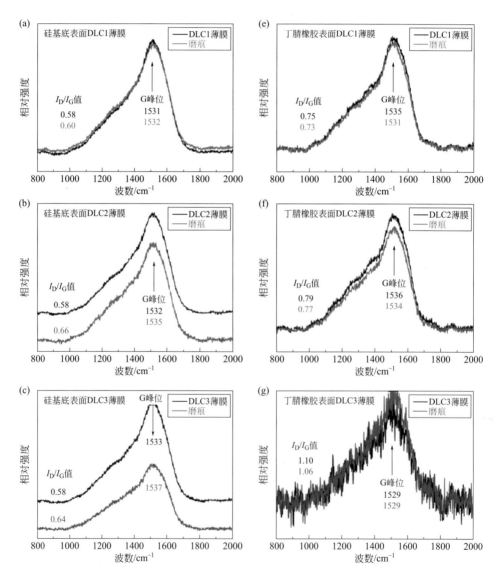

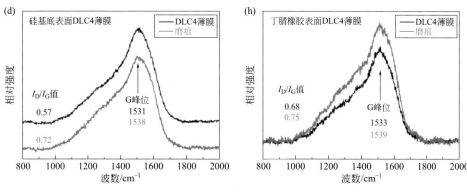

图6-62 硅基底 [（a）～（d）] 和丁腈橡胶 [（e）～（h）] 表面薄膜磨痕的拉曼光谱图

5．小结

（1）薄膜在丁腈橡胶表面的沉积速率比在硅基底表面沉积速率高，且相同薄膜沉积在橡胶表面和硅片表面展现出完全不同的结构和性能，这主要与两种基底物理性质有关。同时，这也意味着硬质基底表面性能优异的薄膜可能并不适用于橡胶软表面。

（2）Si 中间层厚度存在最优值（约 1.04μm），过薄或过厚均不利于丁腈橡胶表面薄膜结合强度和摩擦学性能。Si 中间层厚度影响薄膜内应力（sp^2 含量），进而影响薄膜结合强度，而其对薄膜摩擦学行为的影响主要取决于其承载能力和对上层薄膜机械性能的影响。

（3）合适的中间层厚度不仅能提高薄膜膜基结合强度，而且能增强薄膜承载能力，改善其摩擦学性能。

第四节
橡胶表面碳薄膜结构性能优化设计及调控

一、硅元素掺杂量对丁腈橡胶表面碳薄膜微结构和性能影响

元素掺杂（如金属元素 W[111]，Cu[112] 等和非金属元素 Si[113]，N[114] 等）是减少 DLC 薄膜摩擦磨损的有效手段。Fujimoto 等 [115] 研究发现 DLC 薄膜硬度和摩

擦系数随 Si 元素掺杂量增加而增加。Zhang 等[116] 则发现薄膜硬度随 Si 含量增加先增加而后减小，而磨损率则是先减小而后增加。然而，Jiang 等[117] 则观察到了与 Zhang 等完全不同的结果。显然，Si 含量对 DLC 薄膜性能的影响存在相互矛盾的研究结果，且其对丁腈橡胶表面 DLC 薄膜的影响并没有开展相关的研究工作。

上述研究工作主要强调的是薄膜膜基结合强度、前驱气体、掺杂元素等的影响，对其摩擦学性能缺乏系统性研究。与其他碳材料类似，DLC 薄膜摩擦学行为也强烈依赖于摩擦测试条件（特别是摩擦载荷和速度）。通常来说，硬质基底表面 DLC 摩擦系数随着载荷（或速度）增加而降低。到目前为止，主要由以下几个理论来解释这一现象：①赫兹弹性接触理论。这一理论主要用来解释摩擦载荷对薄膜摩擦系数的影响，并认为固体润滑材料摩擦系数随接触应力增加而降低[118-120]。②石墨化理论。这一经典的理论认为增加摩擦载荷（或速度）所引起的摩擦热效应会导致薄膜中 sp^3 碳向 sp^2 碳转化，即在薄膜磨痕表面形成石墨化的摩擦膜[121,122]。③转移理论。上述石墨化的磨屑能够逐渐转移到摩擦对偶表面形成易剪切的转移膜[123-125]。薄膜表面石墨化的发生及摩擦转移膜的形成在薄膜实现高载荷（或高速）下的低摩擦方面扮演了极其重要的角色。摩擦过程中橡胶基底存在的弹性形变可能导致其摩擦接触状态与硬质基底完全不同，使得其摩擦学行为可能与硬质基底不同。

本部分中，利用 Ar 和 CH_4 作为前驱气体将 Si 中间层/Si 掺杂 DLC 薄膜（Si-DLC）成功沉积于丁腈橡胶表面。主要研究了 CH_4 气体流量对 Si-DLC 上层薄膜微结构和性能的影响。然后选择性能最优的薄膜，考察其在不同载荷下的摩擦磨损行为与机理。

1. 丁腈橡胶表面碳薄膜表面和断面形貌

图 6-63 显示了 NBR 表面不同 CH_4 流量沉积的 Si-DLC 薄膜表面形貌。从图中可以看出，所有薄膜表面均存在随机裂纹［图 6-63（a）～（d）］，这主要归因于薄膜沉积过程中的温度差，这些裂纹的存在对于缓解薄膜内应力和提高薄膜随橡胶形变的灵活度具有积极的作用。此外，低 CH_4 流量下沉积的薄膜表面裂纹［图 6-63（a）、（b）］比高流量下沉积的薄膜裂纹［图 6-63（c）、（d）］密度高。Martinez-Martinez 等[45] 发现薄膜表面的裂纹密度取决于薄膜沉积起止温差的绝对值，更大的温差意味着更大的裂纹密度。这一结果表明，薄膜在高流量 CH_4 沉积时具有更低的温差，而具体的原因将在下文中讨论。

图 6-64 显示了 NBR 表面不同 CH_4 流量下沉积的薄膜断面形貌。所有 Si 中间层均呈现典型的柱状生长，其厚度为恒定值［（1.20±0.07）μm］。然而，所有 Si-DLC 上层薄膜呈致密非柱状结构，且其厚度随 CH_4 流量变化而变化。

对于 Si-DLC1（20sccm）薄膜，其厚度为（0.70±0.05）μm，随着 CH₄ 流量增加，Si-DLC2（40sccm）薄膜厚度明显减小［（0.56±0.07）μm］。随着 CH₄ 流量进一步增加至 60sccm，薄膜的厚度减小至（0.25±0.02）μm。此后，随着 CH₄ 流量由 60sccm 增加到 150sccm，薄膜的厚度几乎不再变化。薄膜厚度（或沉积速率）通常与其沉积过程密切相关，对沉积过程的分析可合理解释上述现象。

图6-63 丁腈橡胶表面不同CH₄流量沉积的薄膜表面SEM形貌：（a）20sccm；（b）40sccm；（c）100sccm和（d）150sccm

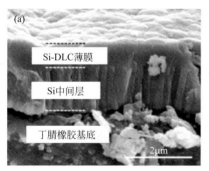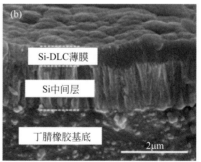

图6-64

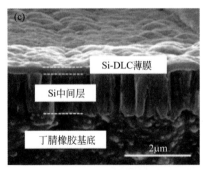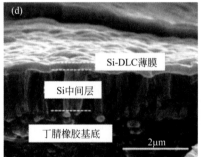

图6-64　丁腈橡胶表面不同CH_4流量沉积的薄膜断面SEM形貌：（a）20sccm；（b）40sccm；（c）100sccm和（d）150sccm

薄膜沉积过程中，CH_4为碳源而Si靶为掺杂元素Si源，CH_4能够离化为烃自由基（CH^+，CH_3^+）和氢自由基（H，H^+）等。CH_4流量相对较低时，由于大量Ar^+离子与CH_4气体彼此碰撞，致使CH_4气体离化率相对较高，从而导致其沉积速率较高。随着CH_4气体流量增加，Si靶逐渐被这些离化的物质局部覆盖，导致了低离子轰击能（低基底温度）和沉积速率。随着CH_4流量进一步增加，Si靶几乎被完全覆盖（所谓的"靶中毒"效应）。此时，Si原子几乎很难从靶表面溅射出来，且CH_4气体离化率和离子能量均为最低值，因此薄膜沉积速率、基底温度和Si含量均相当低且保持恒定值。这可能也是薄膜沉积速率、裂纹密度和Si含量（见XPS分析部分）随CH_4流量增加而降低的主要原因。

2. 薄膜化学成分及微结构分析

图6-65显示了不同CH_4流量下沉积的薄膜HRTEM及对应的SAED图片。CH_4流量较低时（20sccm），薄膜中存在特殊结构［图6-65（a）虚线区域］，而对应的SAED显示了一个明显的衍射环（对应的是β-SiC相200面），且其晶面间距为2.1Å，这表明薄膜为非晶纳米晶复合薄膜。然而，随着CH_4流量增加，薄膜呈典型的非晶结构。

XPS是分析薄膜成分和Si元素存在方式的可靠且有效的手段。图6-66显示了不同CH_4流量下沉积的薄膜XPS全谱。谱图中主要包含几个主峰，分别为约284eV处的C1s峰，约531eV处的O1s峰，约101eV处的Si2p峰和约150eV处的Si2s峰。氧的存在主要是由空气污染所致。图6-66（b）显示了薄膜的化学成分。可以看出，随着CH_4流量从20sccm增加到150sccm，碳元素含量从77.87%线性增加至95.30%，而Si元素含量则由9.88%单调降低至0.30%，氧元素呈现了相同的变化趋势（12.25%降至4.40%）。此外，当CH_4流量增加至150sccm时，薄膜中Si含量降至0.30%。因此，Si-DLC5薄膜可认为是纯碳薄膜。

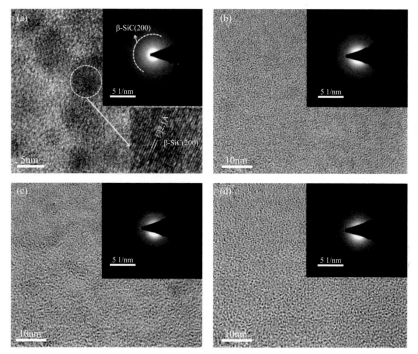

图6-65 丁腈橡胶表面不同CH₄流量下沉积的薄膜HRTEM和对应的SAED图片：（a）20sccm；（b）60sccm；（c）100sccm和（d）150sccm

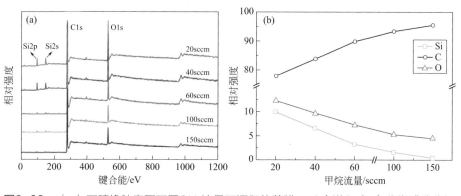

图6-66 （a）丁腈橡胶表面不同CH₄流量下沉积的薄膜XPS全谱和（b）化学成分分析

　　图 6-67（a）显示了不同 CH_4 流量下沉积的薄膜 XPS C1s 峰。可以看到，所有薄膜均能观察到键合能约 284.5eV 的主峰，且这个峰随着 CH_4 流量增加向高键合能方向移动，这表明薄膜中 sp^3 含量增加。为了获得更准确的数据，C1s 主峰被拟合为五个高斯峰，分别代表了键合能约 283.8eV 的 Si—C 键[126]，键

合能约 284.5eV 的 sp^{2}C 键，键合能约 285.3eV 的 sp^{3}C 键和键合能约 287.5eV 的 C＝O 键。用 sp^3 峰面积除以 sp^2 峰面积可以定量得到 sp^3/sp^2 值，具体结果如图 6-67（b）所示。随着 CH$_4$ 流量从 20sccm 增加到 150sccm，sp^3/sp^2 值从 0.17 单调增加至 0.58，暗示了薄膜中 sp^{3}C 含量增加。为了进一步分析掺杂元素 Si 的键合方式，有必要分析 Si2p 峰（如图 6-68 所示）。CH$_4$ 流量较低时，Si2p 峰位于低键合能处。随着 CH$_4$ 流量增加，Si2p 峰向更高的键合能方向移动 [图 6-68（a）]，这表明薄膜中 Si 元素键合方式发生变化。从图 6-68（b）～（f）中可以观察到，CH$_4$ 流量较低（≤40sccm）时 Si2p 峰仅能被拟合为一个峰（约 100.3eV 处），其对应的是 Si—C 键 [127]，这意味着低 CH$_4$ 流量时 Si 元素可能以 Si—C 相存在，与 HRTEM 所观察到的结果一致。随着 CH$_4$ 流量进一步增加，Si2p 峰能够被拟合为 2 个峰，分别对应为 Si—C 键（约 100.3eV）和 SiO$_x$C$_y$ 键（约 101.3eV） [107]，这表明 CH$_4$ 流量较高（≥60sccm）时掺杂 Si 元素主要以 SiC 和 SiO$_x$C$_y$ 相存在。

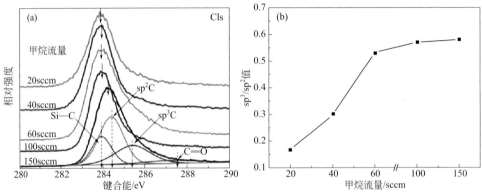

图6-67 （a）丁腈橡胶表面不同CH$_4$流量下沉积的薄膜XPS C1s谱和（b）sp^3/sp^{2}值

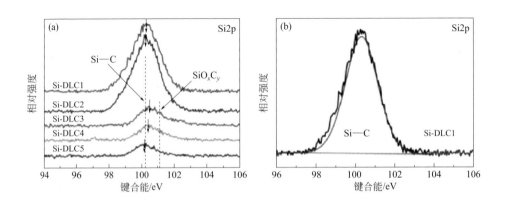

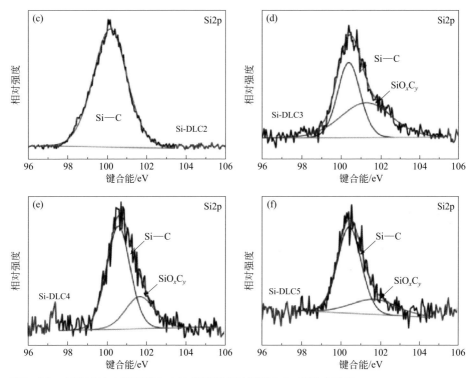

图6-68 丁腈橡胶表面不同CH₄流量下沉积的薄膜Si2p峰拟合结果

Raman 光谱作为有效且无损的方法常常用来表征薄膜的键态结构。图 6-69（a）为不同 CH₄ 流量下沉积的薄膜 Raman 光谱拟合图。可以看出，所有薄膜均呈现一个主峰（G 峰，约 1550cm⁻¹）和一个肩峰（D 峰，约 1350cm⁻¹）。通常，G 峰位和 I_D/I_G 值能够获得 sp³ 含量的相关信息，会随着薄膜中 sp² 含量增加而增加。图 6-69（b）显示了不同 CH₄ 流量沉积的薄膜 G 峰位和 I_D/I_G 值。可以看到，随着 CH₄ 流量从 20sccm 增加到 150sccm，薄膜 G 峰位从 1597cm⁻¹ 移动至 1569cm⁻¹，I_D/I_G 值从 1.03 降至 0.58。这一结果表明薄膜中 sp³ 含量增加，这与 XPS 分析结果一致。薄膜沉积过程中，CH₄ 气体能够分解出大量氢自由基（H，H⁺），增加 CH₄ 流量导致离化氢含量增加，从而促进了薄膜中 sp³CH 的形成。

G 峰半峰宽（FWHM）是衡量薄膜内应力的重要参数。Lubwama 等[65] 研究发现，更小的半峰宽意味着更大的 sp² 团簇和更有序的键长及键角，这导致了薄膜中内应力的降低。随着 CH₄ 流量从 20sccm 增加至 150sccm，薄膜 G 峰半峰宽从 157cm⁻¹ 单调增加至 204cm⁻¹［图 6-69（b）］，这表明薄膜内应力随 CH₄ 流量增加而增加。换句话说，通过 Si 掺杂可有效降低薄膜内应力，因为 Si—C 更长的键长（1.89Å，相比于 1.54Å 的 C—C 键长）能够缓解薄膜内应力[128]。

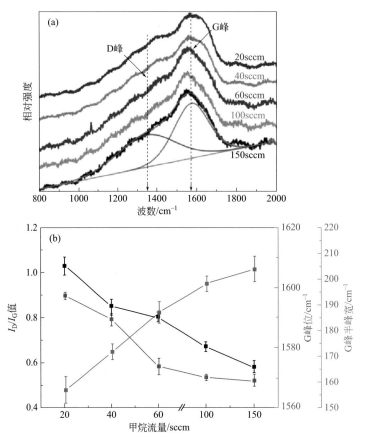

图6-69　不同CH₄流量下沉积的薄膜（a）Raman光谱和（b）I_D/I_G值与G峰位及其半峰宽

3．丁腈橡胶表面碳薄膜机械性能

由于橡胶基底的弹性形变，其表面碳薄膜硬度和弹性模量的精确测量非常困难。因此，在硅基底表面沉积了相同薄膜来获得其硬度和弹性模量。尽管橡胶软表面薄膜硬度与硬质基底表面碳薄膜硬度存在差异，但其变化趋势应该是相同的[76]。图6-70显示了硅片表面不同CH₄流量下沉积的薄膜硬度和弹性模量。可以看到，Si-DLC1（20sccm）薄膜硬度相对较高（16.24GPa）。随CH₄流量增加，Si-DLC3（60sccm）薄膜硬度显著下降至8.01GPa。然而，随着CH₄流量进一步增加，Si-DLC5（150sccm）薄膜硬度却略微增加至10.58GPa。薄膜弹性模量的变化趋势与硬度变化趋势完全一致。即当CH₄流量为60sccm时，薄膜具有最低的弹性模量值（约32GPa）。通常来说，薄膜硬度与sp³含量密切相关，sp³含量越高意味着薄膜硬度越高[129]。本书著者团队工作中sp³含量随CH₄流量增加而单调增加，而薄膜硬度则先降低而后增加，这意味着sp³含量的变化并不能解释薄膜硬度的变化趋势。事实上，薄膜最初的硬度降低主要归因于Si—C相的减少，因为硬质SiC纳米颗粒在薄膜中可以起到固溶硬化作用[130]。然而，随CH$_4$流量从60sccm增加到150sccm，薄膜硬度的增加主要归因于Si—C键数量减少，因为Si—C键能打断碳网络的连续性，从而导致薄膜硬度降低。

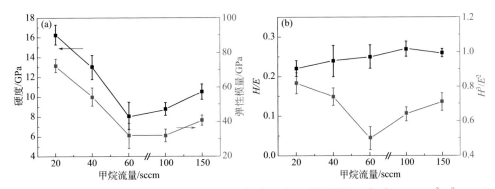

图6-70　硅片表面不同CH$_4$流量下沉积薄膜（a）硬度、弹性模量和（b）H/E，H^3/E^2

基于经典的磨损理论，大量研究人员引入硬度与弹性模量的比值（H/E和H^3/E^2）来预测材料的抗磨损性能。因为H/E与薄膜弹性形变有关，其与薄膜承载能力有关。而H^3/E^2则反映了薄膜抗塑性形变的能力，其值越高意味着薄膜承载能力越强[131]。图6-70（b）给出了薄膜H/E和H^3/E^2。H/E略微增加（0.22～0.27），而H^3/E^2在CH$_4$流量为20sccm时最高（0.82）。随着CH$_4$流量增加，H^3/E^2则先降低而后增加。显然，Si-DLC1（20sccm）和Si-DLC5（150sccm）薄膜相比其他薄膜应该具有更高的抗磨损性能。此外，值得指出的是，H^3/E^2反映了薄膜承载能力的强弱。也就是说，更高的H^3/E^2意味着高载荷下薄膜更强的承载能力和更优异的抗磨损性能。

4．丁腈橡胶表面碳薄膜摩擦学性能

图6-71为丁腈橡胶表面不同CH$_4$流量沉积的薄膜3N载荷下的摩擦系数曲线图。可以看到，Si-DLC1（20sccm）薄膜摩擦系数较高（约0.24）。随着CH$_4$流量增加至60sccm，Si-DLC3（60sccm）薄膜摩擦系数最低（0.19）且其摩擦曲线最稳定。然而，随着CH$_4$流量进一步增加，Si-DLC4（100sccm）薄膜摩擦系数略微增加至0.21。最终，随着CH$_4$流量增加至150sccm，Si-DLC5薄膜摩擦系数增加至约0.24。图6-72显示了薄膜磨痕SEM形貌。对于Si-DLC1薄膜，其磨痕比较明显［图6-72（a）插图］，条纹顶部被轻微磨平且能观察到少量磨屑［图6-72（a）］。随着CH$_4$流量增加至60sccm，条纹顶部发生了轻微磨损，很难观察到磨痕［图6-72（b）插图］和磨屑［图6-72（b）］，这意味着Si-DLC3薄

膜优异的抗磨损特性。随着 CH_4 流量进一步增加至 100sccm 和 150sccm，从 Si-DLC4 薄膜磨痕表面能够观察到大量磨屑［图 6-72（c）］，并且其磨痕变得更加清晰［图 6-72（c）插图］。同时，Si-DLC5 薄膜条纹顶部被严重磨平［图 6-72（d）］，暗示了该薄膜磨损率更高。

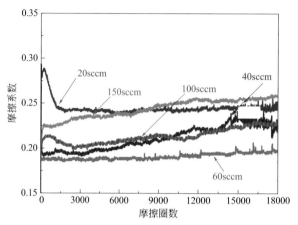

图6-71　丁腈橡胶表面不同CH_4流量沉积的薄膜3N载荷下的摩擦系数曲线图

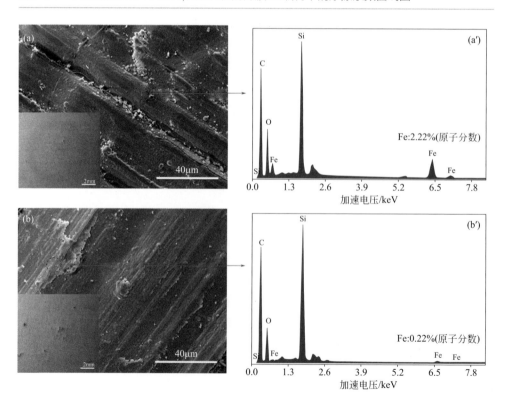

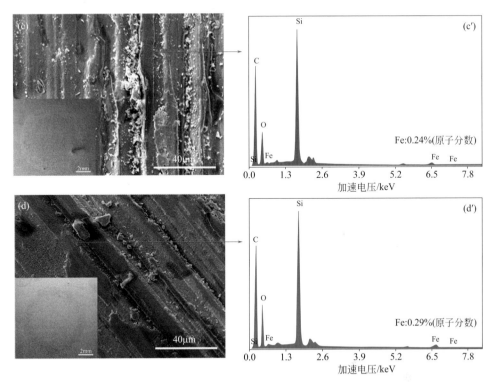

图6-72 不同CH₄流量沉积的薄膜磨痕的SEM形貌：（a）20sccm；（b）60sccm；（c）100sccm和（d）150sccm与［（a′）～（d′）］相应的磨痕EDS分析

理论上来说，Si-DLC1 和 Si-DLC5 薄膜应具有相对较高的抗磨损性能，因为其韧性较高（或者 H^3/E^2 较高），但是所有薄膜均没有明显的脆断，且薄膜也没有明显的脱落现象，这表明薄膜韧性和结合强度并不是影响薄膜摩擦磨损的主要因素。

为了研究样品摩擦磨损行为差异性，有必要分析薄膜磨痕和对偶球斑，它们能够为揭示薄膜摩擦磨损机理提供间接或直接的证据。图 6-72（a′）～（d′）显示了薄膜磨痕的 EDS 分析。有趣的是，所有薄膜磨痕表面均能检测到 Fe 元素，但是其含量却完全不同。如图 6-72（a′）所示，Si-DLC1 薄膜磨痕表面 Fe 含量相对较高（2.22%），随着 CH₄ 流量增加至 60sccm，Si-DLC3 薄膜磨痕表面 Fe 含量显著下降至 0.22%。然而，随着 CH₄ 流量进一步增加至 150sccm，薄膜磨痕表面 Fe 含量却略微增加（0.29%）。显然，观察到的 Fe 元素来自对偶钢球，而它的含量变化趋势则与薄膜硬度的变化趋势一致。此外，类似的信息也能从对偶表面形貌得到证实。图 6-73 显示了薄膜摩擦对偶表面磨斑 SEM 形貌。可以看出，与 Si-DLC1 薄膜对摩后对偶表面存在大量较深的划痕［图 6-73（a）］。相反，与其它薄膜对摩后，其对偶表面磨斑较光滑且没有明显划痕［图6-73（b）～（d）］。也就是说，与较硬薄膜（Si-DLC1）对摩后对偶表面较粗糙，而与较软薄膜（Si-DLC3～Si-DLC5薄膜）对摩后球斑较光滑。当较软的钢球与较硬的薄膜对摩后，其表面会被严重划伤，此时摩擦界面的接触状态由面-面接触逐渐转变为线-面接触。在摩擦过程中，摩擦应力会集中在这些点线部位，从而导致薄膜在反复应力作用下发生脆性碎裂，而这些脆裂的磨屑可作为摩擦三体加剧薄膜摩擦磨损。同时，较硬薄膜与较软钢对偶之间发生严重的黏着摩擦，导致薄膜较高的摩擦系数。此外，橡胶表面的薄膜应该具有适合的硬度，因为高硬度会导致对偶严重地磨损，从而导致密封介质从磨损部位泄漏，这对工业应用极为不利。

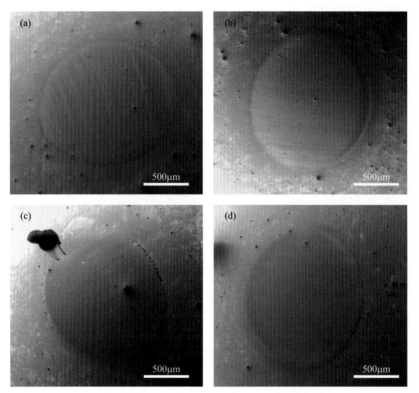

图6-73　不同CH₄流量沉积的薄膜摩擦对偶表面磨斑SEM形貌：（a）20sccm；（b）60sccm；（c）100sccm和（d）150sccm

5．不同载荷下NBR及其表面碳薄膜摩擦磨损行为与机制

图6-74显示了大气环境不同载荷（1N、4N、7N和10N）下原始丁腈橡胶及其表面碳薄膜摩擦系数曲线。对于原始丁腈橡胶而言，载荷越小摩擦系数越

大。为进一步研究这一现象，其表面磨痕的 SEM 形貌图如图 6-75 所示。低摩擦载荷下（1N），其磨痕较窄且有轻微磨损。随载荷增加到 4N，其磨痕宽度明显增加且在其表面能观察到"类液体"状物质。随载荷进一步增加到 10N，磨痕宽度进一步增加且能明显观察到"类液体"物质。众所周知，丁腈橡胶本身是热的不良导体，意味着摩擦过程中的摩擦热易积累。在较高载荷下，由于摩擦热的快速积累而导致橡胶局部熔融而产生类液体物质，此时的摩擦状态由固 - 固接触转变为固 - 液接触。也就是说，此时橡胶表面相对易剪切，即 NBR 高载荷下具有低摩擦特性。然而，由于此类液体物质易磨损，从而其磨损随载荷增加而增加。

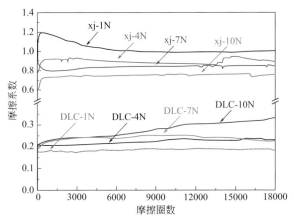

图6-74 大气环境不同载荷下原始丁腈橡胶及其表面薄膜摩擦系数曲线

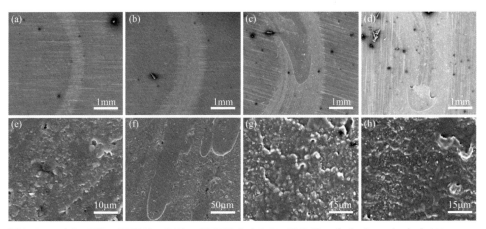

图6-75 大气环境不同载荷下原始丁腈橡胶磨痕SEM形貌图：〔（a），（e）〕1N；〔（b），（f）〕4N；〔（c），（g）〕7N；〔（d），（h）〕10N

对于 NBR 表面碳薄膜而言，其相应的摩擦学行为与原始 NBR 完全相反。相对于原始 NBR，所有碳薄膜摩擦系数均显著降低（为原来的 $\frac{1}{3} \sim \frac{1}{4}$），这主要归因于 DLC 薄膜化学惰性，其弱化了 NBR 与钢对偶摩擦界面间黏着效应。然而，其具体的摩擦系数显示了不同的变化趋势。载荷为 1N 时，薄膜显示了最低的摩擦系数（约 0.18）且其摩擦系数曲线存在轻微波动。随载荷增加到 7N，薄膜摩擦系数单调增加到 0.23。随载荷进一步增加到 10N，薄膜摩擦系数从摩擦初始阶段的 0.2 增加到摩擦结束时的 0.32，其平均摩擦系数达到了最大值（0.27）。

为了观察薄膜磨损行为，不同载荷下薄膜磨痕形貌如图 6-76 所示。可以看到低载荷下（1N），薄膜磨痕较窄且存在轻微磨损［图 6-76（a）插图］，其主要发生在薄膜条纹的顶部（"峰顶"），且条纹间（"谷底"）有少量磨屑。此外，无论摩擦方向是平行于条纹还是垂直于条纹［图 6-76（a）和（e）］，薄膜均未发生脆性碎裂。随着载荷增加到 4N，磨痕宽度明显变宽［1.67mm，图 6-76（b）插图］，薄膜条纹顶部被明显磨平，且当摩擦方向垂直于条纹时薄膜发生少量脆断［图 6-76（f）］。随着载荷增加到 7N，薄膜条纹顶部和底部均被严重磨平，且发生了严重磨损。同时，当摩擦方向平行于条纹时薄膜发生轻微脆断［图 6-76（c）］，而当摩擦方向垂直于条纹时薄膜发生严重的脆性碎裂［图 6-76（g）］。随着载荷最终增加到 10N，薄膜磨痕的宽度达到了 2.2mm，大量磨屑堆积在磨痕两侧［图 6-76（d）插图］，且无论摩擦方向平行还是垂直于条纹，薄膜均发生了严重的脆性碎裂。

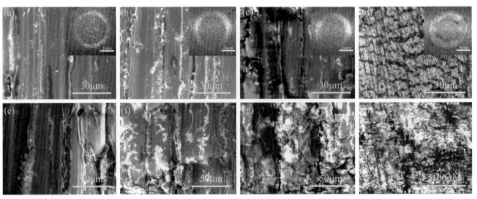

图6-76 不同载荷下NBR表面碳薄膜磨痕SEM形貌图：［（a），（e）］1N；［（b），（f）］4N；［（c），（g）］7N；［（d），（h）］10N；［（a）～（d）］表示摩擦方向平行于橡胶表面条纹方向，而［（e）～（h）］则表示摩擦方向垂直于条纹方向

从上述实验结果分析可以推测，不同载荷下薄膜的摩擦磨损行为与其脆断程度密切相关。因此，需要设计一个格外的实验来验证它，即通过人为施加外力得到脆断的样品作为对比实验。图 6-77 显示了 1N 和 10N 载荷下人为脆断的样品与原样品的摩擦系数曲线和磨痕 SEM 形貌。无论高载荷还是低载荷，人为脆断的样品摩擦系数和磨损明显高于原始样品。基于这一分析，不同载荷下丁腈橡胶表面碳薄膜摩擦磨损机理讨论如下。

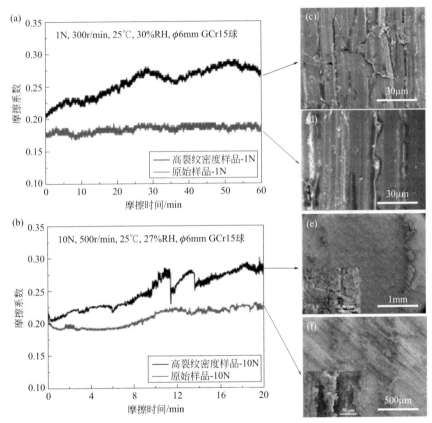

图6-77 （a）1N和（b）10N载荷下人为脆断的样品和原始样品摩擦系数和磨痕SEM照片

NBR 表面碳薄膜摩擦系数和磨损随载荷增加而增大，这与硬质基底（如单晶硅）表面碳薄膜摩擦磨损行为完全不同。显然，这一现象不能用石墨化和摩擦转移膜理论来解释。因此，图 6-78 给出了其可能的摩擦机理。当硬质钢对偶与软质样品对摩时存在两种效应：黏着效应和滞后效应。黏着效应源于摩擦接触界面间相互作用，滞后效应则源于橡胶软基底的弹性形变。与硬质基底不同，当软质样品受法向摩擦载荷作用时会发生明显弹性形变。因此，摩擦接触界面则必然存在两种不同的力：一个是压力（S_{press}），其主要作用于对偶球的前部（如图6-78红色箭头所示）；另一个是推力（S_{push}），其主要作用于对偶球的后部。如果橡胶软基底是完全弹性体，由于其能立即完全恢复，则有 $S_{press}=S_{push}$。在这一情况下其滞后效应为零。然而，由于橡胶的黏弹性特征，其在法向载荷作用下不可能立即完全恢复。因此，S_{press} 和 S_{push} 之间必然存在差值。也就是说，摩擦过程中存在能量损失即滞后效应。

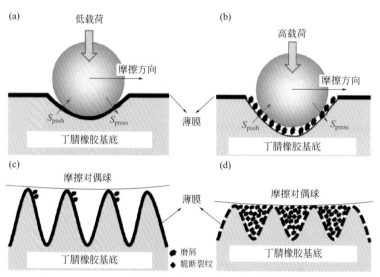

图6-78　[（a），（c）] 低载荷和 [（b），（d）] 高载荷下丁腈橡胶表面DLC薄膜摩擦机理示意图

这里，我们主要讨论摩擦滞后效应。低载荷下，由于薄膜未发生脆断而仍能保持其润滑功能。因此，其摩擦系数和磨损最低。从微观角度来讲，由于橡胶制备工艺影响，样品表面总是存在规则条纹。低载荷下，由于载荷足够低以至于其磨损主要发生在条纹的顶部。同时，有少量磨屑落入条纹的两侧和底部，即这些磨屑不会作为摩擦三体而发生磨粒磨损，此时薄膜的磨损最小。然而，高载荷下，由于样品的巨大形变导致薄膜发生严重的脆性碎裂而丧失其承载作用。在摩擦应力反复作用下，薄膜碎片逐渐被碾碎并且大量碎屑填满条纹间隙。同时，高载荷下样品严重的形变使得这些碎屑能够接触到摩擦对偶而发生严重的磨粒磨损。

此外，值得一提的是，样品表面形貌和摩擦方向也会影响其摩擦磨损行为。低载荷下（1N），无论摩擦方向平行还是垂直于条纹，由于载荷太小而不会导致样品发生严重的形变。因此，磨损仅发生在条纹顶部。随着摩擦载荷增加到4N

（或 7N），当摩擦方向平行于条纹时，这一载荷并不足以引起薄膜脆断和样品严重形变 [图 6-76（b）和（c）]。此时薄膜仍能保持其润滑功能且磨损仅发生在条纹顶部。但是，当摩擦方向垂直于条纹时，这些条纹在摩擦反复应力作用下会彼此碰撞，导致薄膜脆裂和其完整性丧失 [图 6-76（f）和（g）]，进而使得薄膜承载能力丧失及样品严重形变，磨损增大。然而，当载荷增加到 10N，摩擦法向应力足以导致薄膜脆断，即无论摩擦方向是平行还是垂直于条纹，薄膜磨损均最大。

6. 小结

（1）丁腈橡胶表面 Si-DLC 薄膜生长速率和 Si 掺杂量均随 CH_4 流量增加而单调下降。当 CH_4 流量较低时（≤40sccm），Si 元素主要以 Si—C 键形式存在，而当 CH_4 流量较高时（≥60sccm），Si 元素主要以 Si—C 和 Si—O—C 键形式存在。

（2）随 CH_4 流量增加，薄膜中 sp^3 含量单调增加，薄膜硬度和 H^3/E^2 则先减小而后增加，而薄膜的摩擦磨损行为则与薄膜硬度的变化趋势一致。即较高载荷下 Si-DLC3 薄膜具有最低的摩擦系数（约 0.19）和磨损率。

（3）丁腈橡胶表面碳薄膜摩擦系数和磨损率随摩擦载荷增加而增加，这主要归因于薄膜高载荷下的脆性碎裂。此外，薄膜磨损行为还依赖于其表面形态，当摩擦方向平行于条纹方向时，薄膜具有更低的磨损率。

二、氢含量对丁腈橡胶表面碳薄膜结构和性能影响

众所周知，碳薄膜具有低摩擦特性主要归因于两个主要机理：一是摩擦界面 sp^3C 向 sp^2C 转变形成富碳转移层，该层质软且属易剪切相[132]；二是摩擦界面氢钝化机理[133]。显然，上述机理均是在硬质基底表面获得，且关于氢含量对薄膜结构和性能的影响并不清楚。本部分则主要探讨氢含量对橡胶软基底表面碳薄膜结构和性能的影响。

1. 不同氢含量碳薄膜结构

图 6-79（c）和（d）显示了丁腈橡胶表面不同氢含量碳薄膜的 Raman 光谱分析。C—H 键（Raman 峰位于 2400 ~ 3400cm^{-1}）Raman 峰强增加表明，随着薄膜沉积过程中氢气含量增加，薄膜中氢含量单调增加。

为了进一步确定薄膜中的氢含量，可以利用拉曼来计算得到。具体的计算公式如下[134]：

$$H(\%)=21.7+16.6\lg\left\{\frac{m}{I_G}[\mu m]\right\}$$

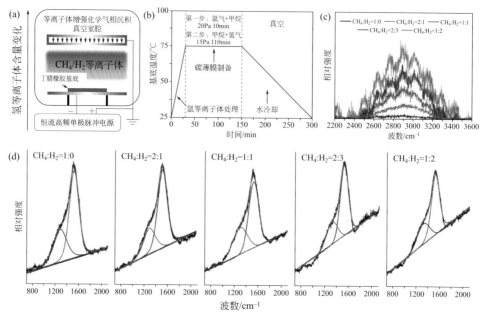

图6-79 （a）PECVD沉积技术示意图；（b）丁腈橡胶表面碳薄膜沉积过程及参数；（c）薄膜C—H键拉曼谱图和（d）薄膜Raman分峰结果

其中，m 表示拉曼谱图的基线斜率；I_G 表示 G 峰强度。表 6-11 显示了通过上述公式计算得到的薄膜氢含量。可以看出，氢含量的增加率逐渐降低，这表明键合氢开始饱和。高偏压导致高能粒子轰击和高离化率，这降低了 C—H 键的键合，因为薄膜表面 C—H 键很容易被高能粒子刻蚀[135]。另外，由于碳离子相对含量减少，因此氢可能并不能与碳键合，而只是以氢原子和分子形式存在。

随着氢气流量增加，G 和 D 峰均向高波数方向移动［图6-79（d）］，且 I_D/I_G 值显著增加。这表明随着氢含量增加，薄膜中 sp^3 向 sp^2 转变。基于上述讨论，C—H 键被刻蚀失去 H 形成的悬键可以与 C 键合形成 C—C 键。因此，氢原子促进了石墨层的拓扑有序度和芳香烃键的增加。此外，NBR 橡胶基底的非晶特性和不良热导性积累了足够的等离子体活化能，导致了石墨烯的随机形核[136]。随着活性氢离子浓度的增加，很容易促进部分亚稳态 sp^3 键向 sp^2 键的转化。sp^2 含量为 30% 和 31% 的薄膜中氢含量几乎没有变化。这可以归因于氢解附降低了内应力和畸变程度，通过局部重排促进类金刚石薄膜达到更稳定的状态。表 6-11 显示了不同氢流量制备的类金刚石薄膜的纳米硬度。逐渐降低的硬度与逐渐增加的 I_D/I_G 值变化趋势完全吻合。

表6-11　DLC薄膜沉积参数、氢含量和硬度数值

CH$_4$/H$_2$	氢含量/%	G峰位/cm^{-1}	I_D/I_G值	硬度/GPa	弹性模量/GPa
1/0	24	1527	0.48	23.3	155.9
2/1	26	1528	0.49	23.2	140.3
1/1	29	1531	0.51	21.8	134.3
2/3	30	1533	0.53	19.9	114.6
1/2	31	1534	0.53	19.1	110.2

2. 橡胶表面不同氢含量碳薄膜粗糙度和水接触角

图 6-80 显示了 NBR 和 NBR/DLC 的三维形貌。原始 NBR 和 NBR/DLC 表面三维形貌存在明显差异。所有 DLC 膜表面均呈现出"类菜花状"形貌，且表面粗糙度略高于橡胶基材。众所周知，活性碳原子可能积聚嵌入 NBR 表面的孔洞中[137]。著者所在团队工作中原始橡胶是光滑的，暴露的孔是均匀分布和离散的。因此，薄膜生长初始阶段，成核点主要集中在孔洞周围。随着薄膜生长时间的延长，孔洞间类金刚石薄膜的生长速率将低于孔洞处的生长速率。最终，薄膜以"滚动丘陵"的形式出现，且与原始 NBR 相比粗糙度更高。

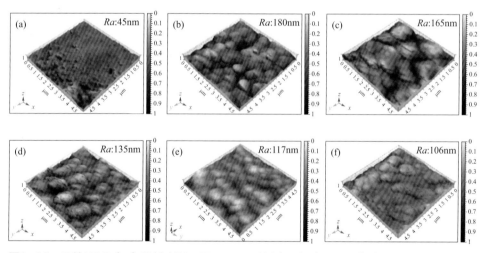

图6-80　原始NBR（a）及其表面不同CH$_4$和H$_2$比例：（b）1/0；（c）2/1；（d）1/1；（e）2/3；（f）1/2下沉积的DLC薄膜AFM显微照片

粗糙度随 H$_2$ 流量增加而降低［图 6-80（b）～（f）］这一现象与等离子体的平均动能和结构变化（石墨化和氢解附）有关[138]。作为反应气体，一些氢分子被激活和电离生成高能氢离子或原子。高能活性氢会刻蚀薄膜表面团簇[136]。随着氢流量的增加，自由氢原子或离子含量增加，加剧了表面刻蚀，并导致薄膜表

面团簇尺寸减小。此外，碳重排和 sp^2 形成有助于消除高应力，且导致薄膜的致密和光滑[139,140]。因此，氢气流量增加有助于降低薄膜表面粗糙度。

水接触角（CA）是直接证明氢对薄膜的影响的有效方法之一[141]。图 6-81（a）显示了平衡状态下液气界面形成的角度 θ，它表示将小水滴滴到基板表面时的接触角。可以看出，类金刚石膜是提高 NBR 基材疏水性的有效途径之一，可以有效防止腔体内污染物进入。这一结果可能与表面粗糙度直接相关，因为表面粗糙度会显著影响疏水性（更粗糙表面会导致更高的水接触角）[142]。其次，通过比较 NBR/DLC 的疏水性能可以发现，水接触角随着氢含量的增加而逐渐增大。前期研究也表明，富含 sp^3 的固体表面水接触角低于富含 sp^2 的固体表面[143]。因此 NBR/DLC 表面粗糙度增强可能归因于 sp^2 碳簇增加和 sp^2 团簇有序化。这与薄膜平滑表面可以减少接触角的理论相反。这表明相比表面粗糙度，橡胶表面 DLC 疏水性对表面 sp^2/sp^3 键比例更敏感。

使用两个极性差异较大溶液的接触角和 OWRK（Owens-Wendt-Rabel-Kaelble）方法可以获得表面能[141]［图 6-81（b）］。只有非含氢薄膜表面能略高于 NBR，这似乎与氢含量有关。这意味着 NBR 表面制备的"惰性"DLC 有利于降低表面能。众所周知，表面能主要受表面化学态和表面粗糙度的影响[141]。Wen 的团队认为，如果表面能高，粗糙度会增加，因为原子需要高能量才能凝聚并形成薄膜[56]。然而，著者所在团队的结果与 Wen 的研究结果完全相反。因为在恒压条件下，反应室中的碳比例随着氢流量增加而减少，这也与 DLC 涂层表面的反应活性较低有关。因此，氢在改变类金刚石涂层表面能方面起着关键作用。

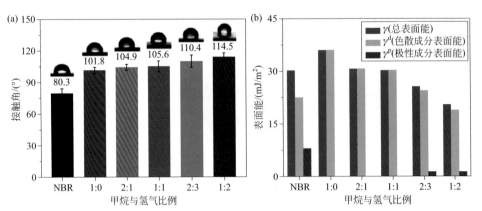

图6-81　不同流量 CH_4/H_2 下 NBR 和 DLC 膜水接触角稳态值（a）以及（b）通过 WORK 方法计算的总表面能和组分表面能

3. 橡胶表面不同氢含量碳薄膜摩擦磨损行为与机理

图 6-82（a）显示了不同氢含量样品的摩擦系数曲线图。可以观察到，类金

刚石膜在降低橡胶和摩擦对偶之间的界面相互作用方面起着极其重要的作用。丁腈橡胶摩擦系数在 5000 次循环前逐渐增加至较高值，然后下降至 0.82 后保持不变，这表明摩擦进入稳定期。需要注意的是，弹性体摩擦系数由黏着作用和滞后效应共同作用[51]。随着摩擦次数增加，橡胶表面出现部分破坏，摩擦接触面积减小，最终形成稳定的氧化层，相应地摩擦黏着效应先增加后减少。此外，由于摩擦热的产生，橡胶分子变得更容易移动，从而导致橡胶的热膨胀，从而减少了滞后摩擦[144]。因此，在减少的黏着和滞后效应共同作用下，丁腈橡胶进入稳定的摩擦期。此外，氢含量 29% 的样品摩擦系数（μ）减少了 74%［图 6-82（b）］，这意味着类金刚石薄膜会改变橡胶表层的破坏机制。研究还发现，氢含量为 29% 的类金刚石薄膜润滑状态最稳定。最后，薄膜摩擦初期（小于 50 个循环）摩擦系数随膜氢含量的增加而降低。

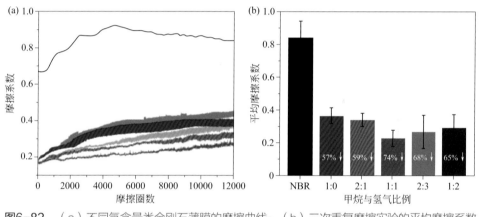

图6-82　（a）不同氢含量类金刚石薄膜的摩擦曲线；（b）三次重复摩擦实验的平均摩擦系数

图 6-83 显示了样品磨痕和对偶磨斑 SEM 微观形貌。原始 NBR 磨痕外边缘存在"液态"第三体，GCr15 钢球表面接触区域完全被摩擦产生的物质覆盖［图 6-83（a1）］。表面 DLC 膜避免了橡胶和摩擦对偶之间的直接接触，使得样品摩擦系数降低。可以明显看出，非含氢 DLC 膜磨损痕迹出现在样品条纹的"山丘"处［图 6-83（b）］，在对应表面周围可见磨屑，摩擦转移材料相对较少。随着类金刚石膜中氢含量的增加，磨痕面积更大，没有检测到磨屑。这表明薄膜表面粗糙度对减少接触面积起到积极作用。然而，31% 氢含量的 DLC 膜发生了明显的黏着磨损［图 6-83（d）和（d1）］，这可能与该样品相对较低的硬度有关。这些结果表明，低含氢量薄膜存在磨粒磨损，而高含氢量薄膜存在黏着磨损。有趣的是，由大量接触区域组成的接触界面对摩擦载荷效应并不敏感［图 6-83（c1）］，因此需要进一步探讨薄膜摩擦接触界面的结构演变。

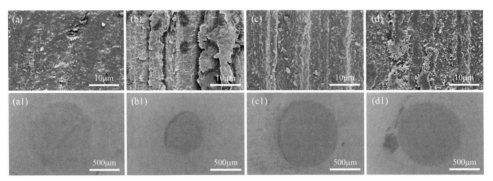

图6-83 NBR（a）和不同CH$_4$和H$_2$流量比下：（b）1/0；（c）1/1；（d）1/2沉积的DLC涂层磨痕和摩擦对偶磨斑的SEM图

值得一提的是，氢含量29%的薄膜摩擦性能显著改善取决于如下关键因素［图6-83（b）］：一是滑动界面的化学性质。因此，利用X射线光电子能谱来测试29%氢含量类金刚石膜及其磨痕的键合状态的变化。从详细的XPS光谱分解［图6-84（a）和（b）］可以看出，29%氢含量的类金刚石膜的磨痕表面存在更高比例的sp^{2}杂化碳键，这可能与"石墨化"过程有关。因此，可以推断29%含氢量类金刚石膜摩擦界面形成了富碳润滑膜。HRTEM分析也证实了这一现象［图6-84（c）和（d）］，即磨屑存在石墨相堆积。摩擦界面处释放的氢可能与sp^{3}碳反应形成sp^{2}相，氢与碳sp^{3}位点相互作用可能发生的反应是含氢或吸氢[145]。此外，由于接触面积大，sp^{3}网络可以转化为热力学稳定的石墨相，因为在摩擦过程中较大的接触面积可能有利于黏着作用[62]。而石墨化是NBR/DLC涂层和摩擦对偶之间实现低剪切滑动的关键因素之一。

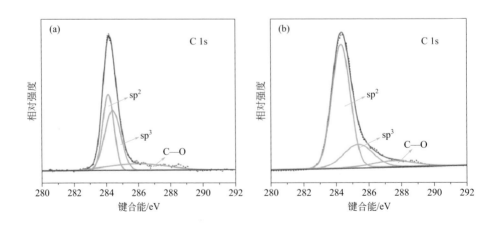

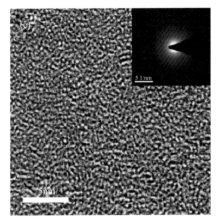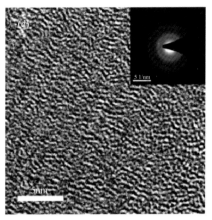

图6-84　氢含量29%的DLC膜摩擦前（a）和摩擦后（b）磨痕的XPS C1s峰，及氢含量29%的类金刚石膜（c）和相应的磨屑（d）的HRTEM图像。插图为选区电子衍射

　　基于对橡胶表面涂覆 DLC 膜的表面形貌、结构、表面能和摩擦学性能的系统研究，提出了解释其摩擦机理的示意过程，如图 6-85 所示。对于橡胶表面涂覆的低含氢量 DLC 膜，其摩擦系数变化与表面粗糙度密切相关，因为摩擦试验后薄膜有从橡胶表面脱落的趋势［图 6-83（b）］。在摩擦过程中，高粗糙度容易对摩擦对偶形成犁削效应，从而导致薄膜润滑失效，且形成的硬质磨屑作为磨料颗粒加剧薄膜磨损。摩擦性能较差的另一个原因可能是表面能，因为较高的表面能即滑动过程中相对较强的界面相互作用可能导致 NBR/DLC 涂层粗糙峰与钢球之间的黏附力增加，因此摩擦力较高。

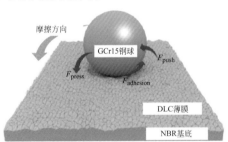

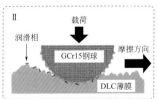

图6-85　摩擦对偶与橡胶表面不同含氢量类金刚石膜之间摩擦演变示意图：低含氢类金刚石膜（Ⅰ）、中含氢类金刚石膜（Ⅱ）、高含氢类金刚石膜（Ⅲ）

橡胶表面高含氢类金刚石膜中,摩擦界面化学结构演变是关键,因为石墨化会导致承载能力下降,从而降低耐磨性。这可以通过与薄膜硬度的相关性来解释。等离子体中氢离子浓度的增加增强了膜表面的刻蚀,导致膜表面亚稳态 sp^3 键转变为 sp^2 键,从而降低了薄膜硬度,并损害了碳含氢合物网络的负载能力。此外,丁腈橡胶的非晶特性会导致石墨烯的随机和过量形核,从而形成小尺寸晶粒,并导致薄膜质量下降。前期研究结果表明,氢原子钝化了摩擦界面悬键,并阻止了界面黏着[134]。然而,NBR/DLC 涂层表面粗糙度比氢原子钝化悬键作用更为重要,因为之前的研究表明,31% 氢含量的类金刚石膜表现出严重的黏着磨损[图 6-83(d1)]。摩擦对偶球与相对光滑的 NBR/DLC 涂层之间增加的接触面积增加了黏着作用和磨损率。而 29% 氢含量的类金刚石膜具有优异的摩擦性能,则归因于磨痕表面生成的高含量 sp^2 类富勒烯碳、相对较低的表面能和与摩擦对偶表面合适的粗糙度。低摩擦和自润滑是类金刚石薄膜的特性,而摩擦滞后效应则是次要因素。

4. 小节

(1)薄膜结构、表面粗糙度和表面能及摩擦界面相互作用显著影响橡胶表面碳薄膜的摩擦学性能。

(2)合适的粗糙度、低表面能能够减少摩擦界面黏着力,高 sp^3 含量能够提高薄膜承载能力,而高 sp^2 含量则能在摩擦界面形成富碳转移层来改善其摩擦性能。

(3)氢含量约 29% 的薄膜具有最优的摩擦性能,这可能主要是上述因素综合作用的结果。

第五节
碳薄膜改性丁腈橡胶密封实件台架及整机考核验证

"料要成材,材要成器,器要好用",这应该是材料研究人员所遵循的基本理念。所有科学研究的最终落脚点都是要解决实际问题。此外,上述研究中主要考虑薄膜的机械性和摩擦学性能等,而对其密封性等缺乏有效的实验验证。基于此,本节将碳基薄膜成功沉积在丁腈橡胶密封实件表面,并对其机械性能、质密性、密封性和耐磨性进行台架及整机可靠性考核验证。

一、碳薄膜改性密封实件机械性能测试

碳薄膜改性密封件机械性能均在第三方检测机构进行，表6-12列出了改性前后丁腈橡胶密封件的机械性能。检测结果显示，改性后密封件的机械性能与原始密封件的机械性能基本一致，满足使用要求。

表6-12　碳基薄膜改性前后丁腈橡胶密封件的机械性能检测结果

测试内容		检测方法/标准	检测结果	
			改性前	改性后
硬度（Shore A）		GB/T 531.1—2008	80.0	80.0
拉伸强度/MPa		GB/T 528—2009	16.5	18.2
拉断伸长率/%		GB/T 528—2009	146	160
拉断永久变形/%		GB/T 528—2009	0	0
低温脆性/℃		GB/T 1682—2014	−45	−47
压缩耐寒系数（−37℃）		HG/T 3866—2008	0.73	0.69
热空气老化（150℃×24h）后拉断伸长率变化率/%		GB/T 3512—2014 GB/T 528—2009	−24	−31
耐航空煤油 （60℃×72h）	硬度变化（Shore A）	GB/T 1690—2010 GB/T 531.1—2008	−2.0	−2.0
	拉伸强度变化率/%	GB/T 1690—2010 GB/T 528—2009	+8	−10
	拉断伸长率变化率/%	GB/T 1690—2010 GB/T 528—2009	+3	−13
	体积变化率/%	GB/T 1690—2010	+2.05	+2.93
耐航空煤油 （−10℃×72h）	硬度变化（Shore A）	GB/T 1690—2010 GB/T 531.1—2008	0	0
	拉伸强度变化率/%	GB/T 1690—2010 GB/T 528—2009	+6	+2
	拉断伸长率变化率/%	GB/T 1690—2010 GB/T 528—2009	+8	−12
	体积变化率/%	GB/T 1690—2010	−0.25	−0.18
压缩永久变形（压缩率20%）/%	23℃×168h，空气	GB/T 7759.1—2015	9	9
	23℃×72h，航空煤油	GB/T 7759.1—2015	9	7
	60℃×72h，航空煤油	GB/T 7759.1—2015	16	15
	120℃×24h，航空煤油	GB/T 7759.1—2015	29	29
	−10℃×72h，航空煤油	GB/T 7759.2—2014	19	22
	−35℃×24h，航空煤油	GB/T 7759.2—2014	43	36

二、碳薄膜改性后密封圈质密性测试

按照 Q/Fd 1326—2016《运载伺服机构液压橡胶密封圈气压浸油工艺规范》要求，在充气条件下对改性后的 X 形密封圈进行质密检查。首先用丝绸布蘸乙醇擦洗干净密封圈，用过滤后的氮气或者压缩空气吹干或者晾干。然后将密封圈放入高压密闭容器中，按 Q/Fd 1326—2016 进行充气（充气压力为 13MPa，充气后高压密闭容器稳压 24h）。充气试验结束后，将 X 形密封圈从密闭容器中取出，采用直接目视或用 5 倍放大镜灯对密封圈进行检查。检查密封圈表面密封部位不允许有气泡现象，非密封部位不允许有严重起泡或多于 5 个以上的可见气泡。检验合格后的密封圈静放 24h 后再进行检验。检验结果如表 6-13 所示。

表6-13　X形密封圈质密性检查结果

检验项目	数量	检验工具	检查要求	检查结果	备注
改性后X形密封圈	6件	5倍放大镜	密封圈表面密封部位不允许有气泡现象，非密封部位不允许有严重起泡或多于5个以上的可见气泡	X形密封圈表面未见气泡现象，全部符合要求	两次检验

三、油箱蓄压器组件液压强度测试

按照 H 5.01-043《油箱蓄压器组件装调工艺规程》要求，开展改性后 X 形密封圈装油箱蓄压器组件的液压强度试验。采用 NTK-61 液压强度试验台（如图 6-86 所示）对油箱蓄压器组件进行高压腔的强度密封试验。将 NTK-61 液压强度试验台的强度高压输出软管装上医用针头，然后将医用注射针头插入蓄压器壳体上任一 $\phi2.5$ 小孔内。利用强度、磨合试验台对蓄压器气腔充液压油，待 $\phi2.5$ 小孔处冒油，即蓄压器壳体气腔充满液压油后。将 NTK-61 液压强度试验台的强度高压输出软管上医用针头拆下，软管连接到油箱-蓄压器试验端盖上的高压接头上（有红色标记），并锁紧。缓慢旋转压力调节旋钮，将压力升至 24MPa 时保持该压力 5min，检查油箱蓄压器组件密封部位无渗漏油现象。继续调节压力使其升至 36MPa 后保持压力 5min，检查油箱蓄压器组件密封部位无渗漏油现象。

四、油箱蓄压器组件气密性试验

按照 H 5.01-043《油箱蓄压器组件装调工艺规程》要求，开展改性后 X 形密封圈装油箱蓄压器组件的液压强度试验。

（1）强度试验合格结束的油箱-蓄压器组件清理干净后，将蓄压器壳体 A 腔

（即气腔）充高压氮气至 9MPa±0.2MPa。

（2）在蓄压器壳体上空气过滤器安装孔 M14×0.75 装接上压力表，压力表规格为量程 0 ～ 0.6MPa，精度等级为 0.4 级。

（3）油箱 - 蓄压器组件静放 24h，蓄压器壳体 B 腔允许氮气渗入不大于 0.03MPa，即压力表示值升高不大于 0.03MPa。

经检查确认，蓄压器壳体 A 腔充入氮气 9MPa±0.2MPa，静放 24h，蓄压器壳体 B 腔氮气渗入不大于 0.03MPa，满足指标要求。

五、油箱蓄压器组件台架磨合试验

按照 H 5.01-043《油箱蓄压器组件装调工艺规程》要求，开展改性后 X 形密封圈装油箱蓄压器组件的 4000 次磨合试验。

将蓄压器气腔充入氮气 12 ～ 13MPa，调整油箱充油压力为 0.5 ～ 0.8MPa，蓄压器油腔充油为 24MPa，以 0.25 次 /s 的频率磨合 4000 次，磨合台架设备如图 6-86 所示。

图6-86 油箱蓄压器组件试验仪器

表6-14 碳薄膜改性X形密封圈表面磨损情况

密封圈磨损部位	1401Z014	1401Z018
油端挡圈侧		

密封圈磨损部位	1401Z014	1401Z018
油端非挡圈侧		
油端密封面		
气端挡圈侧		
气端非挡圈侧		
气端密封面		

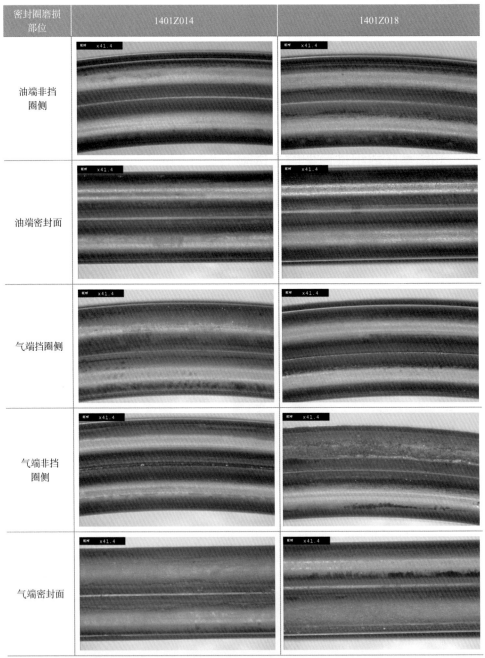

　　对油箱蓄压器组件进行了 4000 次台架磨合试验，试验过程中油箱蓄压器组件均无渗漏油、漏气和变形现象，密封件表面无手感划痕。表 6-14 给出了 X 形

密封圈不同接触部位经 40 倍放大后的磨损形貌。从表中可以看出，航天煤油环境下密封圈挡圈侧存在轻微磨损，而非挡圈侧和密封面摩擦后表面光洁无异常磨损现象。氮气环境下密封圈挡圈侧无异常磨损，非挡圈侧和密封面存在轻微磨损现象，能满足使用要求。

总之，对碳薄膜改性后的 X 形密封圈开展了质密检查、油箱蓄压器组件的液压强度密封试验、静态气密性试验和 4000 次组件磨合试验，试验结果符合使用要求。

六、碳薄膜改性密封实件整机寿命及可靠性试验验证

1．伺服机构寿命试验

部件 1 磨合试验结束后，将两台产品（1401Z014 和 1401Z018）进行寿命试验。验收试验和例行试验时间计入寿命试验时间。寿命试验按电机泵状态和引流状态分别进行。

（1）电机泵状态　辅助电机泵工作累计 20h，共计 120 个循环。每个循环工作后使伺服机构冷却至室温。每工作 10 个循环后按技术条件（绝缘、导通和电阻）检查伺服机构的绝缘、导通和电阻，电机泵工作状态下按技术条件（静态油气）检查静态油气，电机泵工作状态下按技术条件（稳态油气、极限摆角、回环、开环速度、零漂）检查产品工作性能。

（2）引流状态　引流状态累计工作 30h，其中引流空载工作 10h，共 20 个循环；引流负载工作 20h，共计 40 个循环。

引流空载每工作 10 个循环后，按技术条件（绝缘、导通和电阻）检查伺服机构的绝缘、导通和电阻，启动前按照技术条件（静态油气）检查静态油气，工作状态下按技术条件（稳态油气、极限摆角、回环、引流开环速度、零漂）检查产品工作性能。

引流负载将伺服机构装在发动机上，然后每工作 10 个循环后，按技术条件（绝缘、导通和电阻）检查伺服机构的绝缘、导通和电阻，启动前按照技术条件（静态油气）检查静态油气，工作状态下按技术条件（稳态油气、极限摆角、回环、零漂）检查产品工作性能。

（3）试验数据　伺服机构寿命试验开始前各项数据测试与寿命试验结束后的复测数据通过对比无明显变化，数值符合技术条件规定值。寿命试验过程中无异常现象，伺服机构静态和稳态油气一致性好，未发生渗漏现象，伺服机构（1401Z014 和 1401Z018）寿命试验过程中油气变化值见表 6-15 所示。

表6-15 伺服机构（1401Z014和1401Z018）寿命试验过程油气变化值

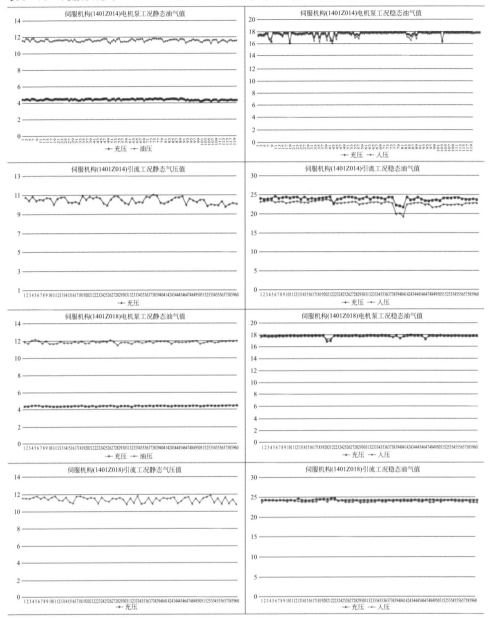

2. 伺服机构可靠性试验

伺服机构的可靠性增长试验，是使伺服机构产品处在实际使用环境或模拟环境条件下经受考核，以便暴露潜在的由于设计与制造的薄弱环节引起的系统性故障模式，进而针对试验中出现的故障进行故障分析，从而确定故障原因。针对故障模式原因采取相应的纠正措施消除薄弱环节，通过再试验验证纠正措施的有效性，最终使产品可靠性得到增长，以满足规定的可靠性目标要求。

为了验证蓄压器活塞用X形密封圈表面改性后密封可靠性，探索蓄压器活塞X形密封圈表面改性后的密封效果，在助推伺服机构上开展可靠性试验。助推伺服机构技术状态变化见表6-16所示。

表6-16　蓄压器活塞X形密封圈技术状态更改

序号	项目名称	更改原因	更改内容	更改前	更改后	备注
1	蓄压器活塞X形密封圈更改	原状态的X形密封圈在装机磨合试验过程中多次发生磨损严重的现象，为了提高密封可靠性，对X形密封圈表面进行碳化薄膜改性	X形密封圈	P214-A丁腈橡胶密封圈	P214-A丁腈橡胶密封圈表面碳化薄膜改性	

助推伺服机构可靠性试验项目见表6-17所示。

表6-17　可靠性试验项目

序号	试验项目	完成时间	备注
1	三综合可靠性试验［温度（−20～+60℃），湿度（95%～98%），振动（交付级）］	2019-12-12～2019-12-29	电机泵工况25h 引流工况13.2h

（1）试验应力剖面

（a）工作应力，参考 QJ 3126—2000《航天产品可靠性增长试验指南》，对于工作应力，受试设备应有50%的时间在设计的标称应力下工作，各有25%的时间分别在最高或最低的应力下工作，如果没有其他规定，应力变动最高或最低范围分别为额定值的 +10% 到 10%。

根据指南规定，分别设计伺服机构发射阶段和飞行阶段的工作应力为：

● 发射阶段：工作应力主要包括电应力和机构中煤油的工作压力，伺服机构的中频电机的额定电压为（380±10）V；在辅助泵工作无指令信号时，蓄压器入口工作压力：（18±1）MPa。

● 飞行阶段：工作应力主要包括伺服机构中煤油的工作压力和执行机构的负载力，在引流状态下，伺服阀入口压力和蓄压器工作压力为：（24±1）MPa。

（b）环境应力

① 发射阶段环境应力　需考虑发射基地的环境条件；任务阶段发动机未点火，任务时间的工况条件。试验应力如表 6-18 所示。

表6-18　发射阶段试验应力种类

单机	湿热	温度
伺服机构	√	√

具体环境应力范围如下：

- 湿热应力：温度 0 ～ 50℃，相对湿度 97%±3%。
- 温度 60 ～ -20℃。温度降到 -20℃，保温 120min 开始通电测试。
- 升温和降温过程各取 30min。

② 飞行阶段环境应力　模拟火箭飞行阶段，试验应力如表 6-19 所示。

表6-19　飞行阶段试验应力种类

单机	湿热	振动	高温
伺服机构	√	√	√

振动应力按交付试验量级施加，高频随机振动试验条件见表 6-20 所示。

表6-20　高频随机振动试验条件

产品名称	频率范围/Hz	功率谱密度	总均方根加速度	方向	时间
伺服机构	20～80	3dB/oct	36.53g	x/y/z	30min/向
	80～300	$0.04g^2$/Hz			
	300～1700	$0.8g^2$/Hz			
	1700～2000	-6dB/oct			

（c）试验应力谱　施加的应力谱见图 6-87。

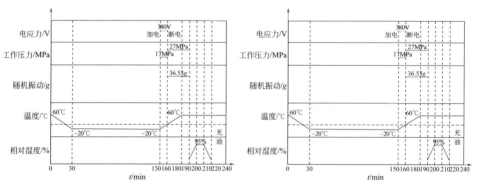

图6-87　伺服机构可靠性试验应力谱

（2）试验方法和步骤　本试验确定的试验步骤主要包括：试验准备、试验过程、试验结束处理三大过程，每一个过程都要做好记录。按照试验原理图连接试验设备；在设备自校（含油源和地面供电电源）检查通过后，连接好测试系统及产品，按照产品和设备的测试状态要求连接好地面供油油管或地面供电线路，连接过程中应严格检查油管连接的正确性和中频供电电源连接极性。对试验设备和试验连接进行检测。设备连接示意图见图 6-88 所示。

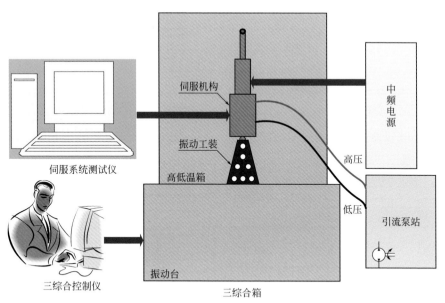

图6-88 伺服机构可靠性试验设备连接图

（3）试验数据 1401Z014 伺服机构发射可靠性试验时间共计 3h，飞行可靠性试验时间共计 9h；1401Z018 伺服机构发射可靠性试验时间共计 4.5h，飞行可靠性试验时间共计 13.5h。可靠性试验开始前各项数据测试与试验结束后的复测数据通过对比无明显变化，数值符合技术条件规定值。伺服机构可靠性试验过程中静态和稳态油气一致性好，未发生渗漏现象，伺服机构（1401Z014 和 1401Z018）可靠性试验过程中油气变化值见表 6-21 所示。

表6-21 伺服机构（1401Z014和1401Z018）可靠性试验过程油气变化值

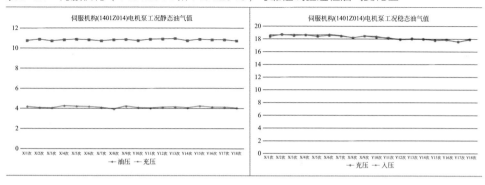

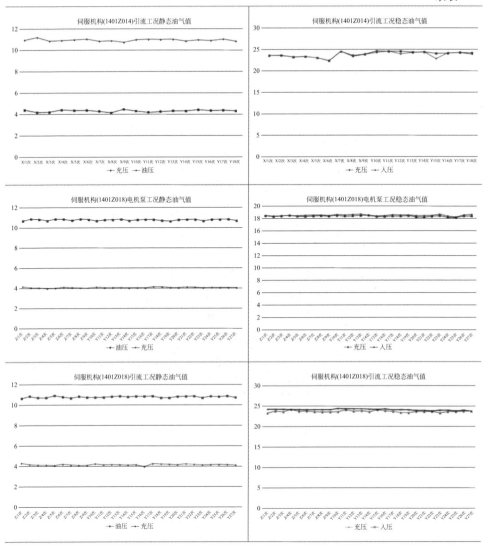

（4）产品分解分析　助推伺服机构可靠性试验结束后，密封件表面无手感划痕。蓄压器活塞油端部位改性后 X 形密封圈表面光洁，无异常磨损现象。气端部位改性后 X 形密封圈表面存在正常磨损现象，满足使用要求。X 形密封圈磨损部位经 40 倍放大镜观察，详见表 6-22 所示。

表6-22　改性后X形密封圈可靠性试验后表面磨损情况

密封圈磨损部位	1401Z014	1401Z018
油端挡圈侧		
油端非挡圈侧		
油端密封面		
气端挡圈侧		
气端非挡圈侧		

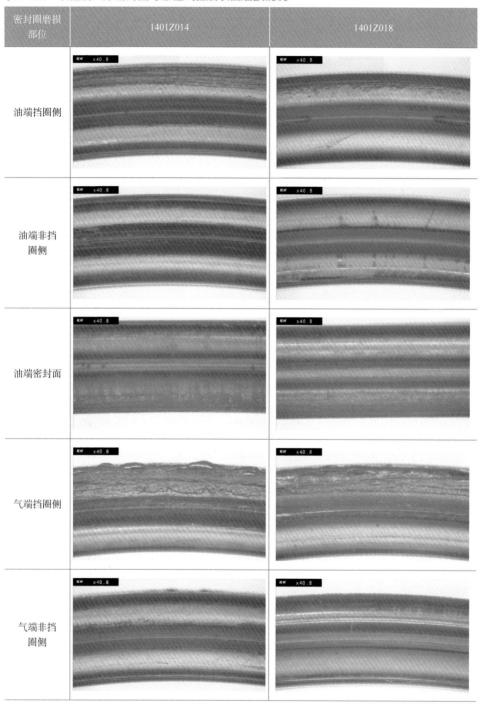

密封圈磨损部位	1401Z014	1401Z018
气端密封面	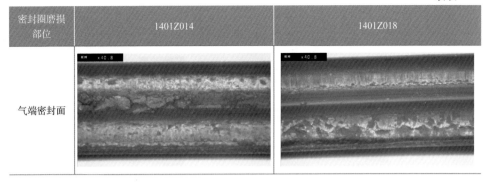	

参考文献

[1] Nishi T. Rubber wear mechanism discussion based on the relationship between the wear resistance and the tear resistance with consideration of the strain rate effect[J]. Wear, 2019, 426-427: 37-48.

[2] Farfán-Cabrera L I, Gallardo-Hernandez E A, Pascual-Francisco J B, et al. Experimental method for wear assessment of sealing elastomers[J]. Polymer Testing, 2016, 53: 116-121.

[3] 黄显淞, 雷莉, 韦玉昆. 发动机密封圈失效分析及解决 [J]. 装备制造技术, 2017, 11(4): 202-204.

[4] 常凯. 基于 ANSYS 的 O 形密封圈磨损仿真方法研究 [J]. 液压与气动, 2018, 2: 98-103.

[5] Shen M X, Dong F, Zhang Z X, et al. Effect of abrasive size on friction and wear characteristics of nitrile butadiene rubber (NBR) in two-body abrasion[J]. Tribology International, 2016, 103: 1-11.

[6] Chaudhry R A, Hussein I A, Amin M B, et al. Influence of molecular parameters and processing conditions on degradation of hydrogenated nitrile butadiene rubbers[J]. Journal of Applied Polymer Science, 2005, 97(4): 1432-1441.

[7] 王进文. 减小橡胶摩擦因数的表面改性方法 [J]. 橡胶工业, 2002, 49(12): 761-762.

[8] Wang L, Zhang L, Tian M. Effect of expanded graphite (EG) dispersion on the mechanical and tribological properties of nitrile rubber/EG composites[J]. Wear, 2012, 276-277: 85-93.

[9] Agrawal N, Parihar A S, Singh J P, et al. Efficient nanocomposite formation of acyrlonitrile rubber by incorporation of graphite and graphene layers: reduction in friction and wear rate[J]. Procedia Materials Science, 2015, 10: 139-148.

[10] Liang Y, Yang H, Tan Y, et al. Mechanical and tribological properties of nitrile rubber filled with modified molybdenum disulphide[J]. Plastics, Rubber and Composites, 2016, 45(6): 247-252.

[11] Bielinski D M, Slusarski L, Affrossman S, et al. Influence of chemical modification on tribological properties of elastomers[J]. Journal of Applied Polymer Science, 1995, 56(7): 853-867.

[12] Thirumalai S, Hausberger A, Lackner J M. Effect of the type of elastomeric substrate on the microstructural, surface and tribological characteristics of diamond-like carbon (DLC) coatings[J]. Surface & Coatings Technology, 2016, 302: 244-254.

[13] Romero-Sánchez M D, Pastor-Blas M M, Martín-Martínez J M. Adhesion improvement of SBR rubber by treatment with trichloroisocyanuric acid solutions in different esters[J]. International Journal of Adhesion & Adhesives,

2001, 21(4): 325-337.

[14] Romero-Sánchez M D, Pastor-Blas M M, Ferrándiz-Gómez T. Durability of the halogenation in synthetic rubber[J]. International Journal of Adhesion & Adhesives, 2001, 21(2): 101-106.

[15] Cepeda-Jiménez C M, Pastor-Blas M M, Ferrándiz-Gómez T P, et al. Influence of the styrene content of thermoplastic styrene-butadiene rubbers in the effectiveness of the treatment with sulfuric acid[J]. International Journal of Adhesion and Adhesives, 2001, 21(2): 161-172.

[16] Upadhyay D J, Cui N Y, Anderson C A, et al. Surface oxygenation of polypropylene using an air dielectric barrier discharge: the effect of different electrode-platen combinations[J]. Applied Surface Science, 2004, 229(1-4): 352-364.

[17] Shen M, Zhang Z, Peng X, et al. Microstructure evolution and tribological properties of acrylonitrile-butadiene rubber surface modified by atmospheric plasma treatment[J]. Applied Physics A, 2017, 123(9): 601-612.

[18] Wolthuizen D J, Martinez-Martinez D, Pei Y T, et al. Influence of plasma treatments on the frictional performance of rubbers[J]. Tribology Letters, 2012, 47: 303-311.

[19] Segu D Z. NBR surface modification by Ar plasma and its tribological properties[J]. Industrial Lubrication and Tribology, 2016, 68(2): 227-232.

[20] Tashlykov I S, Kasperovich V I, Shadrukhin M G, et al. Elastomer treatment by arc metal deposition assisted with self-ion irradiation[J]. Surface & Coatings Technology, 1999, 116-119: 848-852.

[21] Cadambi R M, Ghassemieh E. Hard coatings on elastomers for reduced permeability and increased wear resistance[J]. Plastics, Rubber and Composites, 2012, 41(4-5): 169-174.

[22] Lubwama M, Corcoran B, Sayers K. DLC films deposited on rubber substrates: a review[J]. Surface Engineering, 2015, 31(1): 1-10.

[23] Bhaskaran H, Gotsmann B, Sebastian A, et al. Ultralow nanoscale wear through atom-by-atom attrition in silicon-containing diamond-like carbon[J]. Nature Nanotechnology, 2010, 5(3): 181-185.

[24] Berman D, Narayanan B, Cherukara M J, et al. Operando tribochemical formation of onion-like-carbon leads to macroscale superlubricity[J]. Nature Communications, 2018, 9(1): 1164-1172.

[25] Liu X Q, Yang J, Hao J Y, et al. A near-frictionless and extremely elastic hydrogenated amorphous carbon film with self-assembled dual nanostructure[J]. Advanced Materials, 2012, 24(34): 4614-4617.

[26] Modabberasl A, Kameli P, Ranjbar M, et al. Fabrication of DLC thin films with improved diamond-like carbon character by the application of external magnetic field[J]. Carbon, 2015, 94: 485-493.

[27] Argibay N, Babuska T F, Curry J F, et al. In-situ tribochemical formation of self-lubricating diamond-like carbon films[J]. Carbon, 2018, 138: 61-68.

[28] Aisenberg S, Chabot R. Ion-beam deposition of thin films of diamond like carbon[J]. Journal of Applied Physics, 1971, 42(7): 2953-2958.

[29] 薛群基，王立平. 类金刚石碳基薄膜材料 [M]. 北京：科学出版社，2012.

[30] Bewilogua K, Hofmann D. History of diamond-like carbon films: from first experiments to worldwide applications[J]. Surface & Coatings Technology, 2014, 242: 214-225.

[31] Wang Y, Gao K, Shi J, et al. Bond topography and nanostructure of hydrogenated fullerene-like carbon films: a comparative study[J]. Chemical Physics Letters, 2016, 660: 160-163.

[32] Cao Z, Zhao W, Liu Q, et al. Super-elasticity and ultralow friction of hydrogenated fullerene-like carbon films: associated with the size of graphene sheets[J]. Advanced Material Interfaces, 2018, 5 (6): 1701303-1701311.

[33] Wang Y, Yue Z, Wang Y, et al. Synthesis of fullerene-like hydrogenated carbon films containing iron

nanoparticles[J]. Materials Letters, 2018, 219: 51-54.

[34] Xu J, Chen X, Grutzmacher P, et al. Tribochemical behaviors of onion-like carbon films as high-performance solid lubricants with variable interfacial nanostructures[J]. ACS Applied Materials & Interfaces, 2019, 11(28): 25535-25546.

[35] Gong Z, Bai C, Qiang L, et al. Onion-like carbon films endow macro-scale superlubricity[J]. Diamond and Related Materials, 2018, 87: 172-176.

[36] Cao Z, Zhao W, Liang A, et al. A general engineering applicable superlubricity: hydrogenated amorphous carbon film containing nano diamond particles[J]. Advanced Material Interfaces, 2017, 4 (14): 1601224-1601231.

[37] Huang P, Qi W, Yin X, et al. Ultra-low friction of a-C:H films enabled by lubrication of nanodiamond and graphene in ambient air[J]. Carbon, 2019, 154: 203-210.

[38] Miyakawa N, Minamisawa S, Takikawa H, et al. Physical-chemical hybrid deposition of DLC film on rubber by T-shape filtered-arc-deposition[J]. Vacuum, 2004, 73(3-4): 611-617.

[39] Takikawa H, Miyakawa N, Minamisawa S, et al. Fabrication of diamond-like carbon film on rubber by T-shape filtered arc-deposition under the influence of various ambient gases[J]. Thin Solid Films, 2004, 457(1): 143-150.

[40] Aoki Y, Ohtake N. Tribological properties of segment-structured diamond-like carbon films[J]. Tribology International, 2004, 37: 941-947.

[41] Masami I, Haruho M, Tatsuya M. Low temperature Si-DLC coatings on fluoro rubber by a bipolar pulse type PBII system[J]. Surface and Coatings Technology, 2011, 206(5): 999-1002.

[42] Pei Y T, Bui X L, Zhou X B, et al. Tribological behavior of W-DLC coated rubber seals[J]. Surface & Coatings Technology, 2008, 202(9): 1869-1875.

[43] Ahmed S F, Rho G H, Lee K R, et al. High aspect ratio wrinkles on a soft polymer[J]. Soft Matter, 2010, 6(22): 5709-5714.

[44] Martinez-Martinez D, Schenkel M, Pei Y T, et al. Microstructural and frictional control of diamond-like carbon films deposited on acrylic rubber by plasma assisted chemical vapor deposition[J]. Thin Solid Films, 2011, 519(7): 2213-2217.

[45] Martinez-Martinez D, Schenkel M, Pei Y T, et al. Microstructure and chemical bonding of DLC films deposited on ACM rubber by PACVD[J]. Surface & Coatings Technology, 2011, 205: S75-S78.

[46] Schenkel M, Martinez-Martinez D, Pei Y T, et al. Tribological performance of DLC films deposited on ACM rubber by PACVD[J]. Surface & Coatings Technology, 2011, 205(20): 4838-4843.

[47] Martinez-Martinez D, Pal J P, Pei Y T, et al. Performance of diamond-like carbon-protected rubber under cyclic friction. Ⅰ. Influence of substrate viscoelasticity on the depth evolution[J]. Journal of Applied Physics, 2011, 110(12): 124906-1-124906-6.

[48] Martinez-Martinez D, Pal J P, Pei Y T, et al. Performance of diamond-like carbon-protected rubber under cyclic friction. Ⅱ. Influence of substrate viscoelasticity on the friction evolution[J]. Journal of Applied Physics, 2011, 110(12): 124907-1-124907-9.

[49] Martinez-Martinez D, Pal J P, Schenkel M, et al. On the nature of the coefficient of friction of diamond-like carbon films deposited on rubber[J]. Journal of Applied Physics, 2012, 111(11): 114902-114906.

[50] Pei Y T, Bui X L, Pal J P, et al. Flexible diamond-like carbon films on rubber: on the origin of self-acting segmentation and film flexibility[J]. Acta Materialia, 2012, 60(15): 5526-5535.

[51] Pei Y T, Martinez-Martinez D, Pal J P, et al. Flexible diamond-like carbon films on rubber: friction and the effect of viscoelastic deformation of rubber substrates[J]. Acta Materialia, 2012, 60(20): 7216-7225.

[52] Pal J P, Martinez-Martinez D, Pei Y T, et al. Microstructure and tribological performance of diamond-like carbon films deposited on hydrogenated rubber[J]. Thin Solid Films, 2012, 524: 218-223.

[53] Pei Y T, Bui X L, Pal J P, et al. Flexible diamond-like carbon film coated on rubber[J]. Progress in Organic Coatings, 2013, 76(12): 1773-1778.

[54] Pei Y T, Eivani A R, Zaharia T, et al. High throughput deposition of hydrogenated amorphous carbon coatings on rubber with expanding thermal plasma[J]. Surface & Coatings Technology, 2014, 245: 74-83.

[55] Martínez-Martínez D, Nohava J, De Hosson J T M . Influence of load on the dry frictional performance of alkyl acrylate copolymer elastomers coated with diamond-like carbon films[J]. Journal of Applied Physics, 2015, 118(17): 175302-175308.

[56] Liu J Q, Li L J, Wei B, et al. Effect of sputtering pressure on the surface topography, structure, wettability and tribological performance of DLC films coated on rubber by magnetron sputtering[J]. Surface & Coatings Technology, 2019, 365: 33-40.

[57] Liu J Q, Wu Z Y, Cao H T, et al. Effect of bias voltage on the tribological and sealing properties of rubber seals modified by DLC films[J]. Surface & Coatings Technology, 2019, 360: 391-399.

[58] Bui X L, Pei Y T, Mulder E D G, et al. Adhesion improvement of hydrogenated diamond-like carbon thin films by pre-deposition plasma treatment of rubber substrate[J]. Surface & Coatings Technology, 2009, 203: 1964-1970.

[59] Pei Y T, Bui X L, De Hosson J T M. Deposition and characterization of hydrogenated diamond-like carbon thin films on rubber seals[J]. Thin Solid Films, 2010, 518(12): S42-S45.

[60] Pei Y T, Bui X L, De Hosson J T M. Flexible protective diamond-like carbon film on rubber[J]. Scripta Materialia, 2010, 63(6): 649-652.

[61] Thirumalai S, Hausberger A, Lackner J M. The Potential of tribological application of DLC/MoS$_2$ coated sealing materials[J]. Coatings, 2018, 8(8): 267.

[62] Thirumalai S, Hausberger A, Lackner J M. Anode layer source plasma-assisted hybrid deposition and characterization of diamond-like carbon coatings deposited on flexible substrates[J]. Thin Solid Films, 2018, 655: 54-61.

[63] Nagashima S, Hasebe T, Tsuya D, et al. Controlled formation of wrinkled diamond-like carbon (DLC) film on grooved poly(dimethylsiloxane) substrate[J]. Diamond & Related Materials, 2012, 22: 48-51.

[64] Lubwama M, McDonnell K A, Kirabira J B, et al. Characteristics and tribological performance of DLC and Si-DLC films deposited on nitrile rubber[J]. Surface & Coatings Technology, 2012, 206(22): 4585-4593.

[65] Lubwama M, Kirabira J B, Sebbit A. Adhesion and composite micro-hardness of DLC and Si-DLC films deposited on nitrile rubber[J]. Surface & Coatings Technology, 2012, 206(23): 4881-4886.

[66] Lubwama M, Corcoran B, Rajani K V, et al. Raman analysis of DLC and Si-DLC films deposited on nitrile rubber[J]. Surface & Coatings Technology, 2013, 232(10): 521-527.

[67] Lubwama M, Corcoran B, McDonnell K A, et al. Flexibility and frictional behaviour of DLC and Si-DLC films deposited on nitrile rubber[J]. Surface & Coatings Technology, 2014, 239 (1): 84-94.

[68] Wu Y M, Liu J Q, Cao H T, et al. On the adhesion and wear resistance of DLC films deposited on nitrile butadiene rubber: a Ti-C interlayer[J]. Diamond & Related Materials, 2020, 101: 107563-107573.

[69] Nakahigashi T, Tanaka Y, Miyake K, et al. Properties of flexible DLC film deposited by amplitude-modulated RF P-CVD[J]. Tribology International, 2004, 37: 907-912.

[70] Kim S J, Yoon J, Moon M W, et al. Frictional behavior on wrinkle patterns of diamond-like carbon films on soft polymer[J]. Diamond & Related Materials, 2012, 23: 61-65.

[71] Yoshida S, Okoshi M, Inoue N. Femtosecond-pulsed laser deposition of diamond-like carbon films onto silicone

rubber[J]. Journal of Physics: Conference Series, 2007, 59: 368-371.

[72] Rahmawan Y, Moon M W, Kim K S, et al. Dual-scale structures of diamond-like carbon (DLC) for superhydrophobicity[J]. Langmuir, 2010, 26(1): 484-491.

[73] Tsubone D, Hasebe T, Kamijo A, et al. Fracture mechanics of diamond-like carbon (DLC) films coated on flexible polymer substrates[J]. Surface & Coatings Technology, 2007, 201(14): 6423-6430.

[74] Bai C, Liang A, Cao Z, et al. Achieving a high adhesion and excellent wear resistance diamond-like carbon film coated on NBR rubber by Ar plasma pretreatment[J]. Diamond & Related Materials, 2018, 89: 84-93.

[75] Pei Y T, Bui X L, Zhou X B, et al. Microstructure and tribological behavior of tungsten-containing diamond like carbon coated rubbers[J]. Journal of Vacuum Science & Technology A, 2008, 26(4): 1085-1092.

[76] Bui X L, Pei Y T, De Hosson J T M . Magnetron reactively sputtered Ti-DLC coatings on HNBR rubber: the influence of substrate bias[J]. Surface & Coatings Technology, 2008, 202(20): 4939-4944.

[77] Lackner J M, Major R, Major L. RF deposition of soft hydrogenated amorphous carbon coatings for adhesive interfaces on highly elastic polymer materials[J]. Surface & Coatings Technology, 2009, 203(16): 2243-2248.

[78] Guo Y B, Hong F. Adhesion improvements for diamond-like carbon films on polycarbonate and polymethylmethacrylate substrates by ion plating with inductively coupled plasma[J]. Diamond and Related Materials, 2003, 12(3-7): 946-952.

[79] Martinez-Martinez D. Protection of elastomers with DLC film: deposition, characterization and performance[D]. Groningen: University of Groningen, 2017.

[80] Ahmed S F, Shafy M, El-megeed A A A, et al. The effect of γ-irradiation on acrylonitrile-butadiene rubber NBR seal materials with different antioxidants[J]. Materials & Design, 2012, 36: 823-828.

[81] Dong C L, Yuan C Q, Bai X Q, et al. Tribological properties of aged nitrile butadiene rubber under dry sliding conditions[J]. Wear, 2015, 322-323: 226-237.

[82] Harish A B, Wriggers P. Modeling of two-body abrasive wear of filled elastomers as a contact-induced fracture process[J]. Tribology International, 2019, 138: 16-31.

[83] 董峰, 沈明学, 彭旭东, 等. 乏油环境下橡胶密封材料在粗糙表面上的摩擦磨损行为研究 [J]. 摩擦学 学报, 2016, 36(6): 687-694.

[84] Emamia A, Khaleghian S. Investigation of tribological behavior of styrene-butadiene rubber compound on asphalt-like surfaces[J]. Tribology International, 2019, 136: 487-495.

[85] Basak G C, Bandyopadhyay A, Neogi S, et al. Surface modification of argon/oxygen plasma treated vulcanized ethylene propylene diene polymethylene surfaces for improved adhesion with natural rubber[J]. Applied Surface Science, 2011, 257: 2891-2904.

[86] Roche N, Heuillet P, Janin C, et al. Mechanical and tribological behavior of HNBR modified by ion implantation, influence of aging[J]. Surface & Coatings Technology, 2012, 209: 58-63.

[87] Pei Y T, Chen C Q, Shaha K P, et al. Microstructural control of TiC/a-C nanocomposite coatings with pulsed magnetron sputtering[J]. Acta Materialia, 2008, 56(4): 696-709.

[88] Ferrari A C, Bonaccorso F, Fal'ko V, et al. Science and technology roadmap for graphene, related two-dimensional crystals and hybrid systems[J]. Nanoscale, 2015, 7(11): 4598-4810.

[89] Mandolfino C, Lertora E, Gambaro C. Influence of cold plasma treatment parameters on the mechanical properties of polyamide homogeneous bonded joints[J]. Surface and Coatings Technology, 2017, 313: 222-229.

[90] Gutowski W S, Wu D Y, Li S. Surface silanization of polyethylene for enhanced adhesion[J]. The Journal of Adhesion, 1993, 43(1-2): 139-155.

[91] 唐昆，谭可成，张健，等. Ni-P/Ti/DLC 多层膜的摩擦磨损性能 [J]. 表面技术，2018, 7(47): 59-66.

[92] Wang Y, Xu J, Zhang J, et al. Tribochemical reactions and graphitization of diamond-like carbon against alumina give volcano-type temperature dependence of friction coefficients: a tight-binding quantum chemical molecular dynamics simulation[J]. Carbon, 2018, 133: 350-357.

[93] Thurston R M, Clay J D, Schulte M D. Effect of atmospheric plasma treatment on polymer surface energy and adhesion[J]. Journal of Plastic Film & Sheeting, 2007, 23(1): 63-71.

[94] Ganesh C B, Bandyopadhyay A, Bharadwaj Y K, et al. Adhesion of vulcanized rubber surfaces: characterization of unmodified and electron beam modified EPDM surfaces and their co-vulcanization with natural rubber[J]. Journal of Adhesion Science and Technology, 2009, 23: 13-14.

[95] Cui J, Qiang L, Zhang B, et al. Mechanical and tribological properties of Ti-DLC films with different Ti content by magnetron sputtering technique[J]. Applied Surface Science, 2012, 258: 5025-5030.

[96] Qiang L, Gao K, Zhang L, et al. Further improving the mechanical and tribological properties of low content Ti-doped DLC film by W incorporating[J]. Applied Surface Science, 2015, 353: 522-529.

[97] Mousinho A P, Mansano R D, Maria C S. Influence of substrate surface topography in the deposition of nanostructured diamond-like carbon films by high density plasma chemical vapor deposition[J]. Surface & Coatings Technology, 2009, 203(9): 1193-1198.

[98] Tyczkowski J, Makowski P, Krawczyk-Kłys I, et al. Surface modification of SBS rubber by low-pressure inert gas plasma for enhanced adhesion to polyurethane adhesive[J]. Journal of Adhesion Science and Technology, 2012, 26(6): 841-859.

[99] Zhang S W, Yang Z. Energy theory of rubber abrasion by a line contact[J]. Tribology International, 1997, 30(12): 839-843.

[100] Ferrari A C, Robertson J. Interpretation of Raman spectra of disordered and amorphous carbon[J]. Physical Review B Condensed Matter, 2000, 61: 14095-14107.

[101] Jong-Hyoung K, Seock-Sam K, Si-Geun C. The friction behavior of NBR surface modified by argon plasma treatment[J]. International Journal of Modern Physics B, 2011, 25(31): 4249-4252.

[102] Kawashima T, Ogawa T. Prediction of the lifetime of nitrile-butadiene rubber by FT-IR[J]. Analytical Sciences the International Journal of the Japan Society for Analytical Chemistry, 2005, 21(12): 1475-1478.

[103] Wang L, Li L, Kuang X. Effect of substrate bias on microstructure and mechanical properties of WC-DLC coatings deposited by HiPIMS[J]. Surface & Coatings Technology, 2018, 352: 33-41.

[104] Barve S A, Chopade S S, Kar R, et al. SiO$_x$ containing diamond like carbon coatings: effect of substrate bias during deposition[J]. Diamond and Related Materials, 2017, 71: 63-72.

[105] Nakamura M, Takagawa Y, Miura K, et al. Structural alteration induced by substrate bias voltage variation in diamond-like carbon films fabricated by unbalanced magnetron sputtering[J]. Diamond and Related Materials, 2018, 90: 214-220.

[106] Cui L, Zhou H, Zhang K, et al. Bias voltage dependence of superlubricity lifetime of hydrogenated amorphous carbon films in high vacuum[J]. Tribology International, 2018, 117: 107-111.

[107] Wu Y, Zhang S, Yu S, et al. A self-lubricated Si incorporated hydrogenated amorphous carbon (a-C:H) film in simulated acid rain[J]. Diamond and Related Materials, 2019, 94: 43-51.

[108] Huang X, Tian N, Wang T, et al. Friction and wear properties of NBR/PVC composites[J]. Journal of Applied Polymer Science, 2007, 106(4): 2565-2570.

[109] Erdemir A, Bindal C, Fenske G R, et al. Characterization of transfer layers forming on surfaces sliding against

diamond-like carbon[J]. Surface & Coatings Technology, 1996, 86-87: 692-697.

[110] Qiang L, Bai C, Liang A, et al. Enhancing the adhesion and tribological performance of Si-DLC film on NBR by Ar plasma pretreatment under a high bias[J]. AIP Advances, 2019, 9(1): 015301-015309.

[111] Evaristo M, Fernandes F, Cavaleiro A. Room and high temperature tribological behaviour of W-DLC coatings produced by DCMS and hybrid DCMS-HiPIMS configuration[J]. Coatings, 2020, 10(4): 319-333.

[112] Nißen S, Heeg J, Wienecke M, et al. Surface characterization and copper release of a-C:H:Cu coatings for medical applications[J]. Coatings, 2019, 9(2): 119-137.

[113] Kanda K, Suzuki S, Niibe M, et al. Local structure analysis on Si-containing DLC films based on the measurement of C K-edge and Si K-edge X-ray absorption spectra[J]. Coatings, 2020, 10(4): 330-338.

[114] Hatada R, Flege S, Ensinger W, et al. Preparation of aniline-based nitrogen-containing diamond-like carbon films with low electrical resistivity[J]. Coatings, 2020, 10(1): 54-64.

[115] Fujimoto S, Ohtake N, Takai O. Mechanical properties of silicon-doped diamond like carbon films prepared by pulse-plasma chemical vapor deposition[J]. Surface & Coatings Technology, 2011, 206(5): 1011-1015.

[116] Zhang T F, Pu J J, Xia Q X, et al. Microstructure and nano-wear property of Si-doped diamond like carbon films deposited by a hybrid sputtering system[J]. Materials Today: Proceedings, 2016, 3: S190-S196.

[117] Jiang J, Wang Y, Du J, et al. Properties of a-C:H:Si thin films deposited by middle-frequency magnetron sputtering[J]. Applied Surface Science, 2016, 379: 516-522.

[118] Wang Z, Wang C B, Zhang B, et al. Ultralow friction behaviors of hydrogenated fullerene-like carbon films: effect of normal load and surface tribochemistry[J]. Tribology Letters, 2011, 41: 607-615.

[119] Scharf T W, Prasad S V. Solid lubricants: a review[J]. Journal of Materials Science, 2013, 48: 511-531.

[120] Wu Y, Li H, Ji L, et al. Vacuum tribological properties of a-C:H film in relation to internal stress and applied load[J]. Tribology International, 2014, 71: 82-87.

[121] Erdemir A. The role of hydrogen in tribological properties of diamond-like carbon films[J]. Surface & Coatings Technology, 2001, 146-147: 292-297.

[122] Sanchez-Lopez J C, Erdemir A, Donnet C, et al. Friction-induced structural transformations of diamond like carbon coatings under various atmospheres[J]. Surface & Coatings Technology, 2003, 163-164: 444-450.

[123] Jiang J, Zhang S, Arnell R D. The effect of relative humidity on wear of a diamond-like carbon coating[J]. Surface & Coatings Technology, 2003, 167(2-3): 221-225.

[124] Rabbani F. Phenomenological evidence for the wear-induced graphitization model of amorphous hydrogenated carbon coatings[J]. Surface & Coatings Technology, 2004, 184(2-3): 194-207.

[125] Scharf T W, Singer I L. Monitoring transfer films and friction instabilities with in situ Raman tribometry[J]. Tribology Letters, 2003, 14: 3-8.

[126] Nakazawa H, Kamata R, Miura S, et al. Effects of frequency of pulsed substrate bias on structure and properties of silicon-doped diamond-like carbon films by plasma deposition[J]. Thin Solid Films, 2015, 574: 93-98.

[127] Nakazawa H, Miura S, Nakamura K, et al. Impacts of substrate bias and dilution gas on the properties of Si incorporated diamond-like carbon films by plasma deposition using organosilane as a Si source[J]. Thin Solid Films, 2018, 654: 38-48.

[128] Wang J J, Pu J B, Zhang G A, et al. Tailoring the structure and property of silicon-doped diamond-like carbon films by controlling the silicon content[J]. Surface & Coatings Technology, 2013, 235: 326-332.

[129] Lux H, Edling M, Lucci M, et al. The role of substrate temperature and magnetic filtering for DLC by cathodic arc evaporation[J]. Coatings, 2019, 9(5): 345-359.

[130] Grein M, Gerstenberg J, Heide C, et al. Niobium-containing DLC coatings on various substrates for strain gauges[J]. Coatings, 2019, 9(7): 417-427.

[131] Bociaga D, Guzenda A S, Szymanski W, et al. Mechanical properties, chemical analysis and evaluation of antimicrobial response of Si-DLC coatings fabricated on AISI 316 LVM substrate by a multi-target DC-RF magnetron sputtering method for potential biomedical applications[J]. Applied Surface Science, 2017, 417: 23-33.

[132] Chromik R R, Strauss H W, Scharf T W. Materials phenomena revealed by in situ tribometry[J]. JOM, 2012, 64(1): 35-43.

[133] Kumar N, Ramadoss R, Kozakov A T, et al. Humidity-dependent friction mechanism in an ultrananocrystalline diamond film[J]. Journal of Physics D: Applied Physics, 2013, 46(27): 275501-275508.

[134] Casiraghi C, Piazza F, Ferrari A C, et al. Bonding in hydrogenated diamond-like carbon by Raman spectroscopy[J]. Diamond and Related Materials, 2005, 14: 1098-1102.

[135] Deng X R, Leng Y X, Dong X, et al. Effect of hydrogen flow on the properties of hydrogenated amorphous carbon films fabricated by electron cyclotron resonance plasma enhanced chemical vapor deposition[J]. Surface & Coatings Technology, 2011, 206(5): 1007-1010.

[136] Zhai Z H, Shen H L, Chen J Y, et al. Evolution of structural and electrical properties of carbon films from amorphous carbon to nanocrystalline graphene on quartz glass by HFCVD[J]. ACS Applied Materials & Interfaces, 2018, 10(20): 17427-17436.

[137] Mousinho A P, Mansano R D, Zambom L S. Low temperature deposition of low stress silicon nitride by reactive magnetron sputtering[J]. J Phys: Conf Ser, 2012, 370: 012015.

[138] Ishikawa T, Choi J. The effect of microstructure on the tribological properties of a-C:H films[J]. Diamond and Related Materials, 2018, 89: 94-100.

[139] Mikami T, Nakazawa H, Kudo M, et al. Effects of hydrogen on film properties of diamond-like carbon films prepared by reactive radio-frequency magnetron sputtering using hydrogen gas[J]. Thin Solid Films, 2005, 488(1-2): 87-92.

[140] Rose F, Wang N, Smith R, et al. Complete characterization by Raman spectroscopy of the structural properties of thin hydrogenated diamond-like carbon films exposed to rapid thermal annealing[J]. Journal of Applied Physics, 2014, 116(12): 123516-123527.

[141] Kalin M, Polajnar M. The wetting of steel, DLC coatings, ceramics and polymers with oils and water: the importance and correlations of surface energy, surface tension, contact angle and spreading[J]. Applied Surface Science, 2014, 293: 97-108.

[142] Moghadama R Z, Ehsania M H, Kameli P, et al. Modification of hydrophobicity properties of diamond like carbon films using glancing angle deposition method[J]. Materials Letters, 2018, 220: 301-304.

[143] Mabuchi Y, Higuchi T, Weihnacht V. Effect of sp^2/sp^3 bonding ratio and nitrogen content on friction properties of hydrogen-free DLC coatings[J]. Tribology International, 2013, 62: 130-140.

[144] Guo Y, Wang J, Li K. Tribological properties and morphology of bimodal elastomeric nitrile butadiene rubber networks[J]. Materials & Design, 2013, 52: 861-869.

[145] Praveena M, Orcidala A A, Kim S H, et al. Shear-induced structural changes and origin of ultralow friction of hydrogenated diamond-like carbon (DLC) in dry environment[J]. ACS Applied Materials & Interfaces, 2017, 9(19): 16704-16714.

第七章

非晶碳薄膜强韧润滑调控与应用

非晶碳（amorphous carbon，a-C）薄膜是主要由金刚石结构碳和石墨结构碳构成的长程无序碳材料，具有高硬度、高耐磨性、低摩擦系数、化学惰性以及生物相容等性能。根据碳原子杂化状态主要分为类金刚石碳（Diamond-Like Carbon，DLC）薄膜和类石墨碳（Graphite-Like Carbon，GLC）薄膜。作为润滑防护与功能薄膜材料，非晶碳薄膜广泛用于磁存储、刀模具、汽车发动机、生物医学、光学等领域[1-3]。然而，非晶碳薄膜的高内应力、低韧性、摩擦学行为环境敏感等问题严重制约了其实际的摩擦学应用。尤其，随着工业技术的迅速发展，许多机械动力和传动系统常处于高速重载、冲击振动、强腐蚀介质等苛刻工况，对摩擦部件的表面强化与润滑处理提出了更高要求，进一步限制了非晶碳薄膜的可用性。

由于优异的机械摩擦学性能和成分与结构可设计性，非晶碳薄膜为发展高性能润滑防护薄膜材料提供了可能[4-6]。自1971年首次利用离子束方法成功制备非晶碳薄膜以来，随着薄膜理论与制备技术的发展，不同成分与结构的非晶碳薄膜被相继合成。为了满足苛刻工况应用需求，许多研究致力于发展集高强度、高韧性与润滑功能于一体的非晶碳薄膜，非晶碳薄膜从单层、单组分开始向多组分复合、纳米结构、多重复杂结构、环境自适应以及多尺度耦合应用的方向发展。本章将介绍非晶碳薄膜强韧与润滑性能调控及其工业应用方面的有关内容，包括异质元素掺杂、纳米复合结构、功能梯度结构、多层结构以及多尺度耦合应用策略与工业应用。

第一节
非金属元素掺杂非晶碳薄膜

异质元素掺杂是在非晶碳薄膜中引入碳和氢以外的元素，是调控非晶碳薄膜综合性能的最有效方式之一，它可以改变碳基网络杂化状态、交联方式、微观结构以及活泼σ悬键的数量等，进而有效缓解薄膜内应力、增加薄膜韧性、提高薄膜与基底结合强度以及优化薄膜的理化与摩擦学等性能。非金属元素与碳原子会形成不同形式的共价键合，部分取代碳基网络中的碳原子或氢原子，改变薄膜碳原子杂化状态、氢含量以及碳基网络交联结构，进而促使非晶碳基网络发生重构，最终实现薄膜光学、电学、生物学、力学、摩擦学等性能的有效调控[7,8]。为了满足不同的性能需求与应用目的，人们研究了各种非金属元素掺杂的非晶碳薄膜结构与性能，有关薄膜韧性与润滑性能调控的研究主要涉及Si、N、F、S和B等元素。

一、硅元素掺杂

硅元素可以通过物理或化学气相沉积法，利用 SiH_4、$(CH_3)_3SiOSi(CH_3)_3$ 等含 Si 气源或者高纯 Si 靶掺入非晶碳基网络。从结构本质上讲，Si 掺杂主要产生以下影响：①Si 与 C 之间只能形成 Si—C 单键，不会形成 π 键，所以 Si 掺杂并不会增加薄膜 sp^2 碳含量，不会削弱碳基网络的交联度；②Si—C 键的键能（3.21 eV）小于 C—C 键的键能（3.70 eV），这使 Si 掺入碳基网络后 C—C 键畸变会得到松弛，应力大幅下降，但键能变小在一定程度上会削弱薄膜的机械硬度；③Si 掺杂可极大提高非晶碳薄膜的无序状态，延缓薄膜石墨化速率，进而有助于提高薄膜热稳定性；④Si—H 和 Si—O—Si 键的形成会减小非晶碳基网络交联程度并降低其内聚强度，对薄膜力学与摩擦学性能产生明显影响。

硅掺杂非晶碳薄膜最显著的摩擦学特性是潮湿环境的摩擦学适应性。Oguri 等人利用甲烷、四氯化硅和氢气制备了 a-C:Si:H 薄膜，碳含量为 70% ～ 85% 时形成类金刚石非晶结构，薄膜在湿空气环境中（RH = 50% ～ 70%）摩擦系数约为 0.04[9]。Hioki 等人分别利用聚二甲基硅氧烷和三甲基五苯基三硅氧烷化合物制备了 a-$C_{0.92}Si_{0.08}$:O:H 和 a-$C_{0.67}Si_{0.33}$:O:H 薄膜，薄膜氧含量分别为 4.5% 和 20%，氢含量为 10%（原子分数），两种含 Si 薄膜在干燥氮气中摩擦系数约为 0.02，在湿空气环境中（RH = 20% ～ 70%）摩擦系数在 0.04 ～ 0.07 之间[10]。Miyake 等人通过乙烯和硅烷制备了 a-C:Si:H 薄膜，Si 含量不高于 15%（原子分数）时，薄膜在真空环境中可实现超低摩擦系数（0.007）[11]。赵飞等结合磁控溅射和化学气相沉积方法，利用甲烷和 Si 靶制备了 a-C:Si:H 薄膜，Si 含量为 3.9%（原子分数）。在大气环境和水润滑条件下，以 Si_3N_4 球为摩擦对偶，a-C:Si:H 薄膜的摩擦系数分别约为 0.07 和 0.005（图 7-1），Si 掺杂显著改进了含氢碳薄膜的水润滑摩擦性能[12]。

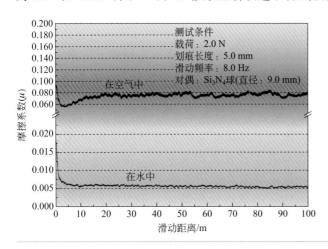

图7-1

Si掺杂a-C:H薄膜在空气和水环境下的摩擦系数

对于 Si 掺杂非晶碳薄膜的摩擦学行为主要有以下几种解释：①在干燥大气环境下，Si 掺杂薄膜的低摩擦系数主要是因为摩擦界面石墨化转移膜和界面接触区域 Si 氧化反应生成熔化的 SiO_2 膜；②在潮湿空气环境下，Si 与水反应形成硅酸溶胶膜，发挥着边界润滑膜作用，使薄膜在潮湿环境下表现为良好的摩擦学适应性；③由于 Si 掺杂提高了薄膜热稳定性，界面摩擦热并不足以使 SiO_2 熔化，所以摩擦系数降低可能与沉积过程中形成的硅氧化物有关；④ Si 掺杂薄膜的摩擦学行为湿度依赖性较纯碳薄膜有所减小，但仍受湿度影响，高湿度会抑制摩擦诱导的薄膜石墨化。总之，关于 Si 掺杂非晶碳薄膜的减摩机制说法不一，其摩擦磨损机制分析需综合考虑薄膜结构、摩擦条件和对偶材料等因素。

二、氮元素掺杂

氮元素掺入非晶碳基网络可形成丰富的结构，N 原子电负性较高，与 C 原子形成化学键时，电子云偏向 N 原子。在含氢非晶碳薄膜中，N 掺杂可能形成各种不同的结合形式，如—C—N—、—C＝N—、—C≡N—、—C—N＝、—C—NH—C—、—C—NH₂ 和—N—CH₃ 等。N 含量较低时，N 原子取代薄膜中 C—C 键的 C 原子；N 含量较高时，N 原子才能取代薄膜中 C＝C 键中的 C 原子，即促使薄膜中 sp^3C—H 转变为 sp^2C＝C/C≡N 键，使薄膜石墨化。有关 N 掺杂非晶碳薄膜的研究一方面在尝试合成理论预测的超硬化合物 β-C_3N_4，一方面以 N 原子为 n 型掺杂剂改善非晶碳薄膜的电学特性。N 掺杂碳基薄膜的一种典型结构是高弹性、高硬度的含 N 类富勒烯结构碳基薄膜。1995 年，Sjöström 等首次利用直流磁控溅射方法制备了具有类富勒烯结构的 CN_x 薄膜，指出 N 原子掺杂降低了石墨平面发生弯曲所需的能量，N 原子替代 C 原子在石墨平面中形成五元碳环的能量（53.7kcal/mol，1cal=4.18J，下同）低于纯 C 原子形成五元碳环所需的能量（70.7kcal/mol）[13,14]。本书著者团队采用 PECVD 方法制备了高弹性的 a-C:N:H 薄膜，TEM 图像观察到不同尺寸和形状的晶体颗粒嵌在非晶碳基网络中，具有类富勒烯碳薄膜结构特征（图 7-2）[15]。

对于 N 掺杂非晶碳薄膜，N 含量高低并不是影响摩擦学性能的主导因素。Koskinen 等人研究显示，N 掺杂非晶碳薄膜摩擦系数随薄膜中 N 含量增加呈增大趋势，而磨损率与 N 含量并不存在依赖关系[16]。Wei 等人指出当薄膜中 N/C 从 0.2 增加为 0.45 时，薄膜摩擦系数从 0.14 减小至 0.07[17]。因此，N 掺杂对于改善碳基薄膜摩擦学性能的观点尚存争议。但可以肯定的是，薄膜中 C—N 键合状态及薄膜微观结构在决定薄膜机械摩擦性能方面有着重要意义。有研究认为，含 N 碳基薄膜的摩擦学性能与薄膜中 C 和 N 的双键比率（π_C/

π_N）有关联，高 π_C/π_N 有利于改善含 N 碳基薄膜的摩擦学性能。也就是说，薄膜中大量 C 以芳香环结构键合，N 掺杂提高了薄膜类石墨相的交联程度，sp^2 碳的低剪切作用降低了薄膜摩擦系数，石墨相的高交联强度提高了薄膜抗磨损能力，这意味着 N 原子的含量、键合状态及位置对薄膜摩擦学性能至关重要。

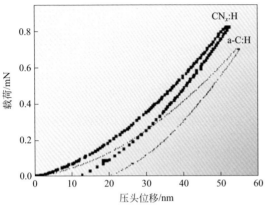
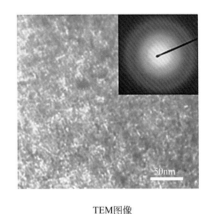

TEM图像

图7-2　碳氮复合薄膜的载荷-位移曲线与TEM图像

三、其他非金属元素掺杂

在摩擦学研究方面，氟、硫或硼掺杂的非晶碳薄膜也得到了较为广泛的关注。氟元素可借助氟烃化合物、NF_3、SF_6 等引入非晶碳薄膜。C—F 键的键能（5.6eV）明显高于 C—H 键（3.5eV），比 C—H 键更稳定。在非晶碳薄膜中，F 原子部分或全部取代碳基网络中的 H 原子，从而有效调控薄膜微观结构和内应力，同时增强薄膜的结构稳定性，取决于 F 含量，F 原子在碳基网络中以—CF—、—CF_2—、—CF_3 等多种形式存在。但与 H 原子类似，F 原子引入会降低薄膜中 C_{sp^3}—C_{sp^2} 键的比例，一定程度上使薄膜硬度有所降低。F 掺杂不仅可改善含氢非晶碳薄膜在潮湿环境的摩擦学适应性，而且可降低薄膜表面能，增强其耐蚀性和抗黏着性能[18]。对于摩擦学性能，当 F 含量较低时，薄膜摩擦系数随湿度增加保持恒定；随着 F 含量增加，干燥条件下表现为高摩擦系数，高湿度条件下则表现为低摩擦系数；当 F 含量增加至 10%（原子分数）时，F 掺杂并不会减弱其耐磨性。F 原子具有最高的电负性，这使 C—F 键具有明显的极性，导致 F 终止的碳表面比 H 终止的碳表面具有更强的排斥相互作用，这有望改进碳基薄膜在高接触应力界面的摩擦性能（图 7-3）[19,20]。

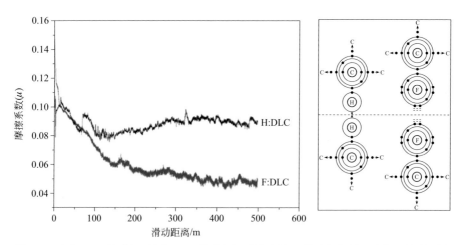

图7-3　含氢DLC薄膜与F掺杂DLC薄膜与钢球的摩擦系数（左）以及含氢和氟化碳表面的静电排斥相互作用（右）[20]

硫元素可以以 C—S—C、C＝S、C—SH、C—S（O）等形式掺入非晶碳基网络。C—S 键的键能（272kJ/mol）小于 C—C 键的键能（346kJ/mol），这意味着 S 掺杂可有效缓解 C—C 键畸变引起的高内应力。S 掺杂也会促使薄膜中 sp^2 杂化碳的形成，降低碳基网络交联度，进而导致薄膜力学性能明显下降。然而，S 原子具有 C-σ 键钝化能力和较强的摩擦化学活性，这使 S 掺杂能够明显改善非晶碳薄膜在真空环境的摩擦学性能 [21,22]。此外，S 掺杂增加了非晶碳薄膜的疏水性，可改善含氢非晶碳薄膜的摩擦学性能对湿度的敏感性。

硼元素可通过物理或化学气相沉积方法，利用 B_2H_6、B（CH_3）$_3$ 或者 B、B_4C 靶材被引入非晶碳基网络，可以以 C—B 或者 B_xC 颗粒的形式存在于非晶碳基网络中 [23]。B 元素引入非晶碳基网络可有效降低薄膜内应力、改善薄膜的摩擦学性能，B 掺杂尤其可以显著改善非晶碳薄膜在水润滑和油润滑条件下的摩擦学性能 [24,25]。

第二节
金属元素掺杂非晶碳薄膜

金属元素能以原子固溶、纳米晶金属或金属碳化物等多种形式镶嵌在非晶碳基交联网络结构中，可形成纳米晶/非晶复合结构，借助金属塑性、碳化物纳米晶或纳米晶/非晶界面等实现非晶碳薄膜的强韧与润滑调控。金属掺杂非晶碳薄膜的高硬度、低应力、良好的韧性及减摩耐磨性能，使其在机械加工、运动部件表面润滑与防护等领域显示了良好的应用前景。一般根据在薄膜中的存在形态，可将金属元素大致分为两类：一类主要与碳形成热力学稳定的金属碳化物嵌在薄膜中，称为强碳金属（Ti、Cr、W、Nb、Mo、Zr、Hf、Ta等）；一类主要以单质或亚稳态金属碳化物的形式存在于薄膜中，称为弱碳金属（Al、Cu、Ag、Au等）。一般来说，同周期过渡金属元素，随着原子序数增加，3d电子层填满程度增大，碳与金属的结合强度逐渐下降。

一、强碳金属元素掺杂

强碳金属在非晶碳薄膜中主要形成金属团簇和碳化物纳米晶，一方面会促使薄膜中 sp^2 碳含量增加，在一定程度上降低薄膜硬度；另一方面可借助纳米晶/非晶复合结构界面强化效应改善碳基薄膜的强度及韧性。薄膜中形成的碳化物纳米晶尺寸、数量、结构等依赖于金属性质和薄膜沉积条件。一般金属熔点越低，薄膜中金属碳化物越容易形成并长大，熔点高，则会限制薄膜沉积过程中金属原子的迁移，使表面扩散原子难以团聚，熔点最高的 W 有利于在薄膜中形成小尺寸的 WC 或 W_2C 纳米晶。强碳金属掺杂可增强薄膜对金属基底的附着、降低薄膜内应力、增加薄膜韧性，从而有效调控非晶碳薄膜的摩擦学性能。其缓解薄膜内应力的主要机制如下：①金属原子与 C 键合减少了薄膜中的 C-σ 悬键，使高度交联的三维碳基网络得到弛豫；②金属原子核对外层电子约束小，C—M 键可通过有效改变 C—C 网络核外电子密度来抑制内应力的积聚；③ MC 纳米晶粒可通过滑移面和位错的运动释放应力，进而降低碳基薄膜生长过程中的内应力；④金属掺杂可有效降低薄膜与钢基底界面因热膨胀系数差异引起的热应力，并可通过高浓度金属掺杂形成一层碳化物薄层，最大限度地降低薄膜-基底界面的热力学与结构失配，减少薄膜-基底之间热应力积累。

金属 Ti 与 C 形成热力学稳定的 TiC（ΔH_{298K} =-183.6kJ/mol 和 ΔG_{298K} =-180kJ/mol）。在薄膜沉积过程中，离子能量的高低决定着薄膜中 TiC 相的生长、分布、含量及纳米晶颗粒尺寸。本书著者团队研究了薄膜沉积工艺对 TiC/a-C:H 薄膜结构的影响。从 TEM 图像可以看出，随着甲烷气体流量增加，TiC 纳米晶的尺寸逐渐减小，含量也呈减少趋势。薄膜 SAED 花样清楚显示，随着甲烷流量的增加，电子衍射条纹宽化，出现代表非晶结构的漫散射环，意味着薄膜中 TiC 相在减少，薄膜结构趋向以非晶碳为主（图7-4）[26]。研究指出，增加基底偏压、提高 Ti^{n+} 到达基材表面的能量有利于 TiC 纳米晶的形成。

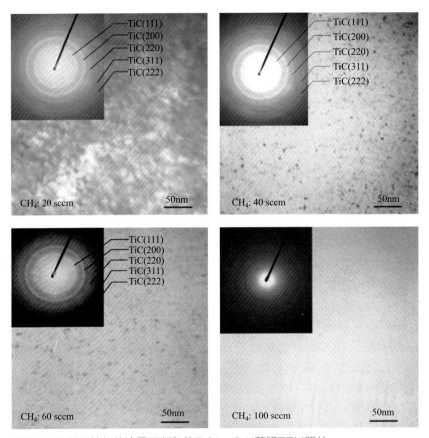

图7-4　不同甲烷气体流量下制备的TiC/a-C:H薄膜TEM照片

钛掺杂可改善含氢碳薄膜摩擦学性能的湿度敏感性。在相对湿度为 10% ～ 100% 的空气中，Ti 掺杂含氢碳薄膜可实现极低摩擦系数（0.008 ～ 0.03）[27]。Ti 掺杂含氢碳薄膜的摩擦学性能与薄膜 H 含量、非晶碳比例和 Ti 含量及其化学状态有关。一般认为，Ti 掺杂主要通过下列机制调控碳基薄膜摩擦学性能：① TiC 纳米晶在薄膜中发挥扩散势垒层作用，有效抑制氧侵蚀和扩散，这在某种程度上可抑制对偶件的摩擦氧化，进而延缓碳基薄膜的磨损；② Ti 掺杂能够改变薄膜硬度，一定程度上减小对偶球的磨损，同时"催化"产生石墨化转移层，进一步提高碳基薄膜的抗磨损性能。Ti 含量较低时，薄膜摩擦系数在 0.1 ～ 0.2 之间，主要取决于摩擦界面石墨化转移层形成；而 Ti 含量过高时，易形成硬的 Ti_xC 相，摩擦界面形成明显的黏着与摩擦氧化，导致摩擦系数大幅度增加。

金属 Cr 的 d 轨道呈半满态，可形成 Cr_3C_2、$Cr_{23}C_6$、Cr_7C_3 和亚稳态的 CrC 等碳化物。Cr 具有优异的抗氧化能力，与钢基底结合良好。Cr 掺杂非晶碳薄膜与 Ti 掺杂情形类似，亦可形成碳化物纳米晶嵌埋的无定形碳结构，有效缓解薄膜内应力，提高膜 - 基结合力，改善非晶碳薄膜高脆性与机械摩擦学性能。研究发现，Cr 含量小于 0.4%（原子分数）时，Cr 固溶于碳基质中形成原子尺度复合；Cr 含量在 0.4% ～ 1.5% 时，Cr 以 2 ～ 3 个 Cr 原子簇的形式存在于基质中；Cr 含量大于 1.5% 时，薄膜中出现小于 10nm 的 Cr 碳化物纳米晶，同时也存在 Cr 原子簇。这说明依赖于薄膜沉积条件，Cr 能以单质 Cr、非晶或微晶相 Cr_xC_y 化合物的形式镶嵌在非晶碳基网络中，可以借助 Cr 金属单质相的强塑性形变作用和碳化物纳米晶的晶面强化实现薄膜的强韧化。

类似于 Ti 掺杂非晶碳薄膜，Cr 掺杂非晶碳薄膜摩擦学行为同样与薄膜中 Cr 碳化物 / 非晶碳比例有着密切关联。由于石墨化转变是碳基薄膜实现低摩擦系数的关键原因之一，所以薄膜中 a-C:H 相含量越高越有利于低摩擦石墨转移膜的形成。在摩擦过程中，界面摩擦热将促使薄膜中 α-Cr 及 CrC_x 发生氧化，形成硬度较高的氧化铬颗粒镶嵌或黏附在摩擦表面，造成摩擦副表面机械咬合阻力增大，摩擦系数增加，也一定程度上加剧了薄膜磨损。因此，控制薄膜中 CrC_x 与 a-C:H 比例处于合适的范围内，使薄膜中硬质碳化物纳米晶尺寸在 2 ～ 10nm 内且高度分散，方可发挥硬质 CrC_x 相的高机械性能和 a-C:H 相的优异自润滑性，实现 Cr 掺杂非晶碳薄膜摩擦学性能的综合优化。总体上，Cr 掺杂非晶碳薄膜比 Ti 掺杂薄膜更适合高接触压强下的润滑需求（如图 7-5）[28]。

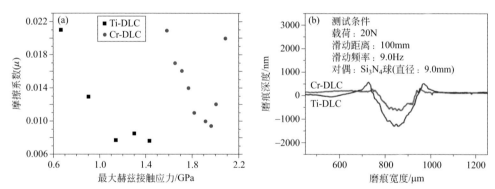

图7-5　（a）Cr和Ti掺杂DLC薄膜的摩擦系数随接触应力的变化关系；（b）Cr-DLC薄膜与Ti-DLC薄膜磨痕横截面轮廓对比

W 与 Cr 同属于第ⅥB 族元素，与 C 形成 WC 化合物，其生成焓 ΔH_{298K} 和自由能 ΔG_{298K} 分别为 -35.2kJ/mol 和 -35.2kJ/mol。W 掺杂对非晶碳基薄膜微观结构的影响与 Cr、Ti 掺杂的情形类似，不再赘述。这里简要介绍 W 掺杂非晶碳基薄膜特有的机械摩擦学性能。有文献指出，W 含量低于 20%（原子分数）时，薄膜硬度随 W 含量增加而提高，说明形成的 W_2C 微晶起到弥散强化的作用；而 W 含量高于 20% 时，薄膜硬度反而下降，意味着薄膜中 W_2C 微晶弥散强化效果过饱和，诱使 sp^2 碳含量增加而导致薄膜硬度降低。在非晶碳薄膜中，W 掺杂倾向于形成较小尺寸的 WC 纳米晶粒，这使 W 掺杂在降低薄膜应力方面明显优于金属 Ti、Nb 和 Mo。

W 掺杂不仅可改善非晶碳薄膜在常规环境的摩擦学性能，尤其可显著改进非晶碳薄膜在油润滑工况的摩擦学特性。在边界条件下，减摩抗磨机制与摩擦副表面生成的摩擦化学膜有关，而摩擦化学膜的组成与性质取决于摩擦副表面与润滑剂组成。在油润滑下，W 掺杂碳基薄膜表现出三点优势：①较高浓度的 W 掺杂使惰性碳基薄膜"金属化"，表面活性增加，促使润滑剂分子在薄膜表面形成吸附膜；②较高的 W 含量有利于提高磨合初期碳基薄膜与润滑油的交互作用，W 与表面吸附的氧反应可形成具有减摩功能的 WO_2，有助于降低起始阶段摩擦系数，但 WO_2 会被继续氧化为硬质 WO_3 纳米颗粒，会导致摩擦系数升高；③W 与 Mo 化学性质相似，在摩擦过程中与含 S 添加剂反应生成具有自润滑性的 WS_2 化合物，伴随着有机 / 无机磷酸盐膜在薄膜表面金属位点的生成，可进一步降低摩擦系数和提高碳基薄膜耐磨性及承载能力，这将有效增强非晶碳薄膜在乏油润滑及边界条件下的摩擦学性能 [29,30]。

Mo、Nb、Zr、Hf、Ta 或 V 掺杂非晶碳薄膜微观结构与 Ti、Cr 或 W 掺杂的情形比较类似，主要区别在于各种金属及其碳化物的属性及生长历程不同。对非晶碳薄膜摩擦学性能的影响与金属碳化物的晶体结构及摩擦化学反应产物等有关。Mo 掺杂一方面可通过增强薄膜韧性优化其润滑能力，另一方面可通过与含 S 添加剂的摩擦化学反应强化碳基薄膜在油润滑工况的润滑性能，使碳基薄膜更好地适应乏油、边界润滑工况 [30]。研究发现，金属 Nb 和 W 对非晶碳薄膜摩擦学性能的改善程度明显优于金属 Mo 及 Ti。Zr—C 结合能明显低于 Zr—Zr 结合能，影响薄膜沉积过程中 ZrC 纳米晶的形成。Zr/DLC 薄膜的力学、摩擦学性能通常劣于 Ti/DLC 薄膜。Zr/DLC 薄膜呈疏松柱状结构，在交变应力与水分子浸蚀共同作用下，水分子更易进入柱状结构的疏松膜层，使其水润滑磨损率较 Cr/DLC 和 Ti/DLC 薄膜更高。与 W 掺杂薄膜不同，Ta 和 Zr 掺杂薄膜的纳米硬度和弹性模量随着金属含量增加而增加。Ta 和 W 掺杂碳基薄膜的耐磨性明显优于 Zr 掺杂薄膜，这可能与 Zr 掺杂薄膜的柱状结构有关。Yan 等人报道 Ta 掺杂显著增加了类石墨碳基薄膜的抗磨损性能，掺入 4.79%（原子分数）Ta 可使碳基薄膜磨损率减小 2/3 [31]。对 V、Zr、Ti 及 W 掺杂非晶碳薄膜微观结构研究发现，随着退火温度的升高，VC 纳米晶尺寸的生长速率大于 Ti、Zr 及 W 纳米晶。同时，掺杂薄膜的抗氧化能力为 W＞Ti＞Zr＞V，氧化钒在碳网中较高的迁移率及其对非晶碳氧化的催化作用导致 V 掺杂薄膜抗氧化能力较差 [32]。

二、弱碳金属元素掺杂

弱碳金属在非晶碳网络中主要形成原子固溶、金属团簇、金属纳米晶或亚稳态碳化物。Fe、Co 和 Ni 与 C 形成亚稳态碳化物，如 Ni_3C、Co_2C 和 Fe_3C，且热力学稳定性 $Fe_3C < Co_2C < Ni_3C$。Fe、Co 或 Ni 掺杂非晶碳薄膜的微观结构存在一些共性：① Fe、Co 及 Ni 金属微粒具有"催化效应"，促使薄膜中 sp^2 碳含量增加，同时薄膜中缺陷态密度增加，引起薄膜非晶碳网络交联程度降低；②金属在薄膜中存在多种形态，如粒径不一的金属单质、金属碳化物及部分金属氧化物等，取决于薄膜沉积工艺。对于 Fe、Co 或 Ni 掺杂碳基薄膜的摩擦学研究，有关 Fe 和 Ni 掺杂的研究相对较多。在干摩擦条件下，a-C:Fe 薄膜摩擦系数变化趋势类似于 a-C:Mo 薄膜。在边界条件下，a-C:Fe 薄膜摩擦系数随摩擦时间延长呈降低趋势，与摩擦界面形成低剪切强度的摩擦化学反应膜有关。对于 Ni 掺杂碳基复合薄膜，摩擦学性能依赖于薄膜的相组成，即 C、Ni 及 Ni_3C 相的比例，而 Co 掺杂使碳基薄膜的摩擦学性能变差。

Al 与 C 形成不稳定碳化物，Al 掺杂可显著缓解碳基薄膜内应力，驱使非晶碳在摩擦界面发生石墨化转变，从而改善薄膜的摩擦学性能。蒲吉斌和张广安等制备了 Al 掺杂含氢碳基薄膜[33]。TEM 分析表明，Al 以纳米颗粒的形式固溶于非晶碳基网络中，且随偏压的升高，Al 纳米颗粒的数量减少（图7-6）。选区电子衍射图像呈弥散特征，无明显晶粒衍射环特征。Al 表面高化学活性使其在薄膜沉积过程中易被氧化，致使 Al 在碳基质中以非晶单质或者部分氧化的形式存在。摩擦测试表明，Al 掺杂明显改进了含氢类金刚石碳薄膜的摩擦磨损性能。周生国等人进一步研究了 Al 靶溅射功率对碳基薄膜微观结构和机械摩擦学性能的影响。Al 含量较低时并不会明显改变 sp^3/sp^2，但 Al 含量较高时会抑制 sp^3 碳形成。适中的溅射靶功率使 Al 掺杂碳基薄膜具有高硬度、高韧性、好的弹性恢复、低摩擦系数（0.055）和低磨损率［$2.9\times10^{-16} m^3/(N\cdot m)$］。

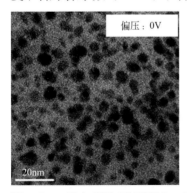
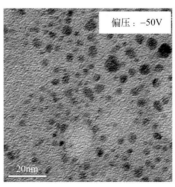

图7-6　Al掺杂非晶碳基薄膜在不同偏压下的TEM图像

Cu、Ag 和 Au 均具有良好的自润滑性，可用于高温、超低温和超高真空等苛刻环境，Au 和 Ag 已作为固体润滑剂用于航空航天等领域。基于能带填充理论，Cu、Ag 和 Au 元素 d 轨道电子全满，不易与 C 形成化学键合，主要以非晶态或纳米晶态金属团簇形式分散在非晶碳网络中。Cu、Ag 和 Au 金属元素掺入碳基薄膜中，不会明显改变薄膜 C 原子键合方式，但会一定程度上促进 sp² 碳的增加，金属原子会填充在某一个晶格位置形成纳米晶/非晶复合结构，通过界面强化作用调控碳基薄膜高内应力及高脆性。然而，此类金属掺入碳基薄膜中会不同程度地削弱碳基薄膜的机械强度。与碳元素相比，Cu、Ag 及 Au 纳米颗粒的高活性使其倾向于向摩擦界面扩散转移形成具有自润滑作用的易剪切金属膜，协同摩擦界面富石墨相转移膜进一步降低摩擦系数，提高碳基薄膜减摩抗磨能力。张广安等研究表明，Cu 掺杂非晶碳薄膜在载流工况下也表现出更加优异的摩擦学性能[34]。王云峰等人研究表明，在高真空环境中，1.13%（原子分数）Ag 掺杂能够促进含氢类金刚石碳薄膜实现超滑（$\mu < 0.01$），并改善其服役寿命[35]。

第三节
多元素共掺杂非晶碳薄膜

多元素共掺杂是在非晶碳薄膜中引入两种或两种以上碳和氢以外的元素。近年来，理论与实验研究均表明，与单一元素掺杂相比，多元素共掺杂可协同利用不同元素掺杂产生的益处，有效调控非晶碳薄膜的结构与性能。如前所述，强碳金属掺杂因形成纳米晶/非晶复合结构可明显改善碳基薄膜力学、摩擦学等性能，但也可能增加薄膜脆性；弱碳金属掺杂可以有效缓解薄膜应力，但也降低了薄膜硬度。显然，结合强碳和弱碳金属共掺杂有望借助不同元素的优势互补实现非晶碳薄膜综合性能的进一步优化与调控。加之弱碳金属可促进非晶碳相转化为石墨化碳，在摩擦界面形成软质低剪切强度的类石墨薄层，起到降低摩擦系数和阻止摩擦对偶损伤的作用。同样，取决于各元素与碳的成键特性及其它们独特的物理化学性质，不同非金属、非金属 - 金属元素等形式的多元素共掺杂也为非晶碳薄膜的结构与力学、摩擦学等性能调控提供了广泛的可能性。

一、强碳/弱碳金属元素共掺杂

瑞典乌普萨拉大学 Jansson 等人发现 TiC 晶体结构中 Ti 原子能够被第二种金

属原子取代形成固溶体，在溅射过程或较低温度下固溶度可以超出热力学容许范围无限溶解取代原子。在 TiC 晶体中引入与 C 原子成键较弱的金属原子（如金属 Al 原子），C 原子更倾向于形成 C—C 键合而不是 Ti—C 键合。在相同化学计量比的条件下，Ti-Al-C 固溶体的形成将驱使薄膜在生长过程中在 Ti-Al-C 晶粒之间形成更多的非晶碳相，这种结构在保证纳米复合薄膜力学性能的同时更容易在摩擦过程中形成转移膜，从而改善薄膜摩擦学性能。Wilhelmsson 等人通过直流磁控溅射，利用金属钛 / 铝复合靶和石墨靶，在钢表面沉积了具有纳米复合结构的 $Ti_{0.5}Al_{0.5}C_{1.2}$ 薄膜，其摩擦系数与 TiC/DLC 薄膜相比从 0.35 降低至 0.05，为设计低摩擦碳基薄膜提供了一种新途径[36,37]。新加坡 S. Zhang 等人也通过 Ti 和 Al 二元金属共掺杂实现了类金刚石碳基薄膜的低应力、高韧性和低摩擦等优异特性[38]。

周生国和王立平等人针对强碳 / 弱碳金属元素共掺杂纳米复合碳基薄膜开展了系统研究工作，发展了适用于不同环境的强韧与润滑一体化纳米复合碳基薄膜 nc-MC/a-C(Al)，其化学组成为 73% ～ 76%C、15% ～ 19%M 和 8% ～ 9%Al(原子分数)。图 7-7 标注了研究中所选择的强碳金属元素（M = Ti、W、Cr、V、Zr、Nb、Mo、Hf 和 Ta ）。这些二元共掺杂的复合碳基薄膜均表现出优异的低摩擦和高耐磨性能，证实了强碳 / 弱碳金属元素共掺杂在碳基薄膜强韧与润滑性能调控应用中的可行性[39]。碳化物纳米晶的强韧化作用和 Al 的相转变促进作用分别贡献了纳米复合碳基薄膜的耐磨和低摩擦性能。下面以 Ti-Al 和 W-Al 为例介绍强碳 / 弱碳金属元素共掺杂纳米复合碳基薄膜的结构与性能。

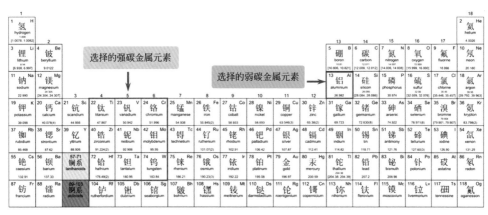

图7-7　元素周期表中用于强碳/弱碳共掺杂的金属元素

图 7-8 为 Ti、W 单掺杂和 Ti-Al、W-Al 二元共掺杂纳米复合碳基薄膜的 XPS C1s 谱和 XRD 图谱。对于 Ti 和 Ti-Al 掺杂薄膜，XPS C1s 谱表明［图 7-8（ a ）］

在 281.5eV 和 284.4eV 出现两个峰，分别对应于 Ti—C 和 C—C 键，表明 Ti 在薄膜中形成了 TiC。对于 W 和 W-Al 掺杂薄膜，XPS C1s 谱同样表明［图 7-8（c）］在 283.0eV 和 284.4eV 存在两个峰，分别对应于 W—C 键和 C—C 键，表明 W 在薄膜中形成了 WC$_{1-x}$。对不同薄膜 284.4eV 的 C1s 峰进行高斯拟合，分别给出了结合能为 284.2eV、285.1eV 和 285.6eV 的三个峰，对应于 sp^{2}C，sp^{3}C 和 C—O 键，说明薄膜中存在少量 O。此外，XPS Al2p 谱为单峰（72.4eV），表明 Al 在碳基网络中并未形成碳化物（Al$_4$C$_3$），而是以金属单质的形式均匀分散在碳基薄膜中。

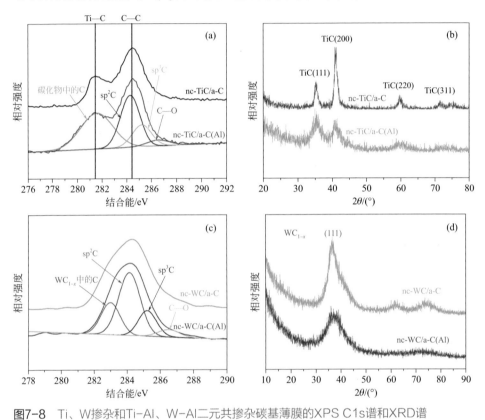

图7-8　Ti、W掺杂和Ti-Al、W-Al二元共掺杂碳基薄膜的XPS C1s谱和XRD谱

图 7-8（b）和（d）分别是 Ti、Ti-Al 和 W、W-Al 掺杂薄膜的 XRD 图谱。对于 nc-TiC/a-C 和 nc-TiC/a-C（Al）复合薄膜［图 7-8（b）］，XRD 图谱中出现了 TiC 的（111）、（200）、（220）和（311）衍射峰，但在 nc-TiC/a-C 薄膜中掺入金属 Al，TiC 晶粒的衍射峰强度明显下降，且 TiC 纳米晶晶粒取向发生一定变化。根据 Debye-Scherrer 公式计算，在 nc-TiC/a-C 与 nc-TiC/a-C（Al）薄膜中，TiC 晶粒的尺寸分别为 5～7nm 和 3～4nm。对于 nc-WC/a-C 与 nc-WC/a-C（Al）复合薄膜［图 7-8（d）］，XRD 图谱表明了亚稳态 β-WC$_{1-x}$ 相的形成，其峰位对

应于立方 β-WC$_{1-x}$ 的（111）衍射峰。同样，根据 Debye-Scherrer 公式计算，在 nc-WC/a-C 与 nc-WC/a-C（Al）薄膜中，β-WC$_{1-x}$ 晶粒尺寸的大小分别为 3～5nm 和 1～3nm。这充分证实了纳米晶/非晶复合结构的形成，同时表明在强碳金属掺杂的碳基薄膜中，掺入金属 Al 会改变薄膜中碳化物纳米晶的尺寸。

图 7-9 给出了 nc-TiC/a-C（Al）和 nc-WC/a-C（Al）二元共掺杂纳米复合碳基薄膜的高分辨 TEM 照片及其选区电子衍射图。可以看出，TiC 和 WC 纳米晶均匀地嵌埋在非晶碳基网络中，WC 纳米晶具有更小的尺寸。选区电子衍射显示 nc-TiC/a-C（Al）薄膜具有立方 TiC 的典型衍射环特征，衍射环从内到外计算晶面间距 d=2.5Å，2.2Å 和 1.5Å，分别对应 TiC 的（111）、（200）和（220）晶面；而 nc-WC/a-C（Al）薄膜衍射环从内到外计算晶面间距 d，分别为对应于亚稳态 β-WC$_{1-x}$ 的（111）、（200）、（220）和（331）晶面。

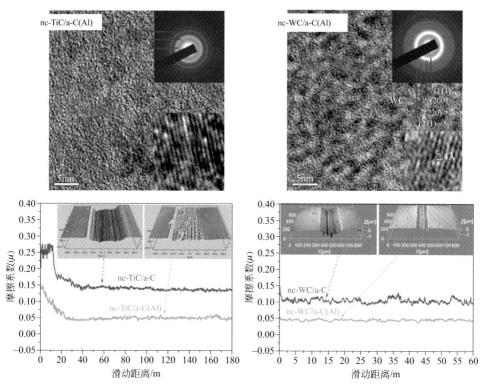

图7-9　nc-TiC/a-C（Al）与nc-WC/a-C（Al）共掺杂纳米复合薄膜的高分辨TEM图像、摩擦系数和三维磨损形貌

表 7-1 列举了四种碳基薄膜的关键力学数据，包括纳米硬度（H）、弹性模量（E）、临界载荷（L_c）、残余应力（σ）和 H/E。可以看出，尽管引入 Al 元素

使纳米复合薄膜硬度有所降低，但其综合力学性能得到了显著改善。其特点表现为：保持较高硬度的同时，具有低应力、高结合力特性。尤其可以看出，两种二元共掺杂和单元掺杂碳基纳米复合薄膜具有非常相近的 H/E。尽管硬度被视为影响材料抗磨性能的基本性能参数，但是与硬度和弹性模量比值相关的弹性应变失效更适合于预测材料的抗磨性能。根据接触屈服应力正比于（H^3/E^2）以及临界应变能释放率 $G_c = \pi a \sigma_c^2 / E$ 可以理解，薄膜的断裂韧性能够通过薄膜低的弹性模量和高的硬度来改善。

表7-1　强碳（Ti 或 W）与弱碳（Al）元素共掺杂碳基纳米复合薄膜的力学性能

薄膜种类	H/GPa	E/GPa	H/E	L_c/N	σ/GPa
nc-TiC/a-C	32.2	319.5	0.101	19	−3.64
nc-TiC/a-C（Al）	22.0	207.2	0.106	32	−0.79
nc-WC/a-C	23.7	280.9	0.084	17	−2.36
nc-WC/a-C（Al）	18.2	213.2	0.085	28	−0.82

对 Ti-Al 和 W-Al 二元掺杂纳米复合薄膜的摩擦学测试表明，与 Ti 或 W 单掺杂相比，掺入 Al 元素明显降低了复合薄膜摩擦系数，并增加了其抗磨损性能（图 7-9）。对于 TiC 纳米复合薄膜，掺入 Al 使其摩擦系数由 0.14 减小至 0.05，磨损率由 $10.3 \times 10^{-16} \text{m}^3/$（N·m）减小至 $1.7 \times 10^{-16} \text{m}^3/$（N·m）。对于 WC 纳米复合薄膜，掺入 Al 使其摩擦系数由 0.10 减小至 0.05，磨损率由 $7.2 \times 10^{-16} \text{m}^3/$（N·m）减小至 $1.8 \times 10^{-16} \text{m}^3/$（N·m）。这很好地证实了强碳/弱碳金属元素共掺杂设计在调控碳基薄膜强韧与润滑性能方面的可行性。摩擦界面分析指出，Al 促进了摩擦诱导产生的低摩擦类石墨层，接触表面碳含量也明显增加。考虑到掺入 Al 前后碳基纳米复合薄膜的 H/E 值基本相同，这种二元共掺杂复合薄膜更高的抗磨性能与其优异的综合力学性能以及更好的自润滑性有关。

结合实验与计算模拟分析，可通过图 7-10 对强碳/弱碳金属共掺杂纳米复合薄膜的摩擦磨损行为做进一步说明。一般来说，摩擦力 F 正比于接触面积 A 和剪切强度 S，即 $F = AS$，摩擦系数正比于摩擦力 F、反比于法向载荷 N，即 $\mu = F/N = AS/N$，而硬度 H 又可以定义为 $H = N/A$。因此，摩擦系数可写为 $\mu = S/H$，即摩擦系数 μ 正比于接触面的剪切强度 S 而反比于材料的硬度 H。对于强碳/弱碳金属共掺杂的纳米复合薄膜，一方面薄膜中的弱碳金属 Al 增加了 sp^3 碳向 sp^2 石墨相转变的热力学驱动力，使摩擦表面更容易形成具有低剪切性质的类石墨层，有效减小了接触界面的剪切强度 S，有利于获得低摩擦系数；另一方面薄膜内部形成了硬质碳化物纳米晶颗粒，有效增加了薄膜韧性和硬度 H，使薄膜获得好的抗塑性变形能力而提高承载能力。此外，磨痕断面 TEM 分析以及有限元模拟表明很薄的表面摩擦膜并不会牺牲纳米复合薄膜的承载性能。这些因素协同贡献了强碳/弱碳金属共掺杂纳米复合薄膜优异的摩擦磨损性能。

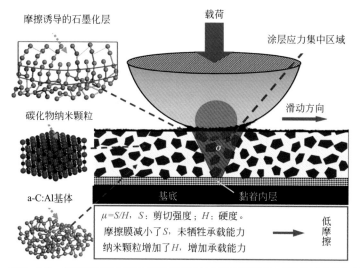

图7-10 强碳/弱碳金属共掺杂碳基纳米复合薄膜的减摩抗磨机制示意图

图 7-11 提供了系列强碳 / 弱碳金属元素共掺杂纳米复合碳薄膜的摩擦和磨损数据，其中 a：nc-VC/a-C（Al）；b：nc-CrC/a-C（Al）；c：nc-ZrC/a-C（Al）；d：nc-NbC/a-C(Al)；e：nc-MoC/a-C(Al)；f：nc-HfC/a-C(Al) 和 g：nc-TaC/a-C(Al)。可以清晰地看出，所制备的强碳 / 弱碳金属共掺杂碳基纳米复合薄膜均表现出低摩擦系数（约 0.05）和良好的抗磨性能，磨损率与 nc-TiC/a-C(Al) 和 nc-WC/a-C(Al)纳米复合薄膜在一个量级［约 10^{-16}m³/（N·m）］。力学测试发现，所制备的系列强碳 / 弱碳金属共掺杂碳基纳米复合薄膜也具有良好的综合力学性能。这进一步表明强碳 / 弱碳金属相结合的策略在发展高性能碳基纳米复合薄膜方面的可用性。

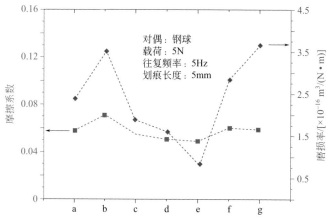

图7-11 强碳/弱碳金属共掺杂碳基纳米复合薄膜的摩擦系数和磨损率

为了优化非晶碳薄膜固 - 液复合润滑性能，魏晓莉博士考虑薄膜力学性能、润滑剂分子吸附以及摩擦化学反应，利用强碳（Ti-W）/ 弱碳（Al）金属三元共掺杂制备了 nc-（Ti，W）C/a-C（Al）纳米复合碳基薄膜，将摩擦化学效应与机械效应有效结合[40]。所制备的 nc-（Ti，W）C/a-C（Al）纳米复合碳基薄膜基本化学组成为 5.8% Ti、7.1% W、10.9% Al 和 76.2% C（原子分数）。图 7-12 为纳米复合碳基薄膜的横截面 SEM 照片和高分辨 TEM 图像。薄膜沉积在约 2μm 厚的 CrN 中间层表面，表层 nc-（Ti，W）C/a-C（Al）薄膜具有均匀致密的结构。从高分辨 TEM 图像可以看出，不同尺寸的纳米晶颗粒均匀分散在非晶碳基质中。SAED 表明纳米晶为面心立方（FCC）结构，根据衍射环从内到外计算晶面间距 $d=2.4Å$，2.1Å，1.5Å 和 1.3Å。由于 FCC 结构的 TiC 和 WC_{1-x} 具有相近的晶面间距，从 TEM 及 SAED 的结果均难以区分这两种纳米晶。但结合 XPS 数据，发现 Ti 和 W 均以碳化物纳米晶的形式存在于薄膜中，而 Al 以金属单质的形式存在于薄膜中。

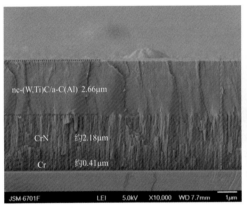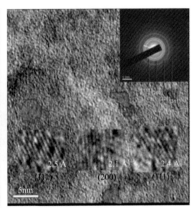

图7-12　nc-（Ti，W）C/a-C（Al）纳米复合碳基薄膜的横截面SEM照片（左）和高分辨TEM图像以及选区电子衍射图（右）

在 PAO 基础油和 PAO 基础油 + 二巯基噻二唑（DMTD）润滑条件下研究了 nc-（Ti，W）C/a-C（Al）纳米复合碳基薄膜与钢对偶的摩擦学性能。在 PAO 润滑下，摩擦系数约为 0.1；加入 DMTD 添加剂，摩擦系数明显减小（图 7-13）。磨损分析表明，加入 DMDT 也大幅减小了薄膜磨损（图 7-13）。进一步比较了二元掺杂 nc-TiC/a-C（Al）、nc-WC/a-C（Al）薄膜与 nc-（Ti，W）C/a-C（Al）薄膜的固 - 液复合润滑性能，发现 nc-（Ti，W）C/a-C（Al）薄膜与含 S 添加剂具有更好的摩擦学适配性[41]。分析指出：在低载荷时，DMTD 添加剂吸附在摩擦表面，减少了固 - 固接触，起到减摩效果；在高载荷时，DMTD 添加剂参与的摩擦化学反应减小了摩擦。同时，在低载荷时，nc-（Ti，W）C/a-C（Al）薄膜中的 TiC 相分解释放出金属 Ti，为 DMTD 添加剂提供了吸附位点；在高载荷时，WC_{1-x} 相发生分解，与 DMTD 发生摩擦化学反应。由此，nc-(Ti，W)C/a-C(Al) 薄膜这种特殊的金属释放行为被认为发挥了"金属蓄水池"效应。

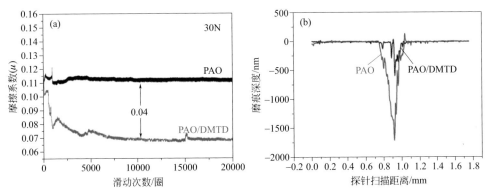

图7-13 nc-（Ti，W）C/a-C（Al）纳米复合碳基薄膜在不同润滑剂中的摩擦系数与磨痕截面轮廓

二、其他多元素共掺杂

从不同元素的特殊性能和物理化学性质出发，人们也研究了其他元素共掺杂对非晶碳薄膜结构与力学、摩擦学等性能的影响。日本 Nakazawa 等人在碳基薄膜中引入了 B 和 N 元素，与纯碳薄膜或某一元素掺杂的碳基薄膜相比，其结合强度和抗磨性能得到明显改善[42]。塞浦路斯 Tsotsos 等人报道，Ti 和 N 二元共掺杂的碳基薄膜具有优异的综合力学性能[43]。Liu 等人将 Ag 和 Si 同时引入碳基薄膜，不仅增加了薄膜的抗菌性能，也使含氢类金刚石碳薄膜在 NaCl 水溶液中实现了极低摩擦系数（0.016）[44]。Jiang 等人制备了 Si 和 Ti 共掺杂的含氢非晶碳薄膜，具有高的 H/E 值（0.156），在空气中滑动接触钢球对偶时具有超低摩擦系数（0.01）和低磨损率 [$2.4×10^{-16}m^3/$（N•m）][45]。Wang 等人利用 F 和 S 共掺杂实现了低含氢非晶碳薄膜在高真空环境中的极低摩擦系数（0.02）[22]。Wu 等人制备了 Cu-Ce 共掺杂和 Cu-Ce-Ti 共掺杂的碳基薄膜，电化学测试表明 Cu-Ce-Ti 共掺杂的碳基薄膜表现出优异的抗腐蚀性能[46]。

为了开发湿环境自适应的非晶碳基薄膜润滑材料，考虑 Si 掺杂碳基薄膜在潮湿环境下可与水反应生成硅酸溶胶反应膜起到润滑作用。本书著者团队通过 Al 和 Si 共掺杂的方法制备了环境湿度不敏感的 a-C:Si:Al 碳基薄膜，Si 和 Al 分别以非晶 SiC 和 Al 单质的形式分散在非晶碳基网络中[47]。Al 和 Si 共掺杂碳基薄膜具有更低的内应力（-0.5GPa）、更高的临界载荷和更小的表面粗糙度。与纯 a-C 薄膜和 Si 掺杂 a-C:Si 薄膜相比，a-C:Si:Al 薄膜在不同环境湿度下（5% ~ 90%）均具有最低的摩擦系数（<0.12）和磨损率［约 $10^{-17}m^3/(N \cdot m)$量级］，且变化幅度最小。在低湿度下，碳基薄膜摩擦表面形成的连续致密的石墨化层降低了摩擦系数；在高湿度下，摩擦表面形成的硅胶摩擦化学反应膜起到了减摩作用。因此，利用 Si 和 Al 共掺杂的多组元协同效应，可实现碳基薄膜在湿环境的摩擦学性能自适应调节。

在含氢非晶碳薄膜高真空润滑性能调控方面，刘小强等人通过射频磁控溅射方法制备了 Al 和 Si 共掺杂的含氢非晶碳基薄膜（Si，Al）/a-C:H，薄膜总厚度 2.7μm，其中 Ti 过渡层 0.3μm，（Si，Al）/a-C:H 膜层 2.4μm，薄膜具有非常致密的结构[48]。若不计 H 含量，薄膜的元素组成为 90.4% C、6.8% O、1.9% Si 和 0.9% Al（原子分数）。高分辨 TEM 图像显示薄膜具有高度交联的纳米结构网络，有序的类富勒烯碳和部分无序碳分散在交联的纳米结构网络中，形成了双重或多级纳米结构［图 7-14（a）和（b）］。这种高含氢的多元掺杂碳基薄膜尽管具有很低的硬度（1.7GPa），但弹性恢复率高达 95%［图 7-14（c）］。在高真空环境中和较高的初始接触应力条件下（1.0GPa），超弹性（Si，Al）/a-C:H 薄膜具有超低摩擦系数（0.001）和优异的抗磨损性能，显著改进了 a-C:H 薄膜的真空摩擦学性能［图 7-14（d）］。

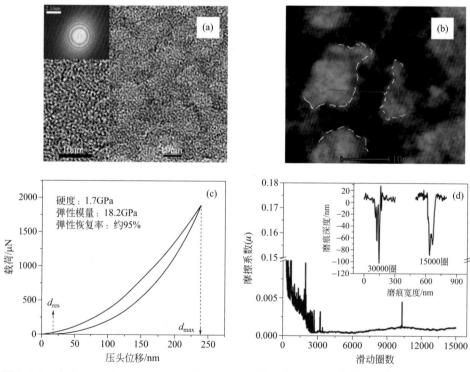

图7-14　（Si，Al）/a-C:H薄膜的高分辨TEM图像、载荷-位移曲线和高真空摩擦性能

第四节
纳米复合结构非晶碳薄膜

　　纳米晶／非晶复合薄膜是由纳米尺寸的晶粒嵌在非晶基质中形成。这一薄膜设计思路是德国科学家 Veprek 基于多层膜的超硬现象以及超硬机理的研究，充分考虑材料强度与结构，在 Griffith 理论基础上提出的。他认为通过纳米复合结构可提高薄膜硬度，但需满足以下条件：①复合薄膜中的纳米晶尺寸须小于 10nm，以限制晶粒中位错的生成与运动；②作为基体的非晶相，其厚度要小于 0.5nm，这样既能保证对位错具有镜向排斥力，也可以阻止位错的迁移，即使在高的应力下，位错也不能穿过非晶基体。这种纳米复合结构在碳基薄膜的硬度、韧性和摩擦学等性能调控应用中表现出独特优势。

一、金属碳化物纳米复合结构

　　对于非晶碳薄膜，纳米晶／非晶复合结构多数通过金属元素掺杂在碳基质中引入高硬度、热稳定的超细碳化物（TiC、WC、Cr_xC_y、MoC、ZrC 等）纳米粒子而形成。利用接近单原子层厚度的非晶碳相最大限度地限制了碳基质中的裂纹传播，提高了薄膜整体的硬度和弹性模量。TiC/DLC 纳米复合薄膜由于高硬度、低摩擦以及耐腐蚀等优良的性能吸引了广泛研究关注。Wang 等人利用磁过滤阴极真空电弧方法制备的 TiC/a-C:H 薄膜硬度高达 66GPa，弹性恢复率接近 85%，显示了高硬度与高弹性的结合[49]。Zehnder 等人利用反应磁控溅射方法沉积了 TiC/a-C:H 薄膜，发现非晶碳含量为 2% 时薄膜具有最高硬度 32GPa，对应 TiC 晶粒尺寸小于 10nm，非晶相厚度为 0.15nm，接近单原子层厚度，最大限度地抑制了裂纹在非晶相的扩展[50]。

　　上述基于超硬理论的纳米复合结构因位错生成与运动受到限制，无法通过位错运动产生变形。尽管薄膜硬度可得到很大提高，但在应力作用下薄膜只能通过裂纹传播产生变形，易发生脆性断裂和剥落。针对这一问题，Voevodin 等人提出了超韧纳米复合薄膜的概念，认为硬质纳米晶复合软质基体是提高复合薄膜韧性的可行方法。增加非晶基体厚度，减小纳米晶尺寸，不仅可减小纳米晶的裂纹尺寸和数量，也可通过非晶基体中空位与缺陷的运动有效释放体系应变能（图 7-15）。根据材料超塑性理论，晶界扩散原子流动、晶界滑移、大角度晶界以及非晶界面均能提高薄膜塑性。所以，构筑超韧纳米复合薄膜的基本思路为：增加复合薄膜的非晶相厚度、增加纳米晶生长的无序度以及增加复合薄膜中的组元数量。由于有关金属或金属碳化物纳米复合碳基薄膜的具体实例在前面已有介绍，不再赘述，这里主要介绍其他纳米复合结构碳基薄膜。

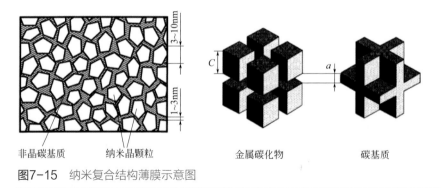

非晶碳基质　　　　纳米晶颗粒　　　　金属碳化物　　　　碳基质

图7-15　纳米复合结构薄膜示意图

二、纳米碳复合结构

王永欣和王立平等人针对陶瓷表面水润滑应用需求，利用磁控溅射方法制备了多环境适应的高硬度、低应力、低摩擦和高耐磨类石墨碳薄膜[51]。这种薄膜结构均匀致密，厚度约为2μm，表面粗糙度为5.8nm，sp^2碳含量高达65%。图7-16为薄膜的HRTEM图像，表明了典型的纳米复合结构，3～8nm的石墨纳米晶和金刚石纳米晶颗粒弥散在非晶碳基质中。由于纳米颗粒的强化作用，类石墨纳米复合碳基薄膜表现出较高硬度（>20GPa）。薄膜在500℃真空退火无明显结构变化，热稳定性较好，在大气和水环境中均具有良好的摩擦学性能，摩擦系数分别为0.058和0.039，磨损率分别为$4.5\times10^{-16}m^3/$（N·m）和$1.6\times10^{-16}m^3/$（N·m）。在干摩擦条件下，这种类石墨碳薄膜的主要减摩机制与表面较高的sp^2碳含量和石墨化摩擦转移膜的形成有关。在水环境中，尽管难以形成有效的流体润滑膜，但部分摩擦接触微区会瞬时处于水润滑状态，表现出比干摩擦更低的摩擦系数。在SiC、Si_3N_4和WC陶瓷表面，这种高硬度类石墨纳米复合结构碳基薄膜，均表现出较好的干摩擦/水润滑环境的自适应特性，可将陶瓷材料在水环境的耐磨性提高10～20倍[52]。

基于含N类富勒烯结构碳薄膜的优异力学性能，本书著者团队利用中频磁控溅射技术（靶材为金属钛，反应气体为高纯CH_4与Ar气），基于脉冲偏压电源在基片不加热条件下成功制备了类富勒烯（Fullerene-Like，FL）碳基薄膜[53]。薄膜结构表述为具有FL结构特征的弯曲石墨平面，均匀地镶嵌在含氢无定形碳基体当中。他们提出了一种"挤压成形"理论说明了FL结构的形成过程，认为在高能CH_n^+离子轰击下，吸附在生长薄膜表面的石墨团簇尺寸减小，无序化程度增加，五元碳环、七元碳环等奇元碳环的形成使石墨平面空间拓扑结构发生变化，二维的石墨平面由于奇元碳环的引入而形成弯曲三维立体结构。在高的压应力作用下，这些石墨团簇被限制并挤压形成类似于 C_{60} 分子中的弯曲平面结构，均匀地镶嵌在无定形碳基网络中，最终形成 FL 纳米复合结构碳基薄膜。

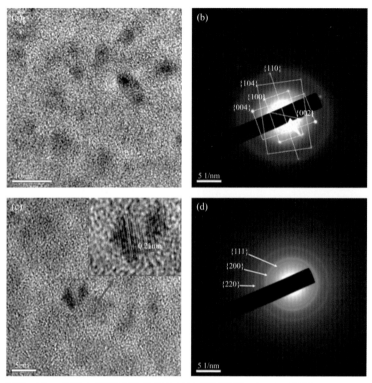

图7-16 高硬度类石墨纳米复合结构碳基薄膜HRTEM图像

特殊的结构赋予 FL 碳基薄膜高硬度和高弹性。图 7-17 为 FL-C:H、a-C 和 a-C:H 薄膜的纳米压痕加载 - 卸载曲线[26]。可以看出，a-C 薄膜硬度最低，卸载过程中所产生的塑性变形最大，弹性恢复率仅为 68%，这是由于 a-C 薄膜中 sp^2 杂化碳含量较高，并且在较低离子能量下形成疏松结构；a-C:H 薄膜硬度高于 a-C 薄膜，在外力作用下同样产生了明显的塑性变形；FL-C:H 薄膜表现出最高的硬度，接近 27.4GPa，其弹性恢复率接近 95%，充分表明了其良好的承载能力，能够通过自身的可逆变形吸收弹性能，并在卸载后恢复到初始状态。

类富勒烯结构纳米复合碳基薄膜特殊的微观结构和优异的力学性能决定了其不同于常规非晶碳薄膜的摩擦学行为。本书著者团队系统研究了含氢 FL 碳基薄膜的摩擦学性能，指出摩擦表面与环境气氛之间的物理和化学作用、摩擦过程中摩擦氧化反应的发生、转移膜的形成是影响含氢 FL 碳基薄膜摩擦学性能的主要因素[55]。在 N_2 中，薄膜属于机械磨损，其高硬度和高弹性特征保证了极低的磨损率，较高的摩擦系数被认为是形成棒状磨屑所必需的高塑性变形能所致。在 O_2 中，薄膜接触表面发生摩擦氧化，使表面类富勒烯结构被破坏，同时形成了碳氧化层，碳氧化层易屈服于滑动剪切力而产生大量可充当固体润滑剂的颗粒状磨屑，致使薄膜具有最低摩擦系数和最高磨损率。在潮湿环境中，极性水分子与薄膜中烯基链 π 电子相互作用，在摩擦过程中产生强黏着，导致摩擦力增大。随着湿度增加，滑动表面氧化速率加快，导致薄膜压应力瞬时释放以及弹性能量急剧下降，从而在摩擦剪切作用下，薄膜表面出现裂纹，进而剥落产生片状磨屑。大的片状磨屑不易延展形成转移膜，进一步增大了摩擦系数（图 7-18）。摩擦对偶表面的活性会影响摩擦氧化反应发生的程度和转移膜在其表面的覆盖程度，从而影响薄膜的摩擦学行为。根据 Hertz 接触理论，实际接触面积与法向载荷比值逐渐降低是导致 FL 碳基薄膜摩擦系数降低的重要原因。

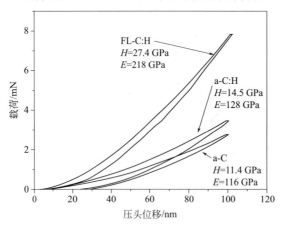

图7-17　a-C、a-C:H和FL-C:H薄膜的加载-卸载曲线

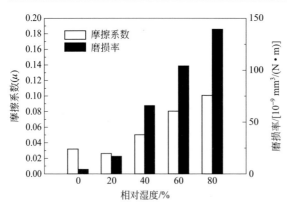

图7-18　FL-C:H薄膜在不同湿度条件下的摩擦系数与磨损率

三、自适应纳米复合结构

为了满足空间技术的发展需求，美国空军研究实验室在 21 世纪初结合类金刚石碳基薄膜开展了自适应"智能"润滑涂层的研究工作。基本思路是复合沉积不同的组分，这些组分具有不同的温度、气氛、介质以及载荷 / 速度适用范围。随着环境改变，涂层成分、结构以及表面化学状态的变化会促进涂层在各种环境中具有稳定可靠的低摩擦磨损。Voevodin 将"智能"复合摩擦涂层定义为：在特定环境中，能够根据周围环境的变化调整自身表面化学状态以获得较好的摩擦学性能，也被称为"变色龙"涂层。第一代"变色龙"涂层是由 WC、WS_2 和 DLC 构成的 $WC/DLC/WS_2$ 纳米复合结构薄膜[56]。这种纳米复合薄膜的具体组成为 20% ～ 30% W、40% ～ 50% C、20% ～ 30% S 和 1% ～ 4% O（原子分数），硬度 7 ～ 8GPa，弹性模量 100 ～ 130GPa。在真空中的磨损率低于 W 掺杂 DLC 薄膜和 WS_2 单组分涂层。在低湿度环境，摩擦系数在 0.02 ～ 0.05 之间；在高湿度环境，摩擦系数在 0.1 ～ 0.2 之间；在真空中，摩擦系数在 0.03 ～ 0.06 之间（图 7-19）。为了解决温差变化问题，科研人员又开发了第二代"变色龙"涂层，其特点是将钇稳定的 ZrO_2 掺入到夹杂着纳米 MoS_2 和 DLC 的金基体里。这种"变色龙"润滑涂层在大气、干燥氮气和高真空环境均表现出优异的润滑性能。DLC 相在潮湿大气中提供润滑，WS_2 在高真空和干燥氮气中提供润滑。摩擦表面可逆的非晶 DLC 和 WS_2 相结构转变诠释了环境自适应的摩擦机理[57]。

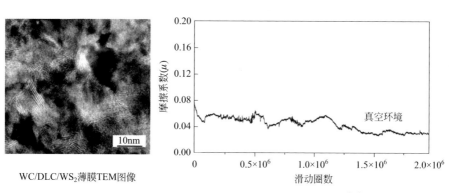

WC/DLC/WS₂薄膜TEM图像

图7-19 WC/DLC/WS₂纳米复合薄膜TEM图像及其真空摩擦行为[56]

第五节
功能梯度结构非晶碳薄膜

在非晶碳薄膜的摩擦学应用中，薄膜 - 基底界面的物理和力学等性能失配是其失效的重要原因，主要表现为基底屈服和薄膜-基底界面结合力差。为了解决这一问题，通常主要采用以下两种方法：一是引入过渡层降低薄膜与基底之间的错配，增加薄膜在基底表面的附着力；二是设计发展功能梯度结构实现成分与性能从基底到薄膜的渐进性改变。功能梯度结构已成为克服非晶碳基薄膜与基底间成分与性能错配的有效策略。具体来讲，功能梯度结构利用不同材料构成的多层薄膜体系，实现了成分和性能从基底到碳基薄膜的逐层改变（图7-20）。通常采用高硬度、高耐磨、热稳定的过渡金属碳化物和氮化物（如 TiC，TiN 和 CrN 等）作为功能梯度结构层，最典型的结构是：金属基底→金属内层→金属碳化物／氮化物／碳氮化物→碳基薄膜。

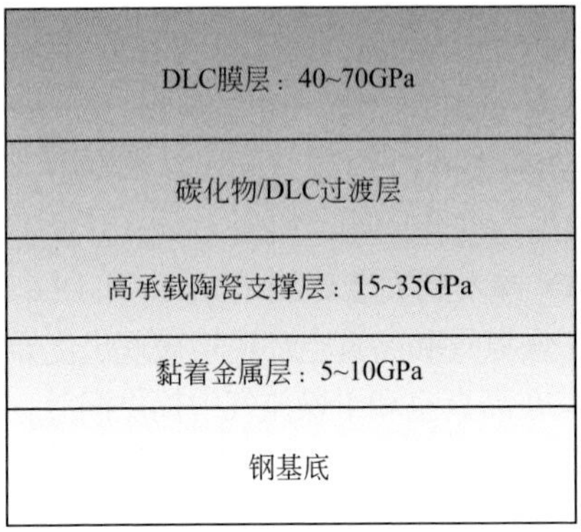

图7-20
典型功能梯度结构碳基薄膜示意图

一、钢表面功能梯度结构设计

在钢表面沉积非晶碳薄膜具有十分广泛的摩擦学应用价值，Voevodin 等人通过 Ti/TiC/DLC 梯度结构设计，实现从较软的钢基体逐渐过渡到表层超硬碳基薄膜（60 ～ 70GPa）。以 TiC 为梯度层，增强了碳基薄膜与基体的结合力，提高了薄膜承载力，同时表层碳基薄膜又具有自润滑功能。这使碳基薄膜既保持了高硬度、低摩擦，又降低了脆性，提高了承载力、薄膜-基底结合力及抗磨损能力[58]。Cho 等人利用脉冲激光沉积技术在不锈钢基底表面沉积了化学成分由不锈钢逐渐过渡到 DLC 薄膜的功能梯度碳基薄膜，这种化学成分梯度的设计显著改进了 DLC 薄膜对钢基底的黏着强度[59]。Donnet 等人结合 PVD 和 CVD 方法在钢基底表面沉积了梯度结构 Ti/Ti$_x$C$_y$/a-C:H 薄膜，在高真空环境中具有极低摩擦系数（0.01）[60]。Yu 等人设计制备了一种成分连续梯度变化的 Si 掺杂非晶碳薄膜，Si 含量从基底到表面逐渐减小。温度高于 200℃时，这种成分梯度的碳基薄膜显示了优异的摩擦学性能。在 300℃、400℃和 500℃时，平均摩擦系数分别为

0.05、0.02 和 0.09，磨损率分别为 $1.17×10^{-7}mm^3/(N·m)$、$1.65×10^{-7}mm^3/(N·m)$ 和 $1.4×10^{-6}mm^3/(N·m)$。分析认为高 Si 含量内层为薄膜提供了优异的机械性能，低 Si 含量表层减小了摩擦系数[61]。

二、轻质合金表面梯度结构设计

铝合金、钛合金等轻质合金是航空航天装备广泛采用的高比强度材料，但其与碳基薄膜的硬度、弹性模量和热膨胀系数差异较大，严重限制了碳基薄膜在这类轻质合金表面的工程化应用。功能梯度结构设计为这类轻质合金表面沉积可靠非晶碳薄膜提供了可行性途径。王立平等人结合复合表面强化技术在轻质合金表面制备了集高硬度、韧性和低摩擦于一体的非晶碳薄膜。结合多弧离子镀和磁控溅射技术，在 Al 合金表面制备了 Ti/TiN/Si/（TiC/a-C:H）梯度结构碳基薄膜[62]。首先采用高能量的电弧离子镀在 Al 合金表面沉积了高结合强度的 Ti/TiN 梯度过渡层；然后利用射频磁控溅射引入 Si 中间层减小膜层间硬度差异，通过形成 $TiSi_x$ 相提高 TiN 和 Si 层间的界面结合强度；最后利用磁控溅射在表层沉积 Ti 掺杂的非晶碳薄膜。这种复合施镀技术将碳基薄膜在铝合金表面的结合强度从约 20N 提高至 40N 以上。所制备的 Ti/TiN/Si/（TiC/a-C:H）梯度结构碳基薄膜硬度高达 20GPa。以 GCr15 钢球为摩擦副，滑动速度 0.05m/s，接触应力 1.5GPa，相较于铝合金表面摩擦系数 0.38 和表面单层碳基薄膜摩擦系数 0.16，Ti/TiN/Si/（TiC/a-C:H）复合碳基薄膜的摩擦系数小于 0.1，磨损率比铝合金低 2 ～ 3 个数量级。30 次 200℃热振试验后，薄膜未发生剥落，显示出优异的膜 / 基结合和耐热性能。在油润滑工况下，Ti/TiN/Si/（TiC/a-C:H）薄膜同样显示了优异的摩擦性能，摩擦系数约为 0.05（图 7-21）。

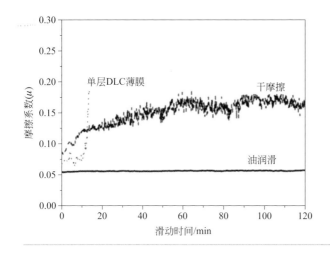

图7-21

铝合金表面Ti/TiN/Si/（TiC/a-C:H）梯度结构碳基薄膜摩擦性能

结合高能离子注入和磁控溅射技术，关晓艳和王立平等人在 Ti6Al4V 钛合金表面制备了 N/Ti/TiN/GLC 和 N/Cr/CrN/GLC 功能梯度结构类石墨非晶碳薄膜[63]。首先利用高能离子注入系统对钛合金表面进行氮化处理形成氮化层，然后通过中频磁控溅射系统分别沉积 Cr/CrN/GLC 和 Ti/TiN/GLC 梯度结构薄膜。如图 7-22（a）所示，厚度约为 1μm 的类石墨非晶碳薄膜分别被沉积在不同厚度的 TiN 和 CrN 梯度层表面。与无氮离子注入的功能梯度薄膜 Ti/TiN/GLC 和 Cr/Cr/GLC 相比，氮离子注入大幅改进了薄膜在 Ti6Al4V 钛合金表面的附着强度和摩擦学性能（图 7-22）。尤其，N/Cr/CrN/GLC 梯度薄膜表现出最佳的机械性能，硬度高于 15GPa，结合强度大于 50N，承载能力由未经氮注入钛合金表面碳基薄膜的 1GPa 提高至 1.5GPa。以 WC-Co6 球为摩擦副，滑动速度 0.05m/s，在 1.5GPa 的接触应力下，结合氮离子注入的功能梯度结构碳基薄膜水润滑摩擦系数小于 0.1。薄膜磨损率小于 $3 \times 10^{-16} \mathrm{m}^3 /（\mathrm{N} \cdot \mathrm{m}）$，与钛合金相比降低了约 3 个数量级。原位氮离子注入降低了钛合金表面化学亲和势，强化了薄膜 / 基底界面。高能离子注入也引起表面及次表面原子的错位和晶格畸变，提高了钛合金表面硬度和纳米粗糙度，提高了薄膜与基底的结合强度。

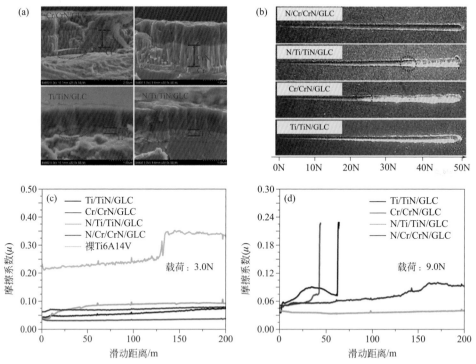

图7-22 Ti6Al4V表面功能梯度涂层断面SEM照片（a），划痕照片（b）和水润滑摩擦系数 [（c）和（d）]

王军军等人分别以 Cr/CrN 和 Cr/CrN/CrNC 为梯度层在钛合金（Ti6Al4V）表面制备了 Cr/CrN/DLC 和 Cr/CrN/CrNC/DLC 梯度结构碳基薄膜[64]。划痕测试表明，与单一的 Cr 过渡层相比，梯度结构设计显著改进了薄膜的附着力，如 Cr/DLC、Cr/CrN/DLC 和 Cr/CrN/CrNC/DLC 薄膜的临界载荷分别为 15.3N、25.0N 和 28.1N（图 7-23）。Liu 等人结合等离子体氮化与磁控溅射技术，在 Ti6Al4V 钛合金基底表面构筑了梯度结构 Ti6Al4V/ 氮化物 /DLC 薄膜，与未进行氮化处理的钛合金基底相比，氮化梯度层减小了塑性区域尺寸并阻止了薄膜 - 基底界面的屈服，从而显著改进了 DLC 薄膜的磨损寿命，尤其在高载荷条件下 [65]。

图7-23 钛合金表面Cr/DLC、Cr/CrN/DLC和Cr/CrN/CrNC/DLC薄膜划痕测试[64]

第六节
多层结构非晶碳薄膜

多层薄膜一般指结合多种不同性质的材料层叠加或者两种不同材料按照一定周期交替叠加所形成的薄膜体系。多层强化效应最早发现于真空沉积的金属 / 金属多层结构薄膜，当单层厚度小于 500nm，多层结构能够改进薄膜强度。之后在金属 / 陶瓷和陶瓷 / 陶瓷多层结构中也证实了类似的力学强化现象。在金属与陶瓷基多层结构中，层间界面的裂纹终止、软层的塑性应力释放、层界面的位错能垒和偏析、纳米调制层的位错运动终止以及费米面相互作用引起的体积能量增加等贡献了多层结构的机械性能增强。

尽管上述多层强化理论是否适用于非晶碳薄膜仍有待证实，但是多层结构在非晶碳薄膜的强韧与润滑调控方面确实显示了重要的应用价值[58,66,67]。多层薄膜中异质界面处的共格、半共格、非共格应变能够显著降低薄膜内应力，大量的异质层间界面也能够有效抑制裂纹扩展，从而改善薄膜韧性。与单层薄膜相比，多层结构薄膜在硬度、断裂韧性和耐磨损性能等方面均有明显提高，为发展高硬度、强韧性和自润滑非晶碳薄膜提供了途径。近年来，研究人员结合先进薄膜制备工艺与成分、物相和结构等设计发展了多种具有微米、亚微米、纳米或超晶格多层结构的非晶碳基薄膜。

一、微米/亚微米多层结构

为了满足不同的应用目的或需求，各种微米或亚微米尺度的多层结构非晶碳基薄膜已被设计制备和研究。Li 等人制备了 Cr/GLC 交替多层碳基薄膜，交替沉积过程并未改变 GLC 薄膜的 C 原子键合结构，薄膜硬度和 H^3/E^2 值随着调制周期减小而增加。当调制周期从 1000nm 减小至 333nm，薄膜与 Si_3N_4 对偶在海水中的摩擦系数和磨损率逐渐减小，而调制周期减小至 250nm，薄膜很快发生摩擦腐蚀失效。在调制周期为 250nm 的薄膜表面沉积厚的 GLC 层，薄膜显示了优异的抗腐蚀和抗摩擦腐蚀性能。因此，结合交替多层结构和厚的 GLC 表层设计为改进 GLC 薄膜的摩擦腐蚀性能提供了有效途径[68]。

为了发展真空环境用润滑薄膜，基于多层薄膜设计理念，王立平等人利用 MoS_2 的真空自润滑性和 DLC 薄膜的高承载性能，将 DLC 薄膜与 MoS_2 进行多层复合，制备了具有多层结构的 DLC/MoS_2 多层复合薄膜（图 7-24），厚度大于 3μm，薄膜断面结构致密、连续，表面平整光滑，表面粗糙度为 $R_{ms}=2.2nm$，薄膜的硬度为 12 ～ 16GPa。由于薄膜采用了多层结构，薄膜中的 a-C 层能提高薄膜硬度，硬度远高于单层 MoS_2（5GPa）。多层结构设计减少了薄膜开裂倾向，裂纹在通过界面区时会被阻止和反射，从而使能量在层间消失，提高了整个膜层的抗磨损能力，使整个膜层不易失效，达到在提高硬度的同时也改善韧性的目的，多层薄膜的耐磨损性能明显优于单层薄膜，具有较长的磨损寿命。薄膜与 GCr15 钢球在大气环境下对摩的摩擦系数低于 0.02，磨损率为 $0.7×10^{-16}m^3/$（N·m），

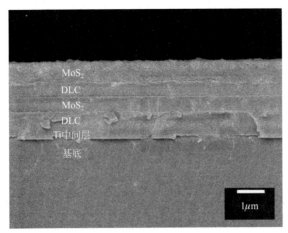

图7-24 DLC/MoS_2交替多层膜SEM照片

低于 MoS$_2$［2×10^{-16}m^3/（N•m）］。在高真空条件下，MoS$_2$/a-C 多层复合可以有效提高磨损寿命，极大降低磨损率，与钢球对摩的摩擦系数为 0.02 左右，磨损率低至 0.2×10^{-16}m^3/（N•m），与单层 MoS$_2$ 薄膜相比［磨损率为 1.7×10^{-16}m^3/（N•m）］，磨损率为原来的 1/12。

非晶碳薄膜的高内应力及其与基底间的结构与性能错配限制了薄膜的可生长厚度，大多数非晶碳薄膜的厚度在 1 ~ 3μm 之间，沉积厚度超过 5μm 的非晶碳薄膜相当困难。对于实际应用来讲，厚度是一项重要参数，尤其超厚非晶碳基薄膜（>10μm）在实际应用中表现出诸多性能优势，如更长的磨损寿命、更高的承载能力、对软基底更好的应力屏蔽作用以及更好的腐蚀防护功能。因此，设计构筑超厚非晶碳薄膜对于薄膜理论和应用均具有重要意义。

王军军等人利用平行板空心阴极等离子体化学气相沉积技术，结合高能离子注入、Si 元素掺杂以及多层结构设计制备了厚度约为 50μm 的交替多层（Si$_x$-DLC/Si$_y$-DLC）$_n$/DLC 碳基薄膜（图 7-25）[69]。空心阴极产生的高密度等离子体提供了高的薄膜沉积速率（约 3.1μm/h）。薄膜沉积过程中，首先通过原位 Si 离子注入形成的 Fe-Si-O 混合相界面层获得高的膜/基结合强度，再通过精确控制薄膜 Si 含量沉积交替堆叠的富硅 Si$_y$-DLC 层和贫硅 Si$_x$-DLC 层以及含氢碳基薄膜表层。Si$_y$-DLC 层和 Si$_x$-DLC 层分别表现为张应力和压应力，形成张/压应力交替多层结构，为最终获得超低内应力（0.05GPa）、超厚碳基薄膜提供了基础。研究表明，对于这种交替多层形成的超厚碳基薄膜，Si 含量和 Si$_x$-DLC 层/Si$_y$-DLC 层厚度比均是影响其力学、摩擦学性能的重要因素[70]。

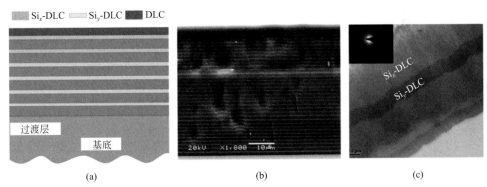

图7-25 超厚（Si$_x$-DLC/Si$_y$-DLC）$_n$/DLC碳基薄膜示意图（a）及其横截面SEM图像（b）和高分辨TEM图像（c）

有限元分析认为，在超厚薄膜中，多层结构引入了大量的层间界面，有效缓解了薄膜/基底界面的应力集中，将应力集中位置从薄膜/基底界面迁移至薄膜内部，进而避免了薄膜的脱落失效，为薄膜的高承载应用创造了条件。力学与摩擦学研究显示，超厚（Si_x-DLC/Si_y-DLC）$_n$/DLC 薄膜可在 3.2GPa 的高接触应力下稳定使用，500℃的高温热处理并未影响其临界失效载荷，是一种强韧润滑薄膜材料。以轴承钢球为对偶，超厚碳基薄膜的干摩擦系数为 0.24，在水和油润滑下的摩擦系数分别为 0.02 和 0.03。尤其，这种 Si 掺杂的超厚碳基薄膜具有更加优异的高温摩擦学性能，在 30℃、100℃、200℃、300℃、400℃ 和 500℃ 的摩擦系数分别为 0.16、0.061、0.060、0.15、0.24 和 0.29。低于 200℃ 时，薄膜磨损率为 $2.4 \times 10^{-15} m^3/$（N·m），300℃、400℃ 和 500℃ 的磨损率分别为 $8.6 \times 10^{-15} m^3/$（N·m）、$3.1 \times 10^{-14} m^3/$（N·m）和 $2.4 \times 10^{-14} m^3/$（N·m）。类石墨转移膜、Si 氧化物以及纳米复合摩擦膜的形成共同支配着这种超厚碳基薄膜的高温摩擦学行为。

二、纳米/超晶格多层结构

因异常的物理、力学等效应，纳米多层结构在强韧薄膜设计中受到越来越多的青睐，其典型特征是随着薄膜调制周期的变化会出现超硬现象，这对薄膜材料的强化设计具有重要的应用及理论指导意义。纳米多层薄膜一般由两种不同的材料按照一定周期交替叠加形成，每一单层的膜厚均可控制在纳米级或者更小范围内，其微观结构取决于界面两边的材料、单层厚度、沉积条件等。界面是影响纳米多层薄膜结构与性能的最重要因素，也是能量耗散和裂纹偏转的区域。如果两层材料之间的位错能量差别较大，发生在一层的位错就不易穿过界面，导致形成位错堆积。这种效应将大大抑制位错活动，从而提高材料硬度。纳米多层薄膜硬度异常效应的理论解释主要有以下几种：位错钉扎理论、量子电子效应理论、界面协调应变理论等。这些理论尽管从不同角度解释了纳米多层膜的力学性能，但均无法完全解释实验现象。在实际的薄膜材料中，纳米多层薄膜能否得到预期的强化效果，主要在于能否产生界面匹配性好、层数足够多、和界面清晰的纳米多层结构。

在纳米多层薄膜中，将调制周期小于 10nm 的纳米多层膜称为超晶格多层薄膜（图 7-26 左）。超晶格多层薄膜的性能在某一调制周期内会出现超硬等异常效应，比如 CrN/NbN、TiN/NbN、TiAlN/CrN 和 TiAlYN/VN 超晶格多层膜的硬度分别高达 56GPa、51GPa、60GPa 和 78GPa，远高于对应的氮化物硬度[71]。通过对纳米多层薄膜结构与成分的设计，可形成种类繁多、结构各异的一类薄膜材料。根据材料属性，纳米多层膜可分为金属/金属、陶瓷/陶瓷、金属/陶瓷和陶瓷/聚合物等。各调制层的结构可以是各种类型的单晶、多晶或非晶，各单层材料的键合类型可以是金属键、共价键或离子键。应注意的是，复杂的界面结构对纳米多层膜的性能具有特殊意义。

1. 典型纳米／超晶格多层结构

在非晶碳薄膜的强韧与润滑设计方面，纳米多层膜在改善结合力、降低内应力、增强韧性和调控摩擦学性能等方面均有卓越的表现。陈新春等利用阴极电弧结合离子源辅助磁控溅射复合技术制备了 Cr/DLC 交替纳米多层碳基薄膜，通过延性好的 Cr 层与硬脆的 DLC 层交替沉积，有效增强了 DLC 薄膜的韧性。结合多元素多相过渡层的引入，Cr/DLC 纳米多层薄膜的临界载荷 L_c 均大于 80N。新加坡 Li 和 Zhang 等人通过交替改变偏压的方法制备出了 5nm/ 层 ×30 层的硬 / 软交替纳米多层碳基薄膜（图 7-26 右），实现了低内应力、高硬度和强韧性相结合的综合力学性能[72]。沟引宁等人采用磁过滤直流阴极真空弧技术也制备了软 / 硬膜交替的纳米多层 DLC 薄膜，硬度高达 68GPa，弹性模量为 309.2GPa，表现出十分优异的摩擦学性能[73]。

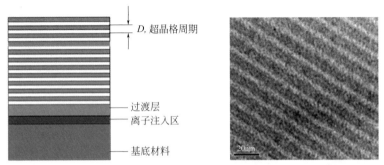

图7-26 超晶格多层膜示意图（左）和硬/软交替碳基薄膜TEM照片（右）

Nemati 等人将高硬度、高稳定的 WC 与 DLC 薄膜以多层形式复合制备了 WC/a-C 纳米多层薄膜，薄膜显示了高硬度、低应力、低摩擦、高耐磨等一系列优异的机械和摩擦学性能[74]。在较高的赫兹接触应力下（约 0.4 ~ 0.9GPa），可实现极低磨损率 [10^{-19}m^3/（N·m）]。同时，致密的非晶、无针孔纳米结构使 WC/a-C 纳米多层膜的耐腐蚀性能较已知的碳基薄膜具有大幅提升（10 倍）。Pujada 等人发现 WC/DLC 纳米多层薄膜的压应力随调制周期的减小而减小，且当调制周期约为 5nm 时，薄膜压应力达到最小值[75]。调制周期小于 5nm，界面混合导致压应力增加；调制周期大于 5nm，界面应力导致压应力增加。Baker 等人制备了 TiB$_2$/a-C 纳米多层薄膜，发现 TiB$_2$ 相有利于提升薄膜硬度，而 a-C 相则有利于改善薄膜摩擦学性能，通过膜层组分和多层结构的调控可实现薄膜机械与摩擦学性能的协同优化[76]。

利用 PVD 和 PECVD 复合技术，结合梯度、多层结构设计和元素掺杂多尺度耦合策略，郝俊英等人制备了 CrN/DLC/Cr-DLC 梯度结构纳米多层碳基薄膜

（图 7-27）。与 DLC 单层薄膜相比较，梯度结构纳米多层薄膜的韧性得到大幅提高。以钢球和 TC4 球为摩擦副，梯度多层复合薄膜均表现出最优的摩擦磨损性能，摩擦系数为 0.11（钢对偶）和 0.087（TC4 对偶），磨损率为 $7.10 \times 10^{-17} m^3/$（N·m）（钢对偶）和 $2.4 \times 10^{-16} m^3/$（N·m）（TC4 对偶）。高硬度 CrN 层的承载作用与多层结构和 Cr 掺杂的增韧功能，结合碳基薄膜优异的润滑性，构筑了强韧与润滑一体化的碳基薄膜材料[77]。类似地，结合梯度功能和纳米多层结构设计，Kabir 等人在工具钢表面沉积了 $Cr/CrC_x/DLC_{(Hard)}/DLC_{(Soft)}$ 复合纳米多层碳基薄膜[78]。在沉积 Cr/CrC_x 过渡层后，通过改变基底偏压沉积了硬/软交替的 $DLC_{(Hard)}/$ $DLC_{(Soft)}$ 纳米多层碳基薄膜，单个 DLC 亚层厚度不高于 100nm。薄膜总厚度约为 2.3μm，硬度在 $12 \sim 16GPa$ 之间，弹性模量在 $140 \sim 160GPa$ 之间。这种梯度结构与硬/软交替的纳米多层设计使碳基薄膜表现出高硬度、高韧性和高的膜-基结合强度。

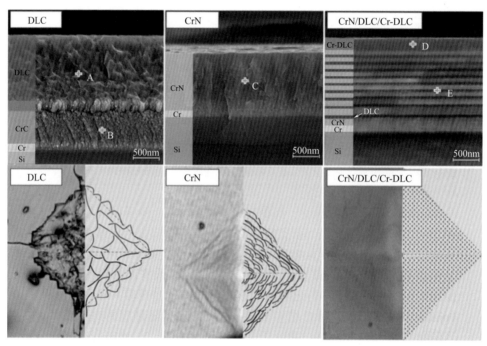

图7-27　DLC、CrN和CrN/DLC/Cr-DLC薄膜的断面SEM图像和压痕形貌

本书著者团队利用直流磁控溅射技术，以金属 Cr 为过渡层，以高硬度和热稳定的 TiB_2 和 WC 为增强相，分别制备了 TiB_2/a-C 和 WC/a-C 超晶格纳米多层薄膜（图 7-28、图 7-29），实现了碳基薄膜硬度、韧性和摩擦学性能的大幅改善[79]。对于 TiB_2/a-C 超晶格纳米多层薄膜，薄膜总厚度在 $2.0 \sim 2.9μm$ 之间，调制比不

同的薄膜，a-C 单层厚度均为 3nm，而 TiB$_2$ 层厚度随 TiB$_2$ 靶电流的增加，从 1.39nm 逐渐增长至 3.56nm，超晶格薄膜调制周期在 4.39 ~ 6.56nm 范围内变化，总调制周期为 396nm。结合薄膜力学和摩擦学性能的变化，进一步固定调制比（TiB$_2$/a-C = 0.6），改变调制周期（1 ~ 10.5nm）制备了一系列总厚度约为 2.4μm 的薄膜，调制周期从 200nm 增加至 2400nm。当调制周期为 6.6nm 时，TiB$_2$/a-C 超晶格薄膜的硬度高达 18.6GPa，韧性显著改善，具有最佳的减摩（$\mu = 0.1$）和抗磨损性能［磨损率为 6.5×10^{-16}m^3/（N·m）］，以及最小的冲击磨损体积。

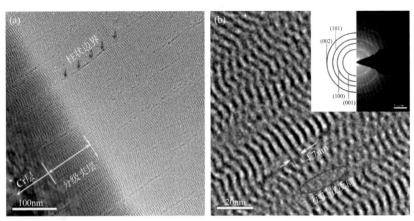

图7-28 TiB$_2$/a-C纳米多层复合碳基薄膜截面TEM图像及选区电子衍射图（$\lambda = 4.7$nm）

对于 WC/a-C 超晶格纳米多层薄膜，从图 7-29 可以看出，WC 层（黑）与 a-C 层（灰）界面清晰，各单层厚度均匀，整体呈现良好的多层交替结构，其中 WC 层呈颗粒极为细小（约 1nm）的纳米晶相。多层结构的"波形"生长方式与 Cr 过渡层的柱状生长有关。薄膜硬度与弹性模量随调制周期呈先增加后减小趋势，当 $\lambda = 5.8$nm 时达到最优值，其硬度与弹性模量分别高达 24GPa 及 343GPa。层间模量差异被认为是导致纳米多层膜硬度与弹性模量提升的重要原因。在单个纳米层的厚度足够薄时，位错很难在层内萌生，并且 WC 层内细小的纳米晶颗粒具有钉扎位错的作用，从而有效限制其在层内的运动，起到强化效应。

压痕测试表明，调制周期为 5.8 ~ 10nm 时压痕尖端无径向裂纹产生，表明薄膜的韧性显著提升［图 7-29（d）］。在连续 10000 次冲击测试中，当 $\lambda \leqslant 9.1$nm 时，薄膜磨损程度随调制周期的增加逐渐降低，并在 $\lambda = 9.1$nm 时达到最小值，磨损深度由 $\lambda = 1.3$nm 时的 1.7μm 逐渐减小至 $\lambda = 9.1$nm 时的 0.9μm。进一步增大调制周期使薄膜冲击磨损加剧，当 $\lambda = 11.5$nm 时薄膜最大磨损深度达 1.5μm。在干摩擦条件下，当λ=5.8nm时，WC/a-C超晶格薄膜表现出最优的减摩（μ=0.05）和抗磨性能［磨损率为4×10^{-16}m³/（N·m）］，表现出强韧与润滑一体化特征[80]。将"超晶格"WC/a-C碳基薄膜应用于航空渗氮钢表面，膜-基结合力大于50N，在GCr15钢球为摩擦副、滑动速度0.05m/s、接触应力1.8GPa下，WC/a-C超晶格薄膜在4109型润滑油下的磨损率低至2×10^{-18}m³/（N·m），200℃润滑油下摩擦系数小于0.09，磨损率约1.2×10^{-16}m³/（N·m）；500次启停过程中的摩擦系数始终小于0.1，50次250℃热振试验和600h 200℃润滑油浸泡后，薄膜均未脱落。干摩擦系数低于0.1，表现出良好的干摩擦启停性能和优异的高温耐久性。

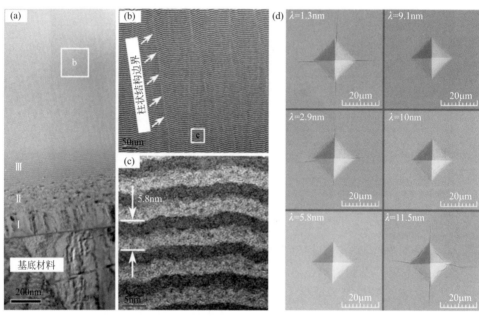

图7-29 调制周期为5.8nm的WC/a-C超晶格薄膜截面TEM图像（a）；"波形"结构TEM图像（b）；高分辨TEM图像（c）以及载荷下产生的维氏压痕形貌SEM照片（d）

2. 新型纳米／超晶格多层结构

李泽清等人在航空轴承渗碳钢（M50NiL）表面制备a-C、Cr/a-C和n-WC/a-C薄膜，研究了其力学与摩擦学性能[81,82]。发现n-WC/a-C薄膜与M50NiL钢基底结合良好，在干摩擦和航空油润滑条件下均表现出最优的摩擦学性能，在航空发动机轴承中具有应用潜力。进一步针对传统n-WC/a-C薄膜在大气环境中狭窄的润滑温域，设计制备了不同结构的WC增强a-C薄膜，发现超晶格多层结构设计能够有效改善WC增强a-C薄膜的中温域润滑性能，进而提出了一种新型超晶格复合多层 WC 增强 a-C/WC/a-C 宽温域润滑薄膜。a-C/WC/a-C 薄膜由 Cr 黏结层、梯度过渡层和复合目标层构成,其目标层是 a-C 层和超晶格 WC/a-C 纳米子层交替叠加的结构(图 7-30)。该新型复合多层结构,赋予了 a-C/WC/a-C 薄膜兼具纯 a-C 薄膜低温域(室温至 100℃)润滑性能和超晶格多层 WC/a-C 薄膜的中高温域(250~350℃)润滑特性,与传统 a-C、n-WC/a-C 和超晶格 WC/a-C 薄膜相比,其在室温至 350℃的宽温域具有更加优异的摩擦学性能。

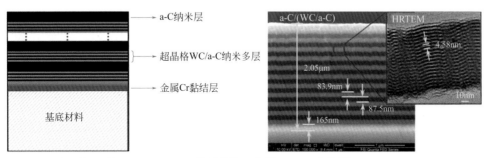

图7-30 新型超晶格a-C/WC/a-C薄膜结构示意图和TEM图像[81]

为了提高新型超晶格 a-C/WC/a-C 薄膜的热稳定性,设计制备了 Si、WC 多组元增强 Si/WC/a-C 薄膜,实现了从室温至 500℃宽温域的良好润滑。研究表明,Si 掺杂使薄膜中 sp^3 键(包括 C—C 键和 Si—C 键)增加、WC 纳米晶尺寸减小、结构更加致密,有效提高了薄膜硬度、热稳定性和宽温域摩擦学性能。Si 靶溅射电流为 0.6A 时,制备的 Si/WC/a-C 薄膜组成为 74.4% C、19.6% Si 和 6.0% W(原子分数),在室温至 500℃具有最优的润滑性能。在不同温度条件下,该复合碳基薄膜稳态摩擦系数均小于 0.25,主要原因在于其在室温至 400℃形成富石墨碳自润滑转移膜,在 500℃形成的富石墨碳和少量 WO₃、Si 氧化物的自润滑转移膜。由于 Si 元素的引入明显降低了 WC/a-C 薄膜的韧性,Si/WC/a-C 薄膜在 300~500℃温域的磨损率较高,在 10^{-5}mm³/(N·m)量级。

为了改进 Si/WC/a-C 薄膜的宽温域抗磨损性能,结合多组元增强和纳米多层结构设计制备了一种从室温至 500℃具有良好宽温域润滑和抗磨损性能的 Si/a-C/WC/a-C 薄膜(图 7-31)。薄膜具有超晶格复合多层结构,目标层是由 Si 掺杂 Si/a-C 层和超晶格 WC/a-C 纳米子层交替叠加形成的复合多层结构。从 Si 含量和多层调制比(Si/a-C 层与超晶格 WC/a-C 层的厚度比)两个维度对其热稳定性、力学、宽温域摩擦学性能进行了优化,获得具有最优宽温域摩擦学性能的 Si/a-C/WC/a-C 薄膜,其 Si 含量为 12.6%(原子分数),调制比约为 2.0,在 300~500℃温域的磨损率在 10^{-6}mm³/(N·m)量级。对其在大气宽温域环境的自适应润滑机制研究表明,在室温、200~300℃、400~500℃的不同温域中,摩擦副表面分别形成了富含石墨碳、富含石墨碳和 Si-O-C、富含 WO_3 相的自润滑转移膜。

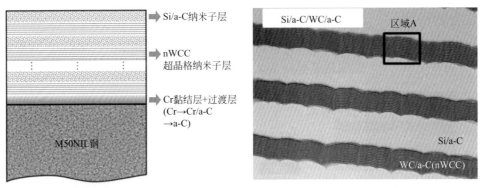

图7-31 新型超晶格Si/a-C/WC/a-C薄膜结构示意图和TEM图像

第七节
非晶碳薄膜多尺度耦合应用

极端环境摩擦学部件表面要求集高硬度、高韧性和优异摩擦学性能于一体，仅从表面功能薄膜结构与成分的角度进行强韧与润滑设计，往往仍然难以满足实际工况需求。这必然要求在薄膜材料的基础上进一步结合其他先进摩擦学调控技术，以实现非晶碳薄膜的高性能和可靠应用。表面织构是一种重要的摩擦学调控手段，在与非晶碳薄膜协同应用时，这种不同尺度耦合的润滑调控技术在突破传统固体润滑材料的性能极限方面显得极具吸引力，为实现非晶碳薄膜固体润滑材料在汽车发动机工况、空间工况环境下及水密封环境下超低的摩擦磨损性能提供了可能。

一、表面织构与微/纳织构非晶碳薄膜

表面织构是采用合适的加工工艺在表面制备出具有特定形状、尺寸和排列的微结构阵列，可以改变表面形貌，进而影响摩擦副表面的接触状态和润滑状态。因此，设计合适的表面织构可显著改善摩擦副表面的摩擦磨损性能，延长其使用寿命，对提高摩擦副表面性能和润滑效果具有较大工程应用价值。表面织构作为

一种可以提高表面摩擦学性能的方法已得到国内外科技工作者的广泛关注。对于从事摩擦和润滑材料的研究者来说，把织构化与其他技术手段有效结合起来改善表面摩擦学性能是一个很有前景的方向。

人们对织构表面的摩擦学机制形成了一些基本认识：①在相对运动的平行表面间产生流体动压力，提高润滑膜刚度，拓宽动压润滑的发生范围，提高轴承的承载能力；②织构化表面能够储存润滑剂、捕集磨屑，从而改善边界条件下的润滑性能并减小磨粒效应，起到减摩抗磨的目的；③织构可以改变摩擦界面的接触状态，减少有效接触面积，降低界面黏着力，进而减小摩擦系数；④对于某些有摩擦化学反应发生的摩擦体系，织构化表面形貌可以促进摩擦化学反应的发生。

非晶碳薄膜已经成为增强摩擦副表面服役性能的重要选择。若将表面织构化与非晶碳薄膜技术相结合形成织构化固体润滑薄膜，可以弥补甚至消除两类技术各自的局限性，实现协同润滑并发展特殊环境用摩擦副材料。然而，采用"表面织构化+碳基固体润滑薄膜"设计理念来改善摩擦副可靠性和服役寿命的研究较少，其中的关系规律等尚不明确。一般来说，织构化非晶碳薄膜的加工方法有两种，即直接法和间接法。直接法是对已经镀制好的薄膜进行激光加工，在薄膜表面加工出所要的图案形貌。间接法则是先对基底进行织构化加工，然后在织构化的基底上沉积薄膜。值得注意的是，对于直接加工过程，常用的纳秒激光加工是热加工过程，会引起加工区域附近碳薄膜的结构变化；对于间接加工过程，特殊形貌织构化的基底势必影响沉积过程中的表面电场分布，进而影响表面薄膜的均匀性和特殊微观结构的形成。

Dumitru 等在织构化的钢基底上沉积了非晶碳薄膜[83,84]。干摩擦测试结果显示，织构化碳薄膜能够承受更高的载荷而不失效，未织构薄膜在高载荷下快速磨损失效。分析认为，表面凹坑织构捕获了大量磨屑，减少了磨粒磨损，导致织构化薄膜寿命更长。瑞典学者 Pettersson 等研究了边界条件下表面凹坑形条纹图案化对薄膜性能的影响[85]。发现薄膜图案化有时可以得到积极效果，有时恰恰相反。例如，把非晶碳薄膜沉积在织构化的硅基底表面，在干摩擦下织构化表面摩擦系数更高，这可能与图案化接触面不利于对偶上形成转移膜有关，因为转移膜是碳基薄膜实现自润滑的关键。在边界贫油条件下，尺度在 20μm 以下的织构图案具有相当好的摩擦表现。织构图案的尺度越小，接触区就有越多的凹陷，可以存留越多的润滑剂，越有利于边界条件下的减摩抗磨。即使织构图案具有相同的尺度，其取向不同，摩擦表现也不同。例如，对于平行条纹织构，当条纹方向与摩擦方向垂直时，薄膜的磨损很小，摩擦系数低；但当条纹方向与摩擦滑动方向一致时，则摩擦系数大，磨损严重（图 7-32）。这表明合理的摩擦取向应该是使接触面能够频繁地经过表面的储油微坑。

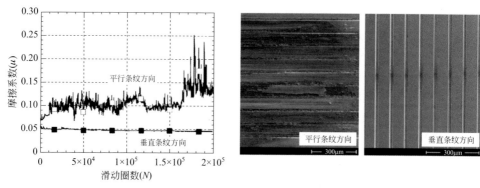

图7-32　不同方向的条纹型织构化碳基薄膜的摩擦系数与磨痕形貌

丁奇等人制备了织构化类石墨碳基薄膜并研究了其水润滑摩擦学行为。利用 YAG 固体激光器在不锈钢表面加工出一系列的凹槽织构化表面，然后利用磁控溅射技术在织构化的钢表面沉积了类石墨碳基薄膜（图 7-33）[86]。在水润滑条件下进行了栓盘往复摩擦测试，滑动方向垂直于条纹。在较低的织构密度下，粗糙度较小，织构有利于润滑液膜的增厚，因此表现出更低的摩擦系数。在高织构密度下，样品表面粗糙度上升，使其进入完全边界润滑状态，摩擦系数也随之上升。织构化大幅提升了薄膜抗磨损能力，大部分样品磨损率都降低约一个数量级。He 等人通过间接法用磁控溅射技术在钛合金表面制备了微坑织构化的 DLC 薄膜，凹坑直径为 36μm，凹坑深度 25μm，织构密度分别为 13%、24% 和 44%。在干摩擦和离子液润滑条件下，与无织构的 DLC 薄膜相比，织构密度为 44%时，可有效减小摩擦系数，织构密度为 24% 时，抗磨损性能得到显著提高[87]。Rosenkranz 等人指出，织构化 DLC 薄膜能够减小真实接触面积、捕获磨屑、改进 DLC 薄膜与基底的附着并增加薄膜的表面能；但高织构密度会导致过载，从而减小甚至消除织构产生的有益效果。整体上，有关织构化 DLC 薄膜的摩擦学行为仍需进一步研究[88]。

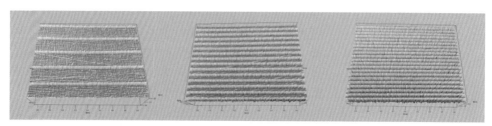

图7-33　不同织构密度的条纹型织构化类石墨碳薄膜的三维形貌图

二、仿生微/纳织构非晶碳薄膜

　　仿生微 / 纳织构的表面由于在疏水、抗黏着、抗结雾、自清洁等方面的应用而得到广泛关注，为人类向自然界学习解决工程问题提供了新思路。在摩擦学工程中，仿生表面设计在减粘、降阻和耐磨等应用中显示了很好的前景。王莹和王立平等人在国内率先采用生物材料（水稻叶和荷叶）作模板，采用复型法、电沉积和物理气相沉积技术相结合的方法，制备了具有超疏水、高硬度、高韧性特性和仿生微 / 纳织构的 DLC 薄膜[54]。首先利用聚二甲基硅氧烷（PDMS）复型生物模板表面微 / 纳织构，获得具有负的仿生微 / 纳织构的 PDMS 表面。然后在 PDMS 表面沉积一层金属膜，电沉积一层金属层后揭去 PDMS，就得到了具有正的表面仿生微 / 纳织构的金属片。最后，在织构的金属片表面沉积一层硬的 DLC 薄膜，得到具有仿生微 / 纳织构的 DLC 薄膜。由图 7-34 可以看出，仿生的 DLC 薄膜表面与荷叶和水稻叶具有基本一致的微 / 纳织构。仿荷叶的 DLC 薄膜表面具有均匀分布的微凸起结构，微凸起的平均尺寸约为 5 ～ 10μm，它们之间的距离约为 10 ～ 20μm。仿水稻叶的 DLC 薄膜表面，微 / 纳织构的形貌及其尺寸与水稻叶表面几乎完全一致。接触角测试表明，仿荷叶结构的 DLC 表面具有超疏水特性。以 GCr15 钢球为对偶、载荷 60mN、频率 3Hz 为条件进行摩擦测试，

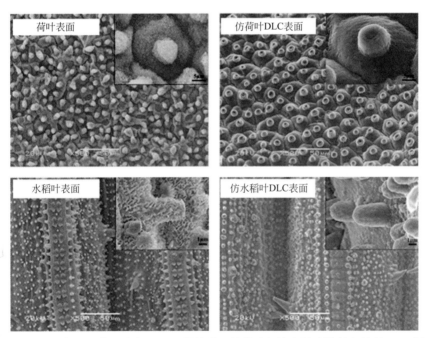

图7-34　荷叶和水稻叶表面SEM照片以及仿荷叶和仿水稻叶微/纳织构的DLC表面

结果显示具有仿生微 / 纳织构的金属片在用 PFPE 修饰前后的耐磨性能都比较差，摩擦几十秒后摩擦系数升至 0.8 左右；而具有仿生微 / 纳织构的 DLC 薄膜在用 PFPE 修饰前后的耐磨性都较好，测试 1h 之后，摩擦系数仍维持在 0.3 左右。

第八节
非晶碳薄膜的工业应用

20 世纪 80 年代中期，非晶碳薄膜因其优异的摩擦学特性开始用于滑动、耐磨、抗粘咬等轻负荷应用场合，包括纺织机械部件、热水阀、半导体制造装置部件等，摄像机、光盘部件、磁头和硬盘等保护膜等，以及引线框模具、铝加工模具、粉末成型模具等。从 90 年代后期开始，非晶碳薄膜的应用开始向各个领域拓展，高强度、高韧性和低摩擦的非晶碳薄膜也使其在重负荷工况中的应用逐渐扩大。尤其，为了契合节能、减排、轻量化等技术需求和应对日益突出的能源与环境问题，非晶碳薄膜在摩擦学领域的应用开发变得更加活跃。与国外相比，国内在非晶碳薄膜的镀膜装备制造和应用研究方面还存在一定差距。国内广州有色金属研究院、中科院兰州化学物理研究所、哈尔滨工业大学、大连理工大学等单位近二十多年来一直开展非晶碳薄膜研究，部分技术和产品已实现了产业化应用[1]。

一、刀模具领域应用

1. 切削刀具表面应用

切削加工是现代制造业应用最广泛的加工技术之一。刀具是切削加工中不可缺少的工具，无论是普通机床还是先进的数控机床、加工中心和柔性制造系统，都必须依靠刀具完成切削加工。现代精密切削加工业的发展，对刀刃具的寿命、加工精度以及可靠性等综合性能的要求越来越高。在传统刀刃具上沉积具有更高性能的涂层不仅能够保持基体的良好韧性，还能有效地提高刀刃具的表面硬度、复合韧性以及抗高温氧化等性能，从而可以大幅度提高生产效率和刀刃具的使用寿命。例如，在高速钢刀具上沉积 TiN、TiAlN 或 TiC 等硬度超过 20GPa 的硬质涂层可以将刀具使用寿命提高 3 ～ 10 倍，加工效率提高 50%。

类金刚石碳基薄膜具有高硬度、高耐磨、高导热性、抗粘连以及低摩擦系数等性能，在许多复合材料和有色金属加工中可以替代金刚石薄膜。类金刚石碳基薄膜的摩擦系数只有钢的 1/6～1/12，在切削加工中有自润滑功能，可减少或消除使用切削液，实现微量润滑或干切削，从而解决切削液带来的污染问题，提升切削加工的技术水平，促进高效加工，降低加工成本。与 TiN 和 TiAlN 涂层的刀具相比，在干式切削中，DLC 涂层的刀具切削力可下降 23%。同样，DLC 涂层的低摩擦系数可使铝合金切削的切削力大为下降，从而大大降低能源消耗。在湿式切削条件下，DLC 涂层的刀具切削力比没有涂层的刀具和其他涂层的刀具下降 18%，而且被加工的金属表面粗糙度下降。日本住友电工公司在世界上率先开发出可用于干式加工铝合金的 DLC 涂层硬质合金刀具，各种性能均得到很大进步。对普通硬质合金刀片和 DLC 涂层刀片进行切削对比，发现在湿式加工条件下，两试样均未发生铝合金黏附；但在干式加工条件下，未涂层刀片前刀面有铝合金牢固黏附，而 DLC 涂层刀片的刃尖和前刀面未发生黏附。DLC 薄膜可用于钻头和铣刀上，特别是金属掺杂的 DLC 薄膜，不仅具有高硬度，还具有低摩擦系数和抗有色金属黏结性能。荷兰 Hauzer 公司制备的 TiAlN+W-C:H 复合涂层，顶层为 W 掺杂 DLC 薄膜，在铣削钢材时，其性能明显优于单层的 TiAlN 涂层，铣刀寿命长、工件温度降低、粗糙度降低。在加工铝合金和铜合金时，具有刀具寿命长、抗金属黏结、增加光洁度的效果（图 7-35）。

图7-35 荷兰Hauzer公司生产的DLC涂覆的各类钻头和刀具

在刀具领域，DLC 薄膜的另一个重要应用是石墨加工。随着注塑模具行业将电火花工艺中的电极材料从铜质材料逐步转化成石墨材料，石墨的加工需求飞速增长。由于石墨材质的特性，市场上的其他常用硬质涂层都无法满足其需求，带涂层的刀具寿命非但不能显著提高，有时还比无涂层刀具更差，解决石墨切割的唯一途径是DLC涂层。国内星弧涂层科技有限公司将DLC涂层（图7-36）工艺应用于刀具涂层，星弧DLC涂层刀具可使其寿命延长3～4倍，大大降低了刀具使用成本，提高了生产效率。类似地，DLC涂层也用于亚克力材料的切削中。亚克力材料具有硬度高、熔点低的特点，不涂层或其他硬质涂层（如TiN，TiAlN）刀具在切削过程中因加工温度使材料屑发生熔融或半熔而导致排屑不畅现象，致使刀具实效、被加工材料表面质量无法达到要求。DLC涂层的亚克力切削刀具则可以很好解决以上的问题，使刀具在切削过程中很大程度上减少了摩擦热，刀具平均使用寿命提高3倍，所加工的亚克力表面质量远优于不涂层或其他涂层刀具。

图7-36 星弧涂层科技有限公司开发的涂以DLC的石墨切削刀具和亚克力切削刀具

2. 模具表面应用

模具是工业上利用注塑、吹塑、挤出、压铸、冲压等方法得到所需产品的各种模子或工装。现代工业对产品的种类、形状、数量、质量等的要求越来越高，对模具的需要量相应增加，对模具质量的要求也越来越高。模具寿命是指在保证制件品质的前提下，成型出制件的工作次数。寿命长短影响产品成本、生产效率及市场竞争力等。延长模具使用寿命，对提高企业生产效率和经济效益有重要意义。模具的失效大多数是因模具表面损伤引起的，模具材料抵抗表面损伤的性能指标直接影响着模具寿命。提高模具寿命的措施有多种，其中表面强化与改性是关键技术。模具的表面强化或改性技术主要是通过表面热和化学处理、表面涂覆渗镀、表面沉积或复合处理等技术，改变模具表面的形态、化学成分、组织结构和应力状态，进而提高模具硬度、耐磨性、耐热性、耐腐蚀性、抗熔性、抗咬合等功能特性。类金刚石碳薄膜具有高硬度、低摩擦、光滑甚至超光滑的表面，容易使注塑模具达到镜面标准，符合现代注塑制品追求高精度、高品质的要求。

苏尔寿美科公司（Sulzer Metco）将DLC薄膜应用于各种塑料成型模具

（图 7-37）。DLC 薄膜表现出以下优势：（a）增加模具脱模性，减少产品与模具黏结，提高产品质量，避免使用脱模剂污染产品；（b）提高模具表面硬度，减少成型面损伤；（c）保护高镜面模具，镜面模具的加工成本极高，DLC 薄膜既保证不影响表面光洁度，同时也减少了高额的翻修成本；（d）保护特殊加工面，大量产品因功能需要特殊的表面粗糙度，极大提高了注塑模具成型面的加工成本，DLC 薄膜可保护耗时、耗力的特殊工作面；（e）模仁配件可实现无油润滑，注塑模具的顶针在镀制 DLC 薄膜后可以实现无油润滑，这既提高了模具寿命，而且产品无需二次清洗；（f）对添加研磨剂与玻璃纤维的材料，DLC 薄膜大幅度提高模具寿命，因为极高硬度 DLC 薄膜的应用可解决材料冲刷和磨损加速模具报废的问题。

图7-37　苏尔寿美科公司DLC产品在各种塑料成型模具的应用

　　DLC薄膜的高硬度、低摩擦系数、高耐磨性及其优异的化学惰性和抗黏结性，使其与有色金属、塑料等材料不易黏结。在对有色金属冲压、翻边时，能有效减少毛刺和避免划痕等，可用于各类凸模、切断刀等。Murakawa 等在冲镀锌钢板的凸、凹模上沉积了掺杂类型的DLC薄膜，发现与无DLC薄膜的模具相比，

W 掺杂 DLC 薄膜在不用润滑剂的情况下，经同样次数的冲裁后，工件的表面质量明显更优。广州有色金属研究院对空调器某零件的翻边凸模进行了 DLC 镀层处理（图 7-38），模具寿命延长了 3 倍，冲裁寿命可达 800 万次以上。日本在微电子工业精密冲模的硬质合金基体上镀制了 Si/Ti/DLC 薄膜，不仅改善了工件的表面粗糙度，而且提高模具寿命 5 ～ 8 倍，使每次刃磨寿命在 270 万次（冲压的材料为紫铜），在实际生产中得到推广，其 DLC 薄膜的厚度为 1.0 ～ 1.2μm，而 Ti 和 Si 过渡层为 0.4μm，硬度值可以达到 4000 ～ 4500HV。

图7-38
DLC处理的空调器翻边冲头（寿命可达800万次）

　　DLC 薄膜较低的摩擦系数和良好的化学稳定性非常适合拉深模的应用。目前 DLC 薄膜在拉深模方面的应用非常广泛，并取得了很好的效果。为了在拉深时获得良好的润滑，低碳钢的钢坯料在进行拉深前需要将其浸入 MoS$_2$ 中，并且经过几次拉深后，模具的凹模和凸模就需要抛光。而模具经过 DLC 薄膜处理后，在没有预润滑情况下，模具经过 4000 次拉深都没有磨损的痕迹。在加工铝质易拉罐时，高速钢模具在无润滑条件下进行冲压，仅冲压几次易拉罐的孔就会出现毛刺。如果对模具进行 DLC 涂层处理，冲压 5000 次后，易拉罐也不会出现毛刺，极大地提高了产品质量。图 7-39 所示为拉深模经 DLC 涂层处理的凸模。

图7-39
DLC薄膜涂覆的凸模

压制硬质合金粉末模具和光盘模具要求表面光滑且保持时间长。DLC 薄膜不仅可延长模具型面保持镜面的时间，而且在压制时起到防止模具型面与硬质合金粉末发生作用，阻止硬质合金脱 Co 和防止 Co 扩散到模具型面中破坏表面。DLC 薄膜在光盘模具（图 7-40）的应用在日本和新加坡已经十分成熟。光盘模具是生产 CD 和 CDR 的重要工具，为了减少它与母盘（镍盘）的摩擦，希望光盘模具表面光滑且摩擦系数小，以前采用 TiN 涂层，但由于 TiN 涂层摩擦系数较高（约 0.5），导致光盘模具使用寿命仍然不高。采用 DLC 涂层，大大提高了光盘模具的寿命和盘片的质量，其寿命均达到可开启 400 万次以上。

图7-40
DLC薄膜涂覆的光盘模具

DLC 薄膜良好的摩擦性能和抗黏结性能使得其在镁合金模具、玻璃镜片成型模、陶瓷粉末成型模和塑料成型模等模具型面或刃口上得到应用，能有效地防止成型材料对模具的黏结，保护模具型面和刃口，延长使用寿命，提高产品质量，延长模具的清洗周期，降低生产成本和劳动强度。日本的金刚石研究中心与几家医药单位合作开发了在精密的研碎药片的模具上 DLC 薄膜的应用，在凸模（材料为 SKH51）上沉积 DLC 薄膜，比原来采用的铬镍合金凸模的寿命提高了 3.5 倍以上，但费用仅仅增加了 0.5 倍，并且 DLC 薄膜是一种对人体无毒、无害的材料，大大提高了药品的质量，所以效果非常良好。对镁合金板材温轧深加工模具表面沉积 DLC 薄膜，即使在无润滑、低润滑的条件下，也可防止镁合金的黏着。将 DLC 膜沉积在玻璃模具上，可作为防止熔融玻璃在模具上熔结的脱模剂，从而延长模具使用寿命、提高玻片质量。

工模具是铜及铜合金加工成型的关键，铜管表面剥皮是铜管生产的最后一道工序，剥皮模具在剥铜管时，加工速度比较快，模具内孔表面与铜管的摩擦系数较大，普通的剥皮模在使用过程中很快就会发生缺刃、卷刃现象，从而导致管材表面出现划痕或者竹节痕而影响铜管表面质量，模具也很容易因此而报废。大连理工大学研究人员在铜管剥皮模具表面沉积了低摩擦系数的 CN_x 薄膜，采用等离子体技术在模具内孔表面镀得均匀的 DLC 膜层。结果显示，未镀膜的硬质合金剥皮模具剥出来的管材表面经常会有明显划痕，比较粗糙，没有光洁度，甚至经常出现明显的"竹节痕"。经 CN_x 薄膜处理后，表面摩擦系数大幅降低，耐磨损性能提高，剥出来的管材表面均匀光亮，显著提高了产品的表面质量，且模具使用寿命提高 3 倍。固体润滑国家重点实验室与苏州冠达磁业有限公司合作开发了加工磁性材料的模具表面梯度多层 DLC 技术，DLC 涂层厚度达 5μm 左右，与各种磁性加工模具结合良好，可以解决模具使用过程中经常粘模、清洗周期短等问题，从而提高磁性材料表面加工质量和提高模具使用寿命。

二、轴承领域应用

轴承被广泛应用于通用机械和其他各种行业及专业领域，只有很少数的设备仪器不会采用轴承设计，大多数情况下，轴承都会出现在各种类型的仪器和设备体系中。高硬度、自润滑的强韧碳基薄膜应用于轴承表面可以显著降低其摩擦功耗、降低其在润滑条件差时的启动擦伤现象。2009 年日本精工开发了造纸机械使用的、可防止细微干摩擦（擦伤）的轴承，通过在轴承转动体上采用新开发的 DLC 涂层，提高了耐擦伤性能。全球最大的轴承制造商 SKF 更加引人瞩目的创举是其无磨损涂层轴承，如使用 DLC 涂层的轴承，这种先进的 DLC 涂层是一种优良的抗磨损材料。采用 DLC 涂层对球形轴承和滑动轴承进行表面处理，可以大大地降低轴承系统的摩擦损耗。这种 DLC 涂层已经可以通过特殊的涂装工艺应用在塑胶轴承之上，用来提高零部件的耐久性，延长设备的使用寿命。德国舍弗勒（FAG）集团也开发了相应的 DLC 轴承产品。2010 年固体润滑国家重点实验室承担了科技部"973 计划"子项目"轴承多重润滑膜生成机理及新型轴承润滑材料设计"，其主要任务之一就是发展具有自主知识产权的轴承表面 DLC 新技术。目前已经基于纳米晶/非晶复合结构和多元多相复合技术发展了具有摩擦自适应特性的轴承表面类金刚石碳基薄膜技术（图 7-41），并与我国瓦房店轴承集团、洛阳 LYC 轴承有限公司、青岛泰德汽车轴承有限责任公司等开展了相关应用技术研究。

图7-41　固体润滑国家重点实验室开发的轴承表面摩擦自适应类金刚石碳基薄膜

箔片空气轴承是指以周围环境中的空气作为润滑剂并采用箔片作为弹性支承元件的一种动压轴承。与传统意义上的轴承相比，由于其结构设计的优越性，使得轴承的工作温度范围得到很大的拓宽，具有稳定性高、耐振动冲击、启停性能好、装配对中要求低以及后期维护和使用成本低等特点。目前，箔片空气轴承已经实现了在能源、动力领域的应用，取得了较为显著的效果。然而，箔片气体轴承稳定工作时以自作用产生的气膜作为润滑剂，但当转轴的转速没有达到起飞所需的临界转速时（启动、停车时），转轴与轴承内表面间无法形成有效的动压气膜，此时转轴与箔片轴承的内表面处于干摩擦状态，这种干摩擦状态会导致转轴表面磨损，影响到箔片气体轴承的使用寿命，同时还会带来启动力矩大的问题。为满足箔片空气轴承长期稳定运行，必须提供足够的固体润滑，而沉积理想的固体润滑膜是箔片空气轴承制备的关键。2009 年固体润滑国家重点实验室与中国工程物理研究院合作尝试开展了以 DLC 薄膜作为箔片轴承的表面镀层（图 7-42），作为箔片轴承中低温固体润滑的一种解决方案。采用中频非平衡磁控溅射方法在箔片空气轴承的主轴材料、支承元件铍青铜箔片上制备了 Ti 掺杂的 DLC 膜。所制备的 DLC 薄膜与两种基体结合力强，箔片和主轴材料上沉积 DLC 薄膜的摩擦配副的减摩抗磨效果较好，摩擦系数在 0.06 ～ 0.08，磨损率低于 $4.8 \times 10^{-8} \mathrm{mm}^3/$（N•m），可用于箔片空气轴承表面的固体润滑。

图7-42　固体润滑国家重点实验室开发的气浮轴承系统（主轴和箔片）DLC薄膜

上海天安轴承有限公司与兰州化学物理研究所王立平研究团队开展了高精度微型轴承表面类金刚石薄膜的技术攻关合作，开发出系列高精度、高转速、高灵敏度、低噪声、长寿命的类金刚石涂层微型深沟球轴承和角接触球轴承，性能达到国际领先水平，为神舟飞船、月球探测工程以及四代核电工程配套获得成功，大幅提高了航天、核电轴承的寿命。甘肃海林中科科技股份有限公司是中国轴承行业大型骨干企业。自 2001 年起就与中国科学院兰州化学物理研究所共建了技术创新平台，长期开展技术交流和合作。在已有合作基础上，为了满足轴承行业新技术发展需求，2008 年开展了"圆锥滚子轴承耐磨碳基涂层新技术研究"合作项目。经过两年多的研发和台架试验，开发的强韧碳基涂层材料不仅提高了轴承的承载能力，同时大幅提高了轴承在短暂乏油状态下的润滑可靠性和疲劳寿命，并在 2010 年实现了系列涂层强化轴承的量产，提高了公司在高端汽车和工程机械轴承领域的核心竞争力，为公司实现了新的利润增长点，形成了显著的经济效益。

三、其他领域应用

航空航天与国防高技术已成为一个国家综合科技实力的重要体现，全球各个科技大国均投入了巨大人力、物力和财力竞相发展先进的航空航天和国防高技术。一方面为了推动人类社会取得长足发展，更新人类对地球、行星和宇宙的认识；另一方面为了夯实国家军事实力，维护国家安全和地区稳定。新型高性能材料是航空航天与国防高技术发展的基石，是解决各种机械部件在苛刻环境中长寿命、高可靠运行的根本途径。非晶碳薄膜优异的力学与摩擦学性能在这方面显示了广阔的应用前景。

喷射盘和切割盘是涡轮泵动力系统的核心部件，处于极端的苛刻工况环境中（高接触应力 1.5GPa、高转速 20000r/min、超精密间隙、高真空和高黏介质等），常发生零间隙抱死、高速冲击磨损、介质腐蚀失效等问题，严重影响了其正常运行。针对这一问题，中科院兰州化学物理研究所研制了低摩擦、高承载、长寿命和高可靠性的强韧化碳基薄膜材料。在模拟实际工况的地面台架考核试验中，镀制强韧与润滑一体化碳基薄膜的喷射盘和切割盘能够正常零间隙启动，高速旋转过程中力矩稳定，无抱死现象，试验结束后，表面薄膜未发生脱落和失效现象。

大尺寸滑动垫圈、滑动孔垫是大位移减振金属挠性接管横向位移补偿机构组件，这种大尺寸滑动部件在潮湿盐雾环境及大负载下的低摩擦和长耐磨寿命是保障金属挠性接管高可靠性、大位移补偿能力和良好减振性能的关键。兰州化学物理研究所针对这一技术需求，通过润滑、抗磨与耐腐蚀一体化设计，以及大面积均匀施镀等关键技术，研制了一种适用于大尺寸滑动垫圈、滑动孔垫的强韧与耐腐蚀一体化碳基固体润滑薄膜材料，可大幅减小滑动垫圈、滑动孔垫的摩擦力，在 90kN 的压力下，±20mm 的位移范围，循环次数超过 10000 次，薄膜未发生严重磨损和脱落失效现象，通过了台架考核验证。这一薄膜材料填补了国内管路横向位移补偿系统用低摩擦、耐腐蚀和长寿命固体润滑薄膜材料的空白，并有望推广至其他型号船舶管路横向位移补偿系统中。

钛合金折叠翼是高超音速飞行器的关键部件，其翼面的迅速、可靠展开是飞行器稳定飞行和可靠控制的关键。钛合金折叠机构摩擦副的动、静摩擦系数非常高。在展开过程中，受气动力与钛合金机构高摩擦系数的共同作用，导致翼面无法展开。针对这一复杂的摩擦工况，兰州化学物理研究所通过润滑薄膜设计、复杂结构均匀施膜等关键技术，发展了多种低摩擦、高承载固体润滑薄膜材料，建立了相应的制备工艺和标准（图7-43）。在3次增大20%逆风负载试验中，镀膜翼面均能可靠展开，展开角度和速度满足设计要求，试验结束后，表面润滑薄膜并未观察到严重脱落和失效现象。这些材料成为高速型号钛合金折叠翼面摩擦问题的候选材料。

图7-43 碳基薄膜翼轴-转接轴套钛合金构件（上）和折叠翼钛合金机构（下）

单片高精度薄壳齿弧是导弹引头齿弧位标器中的关键零件，对定位精度和稳定性要求非常高。为消除齿轮齿隙对系统精度的影响，在装配时施加了预紧力，导致齿弧工作时摩擦力增大。尽管可通过低温润滑脂减小摩擦力，但由于润滑脂在低温和常温下的黏度等性能差异，低温启动时齿弧位标器经常出现启动力矩过大甚至卡死现象，严重困扰了齿弧位标器的研制。为满足这一技术需求，兰州化学物理研究所研制的多环境适应性碳基固体润滑薄膜突破了导弹雷达导引齿弧机构在低温及湿热环境中的低摩擦和耐腐蚀问题。在经历10个循环的±60℃高低温交变试验以及80%的湿热试验后未出现表面锈蚀和薄膜脱落现象，通过了模拟试验考核，满足了导弹应用需求。

液压马达是液压系统的一种执行元件，它将液压泵提供的液体压力能转变为其输出轴的机械能，主要应用于注塑机械、矿山机械、冶金机械、船舶机械、石油化工、港口机械等。2012年薛群基和王立平团队与宁波中意液压马达有限公司共同研发了液压马达耐磨涂层材料，针对液压马达高压油工作环境成功研发出梯度多层强韧化非晶碳薄膜，开发的摆线液压马达极限工作压力由 15 ～ 20MPa 提升至 25 ～ 30GPa，径向柱塞马达极限转速由 200 ～ 300r/min 提升至 500 ～ 600r/min，产品成功替代进口，并打入国际市场，出口至德国、意大利、美国等几十个国家和地区，使国产液压马达制造达到世界先进水平。

四、展望

    非晶碳薄膜是一类非常重要的固体润滑材料，具有十分优异的力学、摩擦学、耐蚀等性能。与其他各种碳基润滑材料相比，非晶碳薄膜显示出许多明显的优势，例如沉积工艺条件灵活、可选择空间大、成本低廉等，非晶碳基网络的结构特点使其具备极强的结构与成分可设计性，为用于复杂多变的润滑应用工况创造了独特的条件。针对高内应力、低韧性和摩擦学性能环境敏感等问题，人们已通过多种技术复合、薄膜成分与结构调控对非晶碳薄膜进行了极为广泛的强韧与润滑设计，发展了许多热学、力学、摩擦学等性能十分优异的非晶碳基润滑薄膜，有力推动了非晶碳薄膜在苛刻服役工况中的应用。相信随着各种物理、化学气相沉积等技术和薄膜材料理论的进一步发展，各种高性能强韧与润滑一体化非晶碳薄膜的不断合成，非晶碳薄膜润滑材料将在各种高新技术领域获得越来越多的应用，在高端装备与制造技术的发展中发挥越来越重要的作用。

参考文献

[1] 薛群基，王立平. 类金刚石碳基薄膜材料 [M]. 北京：科学出版社，2012.

[2] Robertson J. Diamond-like amorphous carbon[J]. Materials Science & Engineering R-Reports, 2002, 37(4-6): 129-281.

[3] Donnet C, Erdemir A. Tribology of diamond-like carbon films: fundamentals and applications[M].Berlin: Springer, 2008.

[4] Tyagi A, Walia R S, Murtaza Q, et al. A critical review of diamond like carbon coating for wear resistance applications[J]. International Journal of Refractory Metals & Hard Materials, 2019, 78: 107-122.

[5] Tamulevičius S, Meškinis S, Tamulevičius T, et al. Diamond like carbon nanocomposites with embedded metallic nanoparticles[J]. Reports on Progress in Physics, 2018, 81(2): 024501.

[6] 常可可，王立平，薛群基. 极端工况下机械表面界面损伤与防护研究进展 [J]. 中国机械工程，2020, 31(02): 206-220.

[7] Donnet C. Recent progress on the tribology of doped diamond-like and carbon alloy coatings: a review[J]. Surface & Coatings Technology, 1998, 100(1-3): 180-186.

[8] Sánchez-López J C, Fernández A. Doping and alloying effects on DLC coatings// Donnet C, Erdemir A. Tribology

of diamond-like carbon films: fundamentals and applications.[M].Berlin: Springer, 2008: 311-338.

[9] Oguri K, Arai T. Tribological properties and characterization of diamond-like carbon coatings with silicon prepared by plasma-assisted chemical vapour deposition[J]. Surface & Coatings Technology, 1991, 47(1-3): 710-721.

[10] Hioki T, Okumura K, Itoh Y, et al. Formation of carbon films by ion-beam-assisted deposition[J]. Surface & Coatings Technology, 1994, 65(1-3): 106-111.

[11] Miyake S. Tribological properties of hard carbon films: extremely low friction mechanism of amorphous hydrogenated carbon films and amorphous hydrogenated SiC films in vacuum[J]. Surface & Coatings Technology, 1992, 55(1-3): 563-569.

[12] Zhao F, Li H X, Ji L, et al. Superlow friction behavior of Si-doped hydrogenated amorphous carbon film in water environment[J]. Surface & Coatings Technology, 2009, 203(8): 981-985.

[13] Sjöström H, Stafstrom S, Boman M, et al. Superhard and elastic carbon nitride thin films having fullerenelike microstructure[J]. Physical Review Letters, 1995, 75(7): 1336-1339.

[14] Hultman L, Stafstrom S, Czigany Z, et al. Cross-linked nano-onions of carbon nitride in the solid phase: existence of a novel $C_{48}N_{12}$ aza-fullerene[J]. Physical Review Letters, 2001, 87(22): 225503.

[15] Wang C, Yang S, Li H, et al. Elastic properties of a-C:N:H films[J]. Journal of Applied Physics, 2007, 101: 013501.

[16] Koskinen J, Hirvonen J P, Levoska J, et al. Tribological characterization of carbon-nitrogen coatings deposited by using vacuum are discharge[J]. Diamond and Related Materials, 1996, 5(6-8): 669-673.

[17] Wei B, Zhang B, Johnson K E. Nitrogen-induced modifications in microstructure and wear durability of ultrathin amorphous-carbon films[J]. Journal of Applied Physics, 1998, 83(5): 2491-2499.

[18] Bendavid A, Martin P J, Randeniya L, et al. The properties of fluorine containing diamond-like carbon films prepared by plasma-enhanced chemical vapour deposition[J]. Diamond and Related Materials, 2009, 18(1): 66-71.

[19] Bai S, Murabayashi H, Kobayashi Y, et al. Tight-binding quantum chemical molecular dynamics simulations of the low friction mechanism of fluorine-terminated diamond-like carbon films[J]. Rsc Advances, 2014, 4(64): 33739-33748.

[20] Sung J C, Kan M C, Sung M. Fluorinated DLC for tribological applications[J]. International Journal of Refractory Metals & Hard Materials, 2009, 27(2): 421-426.

[21] Moolsradoo N, Watanabe S. Deposition and tribological properties of sulfur-doped DLC films deposited by PBII method[J]. Advances in Materials Science and Engineering, 2010, 2010: 1-7.

[22] Wang F, Wang L, Xue Q. Fluorine and sulfur co-doped amorphous carbon films to achieve ultra-low friction under high vacuum[J]. Carbon, 2016, 96: 411-420.

[23] He X, Hakovirta M, Peters A M, et al. Fluorine and boron co-doped diamond-like carbon films deposited by pulsed glow discharge plasma immersion ion processing[J]. Journal of Vacuum Science & Technology A-Vacuum Surfaces and Films, 2002, 20(3): 638-642.

[24] Hiroyuki M, Mamoru T, Masaru O, et al. Low friction property of boron doped DLC under engine oil[J]. Tribology Online, 2017, 12(3): 135-140.

[25] Li W, Cao X, Kong L, et al. The impact of dopants (B, H) on the mechanical behavior and tribological performance of DLC film under water lubrication[J]. Tribology International, 2022, 174: 107783.

[26] 王鹏. 碳基纳米复合薄膜的设计，制备及其性能研究 [D]. 兰州：中国科学院兰州化学物理研究所，2008.

[27] Zhao F, Li H, Ji L, et al. Ti-DLC films with superior friction performance[J]. Diamond and Related Materials, 2010, 19(4): 342-349.

[28] 赵飞. 多环境适应性超滑复合类金刚石薄膜的制备及其性能研究 [D]. 兰州：中国科学院兰州化学物理研究所，2010.

[29] Podgornik B, Hren D, Vizintin J, et al. Combination of DLC coatings and EP additives for improved tribological behavioiur of boundary lubricated surfaces[J]. Wear, 2006, 261(1): 32-40.

[30] Hovsepian P E, Mandal P, Ehiasarian A P, et al. Friction and wear behaviour of Mo-W doped carbon-based coating during boundary lubricated sliding[J]. Applied Surface Science, 2016, 366: 260-274.

[31] Yan M, Wang X, Zhou H, et al. Microstructure, mechanical and tribological properties of graphite-like carbon coatings doped with tantalum[J]. Applied Surface Science, 2021, 542: 148404.

[32] Balden M, Adelhelm C, Köck T, et al. Thermal nanostructuring of metal-containing carbon films and their nanoindentation testing[J]. Reviews on Advanced Materials Science, 2007, 15: 95-104.

[33] Pu J, Zhang G, Wan S, et al. Synthesis and characterization of low-friction Al-DLC films with high hardness and low stress[J]. Journal of Composite Materials, 2015, 49(2): 199-207.

[34] Wang Y, Wang Y, Li X, et al. The friction and wear properties of metal-doped DLC films under current-carrying condition[J]. Tribology Transactions, 2019, 62(6): 1119-1128.

[35] Wang Y, Wang J, Zhang G, et al. Microstructure and tribology of TiC(Ag)/a-C:H nanocomposite coatings deposited by unbalanced magnetron sputtering[J]. Surface & Coatings Technology, 2012, 206(14): 3299-3308.

[36] Magnuson M, Wilhelmsson O, Palmquist J P, et al. Electronic structure and chemical bonding in Ti_2AlC investigated by soft X-ray emission spectroscopy[J]. Physical Review B, 2006, 74(19): 205102.

[37] Wilhelmsson O, Rasander M, Carlsson M, et al. Design of nanocomposite low-friction coatings[J]. Advanced Functional Materials, 2007, 17(10): 1611-1616.

[38] Zhang S, Bui X L, Fu Y Q. Magnetron-sputtered nc-TiC/a-C(Al) tough nanocomposite coatings[J]. Thin Solid Films, 2004, 467(1-2): 261-266.

[39] 周生国. 多元碳基薄膜的非晶/纳米晶微结构设计及其摩擦自适应行为 [D]. 兰州：中国科学院兰州化学物理研究所，2012.

[40] Wei X, Zhang G, Wang L. Adsorption and tribo-chemistry aspects of nc-(W,Ti)C/a-C(Al) film with oil addition under boundary lubrication[J]. Tribology International, 2014, 80: 7-13.

[41] Wei X, Zhang G, Wang L. "Metal-reservoir" carbon-based nanocomposite coating for green tribology[J]. Tribology Letters, 2015, 59(2): 34.

[42] Nakazawa H, Sudoh A, Suemitsu M, et al. Mechanical and tribological properties of boron, nitrogen-coincorporated diamond-like carbon films prepared by reactive radio-frequency magnetron sputtering[J]. Diamond and Related Materials, 2010, 19(5-6): 503-506.

[43] Tsotsos C, Baker M A, Polychronopoulou K, et al. Structure and mechanical properties of low temperature magnetron sputtered nanocrystalline (nc-)Ti(N,C)/amorphous diamond like carbon (a-C:H) coatings[J]. Thin Solid Films, 2010, 519(1): 24-30.

[44] Liu X, Lin Y, Xiang J, et al. Dual-doped(Si-Ag) graphite-like carbon coatings with ultra-low friction and high antibacterial activity prepared by magnetron sputtering deposition[J]. Diamond and Related Materials, 2018, 86: 47-53.

[45] Jiang J, Hao J, Wang P, et al. Superlow friction of titanium/silicon codoped hydrogenated amorphous carbon film in the ambient air[J]. Journal of Applied Physics, 2010, 108: 033510.

[46] Wu Y, Zhou S, Zhao W, et al. Comparative corrosion resistance properties between (Cu, Ce)-DLC and Ti co-doped (Cu,Ce)/Ti-DLC films prepared via magnetron sputtering method[J]. Chemical Physics Letters, 2018, 705: 50-58.

[47] Zhou S, Wang L, Xue Q. Achieving low tribological moisture sensitivity by a-C:Si:Al carbon-based coating[J]. Tribology Letters, 2011, 43(3): 329-339.

[48] Liu X, Yang J, Hao J, et al. A near-frictionless and extremely elastic hydrogenated amorphous carbon film with

self-assembled dual nanostructure[J]. Advanced Materials, 2012, 24(34): 4614-4617.

[49] Wang Y, Zhang X, Wu X, et al. Superhard nanocomposite nc-TiC/a-C:H film fabricated by filtered cathodic vacuum arc technique[J]. Applied Surface Science, 2008, 254(16): 5085-5088.

[50] Zehnder T, Schwaller P, Munnik F, et al. Nanostructural and mechanical properties of nanocomposite nc-TiC/a-C:H films deposited by reactive unbalanced magnetron sputtering[J]. Journal of Applied Physics, 2004, 95(8): 4327-4334.

[51] Wang Y, Wang L, Wang S C, et al. Nanocomposite microstructure and environment self-adapted tribological properties of highly hard graphite-like film[J]. Tribology Letters, 2010, 40(3): 301-310.

[52] Wang Y, Wang L, Xue Q. Improvement in the tribological performances of Si_3N_4, SiC and WC by graphite-like carbon films under dry and water-lubricated sliding conditions[J]. Surface & Coatings Technology, 2011, 205(8-9): 2770-2777.

[53] Wang P, Wang X, Liu W, et al. Growth and structure of hydrogenated carbon films containing fullerene-like structure[J]. Journal of Physics D-Applied Physics, 2008, 41(8): 085401.

[54] 王莹. 多尺度微/纳润滑薄膜的设计、构筑及其摩擦学行为研究 [D]. 兰州：中国科学院兰州化学物理研究所，2011.

[55] 王霞. 含氢类富勒烯碳薄膜摩擦学性能及改性研究 [D]. 兰州：中国科学院兰州化学物理研究所，2009.

[56] Voevodin A A, O'Neill J P, Zabinski J S. WC/DLC/WS$_2$ nanocomposite coatings for aerospace tribology[J]. Tribology Letters, 1999, 6(2): 75-78.

[57] Voevodin A A, Zabinski J S. Smart nanocomposite coatings with chameleon surface adaptation in tribological applications. [C] // NATO-Russia Advanced Research Workshop on Nanostructured Thin Films and Nanodispersion Strengthened Coatings, Technol Univ, Moscow State Inst Steel & Alloys, Moscow, RUSSIA, 2003, 155: 1-8.

[58] Voevodin A A, Walck S D, Zabinski J S. Architecture of multilayer nanocomposite coatings with super-hard diamond-like carbon layers for wear protection at high contact loads[J]. Wear, 1997, 203: 516-527.

[59] Cho H, Kim S, Ki H. Pulsed laser deposition of functionally gradient diamond-like carbon (DLC) films using a 355nm picosecond laser[J]. Acta Materialia, 2012, 60(18): 6237-6246.

[60] Donnet C, Fontaine J, Le Mogne T, et al. Diamond-like carbon-based functionally gradient coatings for space tribology[J]. Surface & Coatings Technology, 1999, 120: 548-554.

[61] Yu W, Huang W, Wang J, et al. High-temperature tribological performance of the Si-gradually doped diamond-like carbon film[J]. Vacuum, 2021, 191: 110387.

[62] Wang L, Wan S, Wang S C, et al. Gradient DLC-based nanocomposite coatings as a solution to improve tribological performance of aluminum alloy[J]. Tribology Letters, 2010, 38(2): 155-160.

[63] Guan X, Lu Z, Wang L. Achieving high tribological performance of graphite-like carbon coatings on Ti6Al4V in aqueous environments by gradient interface design[J]. Tribology Letters, 2011, 44(3): 315-325.

[64] 王军军，何浩然，黄伟九，等. Cr 基过渡层对钛合金表面类金刚石薄膜摩擦学性能的影响 [J]. 中国表面工程，2018, 3: 61-67.

[65] Liu Y, Meletis E I. Tribological behavior of DLC coatings with functionally gradient interfaces[J]. Surface & Coatings Technology, 2002, 153(2-3): 178-183.

[66] Lin Y, Zia A W, Zhou Z, et al. Development of diamond-like carbon (DLC) coatings with alternate soft and hard multilayer architecture for enhancing wear performance at high contact stress[J]. Surface & Coatings Technology, 2017, 320: 7-12.

[67] Voevodin A A, Schneider J M, Rebholz C, et al. Multilayer composite ceramic-metal-DLC coatings for sliding wear applications[J]. Tribology International, 1996, 29(7): 559-570.

[68] Li L, Liu L, Li X, et al. Enhanced tribocorrosion performance of Cr/GLC multilayered films for marine

protective application[J]. ACS Applied Materials & Interfaces, 2018, 10(15): 13187-13198.

[69] Wang J, Pu J, Zhang G, et al. Interface architecture for superthick carbon-based films toward low internal stress and ultrahigh load-bearing capacity[J]. ACS Applied Materials & Interfaces, 2013, 5(11): 5015-5024.

[70] Li A, Li X, Wang Y, et al. Investigation of mechanical and tribological properties of super-thick DLC films with different modulation ratios prepared by PECVD[J]. Materials Research Express, 2019, 6(8): 086433.

[71] Hovsepian P E, Lewis D B, Munz W D. Recent progress in large scale manufacturing of multilayer/superlattice hard coatings[J]. Surface & Coatings Technology, 2000, 133: 166-175.

[72] Li F, Zhang S, Kong J, et al. Multilayer DLC coatings via alternating bias during magnetron sputtering[J]. Thin Solid Films, 2011, 519(15): 4910-4916.

[73] 沟引宁，孙鸿，黄楠，等. 磁过滤真空弧源沉积技术制备 C/C 多层类金刚石膜及其摩擦磨损性能研究 [J]. 摩擦学学报，2006, 26: 121-124.

[74] Nemati N, Bozorg M, Penkov O V, et al. Functional multi-nanolayer coatings of amorphous carbon/tungsten carbide with exceptional mechanical durability and corrosion resistance[J]. ACS Applied Materials & Interfaces, 2017, 9(35): 30149-30160.

[75] Pujada B R, Tichelaar F D, Janssen G C A M. Stress in tungsten carbide-diamond like carbon multilayer coatings[J]. Applied Physics Letters, 2007, 90(2): 021913.

[76] Baker M A, Gilmore R, Lenardi C, et al. Microstructure and mechanical properties of multilayer TiB_2/C and co-sputtered TiB_2-C coatings for cutting tools[J]. Vacuum, 1999, 53(1-2): 113-116.

[77] Sui X, Liu J, Zhang S, et al. Microstructure, mechanical and tribological characterization of CrN/DLC/Cr-DLC multilayer coating with improved adhesive wear resistance[J]. Applied Surface Science, 2018, 439: 24-32.

[78] Kabir M S, Zhou Z, Xie Z, et al. Designing multilayer diamond like carbon coatings for improved mechanical properties[J]. Journal of Materials Science & Technology, 2021, 65: 108-117.

[79] He D, Li X, Pu J, et al. Improving the mechanical and tribological properties of TiB_2/a-C nanomultilayers by structural optimization[J]. Ceramics International, 2018, 44 (3): 3356-3363.

[80] He D, Pu J, Lu Z, et al. Simultaneously achieving superior mechanical and tribological properties in WC/a-C nanomultilayers via structural design and interfacial optimization[J]. Journal of Alloys and Compounds, 2017, 698: 420-432.

[81] Li Z, Zhang H, He W, et al. Tribological performance of a novel wide-temperature applicable a-C/(WC/a-C) film against M50 steel[J]. Tribology International, 2020, 145: 106189.

[82] 李泽清. 宽温域润滑非晶碳基薄膜摩擦学行为研究 [D]. 西安：西安交通大学，2021.

[83] Dumitru G, Romano V, Weber H P, et al. Laser treatment of tribological DLC films[J]. Diamond and Related Materials, 2003, 12(3-7): 1034-1040.

[84] Dumitru G, Romano V, Weber H P, et al. Femtosecond laser ablation of diamond-like carbon films[J]. Applied Surface Science, 2004, 222(1-4): 226-233.

[85] Pettersson U, Jacobson S. Friction and wear properties of micro textured DLC coated surfaces in boundary lubricated sliding[J]. Tribology Letters, 2004, 17(3): 553-559.

[86] Ding Q, Wang L, Wang Y, et al. Improved tribological behavior of DLC films under water lubrication by surface texturing[J]. Tribology Letters, 2011, 41(2): 439-449.

[87] He D, Zheng S, Pu J, et al. Improving tribological properties of titanium alloys by combining laser surface texturing and diamond-like carbon film[J]. Tribology International, 2015, 82: 20-27.

[88] Rosenkranz A, Costa H L, Baykara M Z, et al. Synergetic effects of surface texturing and solid lubricants to tailor friction and wear: a review[J]. Tribology International, 2021, 155: 106792.

第八章

发动机低摩擦固体润滑碳薄膜关键技术及应用

第一节
技术应用背景

一、摩擦磨损对发动机的影响

在全球气候变暖的背景下，以低能耗、低污染为基础的"低碳经济"成为全球热点，其实质是提高能源利用效率和创建清洁能源结构。汽车是全球石油危机和温室气体排放的主要原因之一，面对石油供应紧张与节能减排的双重压力，发展低碳、节能、高效汽车及其相关发动机技术迫在眉睫。燃料喷射系统（气门挺杆、柱塞、喷油嘴）、动力传动系统（齿轮、轴承、凸轮轴）、活塞部件（活塞环、活塞销）等是发动机的关键系统，也是发动机中工况较苛刻的摩擦系统。这些关键零部件的耐磨和润滑性直接影响汽车的功率、排放、油耗与寿命，提高发动机关键零部件的耐磨和润滑性始终是汽车行业发展低碳、节能、高效汽车的关键。在典型的发动机系统中，摩擦引起的能量损失超过总功率的40%。其中活塞组件、曲轴组件、配气机构摩擦引起的能量损失占发动机摩擦总能量损失的70%以上。

汽车发动机是典型的多摩擦运动部件机械系统。对发动机来说，减少摩擦是降耗减排的关键技术之一。诺贝尔物理学奖获得者、前美国能源部部长朱棣文2012年在 Nature 发表文章指出，只有21.5%左右的发动机燃油燃烧功用于驱动车辆正常行驶，33%的发动机燃油燃烧功被动力及传动系统的摩擦等消耗。通过采用低摩擦技术，短期内可提高发动机效率20%，而未来15～25年可提高60%以上[1]。英国石油公司（BP）、欧盟环境署、美国阿贡国家实验室与芬兰科学院的报告（2010）指出：未来5～10年通过发展高性能低摩擦润滑材料和技术，预期可降低汽车发动机摩擦功耗18%，提高机动车燃油经济性，降低 CO_2 排放量。对中国而言可减少燃油消耗1000万吨/年，减少 CO_2 排放0.29亿吨/年。因此，国务院《节能与新能源汽车产业发展规划（2012—2020年）》（国发〔2012〕22号）、《国务院办公厅关于加强内燃机工业节能减排的意见》（国办发〔2013〕12号）、《内燃机协会"十三五"汽车工业发展规划意见》都强调发展发动机低摩擦固体润滑薄膜共性关键技术，推动发动机产业技术升级，支撑发动机技术进步和产业发展。

英国石油公司在京发布的《世界能源展望（2016年版）》中文版预测：到2035年，中国预计将占全球能源消费总量的25%，石油进口依存度从2014年的59%升至2035年的76%。《2017年中国油气产业发展分析与展望报告蓝皮书》指出：2016 年中国原油对外依存度升至 65.4%，预计 2035 年这一数据将接近 80%。《中国发动机工业"十三五"发展规划》指出：发动机消耗了全球 2/3 的石油资源（摩擦消耗 33%），是大气污染和温室气体二氧化碳的主要来源，其中柴油机是污染排放（特别是雾霾）的主要来源。柴油机 NO_x、颗粒物分别占机动车排放 68.1%、99% 以上。我国快速增长的石油消耗量和过高的原油对外依存度严重影响国家能源安全。我国汽车产销连续多年超过 2000 万辆，占机动车总量的 88.5%。汽车产业生产总值占我国 GDP 的 11%，贡献国内总税收的 10% 以上，却消耗了 45% 以上的石油资源。目前，发展新能源汽车和降低摩擦损耗是节能降耗的两个重要途径。

《中国机动车环境管理年报（2017）》指出：2016 年，全国机动车排放约 4.47 千万吨，仅占 10.2% 的柴油机（图 8-1）排放的 NO_x 接近汽车排放总量的 70%，PM2.5 超过 90%。因此，如何降低发动机特别是柴油机的污染颗粒物排放量，是掐断雾霾形成源头、实现节能减排的关键之一。如图 8-2 所示，目前运行的柴油机大部分为国四以下产品，随着国五排放标准的实施，柴油机更新换代速度势必加快。目前来说，通过采用新能源、轻量化、低摩擦及高效燃烧技术（电控高压共轨技术）可以降低发动机排放。

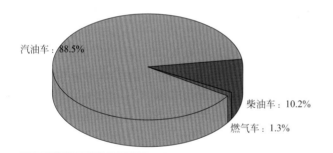

图8-1
2016年发动机占有比例

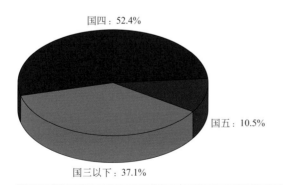

图8-2
现有发动机标准分布图

从汽车发动机来看，近年来，由于使用了基于非晶碳结构薄膜材料技术（摩擦系数＞0.05），德国博世、日本电装、美国德尔福等公司开发的高压共轨燃油喷射系统垄断了我国高端共轨喷油系统市场。科技日报报道的35项卡脖子技术中，就包括高压共轨燃油喷射系统。日本日产发动机挺柱应用非晶碳结构薄膜材料技术，可降低摩擦副摩擦损失25%。但是，因为碳薄膜工艺技术和镀膜装备技术的垄断，尤其是随着国四、国五排放标准的实施，国内汽车发动机零部件、系统、整机生产商面临巨大冲击和压力。

二、发动机摩擦磨损的研究思路

低摩擦意味着更低的摩擦功损失和更长的服役寿命，低摩擦固体润滑薄膜技术的特点是保持机械零部件的固有强度和尺寸特征，又赋予摩擦副表面所要求的低摩擦耐磨损性能。国内外对超低摩擦碳薄膜技术的研究主要以美国阿贡国家实验室、中科院兰州化学物理研究所等为代表。2000年，美国阿贡国家实验室报道了具有超低摩擦（0.001量级）特性的含氢非晶碳薄膜（在真空和氢气氛下），但是超低摩擦含氢非晶碳薄膜受制于特殊气氛的要求，很难实现工业应用。针对这一问题，本书著者团队于2008年在国际上首次报道了在大气环境下具有工程化应用价值的超低摩擦类富勒烯纳米结构碳薄膜（利用UMT摩擦试验机摩擦系数低至0.008，耐磨寿命可达10^6转，实现了大气环境下的超低摩擦）。后续研究工作通过类富勒烯纳米结构精细调控，可以实现0.002的超低摩擦。低摩擦技术的应用不仅意味着摩擦损耗的减少，同时对发展精密的智能控制系统意义重大，如高压共轨燃油喷射系统，其阀芯和阀体的配合间隙为1～1.5μm，且运行速度快、响应灵敏度要求高，摩擦阻力大会引起卡咬、磨损，导致喷射系统失灵。

一般高压共轨以180MPa为分界点，200MPa以上是共轨技术的难点，尤其在高压密封件技术、低摩擦偶件制造工艺等关键核心技术方面完全被国外企业垄断。但是随着国五、国六排放标准的实施及未来发展的需要，高压共轨喷油器偶件配合间隙进一步减小（约1.5～2μm），压力更高（220～250MPa），由此带来的偶件摩擦磨损和摩擦熔焊等问题严重制约了超高压共轨系统的实现。下一代共轨压力≥220MPa、稳定运行4500h的喷射系统，要求偶件配合间隙≤1.5μm，喷射速度约2000次/min，这种条件下会引起黏着摩擦，甚至发生冷焊，导致系统崩溃（图8-3）。因此，降低摩擦磨损成为发展高压喷射系统的核心问题。通常的做法是在柱塞、阀芯表面制备类金刚石薄膜（摩擦系数0.1），能满足180MPa的使用要求。但是，当压力高于200MPa，甚至需要在300MPa时，在高速高压下工作，偶件对内壁（钢套）的磨损加剧。因此，如何进一步降低系统的摩擦磨损成为亟待解决的关键技术瓶颈问题。

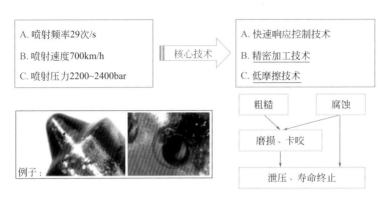

A. 喷射频率29次/s		A. 快速响应控制技术
B. 喷射速度700km/h	核心技术 →	B. 精密加工技术
C. 喷射压力2200~2400bar		C. 低摩擦技术

粗糙　　腐蚀
　　　↓
磨损、卡咬
　　　↓
泄压、寿命终止

例子：

难点一：精密加工技术，超精磨小于1.0μm；圆度和直线度0.5μm；

难点二：耐磨及长寿命，耐腐蚀、低摩擦系数、低磨损率。

图8-3　超高压共轨技术实现的瓶颈

1bar=10⁵Pa，下同

综上所述发动机低摩擦技术是发动机的共性关键技术，推动高性能低摩擦碳基固体润滑技术在汽车发动机零部件的应用具有十分重要的工程研究意义。发动机低摩擦技术不仅能提高发动机零件的使用寿命、降低发动机能耗和排放量，更能提升汽车零配件的品质，进而提升高压共轨系统和发动机的技术含量和核心竞争力，使汽车零配件更具国际竞争力。

中科院兰州化学物理研究所前期在超低摩擦碳薄膜材料基础研究方面取得了成果，即在大气环境下具有工程化应用价值的超低摩擦类富勒烯纳米结构碳薄膜（摩擦系数＜0.01），在机械系统运动部件实现工程应用，则将显著降低机械系统摩擦功损失和延长服役寿命。对于我国汽车发动机领域而言，既可以突破核心零部件和燃油喷射系统等被国外公司垄断的局面，同时，又可以降低发动机的能耗和排放，提高国产发动机的核心技术竞争力和品质。面向行业重大需求，中科院兰州化学物理研究所和中国一汽成立了"汽车摩擦学联合实验室"，联合重庆长安、南岳电控等上下游企业，开展联合攻关（图8-4）。

要实现上述目标，即超低摩擦类富勒烯碳薄膜（摩擦系数＜0.01）在汽车发动机摩擦部件的应用，面临的技术难题是：①超低摩擦碳薄膜制备窗口窄，对等离子体参数波动敏感，一般小区域等离子体均一性可以保障，但是大面积区域等离子体发散性大，在不同的等离子体位置获得的薄膜性能有差异。如何突破超低摩擦类富勒烯碳薄膜宏观尺寸可控备技术，满足零部件表面全覆盖的批量化制备要求，是一项国际难题。②机械系统零部件一般使用高速钢、工具钢和轴承钢等，它们机械性能差距不大，主要在于耐温性（高速钢和工具钢退火温度＞180℃，而轴承钢约150℃），轴承钢形变软化温度低（150℃），而高结合力

图8-4　产学研合作路线

碳薄膜沉积温度高（＞180℃）。但是传统的镀膜室温度一般都在180℃以上，如何在低于150℃获得高结合力低摩擦碳薄膜是一项技术挑战。③高端镀膜设备被国外公司垄断，出于技术保密，其出厂都进行了加密处理，只能从设备供应商手中购买配套的工艺，要在进口设备上实现超低摩擦碳薄膜的批量化制备，需要对设备解密和匹配性改造，风险高。因此，要实现超低摩擦碳薄膜的产业化应用，必须突破自主知识产权的镀膜设备及工艺-设备的一体化集成技术。

为了实现低摩擦类富勒烯碳薄膜的工程应用，针对上述三个技术难题，在国家"973计划"、"863计划"、国际合作项目等的支持下，依据图8-5的技术路线，

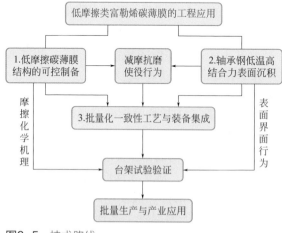

图8-5　技术路线

本书著者团队展开了：①低摩擦碳薄膜结构的可控制备；②轴承钢低温高结合力表面沉积；③批量化一致性工艺与装备集成的研究。

历经 10 余年的发展，如图 8-6 所示，本书著者团队攻克了上述三个关键技术，实现了原创润滑材料的产业应用。

图8-6　产学研用发展时间轴线

第二节
低摩擦类富勒烯碳薄膜可控制备

含氢类富勒烯碳薄膜的构筑主要有两种方法：第一种是等离子体增强化学气相沉积［PECVD，图 8-7（a）］，第二种是反应磁控溅射沉积［图 8-7（b）］。两种方法的相同点是均采用甲烷等作为反应气体、使用了脉冲高偏压，不同点是磁控溅射提供了一个额外的等离子体增强辅助，有时候可以采用具有催化效果的靶材[2]，但是总的来说，偏压是影响其结构的主要因素，其他影响较小。

含氢类富勒烯碳薄膜结构的影响因素主要有偏压、气氛和退火温度等。本节主要从偏压的大小、偏压的占空比、掺杂气氛、退火温度等讨论结构的可控因素。但是从工业应用的角度来看，温和的制备手段更受欢迎，也更适合推广应用。

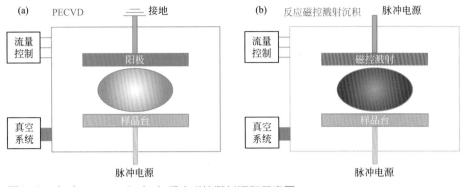

图8-7 （a）PECVD和（b）反应磁控溅射沉积示意图

一、偏压的影响

1. 偏压大小的影响

（1）采用PECVD技术制备的薄膜　制备条件为：甲烷、氢气和氩气的流量分别为10sccm、20sccm和100sccm，电源频率为80KHz，沉积时间约为4h。为考察不同偏压的影响，在沉积过程中基底偏压分别选择 $-600V$、$-800V$、$-1000V$、$-1200V$、$-1400V$ 和 $-1600V$[3]。

薄膜的微观结构特征由HRTEM表征得到，如图8-8所示。为了清晰地区别

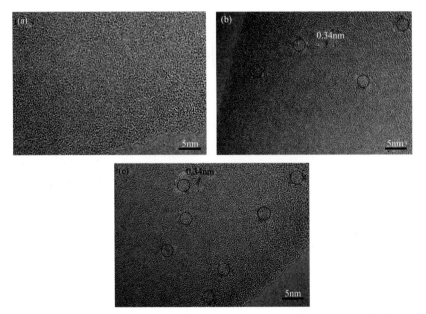

图8-8 三种类富勒烯碳薄膜的HRTEM图：$-800V$（a）；$-1200V$（b）；$-1600V$（c）

出不同偏压下薄膜微观结构的差异，图中只给出三种平面图（-800V、-1200V
和-1600V）。显然，沉积偏压对类富勒烯碳薄膜微观结构变化的影响非常大。
-800V条件下制备的薄膜为典型非晶结构。将偏压升高到-1200V，所沉积的薄
膜除了具有非晶特点之外，在其非晶结构中还出现了部分直线状和弯曲的短程有
序结构，而且0.34nm层间距与石墨（0002）的非常吻合[4,5]。而在-1600V偏压
下，薄膜特殊结构的变化更加明显，其内部分布了大量直线状和弯曲的石墨结构
（层间距同样为0.34nm），即类富勒烯结构。与-1200V相比，-1600V偏压下薄
膜内部的短程有序结构尺寸更大，含量更高。HRTEM结果很好地证明，更高的
偏压有助于薄膜非晶结构中类富勒烯结构的增长。

图8-9为五种偏压下不同薄膜的相关拉曼光谱信息。一般情况下，碳薄膜的
拉曼光谱可利用高斯方法拟合出两个主峰：G峰（峰位在1540cm^{-1}左右）为石墨
结构中C—C键的伸缩振动（与结晶石墨的E_{2g}振动模式相联系的G线）；D峰（峰
位在1360cm^{-1}左右）为无序的微石墨结构（与石墨无序振动模式A_{1g}相联系的D
线）[6]。从图8-9（a）可看出五种拉曼光谱存在较大差异。单从D峰强度来看，
随偏压增加D峰强度增加。已有文献报道，拉曼光谱中D峰强度的增加可证明

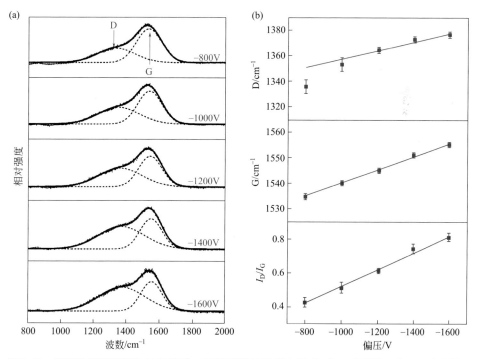

图8-9 类富勒烯碳薄膜的拉曼光谱：五种薄膜的拉曼光谱（a）；薄膜的D峰、G峰峰位和
I_D/I_G值（b）

薄膜中 sp^3 相含量的减少，正对应薄膜中类金刚石成分的减少和类石墨成分的增加[7]。同样，D 峰和 G 峰峰位、D 峰与 G 峰的峰强度比（I_D/I_G）的变化也与薄膜微观结构有直接联系[8,9]。如果 D 峰或 G 峰移向更高峰位，说明薄膜 sp^3 相减少而更多的 sp^2 芳香类团簇形成。正如图 8-9（b）所示，随偏压增加，D 峰、G 峰皆向更高峰位移动，表明薄膜 sp^2 相的尺寸和类石墨结构有序程度皆在增高。同时 I_D/I_G 单调增大，可进一步证明偏压升高，sp^3 相含量减少，并且以 sp^2 相组成的有序结构增加，薄膜的类石墨特性更加明显。结合 HRTEM 结果的变化趋势可以看出，更高的偏压可促进含氢碳薄膜中 sp^2 相团簇的形成和类富勒烯结构的转变，即含氢 FLC 薄膜的形成。

沉积偏压升高导致薄膜微观结构转变，结构变化进一步影响薄膜自身的机械性能，正如图 8-10 所示。随着偏压由 -800V 升高到 -1600V，薄膜硬度和弹性恢复率呈现出不同的变化趋势。从整体上看，薄膜的硬度出现轻微下降趋势，即从 14.7GPa 降至 12.9GPa，而弹性恢复率却从 82.2% 一直上升到 88.1%。对于该现象，可从薄膜结构变化的角度来解释。一般而言，对于传统含氢 DLC 薄膜，其硬度与薄膜中 sp^3 相含量有直接关系，更高 sp^3 相含量对应更高含量的类金刚石结构，从而具有更高的硬度。而薄膜中 sp^2 相含量增加对应类石墨结构增加，导致薄膜硬度下降。但单单从两相含量变化趋势来判断薄膜机械性能的好坏显然是不全面的，这只是影响该性能变化的一个因素。根据上述讨论的 HRTEM 和拉曼光谱结果显示，随偏压上升，类富勒烯碳薄膜中 sp^2 相含量虽然增加，但其以大量团簇形式存在，即 HRTEM 中观察到的大量类富勒烯结构。石墨片层结构本身为二维结构，必然会导致薄膜刚性降低。但其以直线和弯曲的状态交错镶嵌于薄膜非晶态中，形成一个三维网络状结构，这种独特的结构可以将石墨片层强的二维键合强度扩展到三维，层与层之间形成紧密交联，即使 sp^2 相含量升高，薄膜

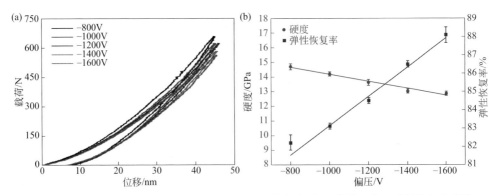

图8-10 五种类富勒烯碳薄膜纳米压入载荷-位移曲线（a）；薄膜硬度和弹性恢复率随偏压的变化趋势（b）

同样可以保持较高硬度。随着沉积偏压升高，薄膜内部 sp^2 相含量升高，直线和弯曲石墨结构的尺寸和数量都在增加，共同作用下使得薄膜硬度虽有变化趋势，但范围极小。相比之下，薄膜弹性恢复率的变化尤为明显，主要归因于薄膜中弯曲的类富勒烯结构具有非常好的弹性变形能力，在受到一定载荷作用下，可以通过键的扭曲或键角的调整将作用力释放到更大区域，待作用力撤销后，其又自动恢复到原有结构。所以，沉积偏压升高影响薄膜内部结构，进而使其硬度和弹性恢复率发生变化，但高偏压下的含氢 FLC 薄膜仍然可展现出优异的机械性能。

（2）利用中频磁控溅射制备类富勒烯碳薄膜　靶材为纯度 99.5% 的金属 Ti，尺寸为 6mm×80mm×280mm，靶材固定在紫铜底座并连接冷却水。反应气体为高纯 CH_4 与 Ar 气，两种气体按照 1:2 的比例混合后通入真空室。选用型号为 P（111）的单晶硅作为基体材料，将其用无水乙醇和丙酮分别超声清洗 10min，利用 Ar 等离子体在 1Pa、−700V 偏压下轰击清洗 10min，以除去单晶硅表面污染物。实验中，真空室背底压强为 $3×10^{-3}Pa$，沉积气压为 $(5～6)×10^{-1}Pa$。采用中频（40kHz）交流电源为溅射电源，放电电流保持为 2.0A。偏压由脉冲偏压电源产生，连接在可转动转架上，电源参数如下：可调范围 0～4000V，频率 4kHz，导通比 15%[10]。

图 8-11 为不同偏压条件下沉积的薄膜高分辨图像。由图可以看出，基底偏压为 0V 时，薄膜为无序结构，在无序的基体中包含少量直线状石墨平面。在没有基底偏压的作用下，薄膜微观形貌能够较好地反映溅射产物的微观结构，这表明类富勒烯结构的出现是在溅射产物沉积在基材之后形成的。当基底偏压大于 −400V 时，薄膜中出现了大量弯曲的石墨平面，这些平面有着不同的曲率半径，尺寸约为 2～3nm，形成封闭或半封闭的弯曲结构。进一步增加基底偏压，薄膜中依然保存有类富勒烯结构特征的弯曲石墨平面，出现变化的仅仅是弯曲石墨平面的曲率半径。这就意味着：高能离子的轰击有助于类富勒烯结构在薄膜中的形成与生长。

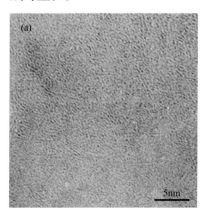
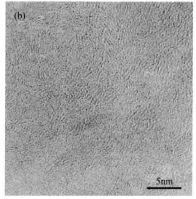

图8-11

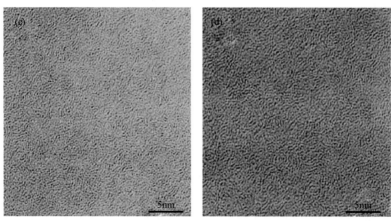

图8-11 不同偏压下获得的FL-C:H薄膜HRTEM图像：0V（a）；-400V（b）；-1200V（c）；-1600V（d）

图 8-12 是 FL-C:H 和 a-C 薄膜的加载 - 卸载曲线。由图可知：与溅射无定形碳（a-C）薄膜相比，FL-C:H 薄膜具有更高的承载能力，其硬度约为 20.9GPa。值得注意的是：与溅射碳薄膜相比，FL-C:H 薄膜其弹性恢复率高达 85%，而 a-C 薄膜其弹性恢复率仅为 67%。也就是说：卸载之后，FL-C:H 薄膜其塑性变形仅为 15%。而 a-C 薄膜其塑性变形为 33%。

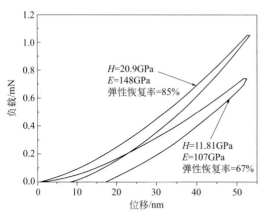

图8-12 FL-C:H和a-C薄膜的加载-卸载曲线：图中所列数值为依据加载-卸载曲线计算出的薄膜硬度、弹性模量以及弹性恢复率

2. 占空比的影响

图 8-13 为不同占空比条件下沉积的薄膜高分辨图像[11]。从图可以得知，直

流电源获得的薄膜是由平行的短程石墨烯弥散在非晶结构中［图 8-13（a）］，但是随着占空比的减小，石墨弯曲程度加剧，这说明小的占空比有利于类富勒烯结构的形成。这是因为类富勒烯结构形成受控于等离子体 on/off 周期（弛豫时间）：高的瞬间能量利于氢的析出，低的脉冲占空比利于碳原子迁移调整形成奇元碳环，导致石墨烯发生弯曲形成类富勒烯结构。

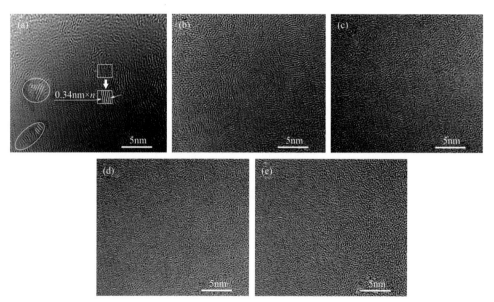

图8-13　FL-C:H薄膜随占空比变化的HRTEM照片：（a）100%；（b）80%；（c）60%；（d）40%；（e）20%

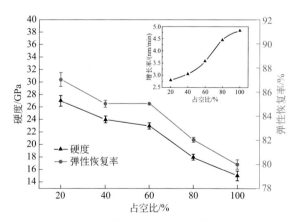

图8-14　FL-C:H薄膜硬度和弹性恢复率随占空比变化的曲线

图 8-14 是 FL-C:H 薄膜硬度和弹性恢复率随占空比变化的曲线。由图可以得知，随着占空比的减小，薄膜的硬度增加，弹性恢复率增加，这和图 8-13 的结果一致。

二、气氛的影响

1. 氟气的影响

采用 PECVD 技术，调整流量 $2 < CF_4/CH_4 < 10$，$Ar = 100sccm$，研究氟对 FL-C:H 薄膜的影响。图 8-15 为 CF_4/CH_4 气体流量比例对薄膜中 F 原子浓度的变化曲线。CF_4/CH_4 气体流量比例分别为 2:1、4:1、5:1、8:1、10:1 时，薄膜中 F 原子浓度分别为 4.8%、5.9%、6.8%、11.6%、15.5%（图 8-15）。结果表明增加反应源气体中 CF_4 的流量，薄膜中 F 的含量也在增加。并且，该实验通过 CVD 制备得到的 F/C 原子比例可控在 $0.05 < F/C < 0.18$[12]。

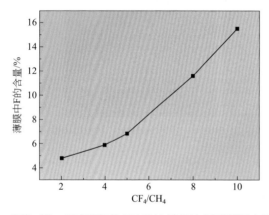

图8-15 反应源气体CF_4/CH_4流量比例对薄膜中F原子浓度的变化曲线

图 8-16 给出了含 F 的 FL-C:H 薄膜和非晶 a-C:H 薄膜的 HRTEM 照片。可以看出含 F 量在 6% 以下，相对于 a-C:H 薄膜，FL-C:H 薄膜表现出类富勒烯结构。但是随着含 F 量的增加（从 12.1% 增加到 15.5%），类富勒烯结构消失。总的来说，F 的加入会导致类富勒烯结构恶化甚至消失（图 8-17）[13]。

采用 PECVD，CH_4 和 CF_4 的流量分别为 16sccm 和 8sccm，电源频率为 80kHz，沉积时间约为 4h。为观察薄膜的结构变化和对相关性能的影响，在沉积过程中基底偏压分别选择 -600V、-800V、-1000V、-1200V、-1400V 和 -1600V[12]。

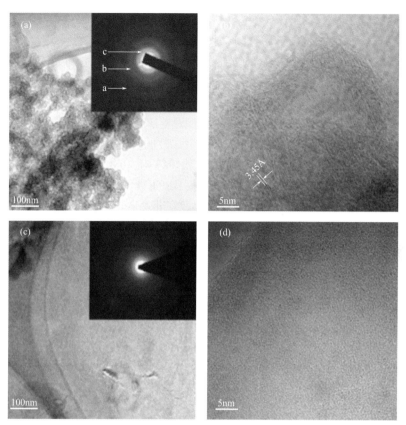

图8-16　FL-C:H薄膜［(a)，(b)］和非晶a-C:H薄膜［(c)，(d)］的HRTEM照片

图8-17　含F的FL-C:H薄膜HRTEM照片：(a) 4.8%；(b) 12.1%；(c) 15.5%

2. 氮气的影响

采用反应磁控溅射 Ni 靶，沉积薄膜时保持偏压在 −1000V，频率 3.5kHz，

占空比 15%。沉积过程中 Ar 气流量保持在 80sccm，N₂ 和 CH₄ 总流量保持在
50sccm，气压保持在 0.5Pa，N₂/（N₂+CH₄）（sccm/sccm）流量比从 0 到 0.5 之间
变化。制备的样品按照 N₂/（N₂+CH₄）（sccm/sccm）流量比从小到大依次编号为
S1、S2、S3、S4 和 S5[14]。图 8-18 给出了随 N₂/（N₂+CH₄）（sccm/sccm）流量比
（S1～S5）变化制备的样品的 HRTEM 照片。在图 8-18（b）边缘部分可以看到
明显的弯曲结构，其弯曲片层结构尺寸大于图 8-18（a）所见。图 8-18（b）左
上角是 S2 对应的衍射花样，从里向外有三个弥散的环出现，分别对应约 3.4Å、
约 2.0Å、约 1.2Å 的面间距 [15,16]，具有类富勒烯结构。当 N₂/（N₂+CH₄）（sccm/
sccm）流量比等于 20% 时，得到样品 S3。从 HRTEM 照片的衬度可以分辨出薄
膜中存在一些尺寸约 1～3nm 的晶体结构分散在非晶碳网络中。图 8-18（c）左
上角是 S3 对应的衍射花样，从里到外出现了 5 个弥散的衍射环，对应的面间距
分别为 4.08Å、2.31Å、2.02Å、1.63Å 和 1.30Å[17,18]，由此推测薄膜中分散的纳

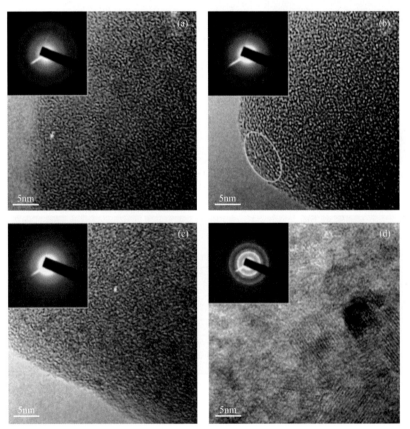

图8-18　溅射Ni靶制备的薄膜的HRTEM照片和SAED花样随N₂/（N₂+CH₄）流量比的变
化：（a）0%；（b）10%；（c）20%；（d）50%

米晶体是纳米 Ni_3C。S4 样品的电镜照片和电子衍射花样在这里并未给出，其结构和 S3 类似，纳米晶体 Ni_3C 尺寸约 20 ～ 40Å，分散在碳网络中。图 8-18（d）给出了样品 S5 的高分辨电镜照片和电子衍射花样。在高分辨电镜下观测到了40 ～ 70Å 的晶体，由一些非晶网络分隔开。这些晶体的晶格条纹间距大部分在2.55Å 左右，只有极少部分晶格条纹间距为 3.0Å。同时，在其对应的电子衍射花样上观测到 7 个弥散的衍射环。其中前 5 个环对应的晶面间距为 3.02Å、2.53Å、2.22Å、1.66Å 和 1.51Å。2.53Å、2.22Å 和 1.66Å 三个晶面间距对应纳米 Ni_3C的衍射环[19]。另外两个晶面间距对应 NiC_x 的衍射环。这也说明随着 CH_4 流量的减少，提供碳原子的数量也进一步减少，N 离子轰击增加，有更多的 Ni 原子参与薄膜生长，非晶碳网络只能被挤到晶界上，在靠近 Ni_3C 晶面的地方形成 NiC_x。

图 8-19 给出了实验中制备样品的硬度、弹性恢复率、弹性模量以及 H/E 值随流量比变化的关系。从图中可以看出，硬度和弹性模量的变化一致，弹性恢复率和 H/E 值的变化一致。含 N 原子和不含 N 原子的具有含氢类富勒烯结构碳薄膜具有最高和次高的硬度（15.5GPa 和 13.7GPa）。进一步增加 $N_2/(N_2+CH_4)$（sccm/

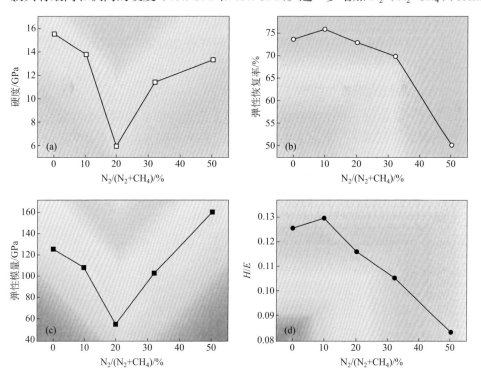

图8-19　（a）硬度；（b）弹性恢复率；（c）弹性模量以及（d）H/E值随流量比变化的关系

sccm）流量比到 20% 时，薄膜的硬度降到最低，这是因为薄膜石墨化严重（sp^3 含量下降），不足以形成坚固的非晶碳网络，薄膜硬度降低，弹性模量下降。继续增加 N_2/（N_2+CH_4）（sccm/sccm）流量比（30%，50% 时），薄膜中纳米级 Ni_3C 大量出现，在薄膜中起到承载作用，薄膜硬度又开始增加，弹性模量也随之增大。弹性恢复率和 H/E 值则表现出截然不同的变化趋势，在 N_2/（N_2+CH_4）（sccm/sccm）流量比到 10% 时达到最高值，这是因为 N 原子进入非晶网络，加剧了弯曲石墨平面的弯曲程度，使得薄膜具有很好的弹性恢复性能。随着 N_2/（N_2+CH_4）（sccm/sccm）流量比的持续增加，N 原子在薄膜中含量降低，薄膜的性能由纳米级 Ni_3C 控制，薄膜的塑性变好，弹性恢复能力变差。

三、退火温度的影响

1．薄膜的制备与热处理

退火样品的制备是在硅片上制得薄膜后，把一部分薄膜放入电阻炉中，分别在 200℃、250℃、300℃、400℃和 500℃（加热速率为 4℃/min）温度下惰性气体保护的环境中退火 30min，然后让其自然冷却到室温状态。另外，晶体 NaCl 作为基底的薄的含氢类富勒烯碳薄膜同样在 200℃、250℃、300℃、400℃和 500℃温度下退火 30min，自然冷却到室温。

2．薄膜的组分与结构

（1）氢含量变化　弹性反冲（ERD）检测的结果表明在 200℃、250℃下退火后薄膜的氢含量与未退火的薄膜一致，均为 24.5%，300℃、400℃和 500℃下的氢含量分别为 24.2%、23.8% 和 23.3%（图 8-20），这说明氢含量随退火温度的变化不大。

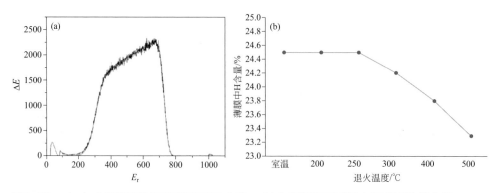

图8-20　（a）含氢类富勒烯碳薄膜ERD曲线；（b）薄膜在不同退火温度下的氢含量

（2）SEM 和 HRTEM 结构　图 8-21 为含氢类富勒烯碳薄膜及其退火样品的断面扫描图片。显而易见，含氢类富勒烯碳薄膜在 200～300℃下退火后薄膜厚度逐渐变薄，而在 300～500℃下退火后薄膜厚度又逐渐加厚，说明薄膜在 300℃下退火后最为致密化。同时，也可以从含氢类富勒烯碳薄膜的 HRTEM 照片中反映出来。未退火处理的薄膜比较松散，内部孔洞较多，所以薄膜较厚；退火温度从 200℃到 300℃，薄膜逐渐致密化，其类富勒烯结构也逐渐变多；退火温度从 400℃到 500℃，薄膜逐渐石墨化（图 8-22）。

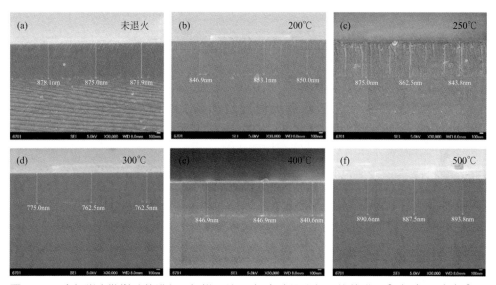

图8-21　含氢类富勒烯碳薄膜断面扫描照片：（a）未退火处理的薄膜；［（b）～（f）］分别在200℃、250℃、300℃、400℃、500℃下退火后薄膜

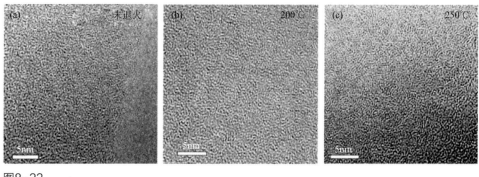

图8-22

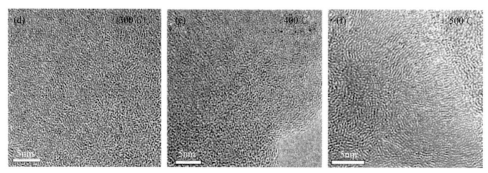

图8-22 含氢类富勒烯碳薄膜高分辨透射电镜照片：（a）未退火处理的薄膜；［（b）～（f）］分别在200℃、250℃、300℃、400℃、500℃下退火后薄膜

3．薄膜的力学与摩擦学

如图 8-23 所示，随着退火温度增加到 300℃，硬度和弹性恢复率先从 20.8GPa 和 89% 增加到 27.3GPa 和 96%。随着温度进一步增加，硬度逐渐降低到 16GPa，但是弹性恢复率持续增加到 99%。

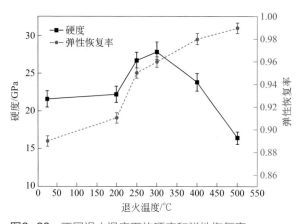

图8-23 不同退火温度下的硬度和弹性恢复率

摩擦系数如图 8-24 所示，随着温度增加到 300℃，摩擦系数从 0.009 降低到 0.004，随温度增加变化不大。磨损体积变化和硬度、H/E 和 H^3/E^2 变化一致。

4．小结

总的来说，占空比和偏压是调节 FL-C:H 薄膜纳米结构的关键因素，较低的占空比和较高的偏压是实现类富勒烯结构的主要因素，这是因为形成卷曲结构需要较高的能量。虽然温度和掺杂能有效改变 FL-C:H 薄膜的纳米结构，但是其经

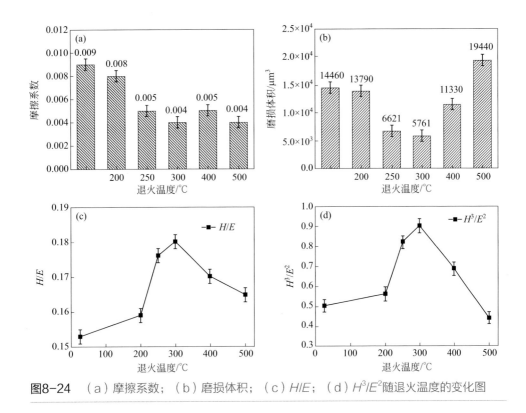

图8-24　（a）摩擦系数；（b）磨损体积；（c）H/E；（d）H^3/E^2随退火温度的变化图

济性和工业化可行性较为复杂，因此，对工业应用来说，采用直流脉冲偏压或者高功率脉冲偏压结合磁控溅射技术是产业化的最优选择。同时退火行为的研究证实了 FL-C:H 薄膜在 300℃以下范围内均能表现出最优性能，完全满足发动机工况的需求。

第三节
低摩擦碳薄膜高结合力设计

近十多年以来，DLC 薄膜无论在学术上还是在实际应用上都取得了丰硕的成果，目前的工作不再局限于研究薄膜材料本身的组织结构和生长机理，实际应用研究已经广泛地开展起来，在这种情况下，膜 - 基结合强度已经成为预测和衡量 DLC 薄膜材料使用效果的重要指标之一。一直以来，膜 - 基结合强度低，尤其是与金属基底之间较低的膜-基结合强度，是限制DLC薄膜广泛应用的一个重要原因。由于DLC薄膜与大多数基体尤其是金属基体之间结构相差较大，直接沉积存在较大的困难，如果能够选取合适的功能梯度过渡层，使得从基体到DLC薄膜结构与热膨胀系数缓慢变化，就能够最大限度地降低膜-基之间的热失配与结构失配[20-21]，功能梯度材料的概念被引入其制备过程中。所谓功能梯度材料是指一种材料，其功能如组分、结构、性能随空间或时间连续变化或阶梯变化的高性能材料。功能梯度薄膜是利用表面涂层技术制备的薄膜状功能梯度材料，通过控制沉积参数和沉积材料的配比得到从基体到表面使成分、组织和性能呈无界面连续变化的功能薄膜，它具有表面改性的技术优点和梯度材料的特殊性能[22-24]。基于以上考虑，通过功能梯度设计在金属表面制备功能梯度层，通过过渡层组分的选择与沉积参数的变化在金属表面与类富勒烯碳薄膜之间引入C元素成分呈梯度变化的功能梯度层，通过结构、成分、力学性能的梯度变化消除金属基体与类富勒烯碳薄膜之间的差异，获得与底材结合良好的梯度类富勒烯碳薄膜，为类富勒烯碳薄膜后续功能的实现提供保障。

一、单层金属过渡层设计

（1）制备方法　将发动机关键偶件（图8-25）清洗后放入镀膜室，薄膜沉积前，真空室预抽至3×10^{-3}Pa以下，然后充Ar气到2.0Pa，开启霍尔源电源到4kW，工件架公转，保证每个工件在霍尔源正前方扫过，整个清洗过程保证15min以上，以充分除去工件表面的残留物。在关闭靶前挡板的情况下，调整氩气到0.4Pa，开启靶电流16A，清洗靶面10～15min。随后调整偏压到0.6kV，频率100kHz；靶电流10～20A，频率40～120kHz，镀金属层10～15min；紧接着以10sccm的速度将甲烷加到200sccm；最后关闭金属靶，打开石墨靶沉积含氢类富勒烯碳薄膜，靶电流10～20A，频率20～100kHz，其它条件保持不变，沉积过程1h。自然冷却到室温后取出样品。

图8-25 某发动机喷油器关键偶件清洗后的照片

（2）断面结构　图 8-26 给出了某种情况下 Si（100）表面沉积纳米结构 DLC 薄膜的特征断面照片，该样品被命名为 SY。随着制备条件的变化，各层的化学成分和结构不同，整个镀层由基底向上大体分为三层，分别为金属层、混合层（成分渐变层，由下向上金属成分减少，碳成分增加）和功能层（含氢类富勒烯碳薄膜）。每层的厚度可以任意调制，以满足不同几何造型和不同部位工件的镀层需求。

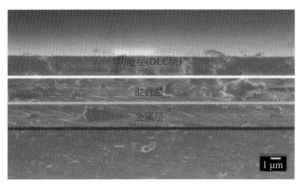

图8-26　样品SY的特征SEM断面照片

图 8-27 给出了一些含氢类富勒烯碳薄膜处理工件的实物照片。

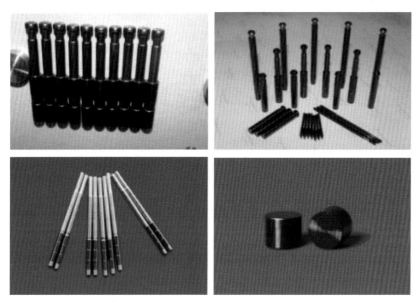

图8-27　部分含氢类富勒烯碳薄膜处理工件的实物照片

二、多层梯度过渡层设计

（1）制备方法　采用多靶磁控溅射设备，有四对靶均匀分布组成的真空沉积装置，其中 1、3 位置为 Cr 靶，2、4 位置为 Ti 靶。其中一对 Cr 靶由一台 100 ~ 200kHz 可调的双极脉冲电源供电，其他三对靶都由 40kHz 中频双极脉冲电源供电，制备多层多组分类金刚石薄膜，其组成为 Cr+CrTi+CrTiN+CrTi/CrTiC+CrTiC/DLC。

（2）断面结构及结合力　图 8-28（a）展示了制备的复合结构的断面照片，插图显示了梯度多层结构的 TEM 照片。通过设计界面互穿、软/硬交替双金属（Ti/Cr）纳米多层过渡层，解决了轴承钢表面薄膜结合力差的问题。图 8-28（b）给出了结合力划痕照片和压痕照片。在使用划痕仪来评估薄膜与基体之间的结合强度时，当加载速度小于 70N/min 时，刻划终止后并不能观察到声信号变化，划痕也没有出现破裂的迹象。只有当加载速度超过 80N/min 时，才有明显的声信号出现，划痕末尾破裂明显。图 8-28(b) 为加载速度 100N/min 随载荷增加的曲线。可以认为所制备的薄膜结合力高达 62N，完全能满足工业应用的需要。

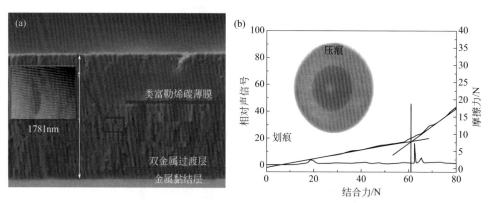

图8-28　（a）FL-C:H复合多层梯度薄膜的SEM照片（插图为TEM照片）；（b）结合力划痕照片和压痕照片

第四节
工艺装备一体化集成

一、轴承钢表面的低温沉积

轴承钢是我国机械零部件使用最多的材料，如 GCr15，其回火温度约

150℃；而现有的薄膜沉积工艺一般温度＞180℃，将会导致轴承钢机械性能弱化，如何在＜150℃沉积高结合力低摩擦碳薄膜是一项技术难题。依据焦耳定律 $Q=I^2Rt$，降低镀膜过程的温度积累和缩短镀膜周期是实现轴承钢表面高性能类富勒烯碳薄膜制备的关键。通过理论分析和实验验证，提出了湍流冷却思路，研发了涡旋水道柱状磁控溅射装置，提高冷却效率 3 ～ 4 倍。本书著者团队发明了定向沉积箍缩磁场溅射技术［如图 8-29 所示，一种箍缩磁场辅助磁控溅射镀膜装置[25]，其特征在于该装置包括由偏压电源（5）供电的工件盘（6）以及由电源Ⅱ（3）供电的磁控溅射靶（2），该磁控溅射靶（2）的前方设有由电源Ⅲ（4）供电的线圈（1）］，提高了沉积速率，降低了镀膜周期，实现低温（120 ～ 150℃）下厚度 2 ～ 5μm 类富勒烯碳薄膜的可控制备。

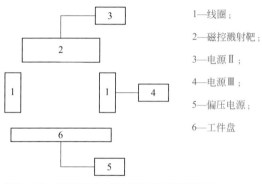

1—线圈；

2—磁控溅射靶；

3—电源Ⅱ；

4—电源Ⅲ；

5—偏压电源；

6—工件盘

图8-29 箍缩磁场辅助磁控溅射镀膜装置

箍缩效应（pinch effect）是指等离子体电流与其自身产生的磁场相互作用，使等离子体电流通道收缩、变细的效应。脉冲大电流线圈产生的高温等离子体箍缩（pinch）可能是最简单的磁约束核聚变装置，其特点是载流等离子体利用本身电流产生的磁场来约束自己。在箍缩过程中，等离子体的密度和温度都会增加，因而这种效应可用来提高等离子体的密度和温度。箍缩磁场就是脉冲线圈产生的磁场，对等离子体有压缩作用。该发明的目的是针对磁控溅射目前普遍存在的离化率不能进一步提高的问题提供一种箍缩磁场辅助磁控溅射镀膜装置，通过高功率脉冲磁场对等离子体的箍缩效应，实现更高的磁控溅射离化率。该发明产生的高功率脉冲磁场进一步提高磁控溅射的离化率和电子温度，增大带电离子的数量；该发明具备高功率脉冲磁场的磁控溅射可以制备超光滑、超高结合力、超高硬度的类金刚石薄膜、氮化物薄膜、碳化物薄膜或者氧化物薄膜等；该发明具备高功率脉冲磁场的磁控溅射，因为其高的离化率，达到 70%，为设计新型金属离子源提供了新思路。

二、具高功率脉冲离子源的磁控溅射装置

目前，磁控溅射和电弧离子镀技术是制备碳基薄膜的主要手段。电弧技术离化率高，制备的薄膜结合力高，但存在表面粗糙度大的问题，难以满足高精度的需求。磁控溅射由于其制备的薄膜表面光滑而被广泛应用，尤其是改进型的闭合场磁控溅射提升了工件表面离子流量，极大地提高了成膜效率。但是相对电弧离子镀，闭合场磁控溅射离化率约10%，薄膜密度和结合力难以达到理想的状态。这两种方法制备的碳基薄膜都存在硬脆性问题，难以克服。近年来发展起来的高功率脉冲溅射技术（High Power Impulse Magnetron Sputtering，HIPIMS）可以有效地提高等离子体的离化率（Ti靶可达90%）和等离子体密度（高达$10^{19}m^{-3}$数量级，比传统溅射高三个数量级），电子温度高达10eV数量级。HIPIMS且具有低温沉积高性能薄膜的优点，可以在任何基底沉积功能性纳米结构薄膜，尤其是可以沉积超韧碳基薄膜，克服传统方法制备的碳基薄膜具有硬脆性的缺点。但是HIPIMS实现工业化应用的主要局限性在于，与传统的磁控溅射工艺相比，其沉积速度较慢。进行高效HIPIMS技术设备的研制已成为目前国内外制备高性能超韧低摩擦新型薄膜和促进其产业化进程的关键。

在国内，关于高功率脉冲电源的研究较少，主要集中在研究所和高校里，如哈尔滨工业大学现代焊接生产技术国家重点实验室的田修波等人，大连理工大学三束材料改性教育部重点实验室的牟宗信等，遵化市三石电子研究所、中国科学院电子学研究所、西南核物理研究院下属的普斯特电源公司和中国台湾核能研究所。国内主要集中于第一代HIPIMS的开发和改进工作。田修波等人发展了直流耦合HIPIMS电源，发现薄膜沉积速率有小幅提升。

本书著者团队的发明是为了解决传统磁控溅射离化率低而高功率脉冲磁控溅射沉积速率低的问题而提出的一种具高功率脉冲离子源的磁控溅射装置。将高功率脉冲的高离化率移植到离子源上，达到高离化率而不降低沉积速率的目的。如图8-30所示，一种具高功率脉冲离子源的磁控溅射装置[26]，包括由偏压电源7供电的工件盘2、与真空泵组1相连的真空腔体，真空腔体内设有不少于2个的由电源Ⅰ5供电的磁控溅射靶3，相对的磁控溅射靶3之间设有由电源Ⅱ6供电的高功率脉冲离子源4，在真空腔体内形成闭环结构。该发明使用高功率脉冲电源激发离子源提高了腔体空间的离化率和等离子体密度；具高功率脉冲离子源辅助的磁控溅射等离子体密度比传统的磁控溅射高2个数量级，也高于其他离子源辅助的磁控溅射至少1个数量级；该发明将高功率脉冲离子源同磁控溅射相复合，消除了高功率脉冲电源作为磁控溅射电源时产生的离子回流现象，保证了磁控溅射所需的高离化密度，高功率脉冲离子源提高了薄膜的沉积速率。

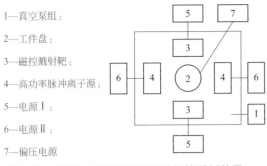

1—真空泵组；
2—工件盘；
3—磁控溅射靶；
4—高功率脉冲离子源；
5—电源Ⅰ；
6—电源Ⅱ；
7—偏压电源

图8-30　具高功率脉冲离子源的磁控溅射装置

三、阳极场辅磁控溅射镀膜装置

工业生产过程中，被镀工件要经历等离子体清洗、金属黏结层制备和功能层制备三个基本步骤。目前常用的离子源清洗，分为霍尔离子源、线性离子源、空心阴极离子源等，其中前两种离子源多用于光学镀膜和聚合物表面镀膜处理，对结合力要求不高。空心阴极离子源多用于工具镀膜，但是其作用距离短，且需要电磁场辅助，因此设备的大小一般不能超过700mm。磁控溅射由于远离靶时离化率急剧下降，制备的薄膜往往空隙率大，尤其是在批量镀膜时，工件会经历离化率的波浪式变化，在靶附近薄膜质量高，远离靶质量差，因此有必要提高磁控溅射的空间离化率。

本书著者团队的发明是针对物理气相沉积过程中镀膜质量差、薄膜不均一的问题提出的一种阳极场辅磁控溅射镀膜装置。通过增强空间等离子体的离化率和等离子体均匀性进而提高薄膜结合力和性能，而且阳极由一块水冷的铜板和给铜板提供电源的装置组成，适合于大面积薄膜的沉积。

一种阳极场辅磁控溅射镀膜装置[27]（图8-31），包括真空腔体、工件盘4和至少两个由电源Ⅰ3供电的磁控溅射靶1，在相对的磁控溅射靶1之间设有由电源Ⅱ5供电的水冷阳极2，在真空腔体内形成闭环结构。其中矩形磁控溅射靶1尺寸200mm×800mm，采用多磁道水冷布置，带辅助进气设计；水冷阳极2尺寸100mm×800mm，空心水冷阴极设计，带布气结构；电源Ⅰ3采用10kW直流脉冲电源或直流电源供电；水冷阳极2采用3kW直流正电压；采用低温分子泵系统维持抽真空和镀膜时气压。

该发明将等高的水冷阳极和磁控溅射靶复合，增强了离化率的同时提高了腔体等离子体均匀性；该发明所述水冷阳极的使用降低了闭合场磁控必须相邻靶布置，提高了空间利用率和镀膜效率；该发明所述水冷阳极也可以和偏压电源联用达到PECVD镀膜的效果。

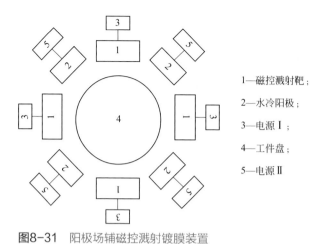

1—磁控溅射靶;

2—水冷阳极;

3—电源Ⅰ;

4—工件盘;

5—电源Ⅱ

图8-31 阳极场辅磁控溅射镀膜装置

四、励磁调制阳极辅助磁控溅射离子镀膜系统

为了进一步满足工业应用的需求,本书著者团队的发明将箍缩磁场辅助磁控溅射镀膜技术、具高功率脉冲离子源的磁控溅射技术、阳极场辅磁控溅射镀膜技术进行了整合优化。

如图8-32所示,一种励磁调制阳极辅助磁控溅射离子镀膜系统[28],包括连接在一起的真空腔体1、真空泵组8、由一组复合真空计组成的真空测量装置11、电源控制柜及自动编程控制的PLC+ICP+闭环控制系统9。真空腔体1的一侧通过抽气孔经管道阀体7与真空泵组8相连,其另一侧与真空测量装置11相连;真空腔体1设有蚌式对开门的真空腔门体2。真空腔门体2的正面对称设有

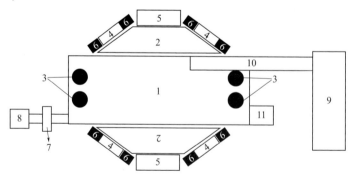

图8-32 励磁调制阳极辅助磁控溅射离子镀膜系统

1—真空腔体;2—真空腔门体;3—柱状磁控溅射阴极;4—辅助水冷阳极;5—平面磁控靶;6—励磁场调制线圈;7—管道阀体;8—真空泵组;9—PLC+ICP+闭环控制系统;10—线桥;11—真空测量装置

一对平面磁控靶 5，侧面对称设有两对自带布气系统的辅助水冷阳极 4；每个辅助水冷阳极 4 的外围设有励磁场调制线圈 6；真空腔体 1 内对称插有两对孪生柱状磁控溅射阴极 3；柱状磁控溅射阴极 3、辅助水冷阳极 4、平面磁控靶 5、励磁场调制线圈 6、管道阀体 7、真空泵组 8、真空测量装置 11 均分别通过线桥 10 与 PLC+ICP+ 闭环控制系统 9 和电源控制柜相连。

该发明中辅助水冷阳极由励磁场调制，其中励磁场方向与相邻的柱状磁控溅射阴极呈闭合场，由于磁控溅射靶为负极供电，磁控溅射产生的正离子除向外发散外，部分被限制在靶表面；电子除限制在靶表面外，沿着磁场和正离子一起向外运动；同时由于辅助水冷阳极提供正电位，正离子被排斥而电子被加速。正离子在运动的过程中沉积在基底表面，而电子加速向正电场，其中加速能量取决于辅助水冷阳极的正电压，加速的电子沿着磁感线螺旋运动，提高了和中性离子的碰撞概率，产生更多的正离子和电子，正离子加速向柱状磁控溅射阴极运动，从而提高了镀膜腔室内的离化率和靶表面的溅射产率。图 8-33 展示了励磁调制阳极辅助磁控溅射离子镀膜机及相关技术照片。

涡轮水道　　　　　　　　　　　柱靶　　　　　　　等离子体

图8-33 励磁调制阳极辅助磁控溅射离子镀膜机及相关技术照片

第五节
低摩擦碳薄膜应用案例

一、低摩擦碳薄膜的批量装备及性能

应用上述装备和技术开发的类富勒烯碳薄膜（图 8-34）不同于传统的类金刚石碳薄膜，由于具有类富勒烯特殊纳米结构，赋予薄膜高弹性（＞85%，高于传统碳薄膜的≤65%）。

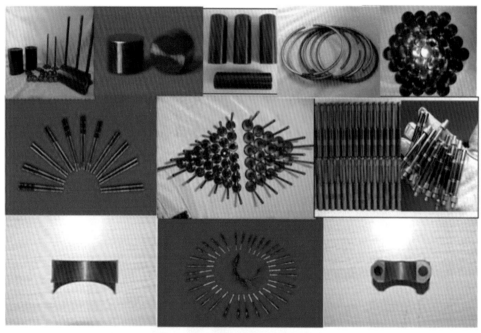

图8-34　本书著者团队制备的FL-C:H薄膜的发动机关键零部件偶件

如图 8-35 所示，在偶件表面制备 FL-C:H 薄膜后，在干摩擦、煤油、柴油、汽油等环境下，耐磨损比钢 / 钢、钢 / 铜高 1000 ～ 10000 倍。

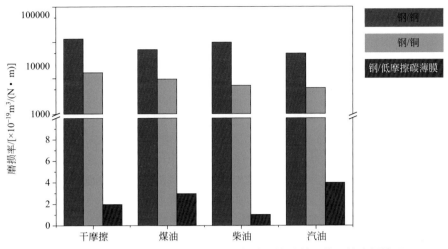

图8-35 镀膜与未镀膜偶件在干摩擦、煤油、柴油、汽油等环境下的磨损情况

二、台架试验验证

1. 发动机零部件冷拖试验

仅在挺柱表面沉积类富勒烯碳薄膜，较原挺柱相比，摩擦系数降低67%，优于日本丰田（40%），低转速下摩擦功耗降低11%，摩擦扭矩平均降低29%。在挺柱、凸轮轴和气门杆表面均沉积该薄膜后，平均摩擦功耗降低21%。类富勒烯碳薄膜在发动机气门的应用，解决了气门的磨蚀和磨损问题，维修周期提高了2～3倍。

2. 共轨系统冷拖试验

类富勒烯碳薄膜应用于高压共轨后，降低偶件配合间隙至3μm以下，破解了高速高压下精密偶件配合的摩擦熔焊问题，突破共轨压力2200bar。冷拖试验结果认为："碳薄膜活塞的静态漏油量比无薄膜活塞减小约50%，油泵供油效率提升7%～8%，估算节油4.3%，降低排放约9%。"

3. 整机台架试验

应用类富勒烯碳薄膜的共轨系统配装在一汽无锡柴油机厂6DL柴油机，与原机（配装FW机械式油泵）相比，燃油消耗降低20.1%，排气污染物CO下降42.5%。

三、技术展望

超低摩擦指摩擦系数 $\mu < 0.01$ 的状态，超低摩擦材料和技术的研究是摩擦学

未来发展的主要方向；超低摩擦材料和技术的应用可进一步大幅降低机械运动系统摩擦磨损，保障其高可靠性和长寿命。因此、美国、日本等国家非常重视超低摩擦材料和技术的研究，尤其是具有工程应用价值的超低摩擦材料及技术。

在所有润滑薄膜材料中，碳基薄膜具有最低的摩擦系数，但是碳具有多种晶体结构，如金刚石、石墨、纳米管、富勒烯、石墨烯及非晶碳等，因此碳基薄膜微观结构不同，摩擦学性能差异大（摩擦系数在约 0.001 ~ 0.1 之间变化）。传统的类金刚石碳薄膜摩擦系数约 0.1，高含氢碳薄膜在真空和氢气下表现出超低摩擦性能（摩擦系数约 0.001），但是在大气环境下摩擦系数迅速升高至约 0.1。

虽然本书著者团队实现了开放大气环境和贫油状态下的超低摩擦，但是，由于机械运动系统涉及复杂工况（固油复合、高低温、空间环境及零部件表面粗糙度等），如何保证全工况条件下的稳定超低摩擦将成为本领域的研究热点。尤其是超低摩擦薄膜材料在航空、航天系统中的应用，可以保障机械系统的高可靠性、长寿命稳定安全运行。本书著者团队在空间环境超低摩擦、固液复合超低摩擦、高温超低摩擦等领域展开了前期研究，取得了一定进展，为下一步的研究工作奠定了基础。

参考文献

[1] Chu S, Majumda A. Opportunities and challenges for a sustainable energy future[J]. Nature, 2012, 488: 294-303.

[2] Zhang J, Zhang B, Xue Q, et al. Ultra-elastic recovery and low friction of amorphous carbon films produced by a dispersion of multilayer graphene[J]. Diamond and Related Materials, 2012, 23:5-9.

[3] Wang J, Cao Z, Pan F, et al. Tuning of the microstructure, mechanical and tribological properties of a-C:H films by bias voltage of high frequency unipolar pulse[J]. Applied Surface Science, 2015, 356: 695-700.

[4] Alexandrou I, Kiely C J, Papworth A J, et al. Formation and subsequent inclusion of fullerene-like nanoparticles in nanocomposite carbon thin films[J]. Carbon, 2004, 42(8-9): 1651-1656.

[5] Neidhardt J, Hultmanx L, Czigány Z. Correlated high resolution transmission electron microscopy and X-ray photoelectron spectroscopy studies of structured CN_x ($0<x<0.25$) thin solid films[J]. Carbon, 2004, 42(12-13): 2729-2734.

[6] Ferrari A C, Robertson J. Raman spectroscopy of amorphous, nanostructured, diamond-like carbon, and nanodiamond[J]. Philosophical Transactions of the Royal Society A-Mathematical Physical and Engineering Sciences, 2004, 362(1824): 2477-2512.

[7] Casiraghi C, Ferrari A C, Ohr R, et al. Surface properties of ultra-thin tetrahedral amorphous carbon films for magnetic storage technology[J]. Diamond and Related Materials, 2004, 13(4-8): 1416-1421.

[8] Ferrari A C, Robertson J. Resonant Raman spectroscopy of disordered, amorphous, and diamondlike carbon[J]. Physical Review B, 2001, 64(7): 075414-075426.

[9] Nelson N, Rakowski R T, Franks J, et al. The effect of substrate geometry and surface orientation on the film structure of DLC deposited using PECVD[J]. Surface and Coatings Technology, 2014, 254: 73-78.

[10] Wang P, Wang X, Liu W, et al. Growth and structure of hydrogenated carbon films containing fullerene-like structure[J]. Journal of Physics D: Applied Physics, 2008, 41(8): 085401-085407.

[11] Liu G, Zhou Y, Zhang B, K. et al. Monitoring the nanostructure of a hydrogenated fullerene-like film by pulse bias duty cycle[J]. RSC Advances, 2016, 6(64): 59039-59044.

[12] Zhang L, Wang J, Zhang J, et al. Increasing fluorine concentration to control the microstructure from fullerene-like to amorphous in carbon films[J]. RSC Advances, 2016, 6(26): 21719-21724.

[13] Wei L, Zhang B, Zhou Y, et al. Ultra-low friction of fluorine-doped hydrogenated carbon film with curved graphitic structure[J]. Surface and Interface Analysis, 2013, 45(8): 1233-1237.

[14] 张斌. 碳基纳米结构薄膜的制备及构效关系研究 [D]. 兰州：中国科学院兰州化学物理研究所，2011.

[15] McCann R, Roy S S, Papakonstantinou P, et al. Chemical bonding modifications of tetrahedral amorphous carbon and nitrogenated tetrahedral amorphous carbon films induced by rapid thermal annealing[J]. Thin Solid Films, 2005, 482: 34-40.

[16] Hammer P, Lacerda R G, Droppa R J, et al. Comparative study on the bonding structure of hydrogenated and hydrogen free carbon nitride films with high N content[J]. Diamond and Related Mater, 2000, 9(3-6): 577-581.

[17] Ferrari A C, Rodil S E, Robertson J. Interpretation of infrared and Raman spectra of amorphous carbon nitrides[J]. Physical Review B, 2003, 67(15): 155306-155325.

[18] Banhart F, Charlier J C, Ajayan P M. Dynamic behavior of nickel atoms in graphitic networks[J]. Physical Review Letters, 2002, 84(4): 686-689.

[19] Bhattacharyya S, Cardinaud C, Turban G. Spectroscopic determination of the structure of amorphous nitrogenated carbon films[J]. Journal of Applied Physics, 1998, 83(8): 4491-4500.

[20] Tamor M A, Vassell W C. Raman "fingerprinting" of amorphous carbon films[J]. Journal of Applied Physics, 1994, 76(6): 3823-3830.

[21] Voevodin A A, Zabinski J S. Superhard, functionally gradient, nanolayered and nanocomposite diamond-like carbon coatings for wear protection[J]. Diamond and Related Materials, 1998, 7(2-5): 463-467.

[22] Wu J H, Sanghavi M, Sanders J H, et al. Sliding behavior of multifunctional composite coatings based on diamond-like carbon[J]. Wear, 2003, 255: 859-868.

[23] Miyoshi K, Pohlchuck B, Street K W, et al. Sliding wear and fretting wear of diamondlike carbon-based, functionally graded nanocomposite coatings[J]. Wear,1999, 225(7-12): 859-868.

[24] 谈发堂，乔学亮，陈建国. 功能梯度薄膜的研究进展 [J]. 热加工工艺，2005, (5): 55-57.

[25] 张斌，张俊彦，强力，等. 箍缩磁场辅助磁控溅射镀膜装置 [P]：ZL 201510705329.2. 2015.10.27.

[26] 张斌，张俊彦，高凯雄，等. 具高功率脉冲离子源的磁控溅射装置 [P]：ZL 201510708221.9. 2015.10.27.

[27] 张斌，张俊彦，高凯雄，等. 阳极场辅磁控溅射镀膜装置 [P]：ZL 201510704469.8. 2015.10.27.

[28] 张斌，张俊彦，高凯雄，等. 一种励磁调制阳极辅助磁控溅射离子镀膜系统 [P]：ZL 202010241253.3. 2020.03.31.

索引